Abschlussprüfung Mathematik

Realschule

2018 – 2022

Die in Baden-Württemberg 2018 – 2022 zentral gestellten Aufgaben mit ausführlichen Lösungen

Übungsaufgaben mit Lösungen zu allen Themen der Abschlussprüfung, getrennt in A1-, A2- und B-Teil.

Ernst Klett Verlag
Stuttgart · Leipzig · Dortmund

Inhalt

Vorwort

Liebe Schülerin, lieber Schüler,

seit dem Schuljahr 2020/2021 gibt es in Baden-Württemberg eine veränderte schriftliche Abschlussprüfung. Dieses Buch soll Ihnen dabei helfen, sich auf diese Form der Prüfung vorzubereiten.

Prüfungsteil	Pflicht- oder Wahlbereich	Erlaubte Hilfsmittel	Max. Punkte	Zeitlicher Umfang in der Prüfung
A1	Pflichtbereich	Parabelschablone, Zeichengeräte	10	45 min
A2	Pflichtbereich	Formelsammlung, nicht-programmierbarer Taschenrechner, Parabelschablone, Zeichengeräte	20	165 min
B	Wahlbereich	Formelsammlung, nicht-programmierbarer Taschenrechner, Parabelschablone, Zeichengeräte	20	

Im A1-Teil geht es vor allem darum, dass Sie zeigen, dass Sie Grundfertigkeiten beherrschen und Zusammenhänge erkennen können. Das Zahlenmaterial ist so gestaltet, dass Sie alles ohne Taschenrechner lösen können.

Der A1-Teil muss in der Prüfung als erstes bearbeitet werden. Dafür haben Sie maximal 45 min Zeit. Nach der Bearbeitung schließt sich in der Prüfung eine Pause an.

Im A2-Teil müssen ebenfalls alle Aufgaben bearbeitet werden. Für diesen Teil dürfen Sie Ihren nicht-programmierbaren Taschenrechner und die Formelsammlung benutzen.

Der B-Teil umfasst in der Prüfung drei Aufgaben, von denen Sie zwei auswählen und bearbeiten können. In jeder der drei Aufgaben wird es zwei Teilaufgaben aus verschiedenen Leitideen geben. Die Leitidee Funktionaler Zusammenhang wird bei allen drei Aufgaben als Teilaufgabe dabei sein. Die Aufgaben des B-Teils sind komplexer und die Lösungen mehrschrittig.

In den Schuljahren 2020/2021 und 2021/2022 wurden aufgrund der Corona-Pandemie den Schulen vier Wahlaufgaben zur Verfügung gestellt, von denen den Schülerinnen und Schülern drei vorgelegt wurden. Aus diesen drei Aufgaben waren zwei auszuwählen.

Im Übungsteil dieses Buches finden Sie Aufgaben zu allen Leitideen, zu denen in der Prüfung Aufgaben gestellt werden. Wenn Sie alle Übungsaufgaben selbstständig und richtig gelöst haben, sind Sie bestens vorbereitet auf die Prüfung. Alle Themen sind relevant für die Prüfung. Manche Aufgaben haben mehrere Teilaufgaben. Dadurch sind sie umfangreicher als sie in der Prüfung sein werden.

Im Prüfungsteil dieses Buches finden Sie die schriftlichen Abschlussprüfungen der letzten fünf Jahre. In den Jahren 2018 bis 2020 enthielten die Prüfungen einen Pflicht- und einen Wahlbereich. Die Aufgaben des Pflichtbereichs der Prüfungen 2018 bis 2020 können für die Vorbereitung auf den A2-Teil genutzt werden. Die Aufgaben des Wahlbereichs sind Übungsmaterial für den neuen B-Teil.

Wenn Sie feststellen, dass Sie eine Aufgabe nicht lösen können, helfen Ihnen die Lösungen. Die Lösungen zu den komplexeren Aufgaben des B-Teils sind ausführlicher. Die Genauigkeit der Lösungen geht im Allgemeinen von der Genauigkeit der gegebenen Größen aus, wobei Zwischenwerte mit einer Nachkommastelle mehr berechnet werden.

Für die Aufarbeitung von mathematischen Themen empfehlen wir Ihnen Ihr Schulbuch.

Wir wünschen Ihnen Ausdauer und Freude bei der Prüfungsvorbereitung und viel Erfolg bei den Prüfungen!

Übersicht

über die Kompetenzen, die für die Abschlussprüfung benötigt werden (ohne Garantie, dass diese Liste vollständig ist).

Leitidee Zahl, Variable, Operation

		Seite im Übungsteil	geübt am
☐	Muster erkennen	3, 4	
☐	Zahlenfolgen oder Muster fortsetzen	3, 4	
☐	Terme aufstellen	3, 4; 24	
☐	Gleichungen lösen	2, 3; 24; 49, 58	
☐	Lineare Gleichungssysteme lösen	2, 3, 10; 49, 50	
☐	Lösungsformel anwenden	3; 49 – 51, 53, 54	
☐	Potenzgesetze	2	
☐	Exponentielles Wachstum	6; 27, 28	
☐	Prozentrechnen	5 – 7, 15; 23 – 28; 57	
☐	Zinsrechnen	6; 26, 27	

Leitidee Funktionaler Zusammenhang

		Seite im Übungsteil	geübt am
☐	Lineare Funktionen	10–12; 29–33; 48–51	
☐	Quadratische Funktionen	8–10; 29–33; 48–54	
☐	Scheitelform	9; 29–33; 49	
☐	Scheitelpunkte bestimmen	8, 9; 29–33; 49, 51–53	
☐	Normalform	8, 9; 29–33; 49	
☐	Nullstellen berechnen	29, 32; 48–53	
☐	Schnittpunkte berechnen	9, 10; 29–33; 48–51	
☐	Funktionsgraphen bestimmen, zuordnen und zeichnen	8–12; 29–33; 48, 50	
☐	Funktionsgleichungen berechnen	8–12; 29–33; 48–54	
☐	Funktionswerte berechnen	8–11; 29–33; 50–54	
☐	Schnittwinkel berechnen	10; 29, 31–33	
☐	Senkrechte Geraden aufstellen	10; 29, 32; 48–50	
☐	Abstand berechnen	33	
☐	Funktionsgraphen interpretieren	11, 12; 51–54	
☐	Modellieren	51–54	

Leitidee Messen/Raum und Form

		Seite im Übungsteil	geübt am
☐	Winkelsumme im Dreieck und Viereck	13, 15; 34–37; 55–57	
☐	Mit Formeln rechnen	5–7, 13–16; 34–37	
☐	Satz des Pythagoras	14–16; 34, 36, 39, 40; 55, 56, 58	
☐	Sinus, Kosinus, Tangens im Dreieck	14, 15; 34–40; 55–58	
☐	Scheitelwinkel, Stufenwinkel, Nebenwinkel	13, 14; 34, 35	
☐	Umfang und Flächeninhalt berechnen	16; 31, 33–38, 40; 49–51, 55–58	
☐	Volumen berechnen	13, 15, 16; 35, 37–40; 56, 58	
☐	Oberfläche/Mantelfläche berechnen	14; 37–40; 56, 58	
☐	Höhe einzeichnen und berechnen	13; 34–40; 55, 57, 58	

Leitidee Daten und Zufall

		Seite im Übungsteil	geübt am
	Beschreibende Statistik		
□	Kennwerte (Mittelwert, Minimum, Maximum, Zentralwert, Quartile) berechnen	6, 17 – 19; 41 – 44	
□	Ranglisten erstellen	18, 19; 41 – 44	
□	Daten interpretieren	24, 25, 28, 41, 42, 44	
□	Säulen-, Balken- und Kreisdiagramme interpretieren	5, 6; 24 – 28, 43	
□	Säulen-, Balken- und Kreisdiagramme zeichnen	6; 25, 42	
□	Boxplot interpretieren	17 – 19; 41 – 43	
□	Boxplot zeichnen	17 – 19; 41, 43	
	Wahrscheinlichkeiten		
□	Baumdiagramme und Tabellen erstellen	20 – 22; 44 – 47; 59 – 61	
□	Produkt- und Summenregel verwenden	20 – 22; 44 – 47; 59 – 61	
□	Wahrscheinlichkeiten berechnen	20 – 22; 44 – 47; 59 – 61	
□	Mit dem Gegenereignis rechnen	45 – 47	
□	Erwartungswert	59 – 61	

A1 A2 B

Übungsaufgaben

Pflichtbereich A1
Pflichtbereich A2
Wahlbereich B

Aufgaben und Lösungen

Pflichtbereich A1

Zugelassene Hilfsmittel: Parabelschablone, Zeichengeräte

Leitidee: Zahl, Variable, Operation

1

Ordnen Sie die Zahlenwerte der Kärtchen den Buchstaben an der Zahlengeraden zu.

$\frac{5}{12}$ $-0{,}9$ $\sqrt{5}$ $-\frac{2}{5}$ $\frac{7}{12}$

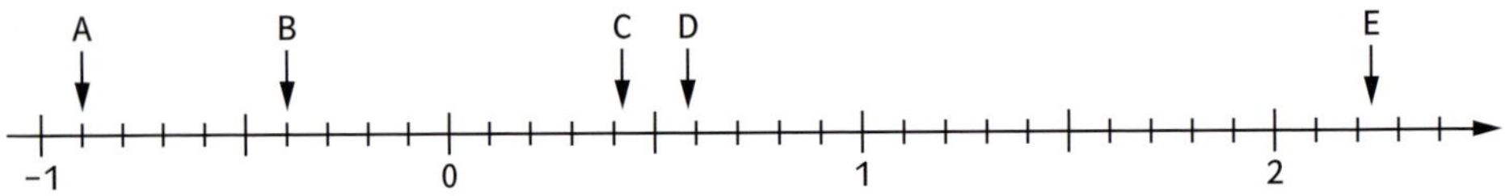

2

Weisen Sie nach, dass gilt:

a) $\frac{4^3 \cdot 34^4 \cdot 25^3}{10^6 \cdot 17^4} = 16$

b) $\frac{(7^3)^2 : 3{,}5^6}{2^5} \cdot 10^3 = 2000$

c) $\frac{8^6}{4^8} \cdot \sqrt{64} = 32$

d) $\frac{\left((\sqrt{3}-2)(\sqrt{3}+2)\right)^5}{2^5} = -\frac{1}{32}$

3

Berechnen Sie mithilfe der Potenzgesetze.

a) $(800\,000 : 400) \cdot \frac{1}{1000}$

b) $(5\,000\,000 \cdot 0{,}0002) : 5^3$

c) $\frac{75^3}{27} \cdot \frac{1}{5^5}$

d) $\frac{2^3 \cdot 3^3 \cdot 4^3 \cdot 5^3}{8^2 \cdot 15^2}$

4

Ergänzen Sie den fehlenden Exponenten.

a) $6{,}2 \cdot 10^{-2} + 4{,}8 \cdot 10^{\blacksquare} = 48{,}062$

b) $9{,}9 \cdot 10^{\blacksquare} - 9 \cdot 10^{-2} = 989{,}91$

5

Lösen Sie das lineare Gleichungssystem rechnerisch.

a) (1) $3x - 14 + 2y = 4x - 3y - 3$
(2) $7y - 8 - 2x = 5y - 2$

b) (1) $2(x - 3y) + 4 = 3 - (y - x)$
(2) $10 - 2(8y - x) = x - 2y$

c) (1) $3x - \frac{1}{2}y = 14$
(2) $2(x - 1) + y = 10$

d) (1) $\frac{1}{2}(4x - y) = 6x - 1$
(2) $2 + 2y = \frac{4x + 3y}{2}$

 → Lösung S. 62

6

Lösen Sie das lineare Gleichungssystem zeichnerisch.

a) (1) $y = -x + 1$
(2) $y = \frac{1}{2}x - 2$

b) (1) $y = 1{,}5x + 6{,}5$
(2) $y = -2x - 4$

c) (1) $y = \frac{2}{3}x - 5$
(2) $y = -\frac{1}{2}x + 2$

7

Lösen Sie die Gleichung.

a) $75x^2 - 32x - 16 = 70x^2 - 12x + 9$

b) $(x + 1)(2x - 3) - 21 = x(x + 1)$

c) $(x - 3)(x + 2) - 4(x - 5) = x(2x + 1) - 2$

d) $(x + 1)^2 - 7 = x(2 - x) + 4x$

e) $\frac{1}{2}(x - 2)(x + 2) = \left(\frac{1}{2}x - 2\right)^2 - 1$

f) $2(x + 3)^2 - (x + 5)(x - 2) = x + 13$

8

Lösen Sie die Gleichung.

a) $(x - 8)(x + 6) = 0$

b) $5(2x - 7) = x(8 - x)$

c) $3x(x - 1) - (x^2 - 7x + 3) = x^2 + 9$

d) $(x + 1)^2 + 5 = x(2 - x) + 8x$

e) $(x - 3)^2 - 2(x - 1)^2 = x(x + 2) - 41$

f) $(2x - 1)^2 - 2(x - 3)^2 - x(x + 6) = -2$

g) $(x - 9)(2x + 2) - 2(1 - x^2) + x(x - 1) = x^2 - x$

9

Geben Sie die Definitionsmenge und die Lösungsmenge der Gleichung an.

a) $\frac{2x - 2}{4} = \frac{16}{x + 3}$

b) $\frac{x^2 - 8}{x + 2} - 4 = \frac{2x}{x + 2}$

c) $\frac{x + 17}{x - 3} - 1 = 5x$

d) $\frac{x^2 + 4}{x} - \frac{x + 2}{2x} = \frac{3x^2 + 12}{4x}$

e) $\frac{8}{x} - 1 = \frac{5}{x + 1}$

f) $\frac{x^2 + 4}{x^2 + 2x} + 1 = \frac{x + 2}{x}$

10

a) Skizzieren Sie die vierte Figur des Musters.

b) Aus wie vielen Kreisen besteht die siebte Figur?

c) Eine Figur besteht aus 90 Kreisen. Um die wievielte Figur handelt es sich?

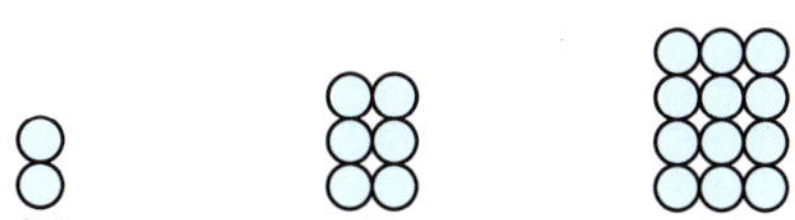

(1) (2) (3)

d) Erstellen Sie einen Term, mit dem sich die Anzahl der Kreise der n-ten Figur berechnen lässt.

→ Lösung S. 63, 64

11

Emil legt Muster aus Streichhölzern.

a) Wie viele Streichhölzer benötigt Emil für die vierte Figur?

b) Die Anzahl der benötigten Streichhölzer lässt sich mit dem Term $n^2 + 3n$ berechnen.
Berechnen Sie die Anzahl der Streichhölzer der fünften Figur und der zehnten Figur.

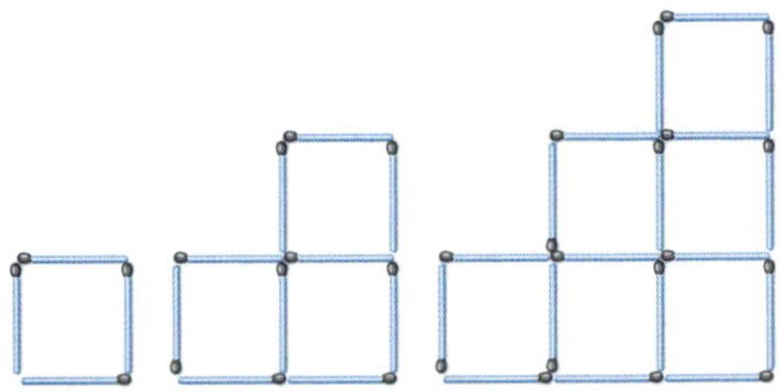

c) Emil braucht für eine Figur 54 Streichhölzer.
Aus wie vielen Quadraten der ersten Figur besteht diese Figur?

12

Die Abbildung zeigt ein Muster aus Quadraten.

a) Aus wie vielen Quadraten besteht das sechste Muster?

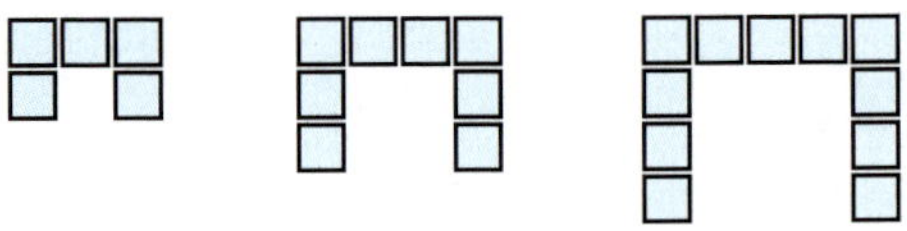

b) Sandy benutzt für die Anzahl a der Quadrate einer Figur die Formel $a = 3n - 1$.
Valerie wählt die Formel $a = 3n - 4$. Wofür steht jeweils die Variable n?

13

Von einem Muster sind die ersten vier Figuren gezeichnet.

a) Skizzieren Sie die fünfte Figur.
Aus wie vielen Kreisen besteht sie?

b) Die wievielte Figur besteht aus 55 Kreisen?

c) Ermitteln Sie die Anzahl der Kreise einer Figur und ihrer Vorgängerfigur. Bilden Sie die Differenz der Anzahl. Wiederholen Sie diesen Vorgang. Beschreiben Sie, was Sie beobachten.

d) Zum Abzählen der Summe der Kreise der vierten Figur ergänzt Paula weitere Kreise.

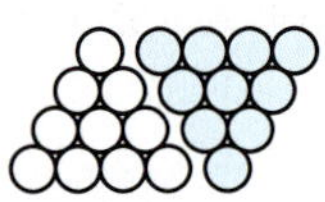

Beschreiben Sie Paulas Abzählmethode. Erstellen Sie einen Term, mit dem sich die Anzahl der Kreise für das n-te Muster berechnen lässt.

→ Lösung S. 64, 65

14

Ein Smartphone kostet einschließlich Mehrwertsteuer 599 €. Der Mehrwertsteuersatz beträgt 19 %.
Mit welcher Gleichung kann der Mehrwertsteuerbetrag direkt berechnet werden? Begründen Sie Ihre Aussage.

(A) $M = 599€ : 1{,}19$ (B) $M = 599€ \cdot 0{,}19$ (C) $M = 599€ \cdot \frac{19}{119}$

15

Die Schülerinnen und Schüler der Albert-Einstein-Schule wurden zu ihrer beliebtesten Eissorte befragt.

Eissorte	Vanille	Schokolade	Fruchteis	Sonstige
Anzahl der Nennungen	100	200	60	40

Welches der beiden Diagramme stellt das Umfrageergebnis korrekt dar? Begründen Sie Ihre Antwort.

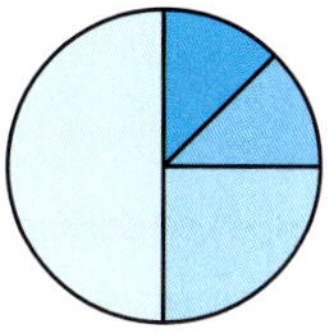

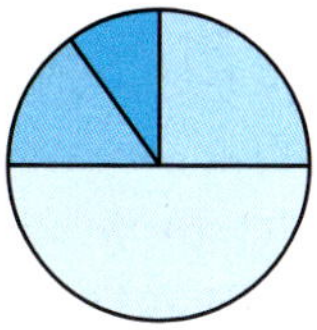

16

Temperaturen werden in Grad Celsius °C oder in Grad Fahrenheit °F angegeben. Zum Umrechnen wird die Formel $F = \frac{9}{5} \cdot C + 32$ verwendet.

a) Wie viel Grad Fahrenheit sind 25 Grad Celsius?

b) In Arizona (USA) wurden 104 Grad Fahrenheit gemessen.
Geben Sie die Temperatur in Grad Celsius an.

c) Vigo behauptet: „– 40 °C sind gleich kalt wie – 40 °F." Überprüfen Sie diese Aussage.

17

Jedes Jahr werden von einem Automobilclub 4000 Autofahrerinnen zur Nutzung von Ganzjahresreifen befragt.
Wie viel mehr Autofahrerinnen nutzten im Jahr 2018 Ganzjahresreifen als im Jahr 2014?

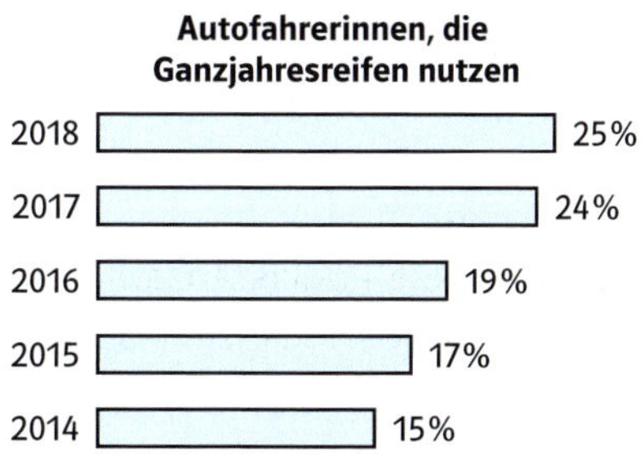

→ Lösung S. 65, 66

18

Welche Aussage ist richtig?
Begründen Sie Ihre Entscheidung.

- ☐ Der Kunde spart dadurch 20 %.
- ☐ Der Kunde spart dadurch 25 %.
- ☐ Der Kunde spart dadurch 10 %.

19

Mathilda legt einen Betrag von 3000,00 € für vier Jahre bei einem gleichbleibenden Zinssatz von 1,2 % auf einem Sparkonto an. Die Zinsen werden mitverzinst. Mit welcher der Gleichungen kann das Kapital nach Ablauf der vier Jahre berechnet werden? Kreuzen Sie richtig an.

- ☐ $K_4 = 3000{,}00\,€ \cdot 1{,}12^4$
- ☐ $K_4 = 3000{,}00\,€ + 1{,}012^4$
- ☐ $K_4 = 3000{,}00\,€ \cdot 1{,}012^4$
- ☐ $K_4 = 3000{,}00\,€ \cdot 0{,}012^4$

20

Im Schlussverkauf wird der Preis eines Snowboards um 20 % gesenkt. Das Snowboard wird trotzdem nicht verkauft. Deshalb wird der bereits reduzierte Preis nochmals um 10 % verringert. Das Snowboard kostet dann noch 360 €.
Jerome meint: „Dann hat das Snowboard ursprünglich 500 € gekostet."
Hat er recht? Begründen Sie Ihre Aussage.

21

Das Diagramm zeigt die Noten der Klasse 9 a im Fach Mathematik.
Wie viel Prozent der Schülerinnen und Schüler waren besser als die Note 2?
Wie viel Prozent der Schülerinnen und Schüler waren schlechter als der Durchschnitt?

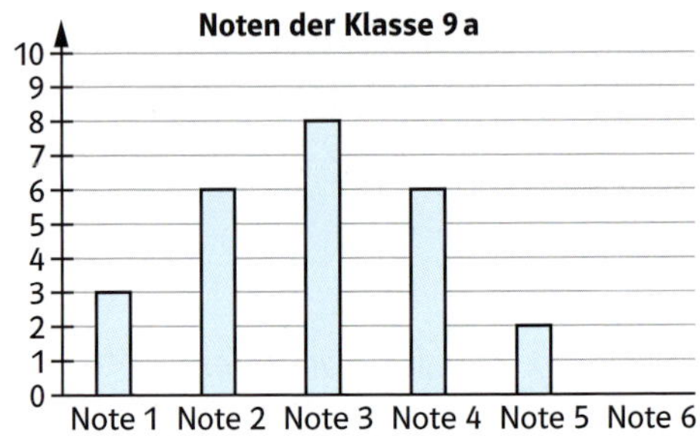

22

Laut einer Umfrage kommen 40 % der Schülerinnen und Schüler mit dem Fahrrad zur Schule. Ein Viertel aller Schülerinnen und Schüler fährt mit dem Bus. Dies sind 125 Schülerinnen und Schüler.
Wie viele Schülerinnen und Schüler kommen weder mit dem Fahrrad noch mit dem Bus zur Schule?
Zeichnen Sie ein Kreisdiagramm mit einem Durchmesser von 5 cm.

 → Lösung S. 66, 67

23

a) Hat die Mitarbeiterin das Preisschild richtig beschriftet?
Begründen Sie Ihre Aussage.
b) Ein Tablet kostete zunächst 500,00 €. Der Preis wurde um 45,00 € reduziert.
Berechnen Sie, wie viel Prozent das entspricht.

24

Im Jahr 2020 nahmen 2000 Personen an einem Spendenlauf teil. In Bezug auf das Jahr 2019 bedeutet dies eine Zunahme um 20 %.
Welche der Aussagen treffen zu? Kreuzen Sie richtig an.

- ☐ Im Jahr 2019 nahmen mehr als 1600 Personen am Spendenlauf teil.
- ☐ Im Jahr 2019 nahmen genau 1600 Personen am Spendenlauf teil.
- ☐ Im Jahr 2019 nahmen weniger als 1600 Personen am Spendenlauf teil.

25

Eine Umfrage zur beliebtesten Freizeitsportart ergab nebenstehendes Ergebnis (Mehrfachnennungen ausgeschlossen).
Welche Aussagen treffen zu?
Kreuzen Sie an.

- ☐ Jeder 5. Befragte entschied sich fürs Joggen.
- ☐ 7,5 % wählten Schwimmen als beliebteste Sportart.
- ☐ Mehr als 50 % wählten nicht das Radfahren.

Beliebteste Freizeitsportart	
Radfahren	200
Wandern	125
Schwimmen	75
Joggen	100

26

Ein Kaufhaus reduziert einen Artikel zunächst um 10 %. Anschließend werden nochmals 10 % Nachlass auf den bereits reduzierten Preis gewährt.
Kreuzen Sie die richtige Aussage an.
Begründen Sie.

Der Artikel wird um

- ☐ 20 % billiger
- ☐ mehr als 20 % billiger
- ☐ weniger als 20 % billiger

→ Lösung S. 67, 68

Leitidee: Funktionaler Zusammenhang

1

Von vier Parabeln sind die Funktionsgleichungen gegeben.

(A) $y = (x - 4)^2 - 4$

(B) $y = (x + 4)^2$

(C) $y = -\frac{1}{4}x^2 - 4$

(D) $y = x^2 + 8x + 2$

Geben Sie die Anzahl der Schnittpunkte mit der x-Achse für diese Funktionsgleichungen an. Begründen Sie Ihre Entscheidung.

2

Eine nach oben geöffnete Normalparabel hat keine Schnittpunkte mit der x-Achse. Sie hat ihren Scheitelpunkt im zweiten Quadranten. Geben Sie eine mögliche Funktionsgleichung in Normalform an.

3

Gegeben ist die Parabel p mit der Funktionsgleichung $y = x^2 - 6x + 11$. Vervollständigen Sie die Wertetabelle für diese Parabel p.

x	−4	−1	3		5
y				3	

4

Gegeben ist die Parabel p: $y = x^2 + 4x + 6$.

a) Beschreiben Sie, wie die Normalparabel $y = x^2$ verschoben werden muss, um p_1 zu erhalten.

b) Die Parabel p_1 wird an der y-Achse gespiegelt. Dadurch entsteht die Parabel p_2. Geben Sie die Funktionsgleichung von p_2 in Normalform an.

5

Gegeben sind die Funktionsgleichungen von vier Parabeln.

(A) $y = x^2 + 12x + 30$

(B) $y = -x^2 + 5$

(C) $y = x^2 - 8x + 14$

(D) $y = x^2 - 4x$

Geben Sie für jede Funktion die Koordinaten der Scheitelpunkte an.

→ Lösung S. 68, 69

6

Welche der Funktionsgleichungen passt zur skizzierten Normalparabel p?
Begründen Sie Ihre Entscheidung.

(A) $y = x^2 - 4x + 3$
(B) $y = x^2 + 3x + 4$
(C) $y = x^2 + 4x + 3$
(D) $y = x^2 - 3x + 4$

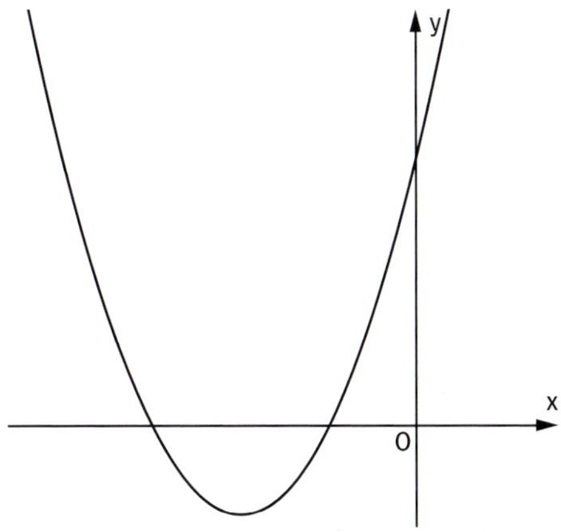

7

Drei Parabeln p_1, p_2 und p_3 haben die Funktionsgleichungen:

p_1: $y = \frac{1}{2}x^2$
p_2: $y = x^2 + 1$
p_3: $y = 2x^2 + 2$

Zeichnen Sie die Schaubilder der Parabeln in ein Koordinatensystem.
Wie muss man die Parabel p_1 verschieben, damit man insgesamt drei gemeinsame Punkte mit den beiden anderen Parabeln erhält?

8

Tim behauptet: „Die Normalparabel mit der Funktionsgleichung $y = x^2 - 10x + 19$ hat den Scheitelpunkt $S(5\,|\,-6)$. Auf dem Graphen der Parabel liegen die Punkte $A(3\,|\,-2)$ und $B(-3\,|\,40)$."
Prüfen Sie Tims Behauptung.

9

Verschiebt man die Parabel p_1 mit der Funktionsgleichung $y = x^2 + 2x - 3$ um drei Einheiten nach oben und um zwei Einheiten nach links, erhält man die Parabel p_2. Bestimmen Sie für die Parabel p_2 die Schnittpunkte mit der x-Achse N_1 und N_2.

10

Eine verschobene Normalparabel hat die Gleichung $y = x^2 + bx + 6$ und geht durch den Punkt $A(-4\,|\,-2)$.
Geben Sie die Funktionsgleichung der verschobenen Parabel an.

→ Lösung S. 70, 71

11

Mara hat die beiden Parabeln
p_1 mit $y = x^2 - 2x + 2$ und
p_2 mit $y = x^2 + 6x + 8$, sowie die
Gerade g mit $y = -2x + 1$ in ein
Koordinatensystem gezeichnet.
Welche Fehler hat Mara gemacht?
Beschreiben Sie diese Fehler.
Zeichnen Sie ein korrektes Schaubild.

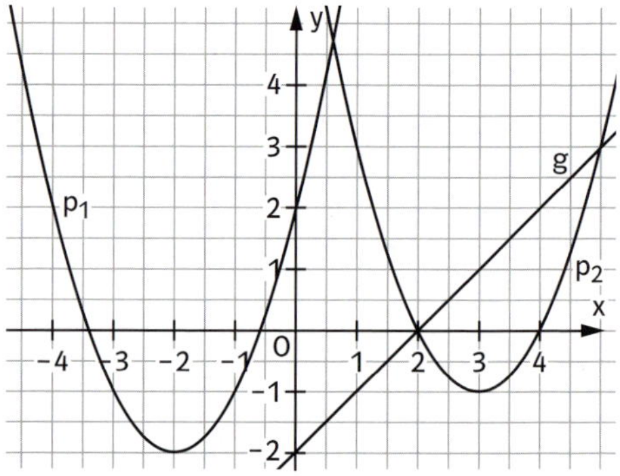

12

Der Punkt Q liegt jeweils auf den Graphen, die zu den Funktionsgleichungen gehören. Vervollständigen Sie die Funktionsgleichungen.

a) Q(1|2) liegt auf $y = (x + 2)^2 + ■$ b) Q(−1|4) liegt auf $y = (x - ■)^2$

13

g_1 $y = -3x + 2$

g_2 $y = \frac{1}{3}x - 2$

g_3 $y = -\frac{1}{3}x$

g_4 $y = -3x - 2$

g_5 $y = 3x$

g_6 $y = \frac{1}{3}x + 2$

a) Welche der Geraden verlaufen parallel zueinander?
Begründen Sie Ihre Antwort.
b) Welche der Geraden stehen senkrecht aufeinander?
Begründen Sie Ihre Antwort.
c) Welche der Geraden gehen durch einen gemeinsamen Punkt auf der y-Achse? Begründen Sie Ihre Antwort.

14

Die Gerade g geht durch die Punkte A(−4|−3) und B(5|10,5). Berechnen Sie die Funktionsgleichung.
Zeigen Sie, dass für einen der beiden Schnittwinkel mit der x-Achse gilt:
$\tan \alpha_1 = \frac{3}{2}$

 → Lösung S. 71, 72

15

Die vier Gefäße (1) bis (4) werden jeweils mit Wasser gefüllt. Ordnen Sie den Gefäßen den passenden Füllgraphen (A) bis (C) zu. Zeichnen Sie für das vierte Gefäß einen passenden Füllgraphen.

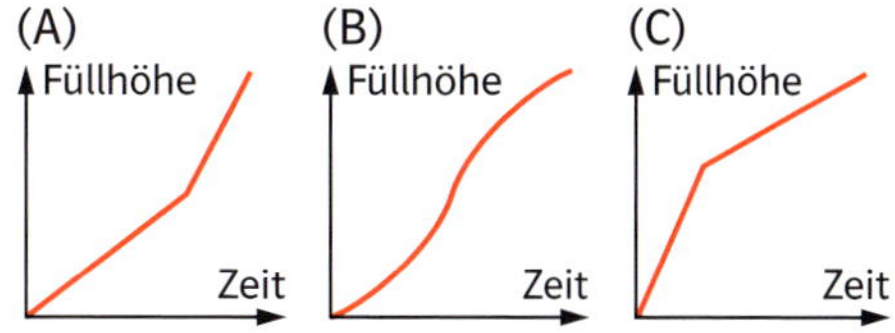

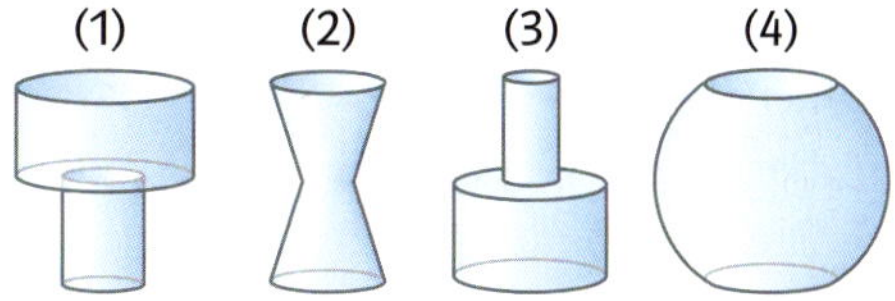

16

Die Vase wird gleichmäßig mit Wasser gefüllt. Skizzieren Sie einen passenden Füllgraphen (Füllzeit → Füllhöhe).

17

Gegeben ist eine unvollständig ausgefüllte Wertetabelle. Bestimmen Sie die Funktionsgleichung der Gerade in der Form $y = mx + c$. Vervollständigen Sie die Wertetabelle.

x	0	1	3	8	10	
y	30	32,50		50		67,50

18

Die Klasse 9b mit 27 Schülerinnen und Schülern macht eine mehrtägige Klassenfahrt. In den Buskosten in Höhe von 2800,00 € sind 800 Freikilometer enthalten. Für jeden weiteren Kilometer fallen 50 Cent an. Vervollständigen Sie die Wertetabelle zur beschriebenen Sachsituation.

Fahrstrecke in km	500	800	1000	1250	
Kosten in €					3150

→ Lösung S. 72, 73

19

Das Schaubild zeigt den Verlauf des Basketballspiels der Lions gegen die Tigers. Das Spiel ist in vier Viertel Q1 bis Q4 unterteilt.
Kreuzen Sie die zutreffenden Aussagen an.

- ☐ Im gesamten ersten Viertel (Q1) haben die Lions geführt.
- ☐ Die ersten Punkte haben die Tigers gemacht.
- ☐ Zwischen der 10. und der 30. Minute hat die Führung zweimal gewechselt.
- ☐ Die Tigers gewinnen das Spiel, obwohl sie zu Beginn des letzten Viertels zurückliegen.

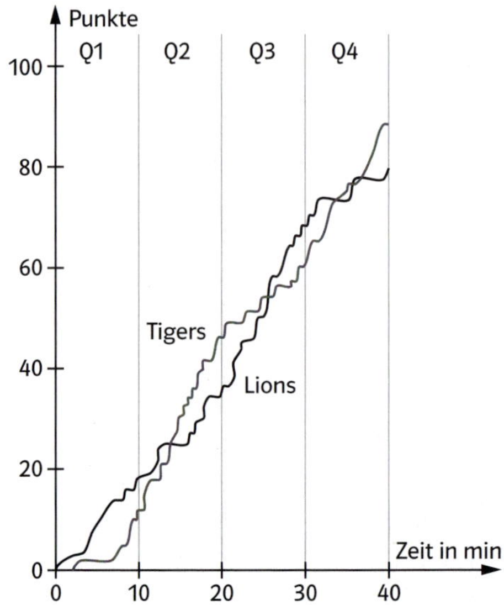

20

Katja bestellt bei einem Online-Fotodienst. Für Porto und Verpackung werden 3,50 € berechnet. Ein Bild kostet 9 ct. Bestimmen Sie die Funktionsgleichung. Welcher Graph passt zur angegebenen Situation? Begründen Sie Ihre Aussage.

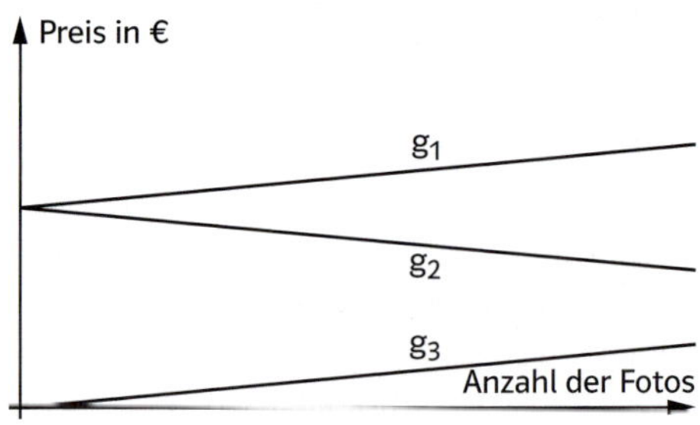

21

Auf eine Prepaidcard hat Tina ein Guthaben von 30 Euro aufgeladen.
Eine Minute Telefonieren kostet 89 Cent.
Welche Funktionsgleichung beschreibt das Restguthaben in Euro?
Begründen Sie Ihre Entscheidung.

(A) $y = 30x - 0{,}89$	(B) $y = 0{,}89x - 30$	(C) $y = 30 - 0{,}89x$

→ Lösung S. 73, 74

Leitideen: Messen/Raum und Form

1

Die Abbildung zeigt einen Würfel, einen Zylinder und eine quadratische Pyramide.
Es gilt: $a = 6\,cm$

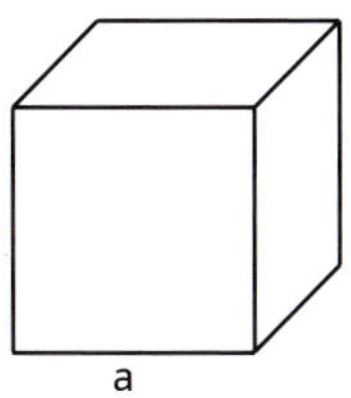

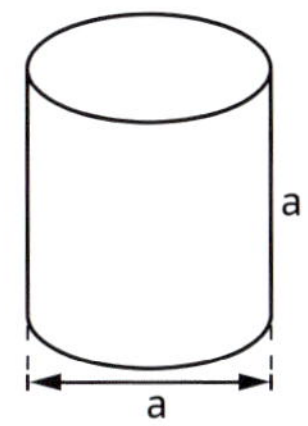

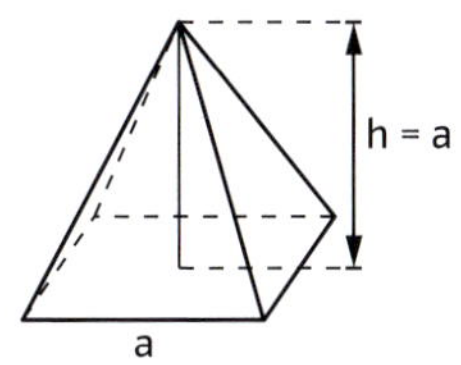

Ordnen Sie die Volumenangaben den drei Körpern zu. Begründen Sie.

(A) $170\,cm^3$ (B) $72\,cm^3$ (C) $216\,cm^3$

2

Im Rechteck ABCD liegt das gleichschenklige Dreieck AEF.
Es gilt:
$\alpha_1 = 32°$
$\beta_1 = 43°$
$\overline{AE} = \overline{AF}$
Berechnen Sie den Winkel δ.

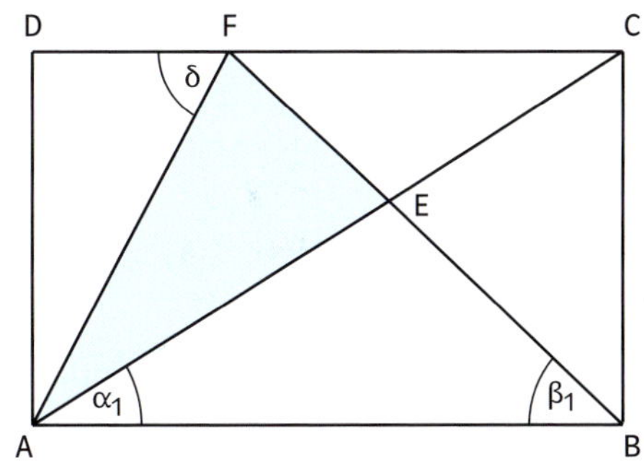

3

Im Viereck ABCD gilt:
$\overline{AD} = \overline{DE}$
$\overline{DE} = \overline{BE}$
$\overline{CD} = \overline{BC}$
Bestimmen Sie den Winkel β.

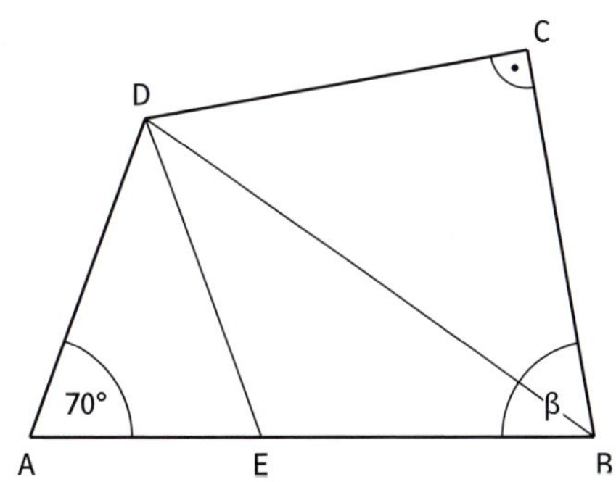

4

Welche Gleichungen sind korrekt? Kreuzen Sie die richtigen Gleichungen an.
Korrigieren Sie die fehlerhaften Gleichungen.

(A) ☐ $\sin\alpha = \frac{\overline{BC}}{\overline{AC}}$

(B) ☐ $\cos\beta = \frac{\overline{AD}}{\overline{AB}}$

(C) ☐ $\tan\gamma = \frac{\overline{DE}}{\overline{CE}}$

(D) ☐ $\sin\delta = \frac{\overline{BD}}{\overline{BE}}$

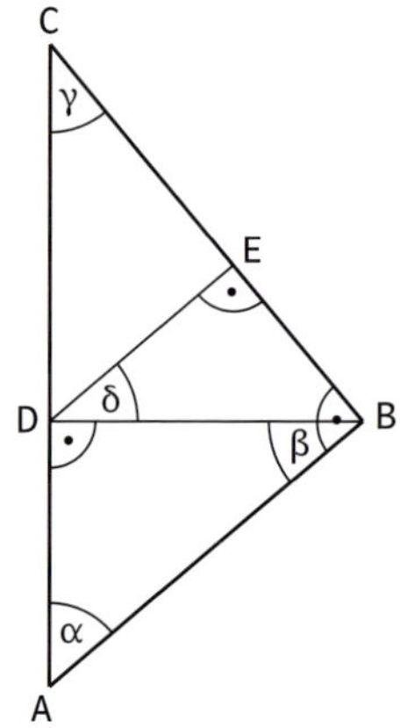

5

Ergänzen Sie die Gleichungen.

a) $\sin\gamma = \frac{\blacksquare}{\overline{BC}}$

b) $\tan\beta = \frac{\overline{AE}}{\blacksquare}$

c) $\blacksquare = \frac{\overline{AD}}{\overline{AC}}$

d) $\cos\delta = \frac{\overline{DE}}{\blacksquare}$

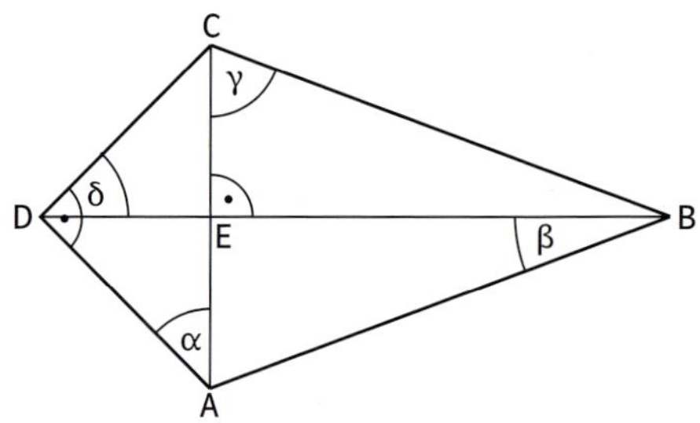

6

Die beiden quadratischen Pyramiden haben gleichgroße Grundflächen. Sowohl die gefärbte Parallelschnittfläche als auch das gefärbte Manteldreieck haben die Form eines gleichseitigen Dreiecks mit der Seitenlänge a.

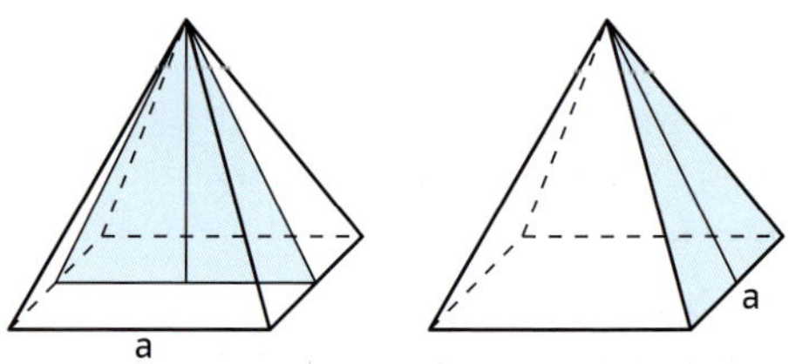

Zoe behauptet: „Die beiden Pyramiden sind gleich hoch."
Hat Zoe recht? Begründen Sie Ihre Aussage.

 → Lösung S. 75

7

In einem gleichschenkligen Dreieck ABC mit $\overline{AC} = \overline{BC}$ sind die Länge $\overline{AC}$ und der Winkel α gegeben.
Geben Sie den Umfang des Dreiecks DEC an.
Notieren Sie den Lösungsweg schrittweise.

(1) $\overline{CD}$ berechnen

$\sin\alpha = \frac{\overline{CD}}{\overline{AC}} \rightarrow \overline{CD} = \overline{AC} \cdot \sin\alpha$

(2)

(3)

…

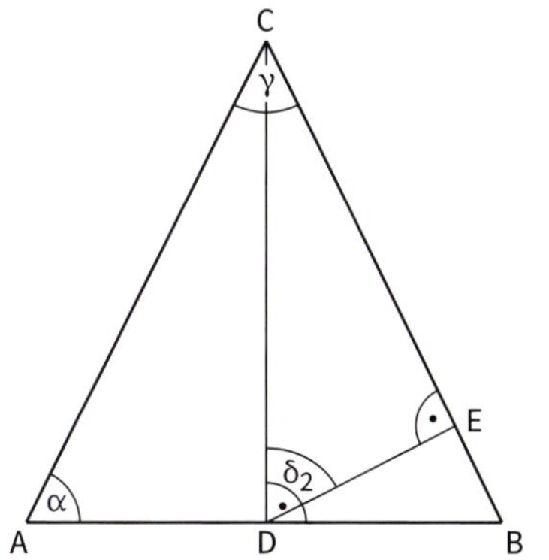

8

Eine quadratische Pyramide mit der Grundkante 5 cm und der Höhe 12 cm wird vollständig mit Wasser gefüllt.
Dieses Wasser wird in einen Würfel mit der Kantenlänge 5 cm umgefüllt.
Passt das Wasser vollständig in den Würfel?
Wenn ja, zu wie viel Prozent ist der Würfel dann mit Wasser gefüllt?

9

Auf dem Netz einer quadratischen Pyramide sind Teilabschnitte des Streckenzugs $AM_1M_2M_3M_4B$ eingezeichnet.
Die Punkte M_1, M_2, M_3 und M_4 sind die Mittelpunkte der Seitenkanten.
Für die Pyramide gilt:
a = 6,0 cm (Länge der Grundkante)
h = 5,5 cm (Höhe der Pyramide)
Zeichnen Sie das Schrägbild der Pyramide.
Tragen Sie im Schrägbild den Streckenzug ein.

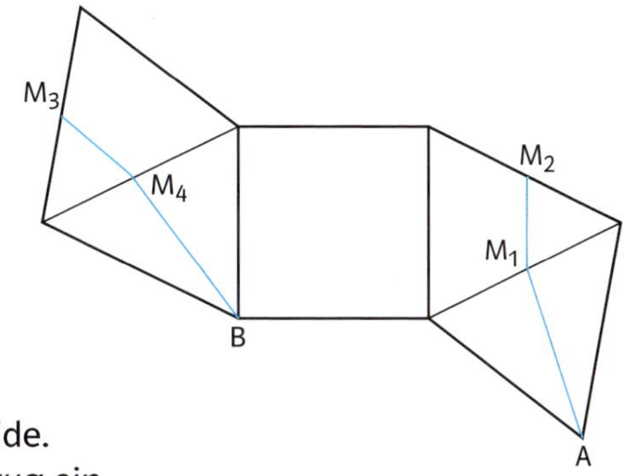

10

Wie verändert sich das Volumen einer quadratischen Pyramide, wenn man die Grundkante verdoppelt und die Höhe halbiert?
Begründen Sie Ihre Entscheidung.

→ Lösung S. 75, 76

11

Von einem quadratischen Prisma sind bekannt:
a = 2,0 cm (Länge der Grundkante)
h = 6,0 cm (Körperhöhe)
Der Streckenzug ABCDE hat auf jeder Mantelseite des Prismas dieselbe Steigung.
Berechnen Sie die Länge des Streckenzuges ABCDE.

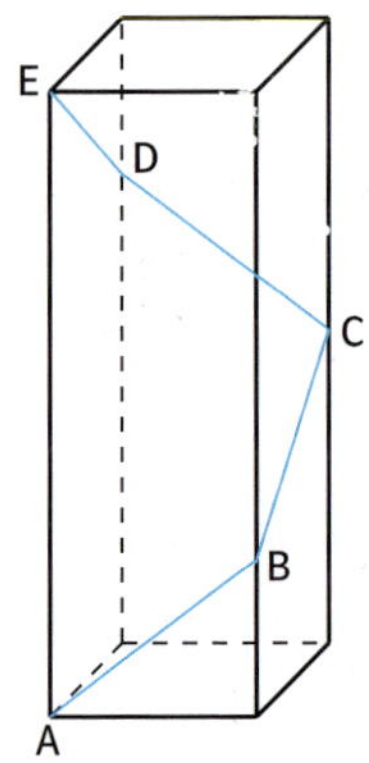

12

Ein Zylinder Z_1 hat die Maße:
d_1 = 16 cm; h_1 = 10 cm
Ein Zylinder Z_2 mit der Höhe h_2 = 40 cm soll das gleiche Volumen haben wie der Zylinder Z_1.
Berechnen Sie den Radius r_2 des Zylinders Z_2.

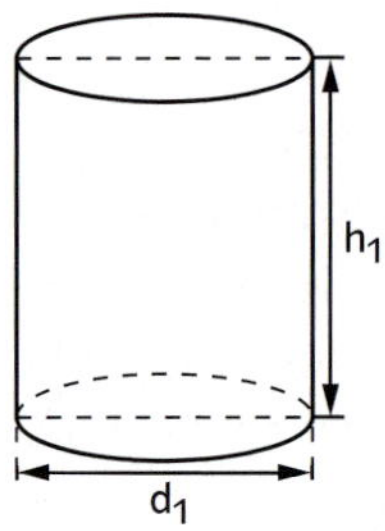

13

Übertragen Sie die Punkte in ein Koordinatensystem.
Bestimmen Sie die Koordinaten des fehlenden Punktes D so, dass das Viereck
a) ein Rechteck ist: A(3|2); B(6|2); C(6|7)
b) ein Quadrat ist: A(−2|4); B(−4|0); C(0|−2)
c) ein Rechteck ist: A(0|8); B(−4|6); C(−3|4)
Berechnen Sie den Flächeninhalt der drei Figuren.

14

Der Würfel hat die Kantenlänge a = 10 cm. Im Würfel liegt ein Prisma.
Berechnen Sie das Volumen des Prismas.

a)

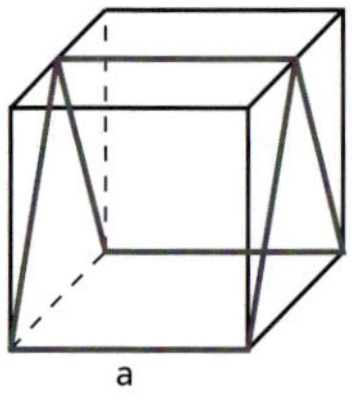

b)

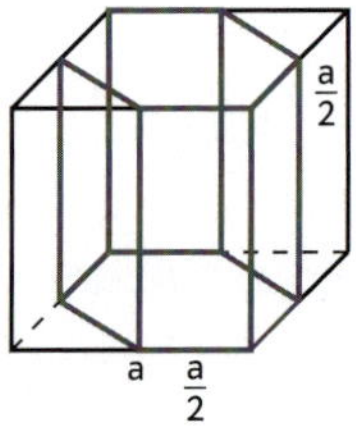

Leitidee: Daten und Zufall

1

Die Klasse 9 a hat ein Diktat geschrieben. Die Fehler wurden nach Jungen und Mädchen getrennt in einer Rangliste notiert.

Rangplatz	1	2	3	4	5	6	7	8	9	10	11	12	13
Anzahl der Fehler Jungen	0	0	0	1	2	2	3	4	6	7	8	11	15
Anzahl der Fehler Mädchen	0	1	1	2	3	3	4	15	15				

a) Ermitteln Sie die Kennwerte für die Jungen und die Mädchen.
b) Erstellen Sie einen Boxplot für die Jungen und die Mädchen.

2

In den beiden Boxplots ist die Anzahl der täglichen Kurznachrichten der Mädchen und der Jungen einer Klasse dargestellt.

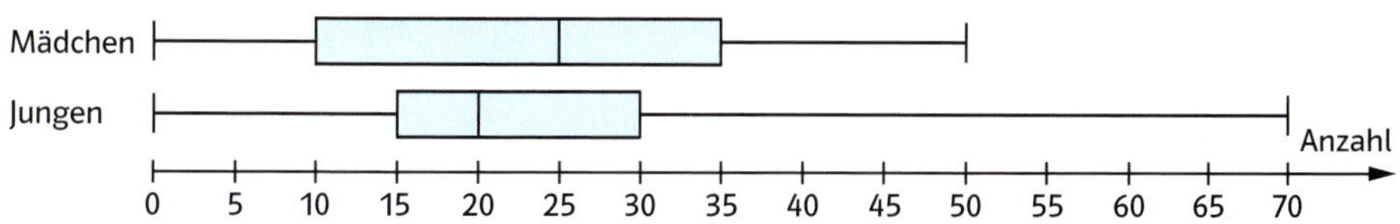

Kreuzen Sie die zutreffenden Aussagen an.

- ☐ In der Klasse sind 13 Jungen und 14 Mädchen.
- ☐ Mindestens die Hälfte aller Mädchen schreiben täglich zwischen 10 und 35 Kurznachrichten.
- ☐ Im Durchschnitt schreiben die Mädchen täglich 25 Kurznachrichten.
- ☐ Mindestens ein Viertel aller Jungen schreiben täglich mehr als 30 Kurznachrichten.

→ Lösung S. 78

3

In der Tabelle sind die Punkte des Vokabeltests der Klasse 10 b (25 Schülerinnen und Schüler) zusammengefasst. Insgesamt gab es 12 Punkte.

a) Stellen Sie die Verteilung der Punkte in einem Boxplot dar.

Punkte	0	1	2	3	4	5	6	7	8	9	10	11	12
Anzahl der Schülerinnen und Schüler		III	I		卌	III	III	IIII	II		II	I	I

b) Niklas und Marie schreiben den Vokabeltest nach. Sie erreichen 3 und 4 Punkte. Ändert sich dadurch der Boxplot? Begründen Sie Ihre Entscheidung.

4

Der Boxplot zeigt die Verteilung der durchschnittlichen täglichen Smartphone Bildschirmzeiten der Jungen der Klasse 10 c.

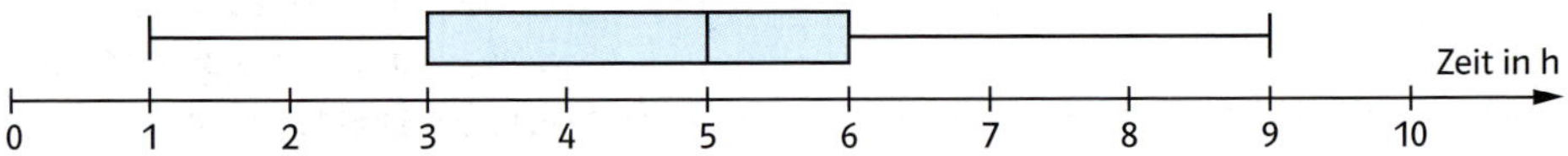

a) Vervollständigen Sie die Rangliste dieses Boxplots mit möglichen Werten.

Rangplatz	1	2	3	4	5	6	7	8	9	10	11	12	13
Zeit in h		2	2					5	5			9	

b) Kreuzen Sie die zutreffenden Aussagen an.

☐ Mindestens 50 % der Jungen der 10 c sind durchschnittlich zwischen 3 bis 6 Stunden am Smartphone.

☐ Der Mittelwert der durchschnittlichen Bildschirmzeit aller Jungen der 10 c liegt bei 5 Stunden.

☐ Mindestens ein Viertel der Jungen ist weniger als 3 Stunden am Smartphone Bildschirm.

 → Lösung S. 79

5

Die 29 Schülerinnen und Schüler der Klasse 8b wurden nach der Höhe ihres Taschengeldes befragt. Das Säulendiagramm zeigt das Ergebnis der Befragung (auf 5 € gerundete Werte).

a) Zeichnen Sie dazu einen Boxplot.

b) Welche Auswirkungen hat es auf die Kennwerte, wenn ein Schüler, der bisher kein Taschengeld bekam, zukünftig 5 € Taschengeld im Monat erhält? Erklären Sie.

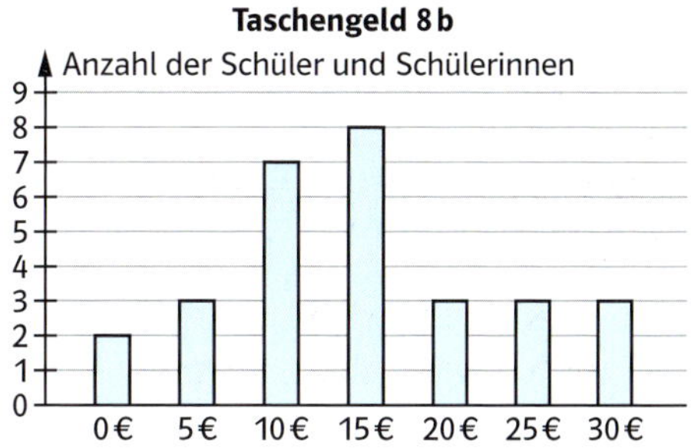

6

Charlotte trainiert Freiwürfe beim Basketball. Sie wirft eine Minute lang auf den Korb und notiert, wie viele Körbe sie jeweils getroffen hat. Nach 4 Ein-Minuten-Einheiten hat sie im Durchschnitt 7,75 Körbe in der Minute getroffen. Nach der 5. Ein-Minuten-Einheit sind es genau 8 Körbe im Durchschnitt. Wie viele Körbe hat sie in der 5. Ein-Minuten-Einheit getroffen?

7

Eine Getränkefabrik produziert Apfelsaft. Es werden 0,75 l Flaschen von zwei Maschinen abgefüllt. Die Abfüllmenge wird regelmäßig in Stichproben kontrolliert. Die beiden Boxplots zeigen das Ergebnis der letzten Kontrolle.

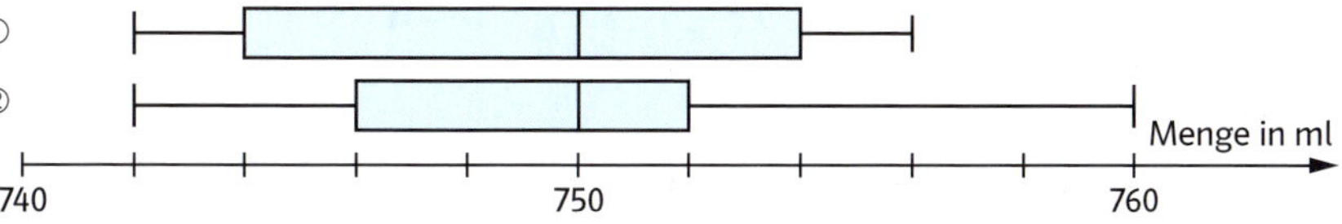

Welche Aussagen zu den Boxplots treffen zu? Kreuzen Sie an.

- ☐ Die Spannweite der Abfüllmenge ist bei Maschine ① geringer als bei Maschine ②.
- ☐ Der Mittelwert bei beiden Maschinen liegt bei 0,75 l.
- ☐ Bei Maschine ① wurden 100 Flaschen kontrolliert.
- ☐ In mindestens 25 % der Flaschen sind bei Maschine ② 752 ml oder mehr Apfelsaft abgefüllt worden.
- ☐ In keiner der kontrollierten Flaschen befinden sich weniger als 742 ml Apfelsaft.

→ Lösung S. 80

8

In einer Tüte befinden sich ein rotes, drei blaue und fünf grüne Bonbons. Simone nimmt gleichzeitig zwei Bonbons heraus.
Erstellen Sie ein Baumdiagramm mit den zugehörigen Wahrscheinlichkeiten.

9

Aus dem Behälter werden zwei Kugeln gezogen. Die erste Kugel wird nach dem Ziehen wieder zurückgelegt.

a) Wie groß ist die Wahrscheinlichkeit beim ersten Zug keine weiße Kugel zu ziehen?
b) Mit welcher Wahrscheinlichkeit werden zwei blaue Kugeln gezogen?
c) Wie groß ist die Wahrscheinlichkeit zwei graue Kugeln zu ziehen, wenn die erste gezogene Kugel nicht zurückgelegt wird?

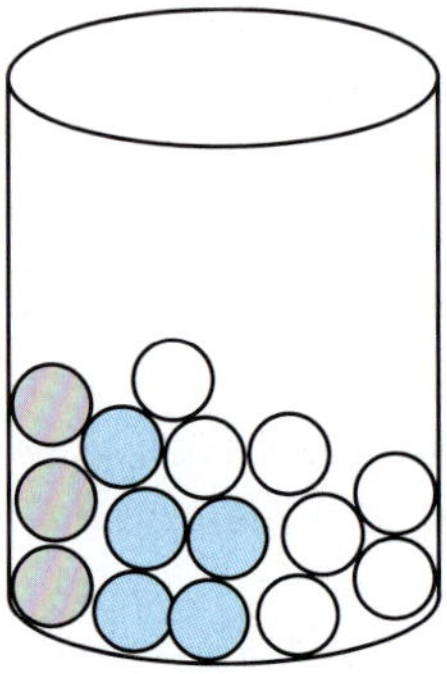

10

Bei einer Grenzkontrolle wurden 100 Fahrzeuge erfasst. Es ergab sich folgendes Ergebnis:
75 Pkws
20 Lkws
Alle anderen Fahrzeuge wurden unter „sonstige Fahrzeuge“ zusammengefasst.

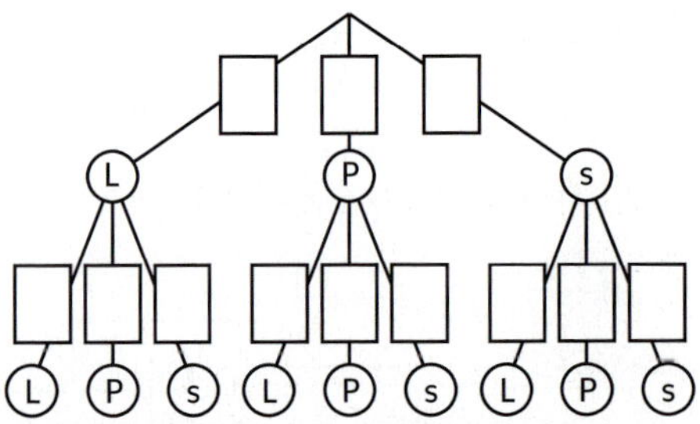

Ergänzen Sie das Baumdiagramm mit den zugehörigen Wahrscheinlichkeiten.
Wie groß ist die Wahrscheinlichkeit, dass unter zwei nacheinander die Grenze passierenden Fahrzeugen ein Pkw und ein Lkw sind?

11

Auf einem Schulfest befinden sich in einem Beutel mit Losen 20 Nieten, 3 Essens-Gutscheine und 2 Getränke-Gutscheine. Sarah zieht zwei Lose gleichzeitig.
Welche der beiden Lösungen ist falsch?
Begründen Sie durch Rechnung.

(A) P(kein Gutschein) = $\frac{19}{20}$

(B) P(zwei Gutscheine) = $\frac{1}{30}$

 → Lösung S. 81

12

Max wirft einmal mit einem besonderen Spielwürfel.

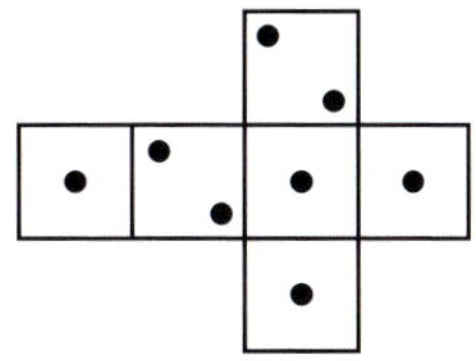

a) Begründen Sie, dass die Wahrscheinlichkeit für die Augenzahl „2“ bei einem Wurf mit dem Würfel $\frac{1}{3}$ beträgt.

b) Der Würfel wird zweimal geworfen. Die Augenzahlen werden addiert. Erstellen Sie eine Tabelle. Geben Sie die Wahrscheinlichkeit für eine gerade Augensumme an.

13

Ein Glücksrad ist blau und grau gefärbt. Es wird zweimal nacheinander gedreht.

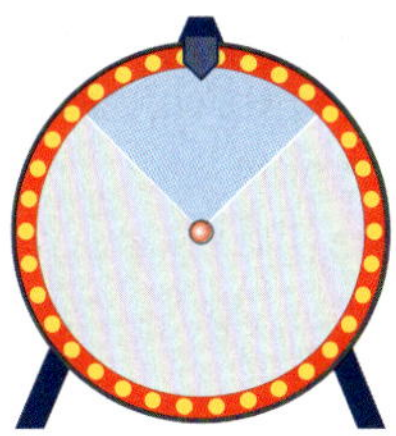

a) Zeichnen Sie das zugehörige Baumdiagramm.

b) Mit welcher Wahrscheinlichkeit erhält man das Ergebnis „zweimal gleiche Farbe“?

c) Geben Sie ein Ereignis an, für das die Wahrscheinlichkeit $\frac{3}{8}$ gilt.

14

In einer Dose befinden sich gelbe, rote und blaue Bonbons. Insgesamt sind es 20 Stück.
Tim zieht gleichzeitig zwei Bonbons. Ergänzen Sie das Baumdiagramm.

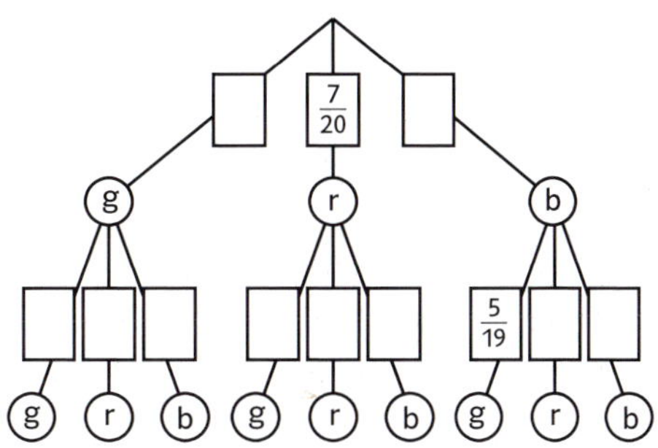

15

Welche Aussagen passen zu dem Baumdiagramm? Kreuzen Sie die zutreffenden Aussagen an.

- ☐ Es handelt sich um einen Zufallsversuch mit Zurücklegen.
- ☐ P(zwei weiße Kugeln) = 10 %
- ☐ Es werden zwei Kugeln gezogen.
- ☐ P(zwei blaue Kugeln) = $\frac{5}{9}$

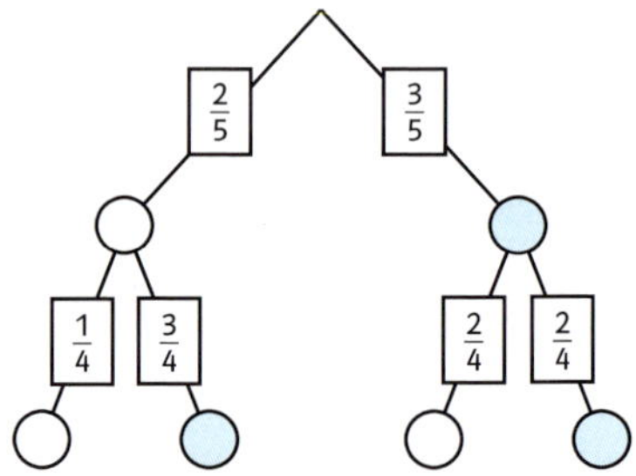

16

Ein Kreisel wird zweimal gedreht. Angezeigt wird das Symbol, auf dessen Kante er liegen bleibt.

a) Geben Sie zwei Ereignisse an, die mit einer Wahrscheinlichkeit von 6,25 % eintreten.

b) Geben Sie die Wahrscheinlichkeit für das Ereignis „kein Stern“ an.

17

Ein Glücksrad soll passend zum Baumdiagramm mit den Farben rot, grün und weiß erstellt werden.

a) Welche Mittelpunktswinkel müssen für die jeweiligen Farben gewählt werden?

b) Das Glücksrad wird zweimal gedreht. Wie groß ist die Wahrscheinlichkeit, zweimal das grüne Feld zu drehen?

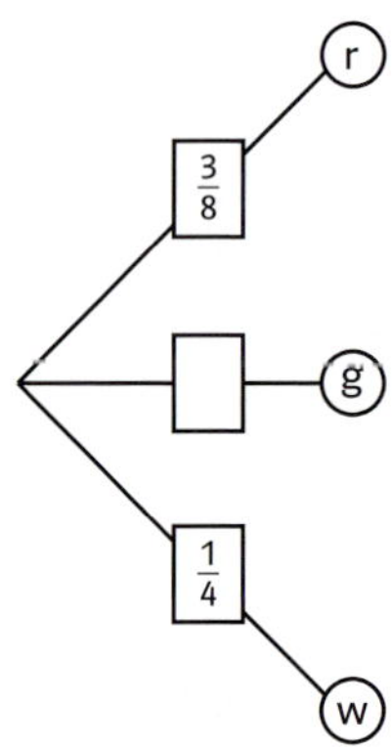

→ Lösung S. 83

Pflichtbereich A2 mit Hilfsmittel

Zugelassene Hilfsmittel: Formelsammlung, elektronischer Taschenrechner (nicht programmierbar), Parabelschablone, Zeichengeräte

Leitidee: Zahl, Variable, Operation

1

Ein Mountain-Bike kostet ohne Mehrwertsteuer 1006,72 €.
Berechnen Sie den Preis einschließlich 19 % Mehrwertsteuer.
Nach einer Preisreduzierung kostet das Mountain-Bike noch 958,40 €.
Um wie viel Prozent ist das Mountain-Bike jetzt billiger?

2

Mia möchte sich einen E-Roller kaufen. Sie prüft zwei Angebote. Für welches Angebot soll sie sich entscheiden? Begründen Sie Ihre Aussage.

FUN-ROLLER 500 €
plus 19 % Mehrwertsteuer

Flitze-Flink 615 €
abzüglich 3 % Rabatt

3

Milo beobachtet die Preisentwicklung für eine Mietwohnung.
Monatsmiete 2018: 800,00 €
Mieterhöhung für 2019: 2,5 % (bezogen auf das Vorjahr)
Mieterhöhung für 2020: 4,0 % (bezogen auf das Vorjahr)
Berechnen Sie die gesamten Mietkosten für das Jahr 2020.

4

Im Verkaufspreis eines Tablets (Preis einschließlich 19 % MwSt.) sind 207,40 € Mehrwertsteuer enthalten. Wie hoch ist der Preis ohne Mehrwertsteuer?
Auf den Verkaufspreis werden 2 % Skonto gewährt. Berechnen Sie den Preis nach Skontoabzug.

5

Auf den Endpreis (inkl. 19 % MwSt.) eines Druckers werden 5 % Rabatt gewährt. Der Drucker kostet dann noch reduziert 474,05 €.
Berechnen Sie, wie viel Euro Mehrwertsteuer im Endpreis enthalten sind.

→ Lösung S. 84

6

Der Preis einer Jacke beträgt 299,00 €. Im Schlussverkauf wird der Preis um 15 % reduziert. Nach einer 2. Preisreduzierung kostet die Jacke nur noch 228,74 €.
Berechnen Sie, um wie viel Prozent die Jacke beim zweiten Mal reduziert wurde. Um wie viel Prozent wurde der Preis der Jacke insgesamt herabgesetzt?

7

Der Preis eines Smart-TVs wird zunächst um 5 % gesenkt und danach nochmals um 50 € reduziert. Nach einer dritten Preissenkung um 10 % (bezogen auf den bereits zweimal reduzierten Preis) kostet das Smart-TV noch 1065,65 €.
Wie hoch war der ursprüngliche Preis? Berechnen Sie, um wie viel Prozent der ursprüngliche Preis insgesamt reduziert wurde.

8

Der Endpreis eines Blu-Ray-Players verringert sich zunächst um 10 %. Anschließend wird der Preis nochmals um 5 % reduziert. Beide Preissenkungen ergeben zusammen eine Verbilligung des Blu-Ray-Players um 43,36 €.
Berechnen Sie den ursprünglichen Preis.

9

Die Grafik zeigt die Entwicklung des Holzeinschlags in Deutschland. Um wie viel Prozent hat der Holzeinschlag von 2009 bis 2018 zugenommen? Wie viele Millionen Kubikmeter Holz wurden im Jahr 2018 im Staatswald geschlagen?
Einer Prognose zufolge soll der Holzeinschlag in den 10 Jahren von 2018 bis 2028 jährlich um jeweils 2 % gegenüber dem Vorjahr zunehmen.
Wie viele Millionen Kubikmeter wären es dann im Jahr 2028?

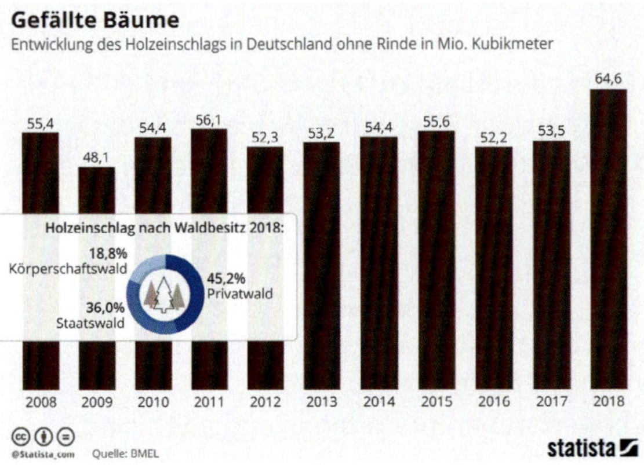

 → Lösung S. 84, 85

10

Wie viele E-Bikes wurden im Jahr 2017 verkauft?
Wie viele Fahrräder wurden 2018 insgesamt verkauft?
Der Verband rechnet für die kommenden fünf Jahre mit einer jährlich gleichbleibenden Steigerungsrate für E-Bikes. Berechnen Sie die jährliche Steigerungsrate, wenn für das Jahr 2023 mit dem Verkauf von 2 000 000 E-Bikes gerechnet wird.

E-Bikes sind der neue Renner
Allein 2018 wurden in Deutschland 980 000 Stück verkauft. Im Vergleich zum Vorjahr hat der Absatz damit um 36 % zugenommen. Ebenfalls gestiegen ist der Marktanteil am Gesamtfahrrad-Markt. Der Marktanteil erreicht erstmalig die Marke von 23,5 %. Fast ein Viertel aller verkauften Fahrräder sind also E-Bikes. Ein Erfolg, auf den der Zweirad-Industrie-Verband besonders stolz ist.

11

Die Grafik zeigt das Müllaufkommen pro Person im Jahr 2017.
Wie viel Prozent macht der Hausmüll am gesamten Müllaufkommen aus?
Zeichnen Sie ein Kreisdiagramm. Welche Probleme treten dabei auf?

Was landet in der Tonne?
In Deutschland entsorgte 2017 jeder Einwohner durchschnittlich **462 kg Abfall**.

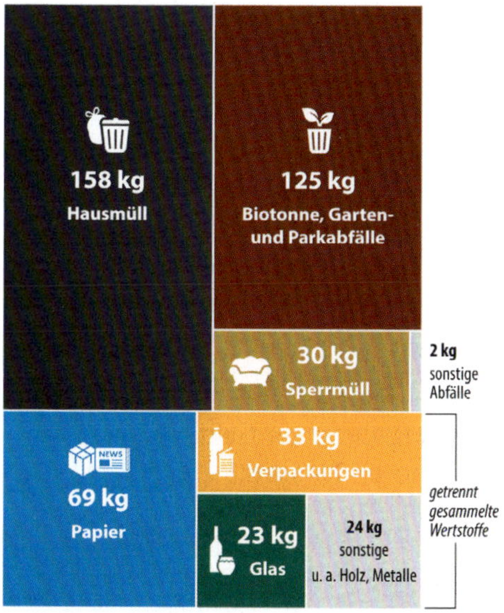

dpa•29514 vorl. Zahlen rundungsbed. Differenz Quelle: Stat. Bundesamt

→ Lösung S. 85

12

Die Grafik zeigt die Menge des Verpackungsmülls pro Kopf in Deutschland. Um wie viel Prozent stieg der Verpackungsmüll pro Kopf von 1995 bis 2010 an?
Wie hoch war der prozentuale Anteil der Papierverpackungen pro Kopf im Jahr 2016?
Wie viel Prozent mehr Kunststoffverpackungen pro Person waren im Jahr 2016 gegenüber dem Jahr 1991 zu verzeichnen?

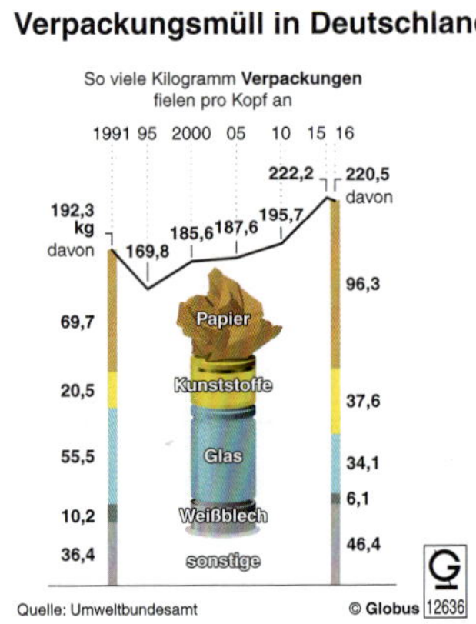

13

Um wie viel Prozent ist die Zahl der Elektroautos von 2017 bis 2018 angestiegen?
Wie viele Pkws waren im Jahr 2018 insgesamt in Deutschland zugelassen?

Bestandsentwicklung Elektroautos (BEV)

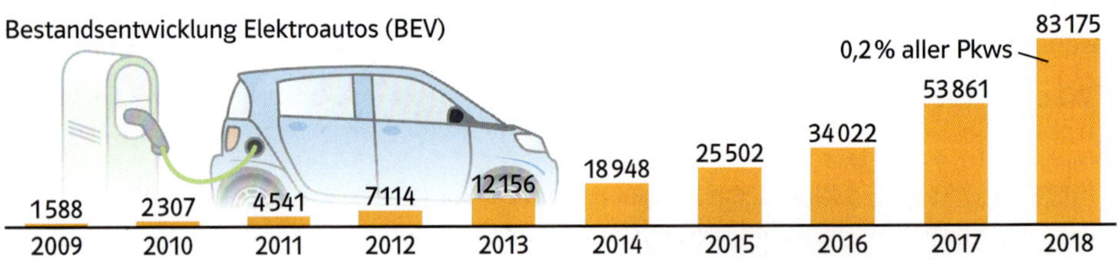

Quelle: Kraftfahrt-Bundesamt

14

Ab dem 1.1.2020 hat sich der Mehrwertsteuersatz für Bahnfahrten ab 50 km von 19 % auf 7 % reduziert. Emil meint: „Damit wird das Bahnfahren ab 50 km um 12 % billiger." Hat Emil recht? Begründen Sie Ihre Aussage.

15

Zwei Bankhäuser machen unterschiedliche Angebote zur Geldanlage. Welches der beiden Angebote bietet den höheren Zinssatz?

Bankhaus Fuchs	**Stadtsparkasse Taldorf**
Anfangskapital: 5000 €	Anfangskapital: 4000 €
Zinsen nach 3 Monaten: 20,00 €	Zinsen nach 150 Tagen: 25,00 €

 → Lösung S. 86

16

Herr Schmitt legt einen Betrag von 6000,00 € für drei Jahre bei seiner Bank zu einem Zinssatz von 0,75 % an. Zinsen werden mitverzinst. Wie viel Euro Zinsen erhält Herr Schmitt nach Ablauf von drei Jahren?

17

Ein Kapital wächst in zehn Jahren von 12 000,00 € auf 14 273,33 €. Zinsen werden mitverzinst. Wie hoch ist der jährlich gleichbleibende Zinssatz?
Auf welchen Betrag ist das ursprüngliche Kapital nach Ablauf von vier weiteren Jahren angewachsen, wenn sich der Zinssatz um einen Prozentpunkt gleichbleibend erhöht? Die Zinsen werden wiederum mitverzinst.

18

Frau Winter zahlt drei Jahre lang immer zu Jahresanfang einen Geldbetrag auf einen Sparvertrag ein.

Am Ende des ersten Jahres erhält Frau Winter 15,00 € Zinsen. Am Ende des zweiten Jahres erhält sie 45,15 € Zinsen. Nach Ablauf der drei Jahre hat sie ein Guthaben von 7654,65 €.
Wie hoch waren jeweils die Einzahlungsbeträge?

Wir kümmern uns um ihr Geld	
Zinssatz für das 1. Jahr:	0,75 %
Zinssatz für das 2. Jahr:	1,0 %
Zinssatz für das 3. Jahr:	1,25 %
Zinsen werden mitverzinst.	

Luis meint: „Wenn die Bank für die drei Jahre jeweils 1,0 % Zinsen angeboten hätte, wäre nach drei Jahren derselbe Betrag angespart worden."
Hat Luis recht? Begründen Sie Ihre Aussage.

19

Die Grafik zeigt die Kostenentwicklung des Bahnprojekts Stuttgart 21.
Um wieviel Prozent sind die voraussichtlichen Kosten von 2013 bis 2018 angestiegen?
Berechnen Sie die durchschnittliche jährliche prozentuale Kostensteigerung von 1995 bis 2018.

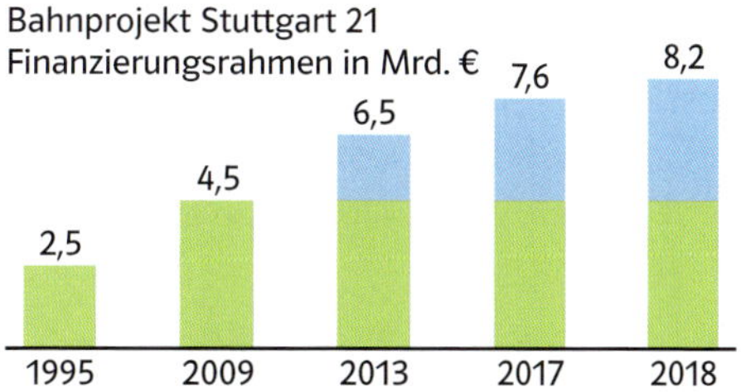

Aus der Tagesschau vom 26.01.2018, Julia Henninger, SWR

20

Das Diagramm zeigt die Leistung von Solaranlagen. Um wie viel Prozent hat die weltweite Leistung von 2016 auf 2017 zugenommen?
Um wie viel Prozent lag die weltweite Leistung im Jahr 2012 unter der des Jahres 2013?
Berechnen Sie den Anteil der in Deutschland produzierten Solarenergie im Jahr 2017.
Wie viel Prozent mehr Solarenergie produzierte Japan gegenüber Deutschland im Jahr 2017?

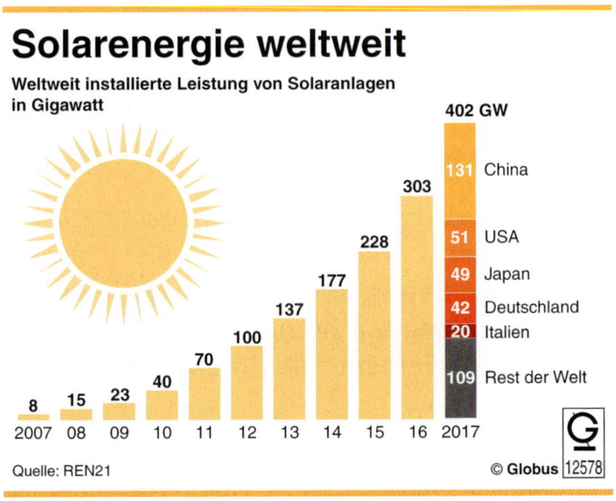

21

Um wie viel Prozent hat die Leistung der Windkraftanlagen in Deutschland von 2014 bis 2018 zugenommen?
Um wie viel Prozent hat der Neubau von Windkraftanlagen von 2017 auf 2018 abgenommen?
In welchem Jahr wurden die meisten Windkraftanlagen errichtet, in welchem die wenigsten? Berechnen Sie den prozentualen Unterschied.
Berechnen Sie die jährlich durchschnittliche prozentuale Steigerung der installierten Leistung in den acht Jahren von 2010 bis 2018.

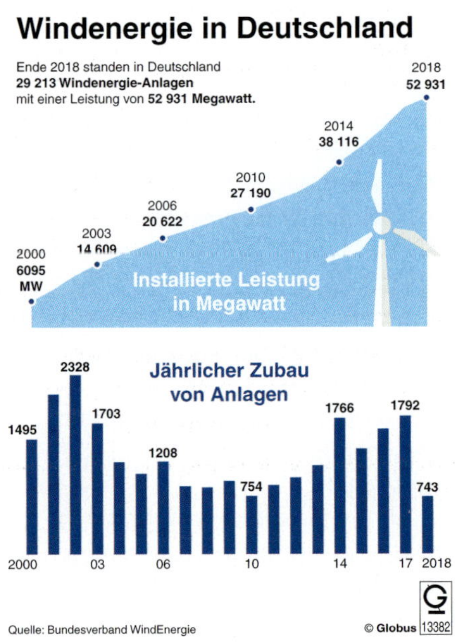

Leitidee: Funktionaler Zusammenhang

1

Eine nach oben geöffnete, verschobene Normalparabel p hat den Scheitelpunkt $S(-1|-4)$.
Stellen Sie die Funktionsgleichung in der Form $y = x^2 + bx + c$ dar.
Der Scheitelpunkt und die beiden Schnittpunkte mit der x-Achse bilden ein Dreieck. Berechnen Sie den Umfang und den Flächeninhalt dieses Dreiecks.

2

Eine nach oben geöffnete, verschobene Normalparabel p_1 hat den Scheitelpunkt $S_1(-1|-3)$. Eine zweite Parabel p_2 mit der Gleichung $y = \frac{1}{3}x^2 - 2$ schneidet die Parabel p_1 in den Punkten A und B. Die Gerade h verläuft durch die beiden Schnittpunkte A und B.
Berechnen Sie die Funktionsgleichung der Geraden h.

3

Gegeben sind die verschobene, nach oben geöffnete Normalparabel p_1 mit dem Scheitelpunkt $S_1(2|-2)$ und die Parabel p_2 mit der Funktionsgleichung $y = -x^2 + 2$. Durch die Schnittpunkte A und B der beiden Parabeln verläuft die Gerade g.
Berechnen Sie die Funktionsgleichung von g.
Unter welchen Winkeln schneidet die Gerade g die x-Achse?

4

Das Schaubild zeigt die verschobene Normalparabel p_1 und die breitere, nach unten geöffnete Parabel p_2.
Bestimmen Sie die Funktionsgleichungen der beiden Parabeln. Durch die beiden Scheitelpunkte S_1 und S_2 verläuft die Gerade g.
Berechnen Sie die Steigung von g.

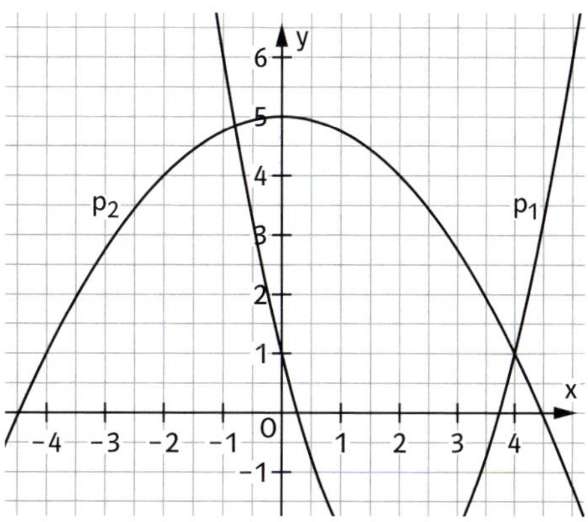

→ Lösung S. 88

5

Eine Parabel p_1 mit der Funktionsgleichung in der Form $y = x^2 + bx + c$ verläuft durch die beiden Punkte $A(-2|15)$ und $B(2|-9)$. Berechnen Sie die Funktionsgleichung der Parabel p_1. Der Scheitel wird um 10 LE in y-Richtung nach oben verschoben. Geben Sie die Funktionsgleichung der neuen Parabel p_2 an.

6

Das Schaubild zeigt die verschobene Normalparabel p_1. Eine weitere verschobene Normalparabel p_2 schneidet die Parabel im Punkt $T(0|2)$. Bestimmen Sie die Funktionsgleichungen der beiden Parabeln.

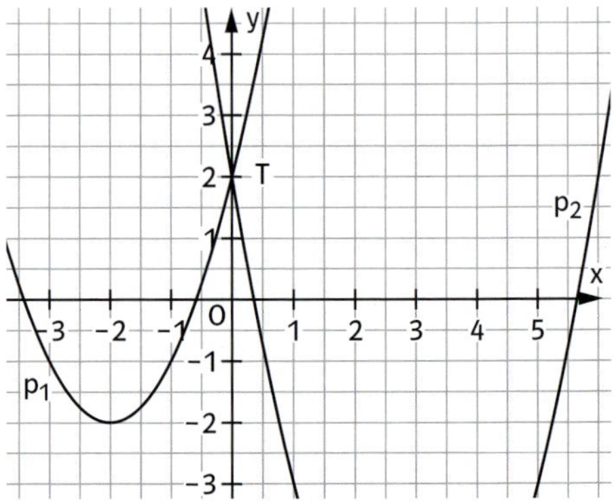

Zeigen Sie durch Rechnung, dass der Punkt T der einzige Schnittpunkt der beiden Parabeln ist.
Durch die beiden Scheitelpunkte S_1 und S_2 verläuft die Gerade g.
Geben Sie die Funktionsgleichung der Geraden h an, die parallel zur Geraden g verläuft und durch den Punkt T geht.

7

Die beiden Geraden $g: y = \frac{1}{2}x + 1$ und $h: y = -\frac{1}{6}x + 3$ schneiden sich im Punkt S. Dieser Punkt S ist der Scheitel einer nach oben geöffneten, verschobenen Normalparabel. Bestimmen Sie die Gleichung der Parabel in der Form $y = x^2 + bx + c$.

8

Die teilweise ausgefüllte Wertetabelle gehört zu einer nach oben geöffneten, verschobenen Normalparabel p. Bestimmen Sie die Funktionsgleichung und vervollständigen Sie die Wertetabelle.

x	0	1	2	3	4	5	6
y			0				0

Die Gerade h geht durch den Scheitelpunkt S und den Schnittpunkt R mit der y-Achse.
Berechnen Sie die Funktionsgleichung von h.

 → Lösung S. 88, 89

9

Das Schaubild zeigt Ausschnitte von drei Parabeln. Bestimmen Sie die Funktionsgleichungen der Parabeln. Welcher Graph gehört zur unvollständigen Wertetabelle?
Begründen Sie Ihre Entscheidung.

x	−4	−3	−2	−1
y	−2	−3		

Durch die Scheitelpunkte der drei Parabeln verläuft die Gerade g. Berechnen Sie deren Funktionsgleichung.

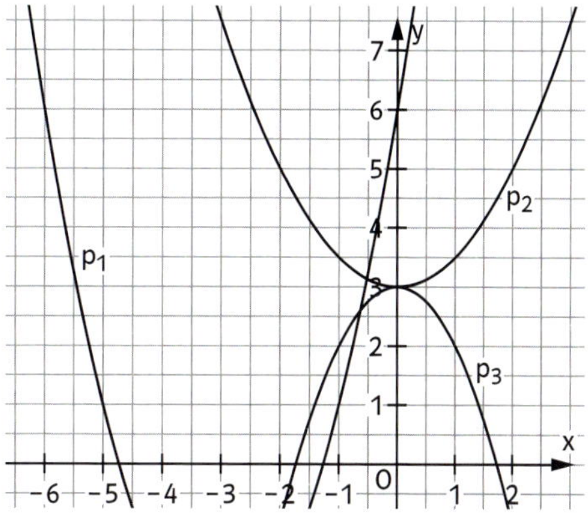

10

Eine Parabel p_1 mit der Gleichung $y = x^2 + 6x + 8$ wird um 8 LE in x-Richtung nach rechts verschoben. Dadurch entsteht die Parabel p_2. Bestimmen Sie die Gleichung der Parabel p_2 in der Form $y = x^2 + bx + c$. Der Schnittpunkt P der beiden Parabeln p_1 und p_2 bildet mit den Scheitelpunkten S_1 und S_2 ein gleichschenkliges Dreieck. Berechnen Sie den Umfang dieses Dreiecks.

11

Das Schaubild zeigt den Ausschnitt einer verschobenen, nach oben geöffneten Normalparabel p. Die Wertetabelle gehört zur Parabel p.

x	−5	−4	−3	−2
y				

Füllen Sie die Wertetabelle aus.
Durch den Scheitelpunkt und den Ursprung verläuft die Gerade h. Bestimmen Sie die Funktionsgleichung der Geraden h.

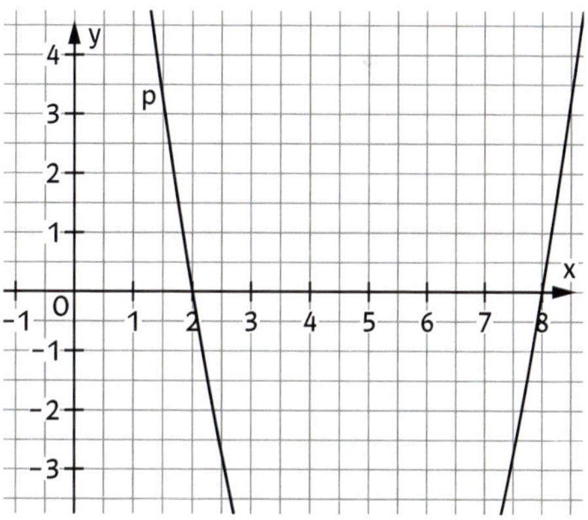

→ Lösung S. 89

12

Die nach oben geöffnete Normalparabel p_1 schneidet die x-Achse in den Punkten $N_1(-2\,|\,0)$ und $N_2(0\,|\,0)$. Die Parabel p_2 mit der Funktionsgleichung $y = x^2 - 4x + c$ schneidet die y-Achse im Punkt $Q(0\,|\,6)$. Die Gerade g verläuft durch N_1 und den Schnittpunkt P der beiden Parabeln.
Berechnen Sie die Funktionsgleichung von g.
Geben Sie eine mögliche Funktionsgleichung einer Geraden h an, die parallel zur Geraden g verläuft und weder mit p_1 noch mit p_2 einen gemeinsamen Punkt hat.

13

Die Punkte $R(-2\,|\,1)$ und $T(-7{,}5\,|\,-12{,}75)$ liegen auf einer nach oben geöffneten, verschobenen Normalparabel p_1. Die Parabel p_1 wird um 6 Einheiten nach rechts verschoben. Dadurch entsteht die Parabel p_2. Zeigen Sie, dass die beiden Parabeln nur einen gemeinsamen Schnittpunkt Q besitzen.
Die Scheitelpunkte der beiden Parabeln und der Ursprung bilden ein Dreieck. Beweisen Sie, dass für den Innenwinkel α an S_1 gilt: $\tan\alpha = \frac{5}{2}$

14

Eine Gerade g hat die Funktionsgleichung $y = -x + 2$. Durch die Schnittpunkte mit der x-Achse und der y-Achse verläuft eine nach oben geöffnete Normalparabel p. Berechnen Sie die Funktionsgleichung von p.
Die Gerade h verläuft senkrecht zur Geraden g und geht durch den Scheitelpunkt der Parabel. Bestimmen Sie die Funktionsgleichung von h.

15

Die teilweise ausgefüllte Wertetabelle gehört zu einer nach oben geöffneten, verschobenen Normalparabel p_1. Bestimmen Sie die Funktionsgleichung und vervollständigen Sie die Wertetabelle.

x	−6	−5	−4	−3	−2	−1	0
y	4						4

Die nach unten geöffnete Normalparabel p_2 schneidet die Parabel p_1 im Scheitelpunkt S_1 und im Punkt $P(0\,|\,4)$.
Bestimmen Sie die Funktionsgleichung der Parabel p_2.
Berechnen Sie die Länge der Strecke $\overline{PS_1}$.

 → Lösung S. 90

16

Die Parabel p mit $y = -0{,}5x^2 + c$ und die Gerade g mit $y = mx - 2$ haben den Punkt P(2 | 4) gemeinsam.
Bestimmen Sie die Funktionsgleichung der Parabel und der Geraden.
Zeichnen Sie die Parabel und die Gerade in ein Koordinatensystem. Erstellen Sie dazu eine Wertetabelle für den Bereich $-4 \le x \le 4$.
Berechnen Sie den zweiten Schnittpunkt Q der Parabel und der Geraden.

17

Eine Parabel p mit der Gleichung $y = x^2 + bx + 5$ geht durch den Punkt P(2 | −3). Berechnen Sie die Schnittpunkte der Parabel mit den Koordinatenachsen.
Diese Punkte bilden ein Dreieck. Berechnen Sie den Umfang und den Flächeninhalt dieses Dreiecks.

18

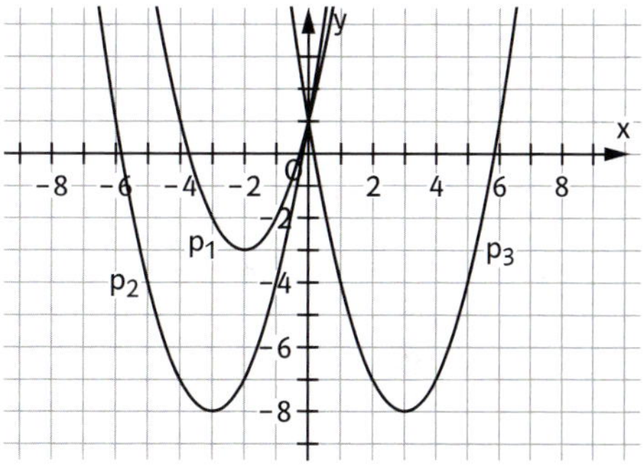

Gegeben sind die Graphen von drei verschobenen Normalparabeln. Ordnen Sie die beiden Funktionsgleichungen den Graphen zu. Begründen Sie Ihre Entscheidung.
(A) $y = x^2 + 6x + 1$
(B) $y = x^2 + 4x + 1$
Bestimmen Sie die Funktionsgleichung der anderen Parabel.
Geben Sie die Funktionsgleichung einer nach unten geöffneten Normalparabel p_4 an, die durch die Scheitelpunkte der Parabeln p_2 und p_3 geht.

19

Gegeben sind die verschobene, nach oben geöffnete Normalparabel p mit dem Scheitelpunkt S(−3 | −2) und die Gerade g mit der Funktionsgleichung $y = x + 3$. Berechnen Sie den Abstand der beiden Schnittpunkte A und B.
Geben Sie die Funktionsgleichung einer Geraden h an, die durch den Scheitelpunkt der Parabel geht und senkrecht zur Geraden g verläuft.

→ Lösung S. 90, 91

Leitideen: Messen/Raum und Form

1

Vom Rechteck ABCD sind bekannt:

$\overline{AB} = 10{,}0\,\text{cm}$

$\overline{BC} = 6{,}2\,\text{cm}$

$\varepsilon = 78{,}7°$

Berechnen Sie den Flächeninhalt des Dreiecks AEG.

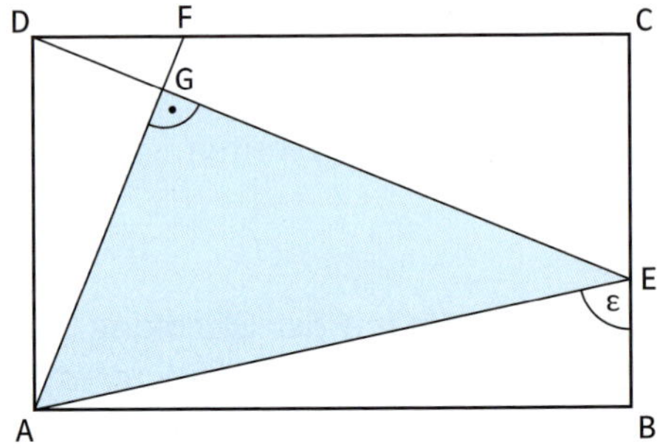

2

Gegeben sind zwei Rechtecke. Die Seite $\overline{DE}$ des oberen Rechtecks liegt auf der Seite $\overline{CD}$ des unteren Rechtecks.

$\overline{AB} = 10{,}8\,\text{cm}$

$\overline{BG} = 16{,}6\,\text{cm}$

$\overline{EF} = 7{,}2\,\text{cm}$

Berechnen Sie den Winkel β.

Berechnen Sie den Flächeninhalt des Trapezes ABED.

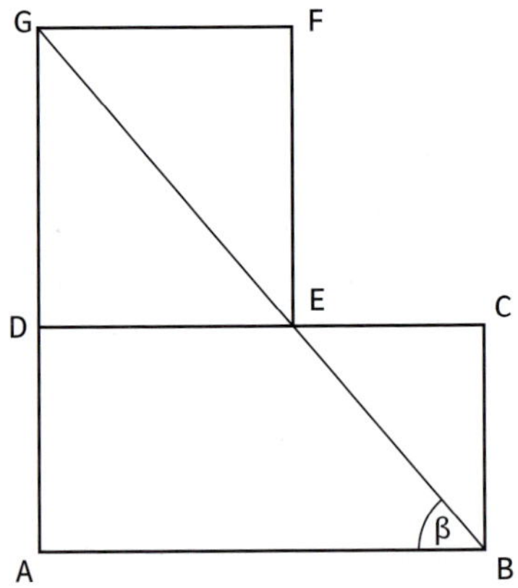

3

Im allgemeinen Dreieck ABC liegt das gleichschenklige Dreieck ADC.

Es gilt:

$\overline{AD} = \overline{DC} = 4{,}8\,\text{cm}$

$\delta_1 = 70{,}0°$

$\overline{BD} = 7{,}5\,\text{cm}$

Berechnen Sie den Winkel γ.

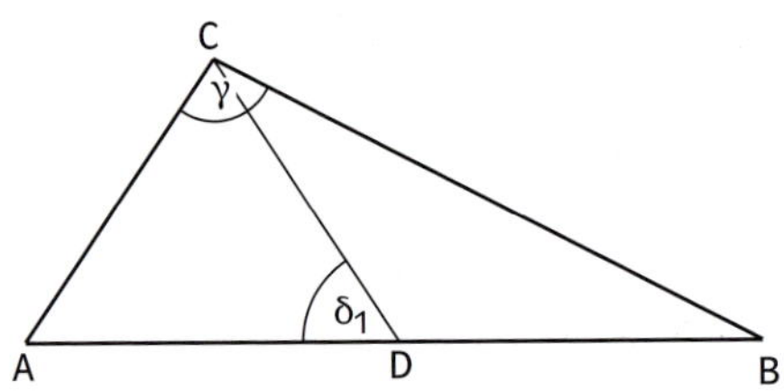

 → Lösung S. 92

4

Im Dreieck ABC sind gegeben:
$\overline{AD} = 4{,}9\,cm$
$\overline{CD} = 5{,}3\,cm$
Flächeninhalt $A = 37{,}8\,cm^2$
Berechnen Sie die Größe der Winkel α, β und γ.

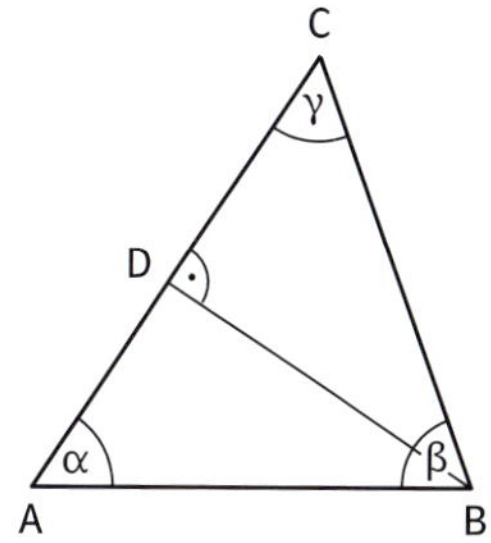

5

Im Rechteck ABCD liegt das gleichschenklige Dreieck AEF.
Es gilt:
$\overline{AB} = 10{,}0\,cm$
$\overline{BC} = 8{,}0\,cm$
$\alpha_1 = 27{,}5°$
$\overline{AE} = \overline{AF}$
Berechnen Sie den Umfang des Dreiecks AEF.

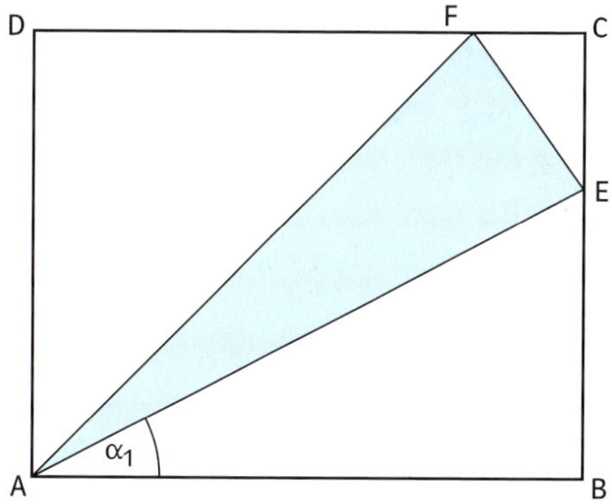

6

Das Rechteck hat eine Länge von 15 cm und eine Breite von 5 cm.
Mit den Einzelteilen des Rechtecks kann eine quadratische Pyramide vollständig beklebt werden.
Berechnen Sie das Volumen der quadratischen Pyramide.
Wie groß ist der Neigungswinkel ε zwischen der Seitenkante und der Grundfläche?

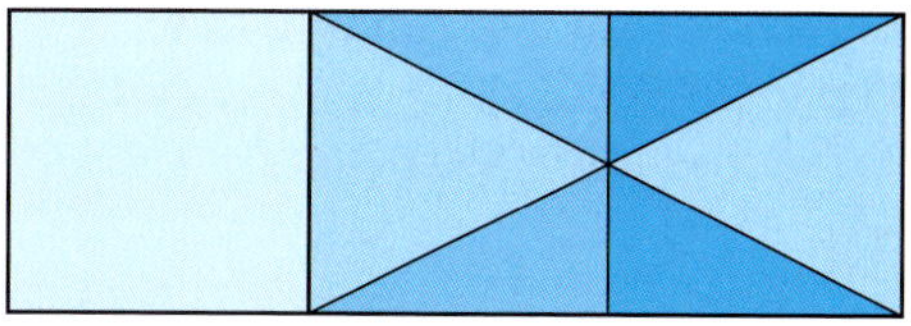

→ Lösung S. 92

7

Vom rechtwinkligen Dreieck ABC sind gegeben:

$\overline{AB} = 8{,}4\,\text{cm}$

$\alpha = 62{,}2°$

$\overline{CD}$ ist die Winkelhalbierende von γ.

Berechnen Sie den Umfang des Dreiecks ADC.

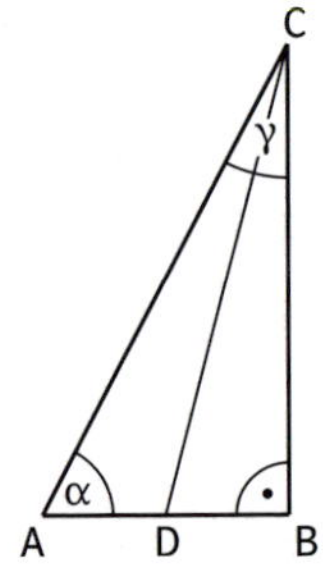

8

Im Dreieck ABC gilt:

$\overline{AB} = 15{,}4\,\text{cm}$

$\beta = 40{,}2°$

$\gamma = 66{,}0°$

$\overline{AD} = \overline{BD}$

Berechnen Sie den Flächeninhalt des Dreiecks ADC.

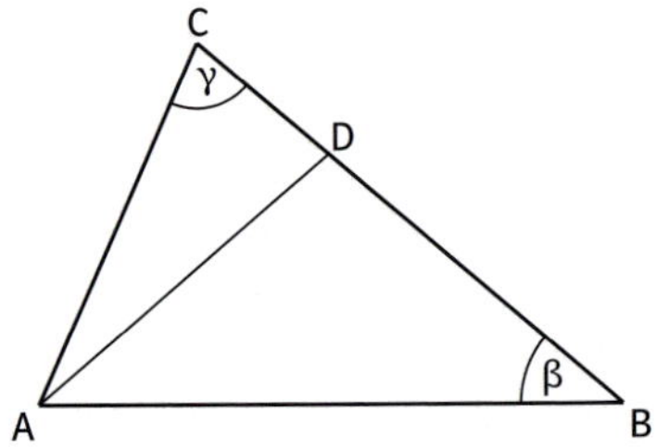

9

Im Dreieck ABC gilt:

$\overline{BC} = 12{,}0\,\text{cm}$

$\beta = 35{,}0°$

M ist Mittelpunkt der Strecke $\overline{BC}$.

Berechnen Sie den Umfang des Vierecks ADMC.

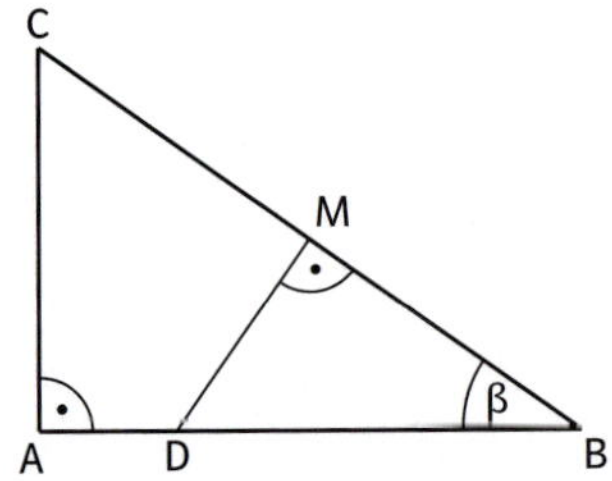

10

Das Rechteck DBEF überdeckt das Dreieck ABC teilweise. Es gilt:

$\overline{AC} = 8{,}6\,\text{cm}$

$\overline{AB} = 7{,}2\,\text{cm}$

$\overline{AF} = \overline{FC}$

$\alpha = 75{,}0°$

Berechnen Sie den Winkel β.

Berechnen Sie den Umfang des Dreiecks BEG.

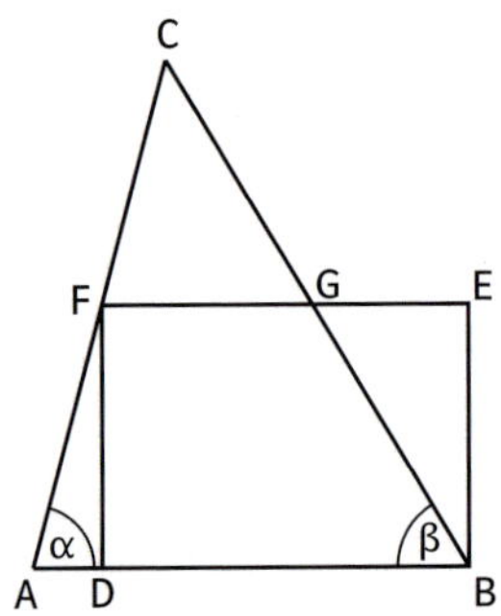

 → Lösung S. 93

11

Im Rechteck ABCD liegt das gleichschenklige Dreieck AED.

Es gilt:

$\overline{AB} = 12{,}0\,\text{cm}$

$\overline{AD} = 9{,}0\,\text{cm}$

$\overline{AD} = \overline{AE}$

$\alpha = 53{,}0°$

Berechnen Sie den Winkel δ_1.

Berechnen Sie den Flächeninhalt des Dreiecks DEC.

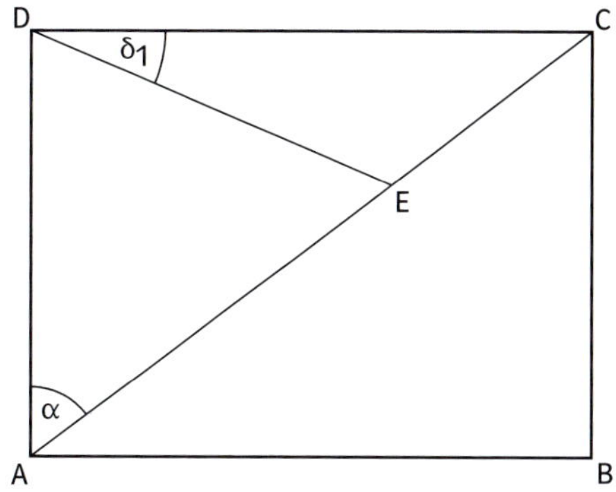

12

Für eine quadratische Pyramide gelten folgende Maße:

$a = 8{,}6\,\text{cm}$

$\varepsilon = 65{,}4°$

Berechnen Sie das Volumen der Pyramide.

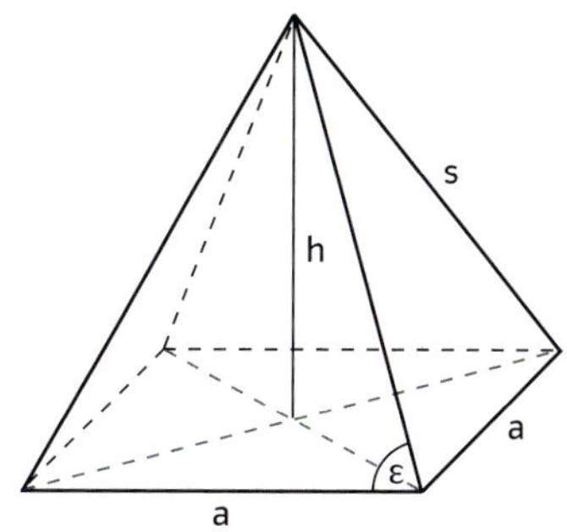

13

Für eine quadratische Pyramide gilt:

$h = 12{,}8\,\text{cm}$

$\alpha = 72{,}5°$

Ein Zylinder hat das gleiche Volumen und die gleiche Höhe.

Berechnen Sie den Winkel β.

Berechnen Sie die Mantelfläche des Zylinders.

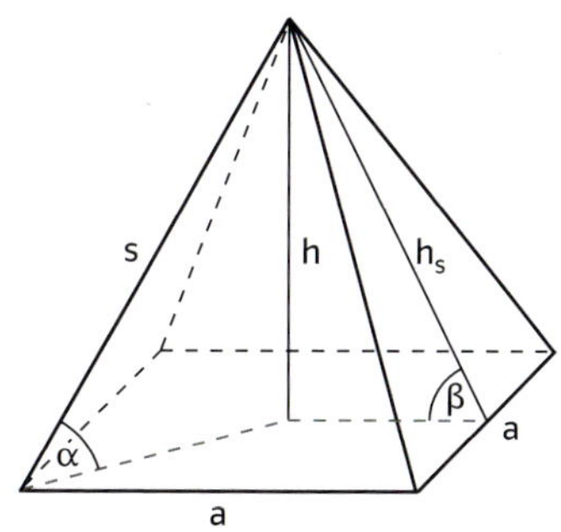

→ Lösung S. 93, 94

14

Von einem Zylinder sind gegeben:
$V_Z = 1131\,cm^3$
$h_Z = 10,0\,cm$
Berechnen Sie die Oberfläche des Zylinders.
Die Oberfläche der quadratischen Pyramide und des Zylinders sind gleich groß. Die beiden Grundflächen haben den gleichen Flächeninhalt.
Berechnen Sie das Volumen der Pyramide.

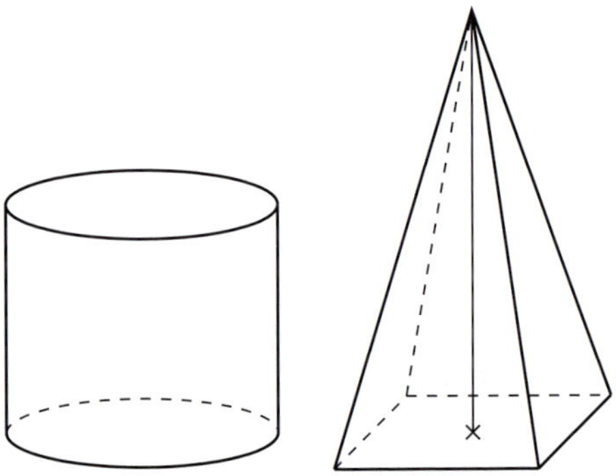

15

Von einer regelmäßigen fünfeckigen Pyramide sind bekannt:
$a = 10,0\,cm$
$s = 12,5\,cm$
Der Punkt M halbiert die Grundkante a.
Berechnen Sie den Flächeninhalt des Dreiecks MQS.

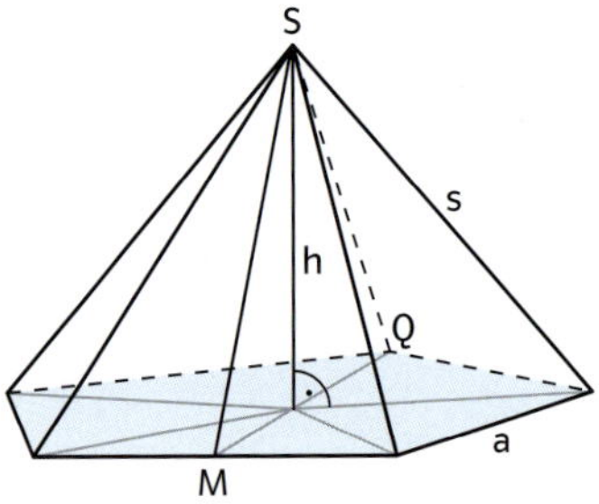

16

Die Seitenfläche einer quadratischen Pyramide ist ein gleichseitiges Dreieck mit der Seitenlänge 25,2 cm. Berechnen Sie die Körperhöhe h und das Volumen V der Pyramide.

17

Von einem Quader sind bekannt:
$a = 12,0\,cm$
$b = 5,0\,cm$
$\varepsilon = 35,5°$
Der Punkt B halbiert die Kante.
Berechnen Sie die Kantenlänge c.
Wie groß ist der Umfang des Dreiecks ABC?

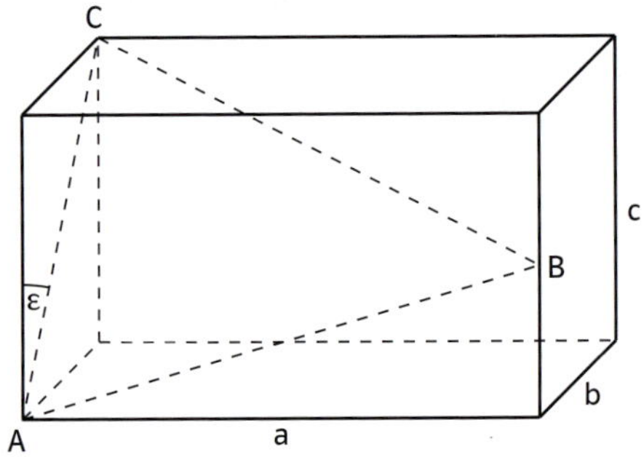

18

Ein Kegel und eine halbe Kugel wurden aus Holz gefertigt.
Vom Kegel ist bekannt:
Grundfläche $G_{Ke} = 128{,}7\,cm^2$
Körperhöhe $h_{Ke} = 11{,}8\,cm$
Die halbe Kugel hat einen gleichgroßen Oberflächeninhalt wie der Kegel.
Berechnen Sie das Volumen der Halbkugel.

19

Das Dreieck zeigt den Achsenschnitt eines Kegels.
Es gilt:
$s = 15{,}0\,cm$
$\varphi = 64{,}2°$
Berechnen Sie das Volumen des Kegels.
Ein Würfel hat ein gleich großes Volumen wie der Kegel.
Berechnen Sie die Oberfläche des Würfels.

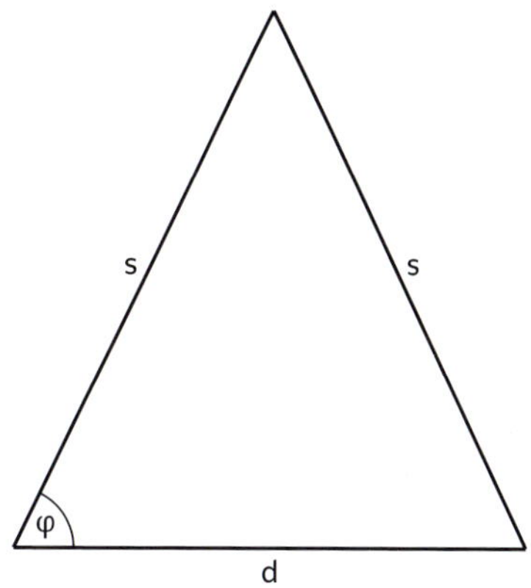

20

Die Grafik zeigt die Mantelfläche einer regelmäßigen fünfeckigen Pyramide.
Bekannt sind:
$s = 7{,}5\,cm$
$\varepsilon = 200°$
Berechnen Sie das Volumen der Pyramide.

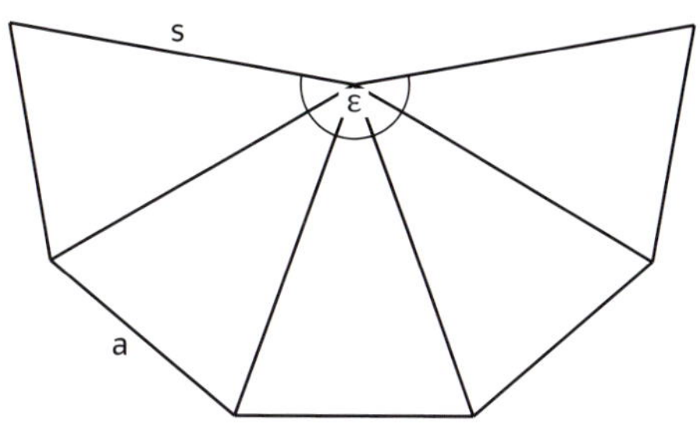

→ Lösung S. 94

21

In einer quadratischen Pyramide liegt das Dreieck ABM.
Es gilt:
a = 12,4 cm
A_{ABM} = 49,6 cm²
(Flächeninhalt Dreieck ABM)
M halbiert die Höhe der Pyramide.
Berechnen Sie die Oberfläche der Pyramide.

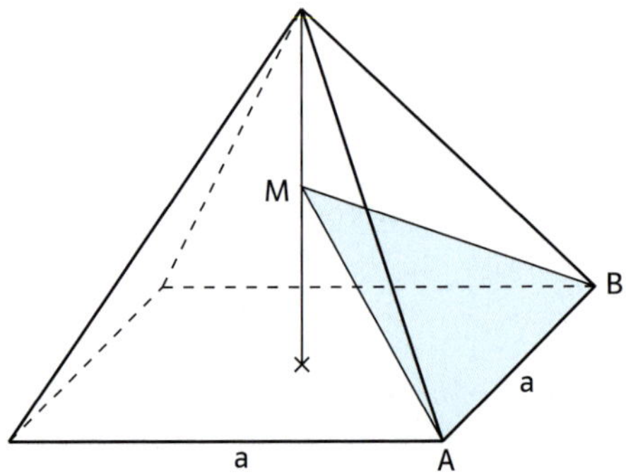

22

Ein rechteckiges Blatt Papier (13,0 cm × 7,0 cm) wird entlang der Diagonalen $\overline{BD}$ gefaltet.
Berechnen Sie den Flächeninhalt des Dreiecks BCE.

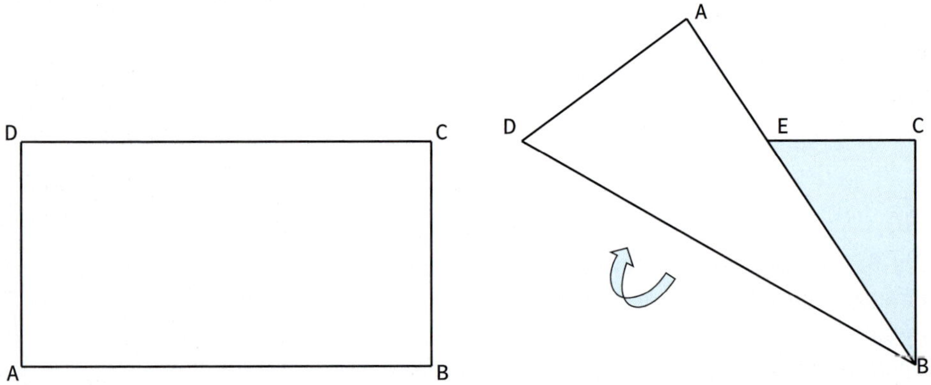

Leitidee: Daten und Zufall

1

In der Klasse 10 b wurden die Körpergrößen der Mädchen und Jungen gemessen (Angaben in cm).

Mädchen	170	162	165	170	168	173	159	169	163	156	166	160	169
Jungen	164	202	176	188	185	179	180	176	168	178	177	183	

Ermitteln Sie für Mädchen und Jungen getrennt die fünf Kennwerte, die zum Zeichnen eines Boxplots notwendig sind.
Zeichnen Sie die beiden Boxplots und vergleichen Sie.

2

Frau Maier notiert sich in den Monaten März und April, wie viele Minuten sie jeden Morgen für die Fahrt zu ihrem Arbeitsplatz benötigt. Sie erstellt ein Diagramm für den Monat März, das zeigt, an wie vielen Tagen sie welche Fahrzeit benötigt hat.

Welcher der beiden Boxplots zeigt die Verteilung des Monats März? Begründen Sie Ihre Entscheidung mithilfe der Kennwerte.

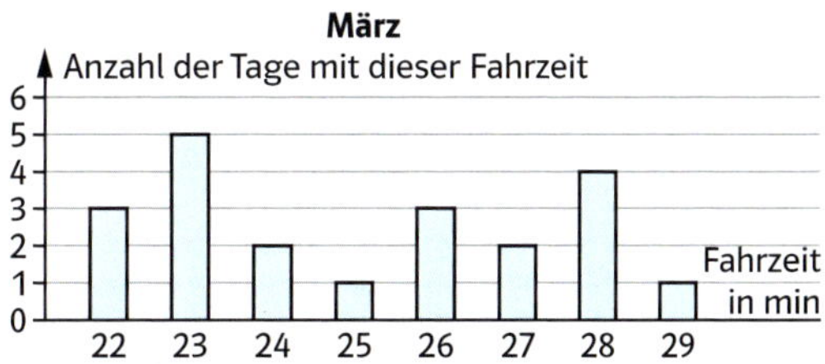

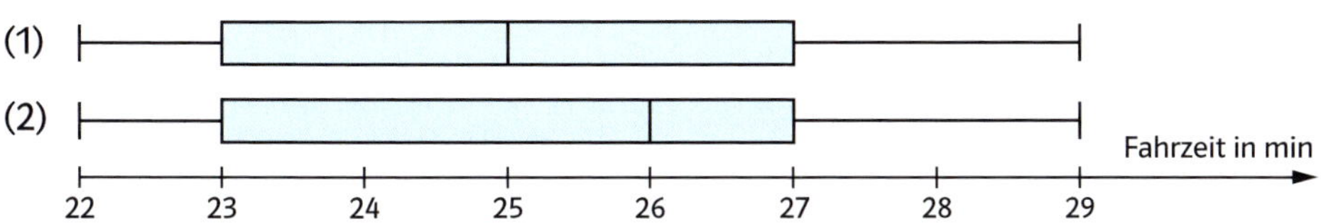

Der andere Boxplot stellt die Verteilung des Monats April dar.
Ergänzen Sie die unvollständige Rangliste mit möglichen Werten.

Rangplatz	1	2	3	4	5	6	7	8	9	10	11
Zeit (min)							24	25	25		

Rangplatz	12	13	14	15	16	17	18	19	20	21
Zeit (min		26	26	27						

3

Zwei Schülergruppen haben ihre Reaktionszeiten in Sekunden gemessen.

Gr. 1	0,27	0,37	0,38	0,41	0,42	0,37	0,36	0,41	0,35	0,29
Gr. 2	0,36	0,34	0,30	0,29	0,86	0,34	0,30	0,39	0,40	0,31

a) Ordnen Sie die Ergebnisse jeder Gruppe in einer Rangliste und ermitteln Sie die Kennwerte: Minimum, Maximum, Spannweite, Mittelwert, unteres Quartil, Zentralwert und oberes Quartil.
b) Wie ändern sich Mittelwert und Zentralwert, wenn in jeder Gruppe der beste und der schlechteste Wert gestrichen wird?

4

Beim Basketballspiel der Bulls gegen die Knights wurden jeweils die Punkte notiert, die die einzelnen Spieler gemacht haben.
Die Rangliste zeigt die Verteilung der Punkte der Bulls.

Spieler	1	2	3	4	5	6	7	8	9	10	11	12	13
Punkte	0	0	2	3	4	8	9	13	14	14	14	15	17

Welcher der beiden Boxplots stellt die Verteilung der Punkte der Bulls dar? Begründen Sie Ihre Entscheidung mithilfe der Kennwerte.

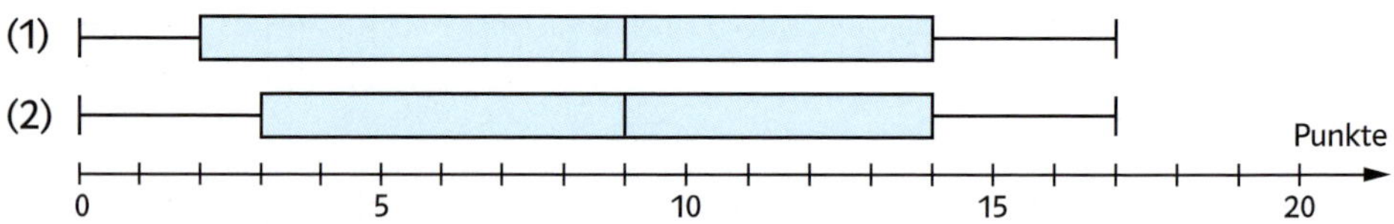

Der andere Boxplot stellt die Punkteverteilung der Knights dar. Im unvollständigen Diagramm ist die Punkteverteilung der 13 Spieler der Knights dargestellt. Vervollständigen Sie das Diagramm. Dirk behauptet:
„Die Knights haben gewonnen." Nehmen Sie Stellung zu dieser Aussage.

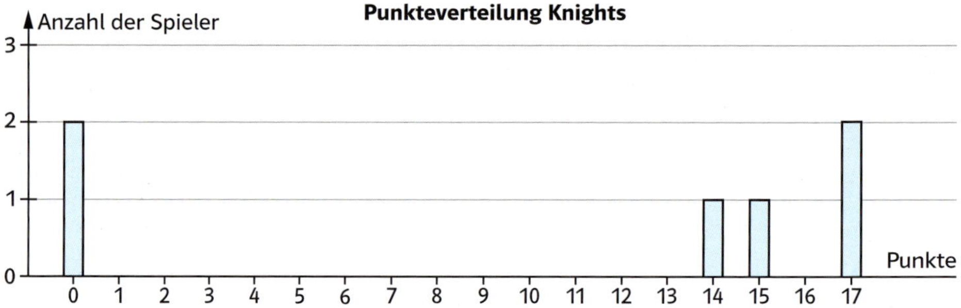

 → Lösung S. 96, 97

5

In der Jahrgangsstufe 8 wurde eine Umfrage gemacht, wie viele Stunden die Schülerinnen und Schüler in einer Woche im Haushalt helfen.
Die Rangliste zeigt das Ergebnis der Klasse 8 a:

Schüler/in	1	2	3	4	5	6	7	8	9	10	11	12	13
Std./Woche	0	0	1	1	1	2	2	2	3	3	3	3	3

Schüler/in	14	15	16	17	18	19	20	21	22	23	24	25
Std./Woche	3	4	4	4	4	5	5	5	6	6	7	7

Zeichnen Sie den Boxplot der Klasse 8 a.
Der Boxplot der Klasse 8 b sieht so aus:

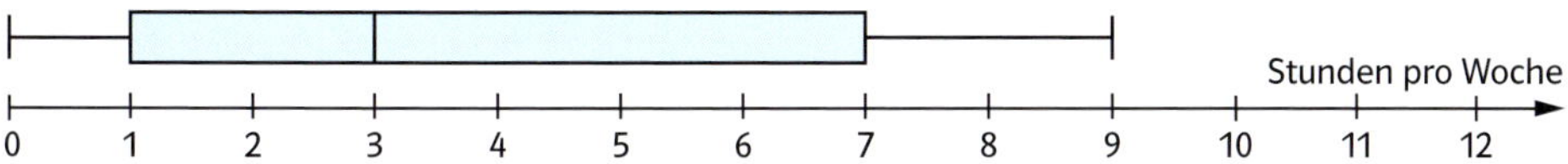

Geben Sie eine mögliche Rangliste für die Klasse 8 b an.

Schüler/in	1	2	3	4	5	6	7	8	9	10	11	12	13	14	15	16	17	18	19	20	21
Std./Woche		1	1	1			2	2					4	4			7	7	8		

Chris behauptet: „Mindestens die Hälfte der Klassen 8 a und 8 b helfen zwischen drei und mehr Stunden im Haushalt." Hat Chris recht? Begründen Sie.

6

Die Diagramme zeigen das Ergebnis einer Umfrage „Wartezeiten an Kinokassen".

Wartezeit an der Kinokasse im Movie

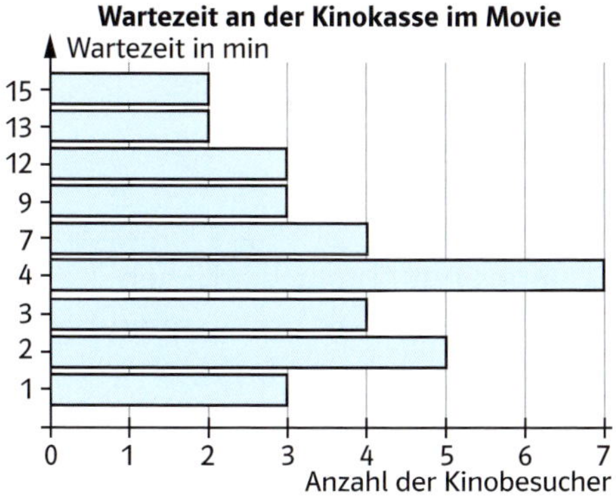

Wartezeit an der Kinokasse im Star

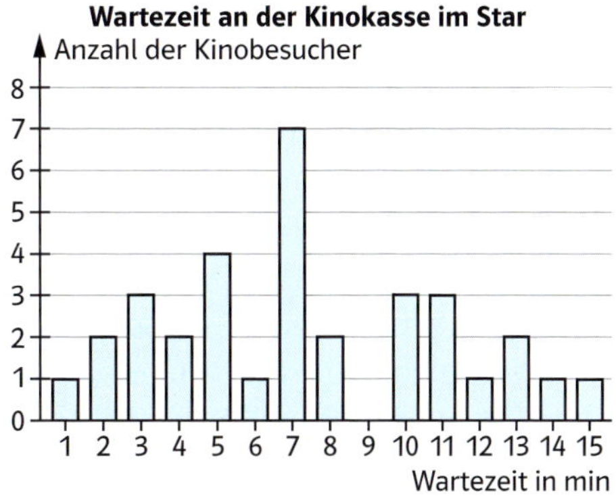

Erstellen Sie zu den Wartezeiten in den beiden Kinos jeweils einen Boxplot.
Ermitteln Sie für jedes Kino die durchschnittliche Wartezeit an der Kasse.

7

Max notiert sich die täglichen Verspätungen des Busses in einer Strichliste.

Verspätung in min	1	2	3	4	5	6	7	8	9	10	11	12	13
Anzahl der Busse	III	III	II	卌	II		II	I	II			I	

a) Berechnen Sie die durchschnittliche Verspätung des Busses.
b) Max führt die Liste weiter. Der nächste Bus verspätet sich wieder.
Dadurch ändert sich die durchschnittliche Verspätung auf genau 5 Minuten.
Wie viele Minuten verspätete sich dieser Bus?
c) Ändert sich der Zentralwert durch diesen verspäteten Bus?
Begründen Sie Ihre Antwort.

8

In einer Schale liegen 7 rot, 3 blau, 4 gelb und 5 grün gefärbte Ostereier.
Es werden zwei Eier mit einem Griff herausgenommen.
Wie groß ist die Wahrscheinlichkeit, dass nur rot gefärbte Eier gezogen werden? Mit welcher Wahrscheinlichkeit ist mindestens ein grünes Osterei dabei?

9

Die beiden Kreisel sind jeweils in acht gleich große Felder unterteilt. Sie werden gleichzeitig gedreht. Die beiden Zahlenwerte, auf denen die Kreisel liegen bleiben, werden addiert.
Mit welcher Wahrscheinlichkeit erhält man eine Primzahl?
Mit welcher Wahrscheinlichkeit ist die Zahl größer als 9?

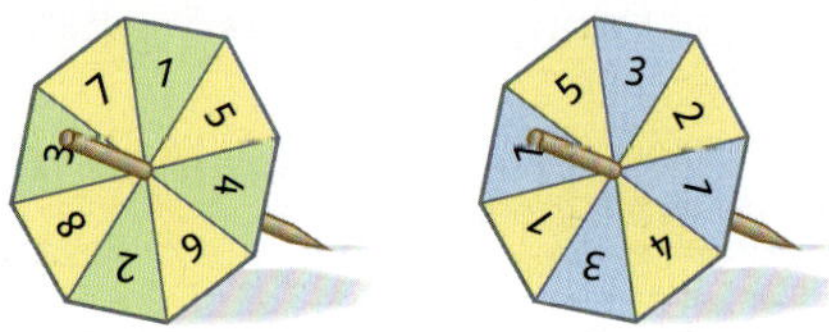

10

In einer Dose befinden sich gleich große Bonbons mit unterschiedlichen Geschmacksrichtungen. Es sind noch fünf Karamellbonbons, drei Vitamin-, vier Himbeer-, sieben Zitronen- und elf Pfefferminzbonbons in der Dose.
Christian nimmt ohne Hinzusehen ein Bonbon aus der Dose. Wie groß ist die Wahrscheinlichkeit, ein Karamell- oder ein Zitronenbonbon zu ziehen?
Berechnen Sie die Wahrscheinlichkeit für genau ein Himbeer- und ein Pfefferminzbonbon, wenn Iris zwei Bonbons gleichzeitig nimmt.

 → Lösung S. 99

11

Die beiden Kreisel werden gleichzeitig gedreht und bleiben auf einer Kante liegen.
Bestimmen Sie die Wahrscheinlichkeit

- für zweimal das Symbol ☺.
- höchstens einmal das Symbol ☹.
- kein blau gefärbtes Feld.

12

An einem Schlüsselbund befinden sich acht gleich aussehende, jedoch mit unterschiedlichen Farben markierte Schlüssel. Nur einer der Schlüssel passt ins Schloss.
Mit welcher Wahrscheinlichkeit bekommt man das Schloss beim ersten Versuch nicht auf?
Mit welcher Wahrscheinlichkeit passt der Schlüssel spätestens beim zweiten Versuch?

13

Bei einer Tombola werden Lose verkauft. Im Lostopf befinden sich 5 Hauptgewinne, 50 Trostpreise und 145 Nieten.
Viola zieht zwei Lose gleichzeitig.
Mit welcher Wahrscheinlichkeit gewinnt sie mindestens einen Preis?
Wie groß ist die Wahrscheinlichkeit, keine Niete zu ziehen?

14

Ein 6er-Würfel mit den Zahlen 1 bis 6 und ein 8er-Würfel mit den Zahlen 1 bis 8 werden geworfen. Die Zahl des 8er-Würfels bildet die Zehnerziffer, die Zahl des 6er-Würfels die Einerziffer.

Berechnen Sie die Wahrscheinlichkeit für
- eine Schnapszahl (zwei gleiche Ziffern) wird gewürfelt.
- mindestens eine Sechs wird gewürfelt.
- eine Zahl, die ein Vielfaches von vier ist, wird gewürfelt.

15

In einer Schale liegen vier weiße und sieben blaue Kugeln. Sieben dieser Kugeln sind mit den Symbolen Herz, Stern oder Kreis bemalt. Es werden zwei Kugeln gleichzeitig gezogen.

Wie groß ist die Wahrscheinlichkeit
- zwei blaue Kugeln zu ziehen?
- mindestens eine weiße Kugel zu ziehen?
- zwei Kugeln mit gleichem Symbol zu ziehen?

16

Beim „Mensch-ärgere-dich-nicht!" wird mit einem 6er-Würfel gewürfelt. Die gewürfelte Augenzahl darf man vorwärtsrücken. Bei einer 6 darf man erneut würfeln und die Augenzahlen werden addiert.

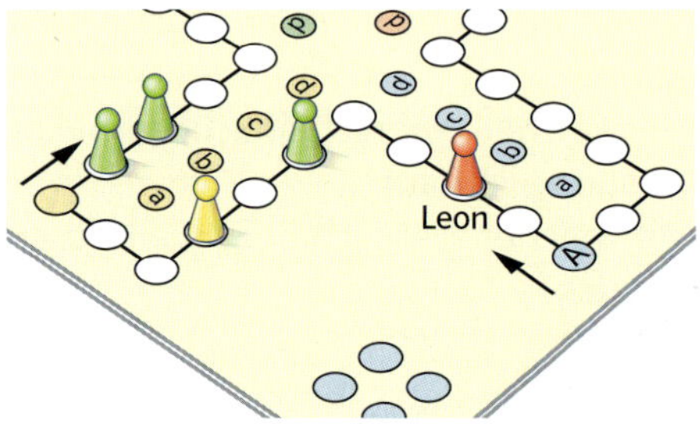

a) Wie groß ist die Wahrscheinlichkeit, dass Leon mit seiner Figur beim nächsten Zug eine der vier Figuren schlagen kann?

b) Zeichnen Sie in der unteren Abbildung die vier gegnerischen Figuren so ein, dass Leon im nächsten Durchgang eine Wahrscheinlichkeit von 50 % hat, eine der Figuren zu schlagen.

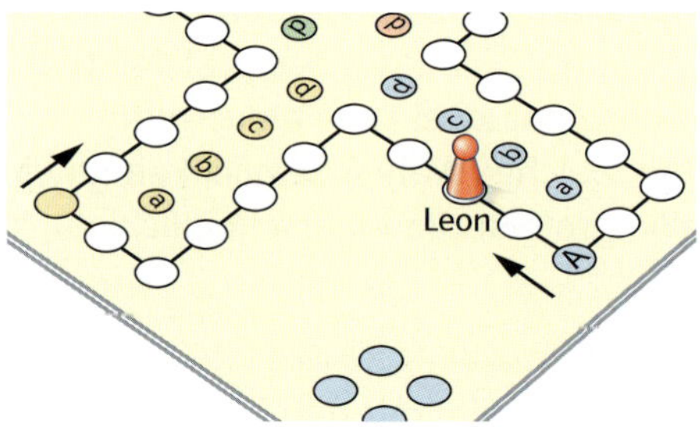

17

In einer Kasse liegen acht Geldstücke: eine 2-Euro-Münze, einige 1-Euro-Münzen und 50-Cent-Stücke.
Mona nimmt ohne hinzuschauen gleichzeitig zwei Münzen aus der Kasse.
Die Wahrscheinlichkeit zwei 50-Cent-Stücke zu ziehen ist $\frac{1}{28}$.
Wie viele 1-Euro-Münzen und 50-Cent-Stücke befinden sich zu Anfang in der Kasse?
Wie groß ist die Wahrscheinlichkeit, mit der Entnahme von zwei Münzen einen geringeren Betrag als 3 Euro zu entnehmen?

 → Lösung S. 101, 102

18

In einer Tüte befinden sich rote, grüne und blaue Kaubonbons. Insgesamt sind es 25 Kaubonbons. Toni nimmt sich gleichzeitig zwei Kaubonbons aus der Tüte.
Im Baumdiagramm fehlen Wahrscheinlichkeitsangaben. Ergänzen Sie diese.
Berechnen Sie die Wahrscheinlichkeit, dass Toni zwei gleichfarbige Kaubonbons zieht.
Berechnen Sie die Wahrscheinlichkeit, dass Toni kein rotes Kaubonbon zieht.

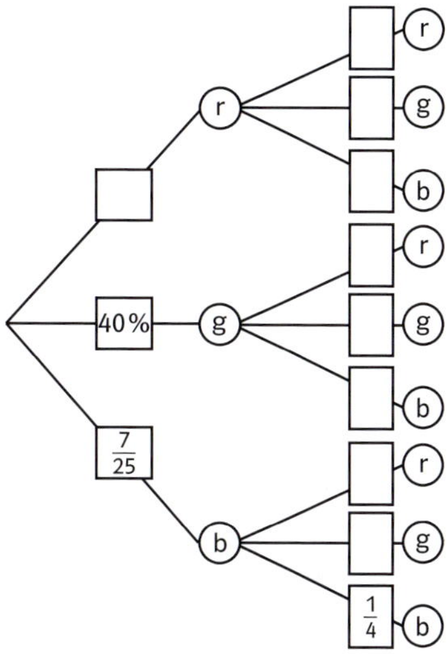

19

Die beiden Glücksräder werden gedreht.
Mit welcher Wahrscheinlichkeit erhält man
- das Ereignis „blau/blau“?
- das „weiße“ Feld?
- höchstens einmal die Farbe „grau“?

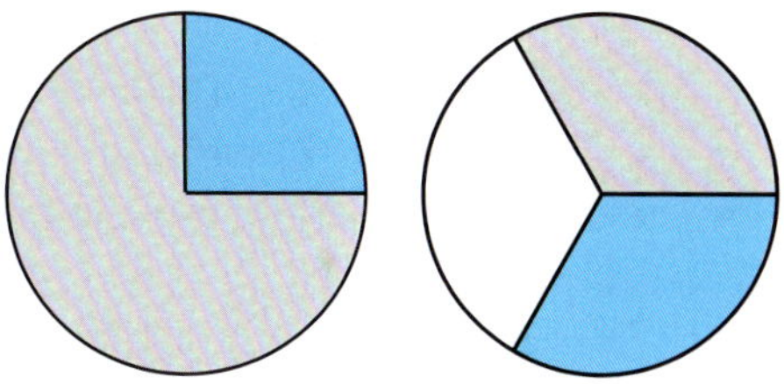

Wahlbereich B

Zugelassene Hilfsmittel: Formelsammlung, wissenschaftlicher Taschenrechner (nicht programmierbar), Parabelschablone, Zeichengeräte

Leitidee: Funktionaler Zusammenhang

1

Eine nach oben geöffnete, verschobene Normalparabel p_1 hat den Scheitelpunkt $S_1(-2{,}5\,|\,-4)$.
Berechnen Sie die Koordinaten der Schnittpunkte mit der x-Achse.
Eine zweite nach unten geöffnete, verschobene Normalparabel p_2 hat den Scheitelpunkt $S_2(-0{,}5\,|\,-2)$.
Zeigen Sie durch Rechnung, dass die beiden Parabeln nur den Punkt $P(-1{,}5\,|\,-3)$ gemeinsam haben.

2

Die Funktionsgleichungen der drei Graphen sind unvollständig.
(1) $y = a\,x^2 + 4$ (2) $y = (x + 3)^2 + e$ (3) $y = x^2 + b\,x + 4$
Welcher Graph gehört zu welcher Funktionsgleichung? Begründen Sie Ihre Entscheidung. Vervollständigen Sie die Funktionsgleichungen.

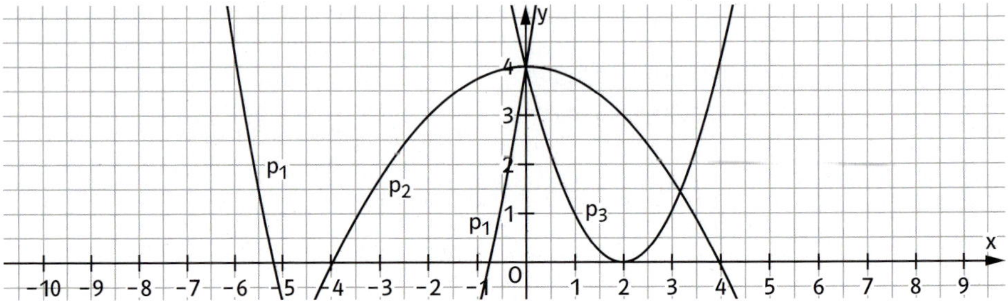

Die Gerade g geht durch die Scheitelpunkte von p_1 und p_3.
Berechnen Sie die Funktionsgleichung von g.
Die Gerade h steht senkrecht auf der Geraden g und geht durch den Scheitelpunkt S_2.
Geben Sie die Funktionsgleichung von h an.

 → Lösung S. 103 – 105

3

Die Punkte $A(5\,|\,-1)$ und $B(-1\,|\,11)$ sind Punkte auf einer nach oben geöffneten, verschobenen Normalparabel p_1.
Eine nach unten geöffnete Normalparabel p_2 hat den Scheitelpunkt auf dem Ursprung.
Durch die beiden Schnittpunkte verläuft die Gerade g.
Berechnen Sie die Winkel, unter denen sich die Gerade g und die x-Achse schneiden.

4

Das Schaubild zeigt die breitere, nach unten geöffnete Parabel p_1 und die verschobene Normalparabel p_2.
Bestimmen Sie die Funktionsgleichungen der beiden Parabeln.
Durch die beiden Scheitelpunkte S_1 und S_2 verläuft die Gerade g.
Berechnen Sie die Funktionsgleichung der Geraden g.
Geben Sie die Funktionsgleichung einer dritten Parabel p_3 an, deren Scheitelpunkt S_3 ebenfalls auf der Geraden g liegt und die mit p_1 keinen gemeinsamen Punkt hat.

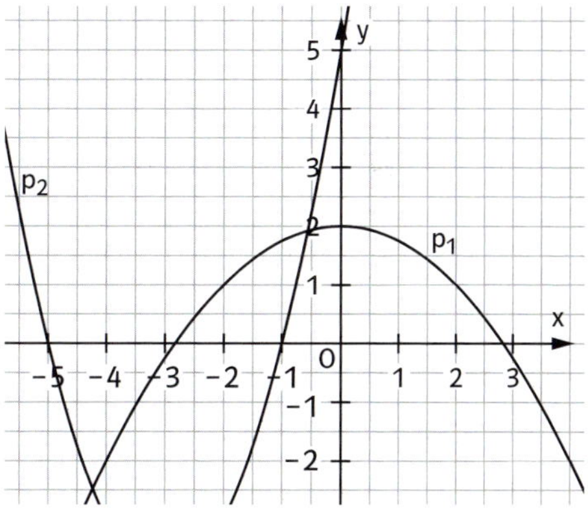

5

Eine nach oben geöffnete, verschobene Normalparabel p hat den Scheitelpunkt $S(2\,|\,-3)$.
Die Gerade g mit $y = 2x + c$ geht durch den Punkt $P(-1\,|\,-10)$.
Berechnen Sie die Koordinaten des Berührpunkts T von Parabel p und Gerade g.
Die Gerade h steht senkrecht auf der Geraden g und geht ebenfalls durch den Punkt T. Sie schneidet die y-Achse im Punkt R. Die Punkte P, T und R bilden ein Dreieck. Berechnen Sie den Flächeninhalt dieses Dreiecks.

→ Lösung S. 105 – 109

6

Die teilweise ausgefüllte Wertetabelle gehört zu einer nach oben geöffneten Normalparabel p_1.

x	0	1	2	3	4	5
y	7					2

Geben Sie die Funktionsgleichung der Parabel p_1 an und vervollständigen Sie die Wertetabelle.
Eine zweite nach oben geöffnete Normalparabel p_2 hat den Scheitelpunkt $S_2(-0{,}5\,|\,-0{,}25)$.
Berechnen Sie den Schnittpunkt R von p_1 und p_2.
Die beiden Scheitelpunkte S_1 und S_2 liegen auf einer Geraden h.
Geben Sie die Funktionsgleichung einer Parabel p_3 an, deren Scheitel S_3 auch auf der Geraden h liegt und weder mit p_1 noch mit p_2 einen gemeinsamen Punkt hat.

7

Die Gerade g mit der Funktionsgleichung $y = -2x + 4{,}5$ verläuft zwischen den beiden Parabeln p_1 und p_2 mit den Funktionsgleichungen p_1: $y = -\frac{1}{3}x^2 + 1$ und p_2: $y = x^2 - 8x + 14$ ohne sie zu treffen. Zeigen Sie dies durch Rechnung.
Wie muss man die Gerade g parallel verschieben, dass sie mit p_1 einen Punkt gemeinsam hat?

8

Die Gerade g mit der Gleichung $y = 2x - 3$ und die Parabel p mit $y = \frac{1}{2}x^2 + c$ haben einen gemeinsamen Punkt P.
Berechnen Sie die Koordinaten des Punktes P und zeichnen Sie die Parabel und die Gerade in ein gemeinsames Koordinatensystem.
Durch den gemeinsamen Punkt P verläuft eine weitere Gerade h, die senkrecht auf g steht.
Berechnen Sie die Koordinaten des zweiten Schnittpunkts der Geraden h und der Parabel p.

9

Die Punkte $A(2\,|\,-8)$ und $B(4\,|\,-8)$ liegen auf einer Parabel mit der Gleichung $y = x^2 + bx + c$. Die Schnittpunkte N_1 und N_2 der Parabel mit der x-Achse und die Punkte A und B bilden das Viereck ABN_1N_2.
Berechnen Sie den Flächeninhalt dieses Vierecks.
Niklas behauptet: „Die Gerade h durch die Punkte B und N_2 teilt die Fläche des Vierecks im Verhältnis 1:3." Hat Niklas recht? Begründen Sie Ihre Antwort.

 → Lösung S. 109 – 114

10

Das Schaubild zeigt eine schmale, nach unten geöffnete Parabel p und eine Gerade g.

Bestimmen Sie die Funktionsgleichung der Parabel p mit dem Scheitelpunkt S(0 | 8) und die Funktionsgleichung der Geraden g.
Berechnen Sie den zweiten Schnittpunkt T der Parabel und der Gerade.
Die Schnittpunkte N_1 und N_2 der Parabel mit der x-Achse und der Punkt T bilden ein Dreieck.

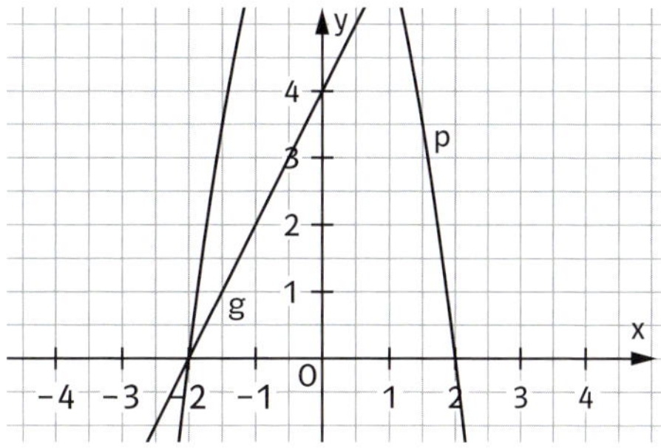

Berechnen Sie den Flächeninhalt des Dreiecks N_1N_2T. Der Punkt T bewegt sich oberhalb der x-Achse auf der Parabel p. Für welche Koordinaten wird der Flächeninhalt des N_1N_2T am größten? Begründen Sie durch Rechnung oder durch Argumentation.

11

Die Flugkurve eines Speers lässt sich mit der Funktionsgleichung
$y = -\frac{3}{500}x^2 + 10$ näherungsweise beschreiben.
Ein Speer verlässt die Hand des Athleten beim Abwurf in einer Höhe von 2,20 m. Berechnen Sie die Flugweite des Speers.
Welche Höhe hat der Speer nach genau 50 m waagrechter Entfernung von der Abwurfstelle?

12

Ein zylinderförmiger Tank auf einem Lkw hat einen Durchmesser von 5,20 m. Die Ladefläche des Lkws ist 80 cm hoch. Auf der Fahrt muss der Schwertransporter durch einen Tunnel, der 12 m breit und 6,40 m hoch ist.
Kann der Schwertransporter durch den Tunnel fahren? Begründen Sie.

→ Lösung S. 114 – 118

19

Das Foto zeigt die Tyne Bridge aus Newcastle (Großbritannien). Die Spannweite des inneren Bogens beträgt am Grund 162 m. Die maximale Höhe des inneren Bogens beträgt 55 m. Der Abstand der Fahrbahn zum höchsten Punkt des inneren Bogens misst 29,4 m.

Berechnen Sie die Länge der Fahrbahn innerhalb des Parabelbogens.

20

An einer 150 m langen, parabelförmigen Brücke sollen im Abstand von 25 m zur Stabilisierung Stützpfeiler angebracht werden (siehe Skizze). Der Stützpfeiler $\overline{AO}$ in der Mitte der Brücke ist 30 m lang. Stellen Sie eine Funktionsgleichung für die Parabel in der Form $y = ax^2 + c$ auf.

Berechnen Sie die Länge der Stützpfeiler $\overline{BD}$ und $\overline{CE}$.

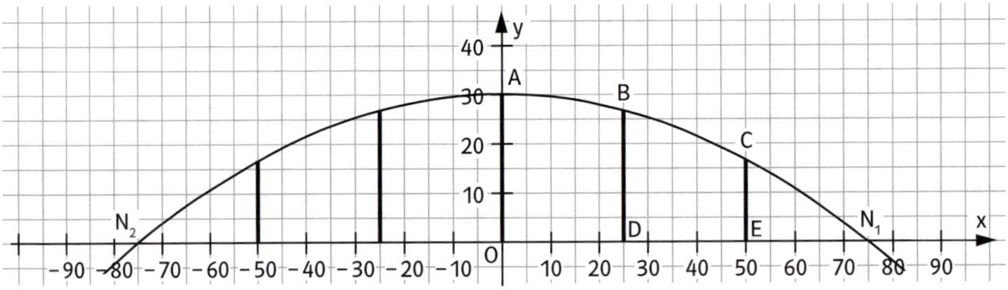

 → Lösung S. 123, 124

Leitideen: Messen/Raum und Form

1

Das Viereck ABDE und das Dreieck BCD haben die Seite $\overline{BD}$ gemeinsam.
Es gilt:
$\overline{AB} = 6{,}4\,cm$
$\overline{AE} = 7{,}2\,cm$
$\overline{BC} = \overline{CD} = 9{,}6\,cm$
$\alpha = 70{,}0°$
$\delta_1 = 48{,}0°$

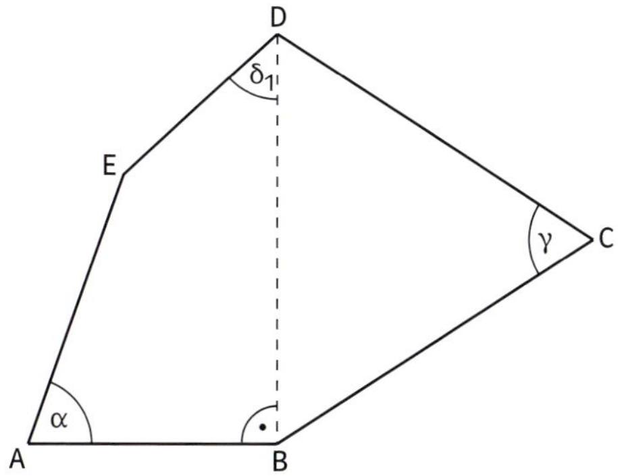

Berechnen Sie den Winkel γ und die Länge von $\overline{AC}$.

2

Im Trapez ABCD liegt das gleichseitige Dreieck AED.
Es gilt:
$\overline{AE} = 5{,}0\,cm$
$\overline{CD} = 6{,}8\,cm$

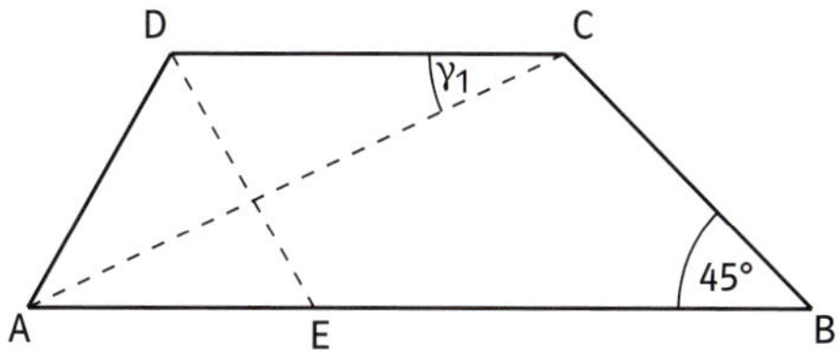

Berechnen Sie den Winkel γ_1 und den Flächeninhalt des Trapezes ABCD.

3

Im gleichseitigen Dreieck ABC liegt das gleichschenklige Dreieck DEF.
Es gilt:
$\overline{AB} = 10{,}0\,cm$
$\overline{CF} = 7{,}2\,cm$

Berechnen Sie den Umfang des Dreiecks DEF.

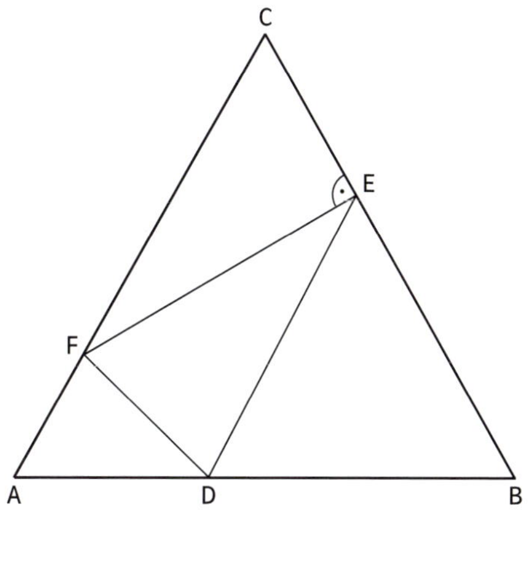

→ Lösung S. 125 – 127

4

Im Rechteck liegen sechs gleichschenklige Dreiecke. Mit den sechs Dreiecken lässt sich die Mantelfläche einer regelmäßigen Sechseckspyramide bekleben.

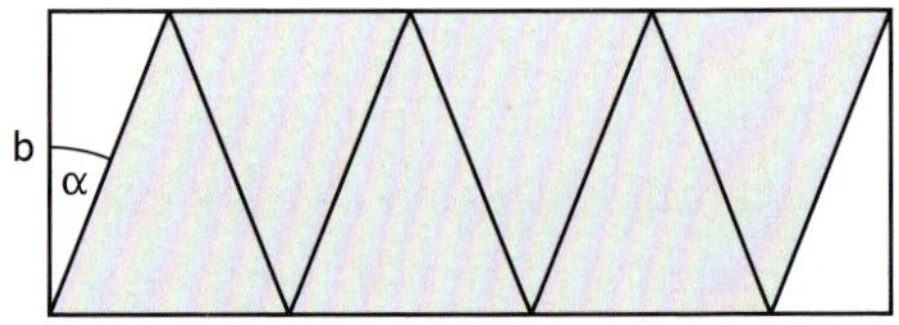

Es gilt:
$b = 8{,}0\,cm$
$\alpha = 22{,}0°$

Berechnen Sie das Volumen der Sechseckspyramide.

5

Von einer regelmäßigen achtseitigen Pyramide sind bekannt:
$a = 12{,}0\,cm$
$h = 20{,}0\,cm$
Ein Teil der Pyramide wurde abgeschnitten.
Berechnen Sie die Mantelfläche des neu entstandenen Körpers.
Hat sich die Mantelfläche durch das Abschneiden des Teils vergrößert oder verkleinert? Begründen Sie Ihre Antwort rechnerisch.

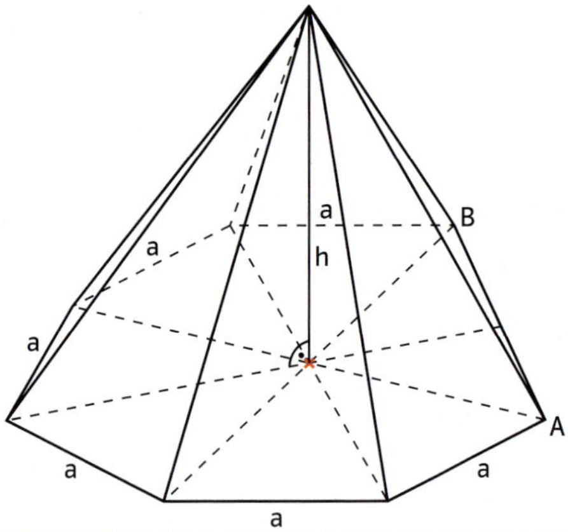

6

Die Seitenflächen einer quadratischen Pyramide sind gleichseitige Dreiecke.
Es gilt: $a = 8{,}4\,cm$
Die Pyramide wird halbiert.

Berechnen Sie die Oberfläche der halben Pyramide.
Weisen Sie nach, dass die Diagonalschnittfläche den gleichen Flächeninhalt hat wie die Grundfläche der halben Pyramide.

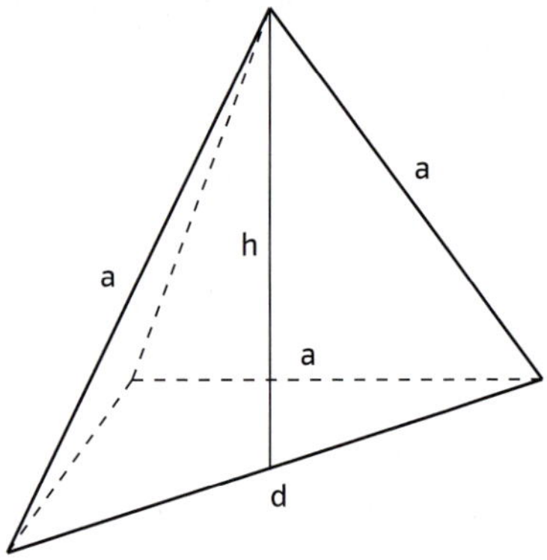

7

Die beiden Rechtecke ABCD und DEBF sind kongruent. Sie haben B und D als gemeinsame Eckpunkte.
Es gilt:
$\overline{AB}$ = 10,0 cm
$\overline{BC}$ = 5,0 cm

Berechnen Sie den Flächeninhalt des Vierecks GBHD.

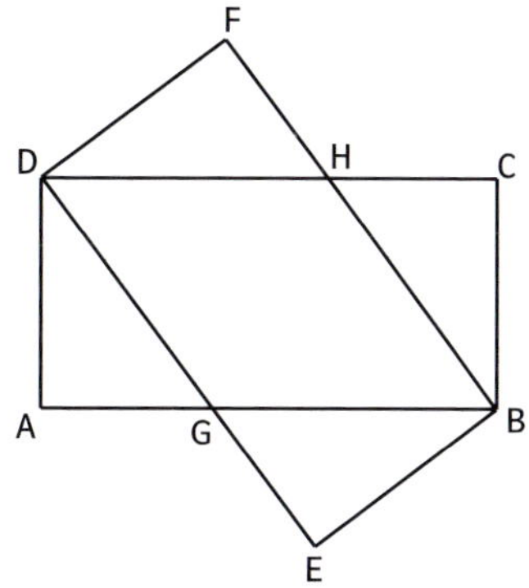

8

Das Dreieck ABC liegt in der Grundfläche der quadratischen Pyramide. Das Dreieck CBD liegt im Diagonalschnitt. Beide Dreiecke haben den gleichen Flächeninhalt.
Es gilt:
a = 8,5 cm
s = 10,5 cm

Berechnen Sie die Länge von $\overline{DS}$.

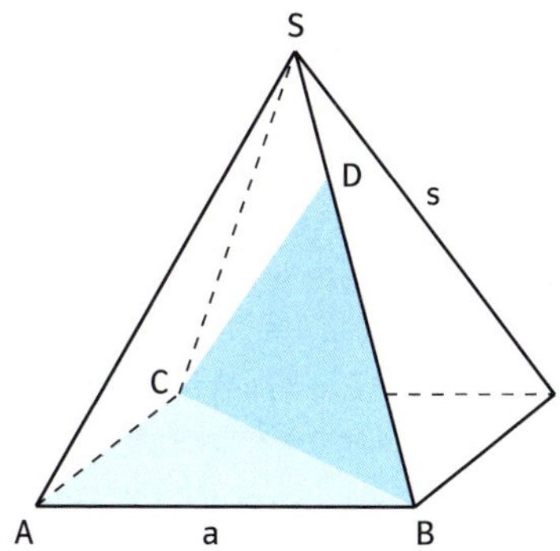

9

Ein rechteckiges Blatt Papier (Format 20,0 cm × 15,0 cm) wird entlang von $\overline{BD}$ gefaltet. Die Punkte A und C werden zu A′ und C′, die beide auf der Diagonalen $\overline{BD}$ liegen.
Auf wie viel Prozent des Vierecks EBFD liegt das Papier doppellagig?

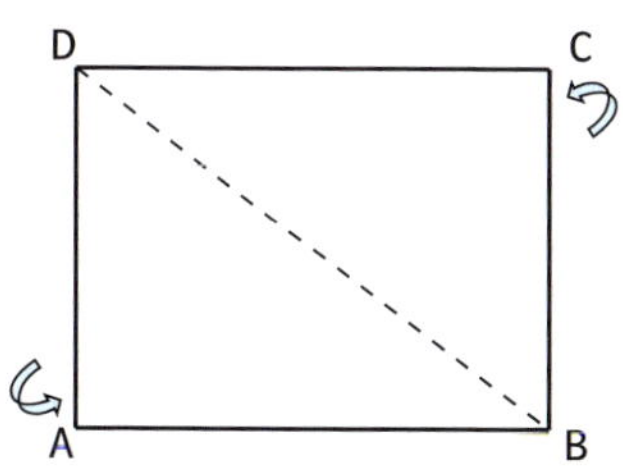

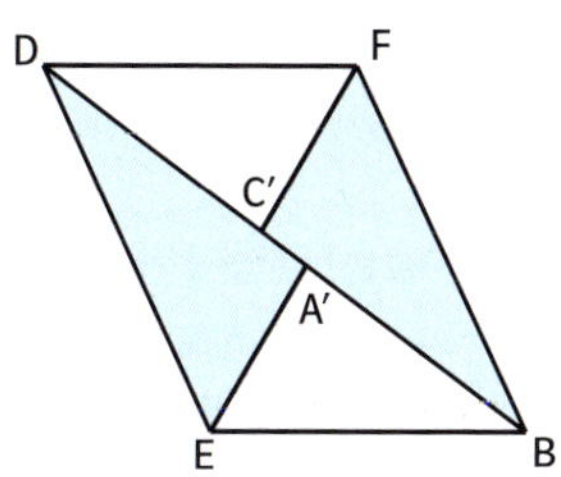

10

In einer Kugel befindet sich ein Doppelkegel, der mit seinen Spitzen die Kugelhülle berührt.
Der Durchmesser der Kugel ist doppelt so groß wie der des Doppelkegels.
Es gilt: $V_{Kugel} = 1000\,cm^3$

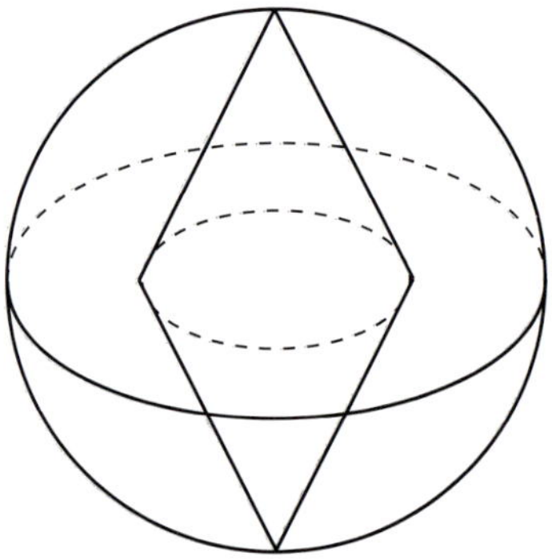

Berechnen Sie die Oberfläche und das Volumen des Doppelkegels.
In welchem Verhältnis stehen die beiden Rauminhalte?

11

Der zusammengesetzte Körper besteht aus einer Halbkugel und einem Kegel.
Für das Volumen des zusammengesetzten Körpers gilt: $V_{ges} = 3900\,cm^3$

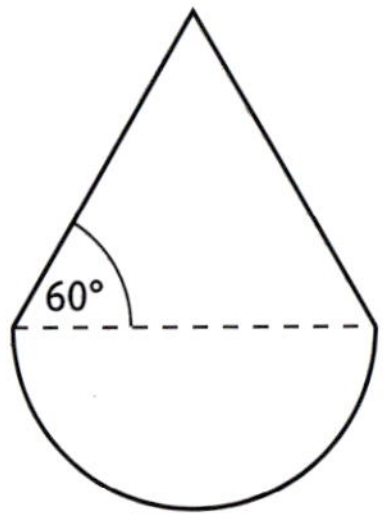

Berechnen Sie die Oberfläche des zusammengesetzten Körpers.

12

Von einer regelmäßigen Sechseckspyramide sind bekannt:
$a = 8{,}0\,cm$ (Grundkante)
$s = 18{,}0\,cm$ (Seitenkante)
Der Punkt C halbiert die Seitenkante s.

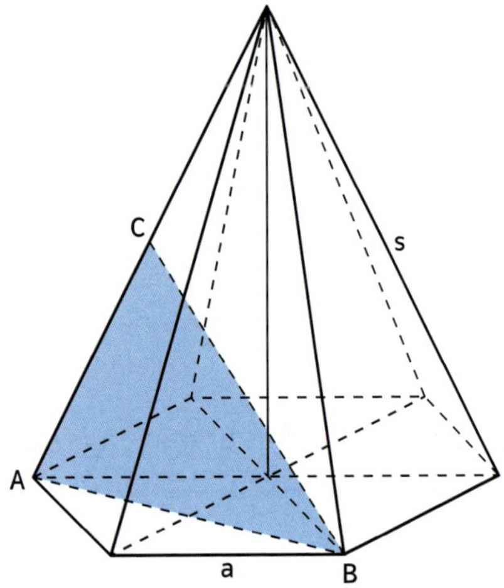

Berechnen Sie den Flächeninhalt des Dreiecks ABC.
Wie weit muss der Punkt C auf der Seitenkante s in Richtung Pyramidenspitze S verschoben werden, sodass das Dreieck ABC den gleichen Flächeninhalt hat wie ein Manteldreieck?

 → Lösung S. 133 – 136

Leitidee: Zufall

1

Bei einem Schulfest verkauft die Klasse 9a Lose. Als Hauptgewinn gibt es ein Tablet im Wert von 200,00 €. Außerdem gibt es noch 19 Gutscheine im Wert von 10,00 € als Trostpreise. Die restlichen Lose sind Nieten.
Insgesamt befinden sich 250 Lose in der Lostrommel. Sie werden für je 2,00 € verkauft.
Tim ist der erste, der in die Lostrommel greift. Er zieht gleichzeitig zwei Lose.
Wie groß ist die Wahrscheinlichkeit, dass er keine Niete zieht?
Berechnen Sie den Erwartungswert aus Sicht der Klasse.
Welchen Wert dürfte der Hauptgewinn höchstens haben, wenn die Klasse einen Erwartungswert von 0,60 € erreichen möchte?

2

Ein Langzeitversuch ergab beim Werfen von Kronkorken nebenstehende prozentuale Verteilung.
Zwei Kronkorken werden geworfen.
Berechnen Sie die Wahrscheinlichkeit für das Ereignis „1x Zacken unten und 1x Zacken oben".
Die beiden Kronkorken werden für ein Glücksspiel (Gewinnplan siehe Tabelle) verwendet.
Der Einsatz pro Spiel beträgt 1,00 €.
Berechnen Sie den Erwartungswert.
Was würde dies für den Betreiber bedeuten?

55 % Zacken unten   45 % Zacken oben

Gewinnplan	
Ergebnis	Gewinn
2x Zacken oben	3,00 €
1x Zacken unten, 1x Zacken oben	1,00 €
2x Zacken unten	kein Gewinn

3

In einer Lotterie gibt es folgende Gewinnausschüttung: 2 % der Lose gewinnen 100 €, 4 % der Lose gewinnen 10 € und 8 % der Lose gewinnen 5 €. Ein Los kostet 3 €.
Berechnen Sie den Erwartungswert.
Wie teuer müsste ein Los sein, damit das Spiel fair ist?

4

Die Netze zeigen die Beschriftungen von zwei Würfeln. Beide Würfel werden geworfen.
Mit welcher Wahrscheinlichkeit würfelt man zwei gleiche Symbole?
Die beiden Würfel werden für ein Glücksspiel (Gewinnplan siehe Tabelle) eingesetzt.
Berechnen Sie den Erwartungswert.
Der Betreiber überlegt, im rechten Würfel ein □ durch ein △ zu ersetzen.
Wäre dies für ihn vorteilhaft?
Begründen Sie Ihre Aussage.

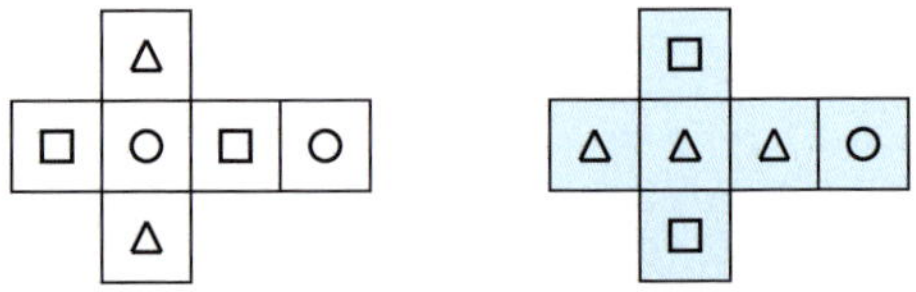

Gewinnplan	
Wurf-Ergebnis	Gewinn
○○	3,00 €
□□	2,00 €
△△	1,00 €
verschiedene Symbole	kein Gewinn

Einsatz pro Spiel 1,00 €

5

Auf dem Tisch liegen verdeckt fünf gleich große Kärtchen.
Drei Kärtchen sind mit der Zahl 1 beschriftet, ein Kärtchen mit der Zahl 2 und ein Kärtchen mit der Zahl 5.
Zieht man das Kärtchen mit der Zahl 5, erhält man 5 €. Zieht man die 2 oder die 1, dann muss man 2 € bzw. 1 € bezahlen. Ist das Spiel fair?
Es wird ein sechstes Kärtchen, das mit der Zahl 5 beschriftet ist, hinzugelegt. Welcher Einsatz pro Karte ist dann notwendig, damit ein faires Spiel zustande kommt?

6

Die Sektoren des Glücksrads haben die Mittelpunktswinkel 60°, 120° und 180°. Das Glücksrad wird zweimal gedreht.
Wie groß ist die Wahrscheinlichkeit, zweimal das Symbol „Herz“ zu drehen?

Das Glücksrad soll für ein Glücksspiel verwendet werden. Berechnen Sie den Erwartungswert unter Berücksichtigung des Gewinnplans.
Der Veranstalter des Glücksspiels möchte den doppelten Gewinn machen. Der Gewinn für „zweimal Herz" und der Einsatz pro Spiel sollen gleichbleiben. Wie hoch muss dann der Gewinn für „zweimal Kreuz" sein?

Gewinnplan	
Ereignis	Gewinn
♥♥	10,00 €
♣♣	4,00 €
restliche Möglichkeiten	kein Gewinn
Einsatz pro Spiel 1,00 €	

7

In einem Gefäß sind 20 weiße und 10 rote Kugeln.
Wie viele weiße Kugeln müssen vor dem Ziehen entnommen werden, dass für den ersten Zug gilt: P(rote Kugel) = 0,4?
Wie viele grüne Kugeln muss man den 20 weißen und 10 roten Kugeln hinzufügen, damit für den ersten Zug gilt: P(grüne oder rote Kugel) = $\frac{3}{7}$?

8

Zwei Glücksräder mit Smileys werden gedreht. Wenn sie stehen bleiben, erkennt man im Sichtfenster zwei Symbole. Mit welcher Wahrscheinlichkeit sind im Sichtfenster zwei gleiche Symbole zu sehen?
Die Glücksräder werden für ein Glücksspiel eingesetzt. Zwei Gewinnpläne werden diskutiert. Für welchen Gewinnplan soll sich der Betreiber entscheiden? Begründen Sie Ihre Aussage.

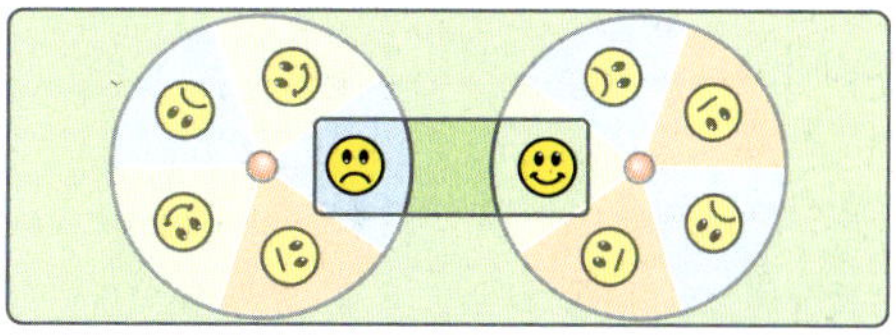

Ereignis	Gewinnplan A	Gewinnplan B
Zweimal ☺☺	7,00 €	5,00 €
Einmal ☺	5,00 €	7,00 €
restliche Möglichkeiten	kein Gewinn	kein Gewinn
Einsatz pro Spiel	3,00 €	4,00 €

→ Lösung S. 142 – 144

Leitidee: Zahl, Variable, Operation

1 → Übungsaufgabe S. 2

$A = -0{,}9;\ B = -\frac{2}{5};\ C = \frac{5}{12};\ D = \frac{7}{12};\ E = \sqrt{5}$

2 → Übungsaufgabe S. 2

a) $\frac{4^3 \cdot 34^4 \cdot 25^3}{10^6 \cdot 17^4} = \frac{(4 \cdot 25)^3}{10^6} \cdot \frac{34^4}{17^4} = \frac{100^3}{10^6} \cdot 2^4 = \frac{(10^2)^3}{10^6} \cdot 2^4 = \frac{10^6}{10^6} \cdot 2^4 = 2^4 = 16$

b) $\frac{(7^3)^2 : 3{,}5^6}{2^5} \cdot 10^3 = \frac{7^6 : 3{,}5^6}{2^5} \cdot 10^3 = \frac{(7:3{,}5)^6}{2^5} \cdot 10^3 = \frac{2^6}{2^5} \cdot 10^3 = 2 \cdot 10^3 = 2000$

c) $\frac{8^6}{4^8} \cdot \sqrt{64} = \frac{(2^3)^6}{(2^2)^8} \cdot 8 = \frac{2^{18}}{2^{16}} \cdot 2^3 = 2^2 \cdot 2^3 = 2^5 = 32$

d) $\frac{\left((\sqrt{3}-2)(\sqrt{3}+2)\right)^5}{2^5} = \frac{\left((\sqrt{3})^2 - 4\right)^5}{2^5} = \frac{(3-4)^5}{2^5} = \frac{(-1)^5}{2^5} = -\frac{1}{32}$

3 → Übungsaufgabe S. 2

a) $(800\,000 : 400) \cdot \frac{1}{1000} = \frac{8 \cdot 10^5}{4 \cdot 10^2 \cdot 10^3} = \frac{8}{4} \cdot \frac{10^5}{10^5} = 2$

b) $(5\,000\,000 \cdot 0{,}0002) : 5^3 = (5 \cdot 10^6 \cdot 2 \cdot 10^{-4}) : 5^3 = (5 \cdot 2 \cdot 10^6 \cdot 10^{-4}) : 5^3$

$= (10 \cdot 10^2) : 5^3 = \frac{10^3}{5^3} = 2^3 = 8$

c) $\frac{75^3}{27} \cdot \frac{1}{5^5} = \frac{(25 \cdot 3)^3}{3^3} \cdot \frac{1}{5^5} = \frac{(5^2 \cdot 3)^3}{3^3} \cdot \frac{1}{5^5} = \frac{5^6 \cdot 3^3}{3^3} \cdot \frac{1}{5^5} = \frac{5^6}{5^5} \cdot \frac{3^3}{3^3} = 5$

d) $\frac{2^3 \cdot 3^3 \cdot 4^3 \cdot 5^3}{8^2 \cdot 15^2} = \frac{(2 \cdot 3 \cdot 4 \cdot 5)^3}{(8 \cdot 15)^2} = \frac{120^3}{120^2} = 120$

4 → Übungsaufgabe S. 2

a) $6{,}2 \cdot 10^{-2} + 4{,}8 \cdot 10^1 = 0{,}062 + 48 = 48{,}062$

b) $9{,}9 \cdot 10^2 - 9 \cdot 10^{-2} = 990 - 0{,}09 = 989{,}91$

5 → Übungsaufgabe S. 2

a) $x = -1$, $y = 2$

b) $x = 4$, $y = 1$

c) $x = 5$, $y = 2$

d) $x = 0{,}5$, $y = -2$

6 → Übungsaufgabe S. 3

a) $x = 2;\ y = -1$

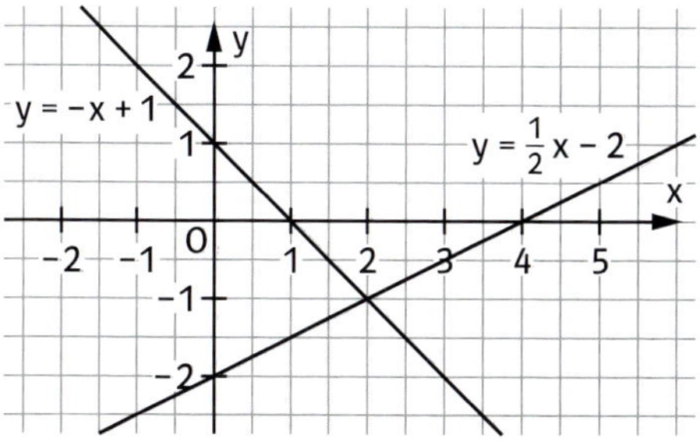

b) $x = -3;\ y = 2$

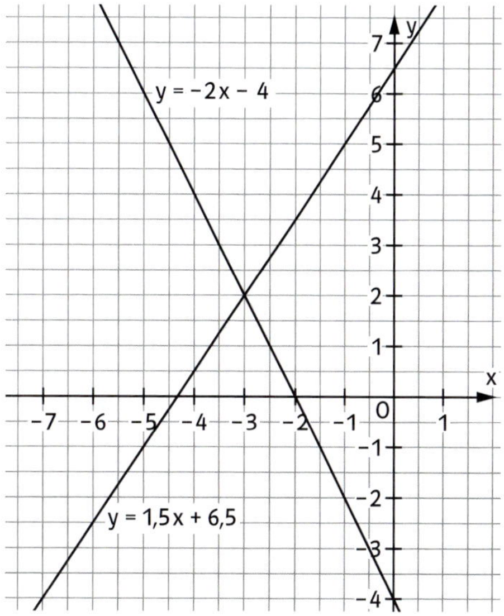

c) $x = 6;\ y = -1$

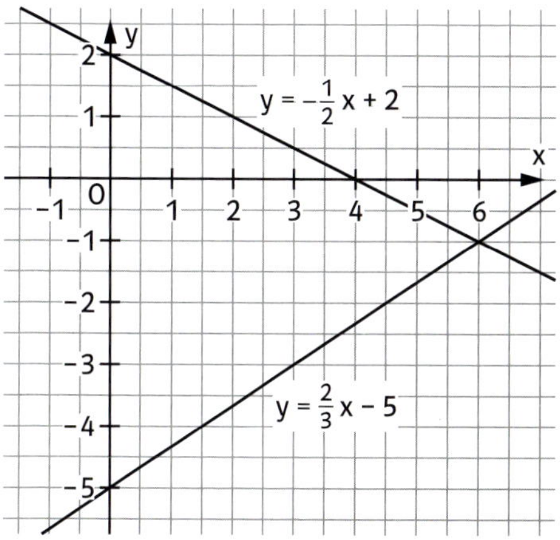

7 → Übungsaufgabe S. 3

a) $x_1 = 5;\ x_2 = -1$
[$x^2 - 4x - 5 = 0$]

b) $x_1 = 6;\ x_2 = -4$
[$x^2 - 2x - 24 = 0$]

c) $x_1 = 2;\ x_2 = -8$
[$x^2 + 6x - 16 = 0$]

d) $x_1 = 3;\ x_2 = -1$
[$x^2 - 2x - 3 = 0$]

e) $x_1 = 2;\ x_2 = -10$
[$x^2 + 8x - 20 = 0$]

f) $x_1 = -3;\ x_2 = -5$
[$x^2 + 8x + 15 = 0$]

8 → Übungsaufgabe S. 3

a) $x_1 = 8;\ x_2 = -6$
[Satz vom Nullprodukt]

b) $x_1 = 5;\ x_2 = -7$
$[x^2 + 2x - 35 = 0]$

c) $x_1 = 2;\ x_2 = -6$
$[x^2 + 4x - 12 = 0]$

d) $x_1 = 3;\ x_2 = 1$
$[x^2 - 4x + 3 = 0]$

e) $x_1 = 4;\ x_2 = -6$
$[x^2 + 2x - 24 = 0]$

f) $x_1 = 3;\ x_2 = -5$
$[x^2 + 2x - 15 = 0]$

g) $x_1 = 5;\ x_2 = -1$
$[x^2 - 4x - 5 = 0]$

9 → Übungsaufgabe S. 3

a) $D = \mathbb{R} \setminus \{-3\}$
$L = \{5; -7\}$

b) $D = \mathbb{R} \setminus \{-2\}$
$L = \{8\}$ $[-2 \notin D]$

c) $D = \mathbb{R} \setminus \{3\}$
$L = \{4; -1\}$

d) $D = \mathbb{R} \setminus \{0\}$
$L = \{2\}$ $[0 \notin D]$

e) $D = \mathbb{R} \setminus \{0; -1\}$
$L = \{4; -2\}$

f) $D = \mathbb{R} \setminus \{0; -2\}$
$L = \{2\}$ $[0 \notin D]$

10 → Übungsaufgabe S. 3

a) 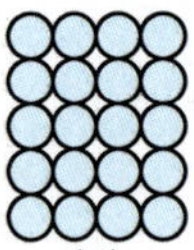
(4)

b) Die 7. Figur besteht aus $7 \cdot 8$ Kreisen, also 56 Kreisen.

c) Die Figur mit 90 Kreisen ist die 9. Figur ($9 \cdot 10$ Kreisen).

d) $A(n) = n(n + 1)$

11 → Übungsaufgabe S. 4

a) Die dritte Figur besteht aus 18 Streichhölzern. Damit die vierte Figur entsteht, müssen 10 weitere Streichhölzer angelegt werden. Es sind also 28 Streichhölzer.

b) $A(5) = 5^2 + 3 \cdot 5 = 40;\ A(10) = 10^2 + 3 \cdot 10 = 130$

c) Ansatz: $n^2 + 3n = 54$

$$n^2 + 3n - 54 = 0$$

$$n_{1,2} = -\frac{3}{2} \pm \sqrt{\left(\frac{3}{2}\right)^2 - (-54)}$$

$$n_{1,2} = -1{,}5 \pm \sqrt{56{,}25}$$

$$n_{1,2} = -1{,}5 \pm 7{,}5$$

$n = 6$ (negative Lösung ist nicht möglich)

Es ist die 6. Figur. Die 6. Figur besteht aus $6 + 5 + 4 + 3 + 2 + 1 = 21$ Quadraten.

12 → Übungsaufgabe S. 4

a) Das sechste Muster besteht aus $3 \cdot 6 + 2 = 20$ Quadraten.

b) Beim Term $3n - 1$ steht n für die Zeilenzahl. Beim Term $3n - 4$ steht n für die Spaltenzahl.

13 → Übungsaufgabe S. 4

a) Die fünfte Figur besteht aus 15 Kreisen.

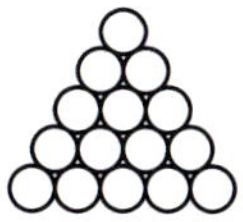

b) Die zehnte Figur besteht aus 55 Kreisen.

c)

Figur	Anzahl der Kreise	Vorgängerfigur	Anzahl der Kreise	Differenz
2. Figur	3	1. Figur	1	2 Kreise
3. Figur	6	2. Figur	3	3 Kreise
4. Figur	10	3. Figur	6	4 Kreise
5. Figur	15	4. Figur	10	5 Kreise
…				

Es entsteht die Folge der natürlichen Zahlen.

d) Paula verdoppelt die Anzahl der Kreise. Dadurch entsteht näherungsweise ein Rechteck, das sich zum Abzählen der Kreise eignet.
Für das n-te Muster erhält man somit $\frac{n \cdot (n+1)}{2}$ Kreise.

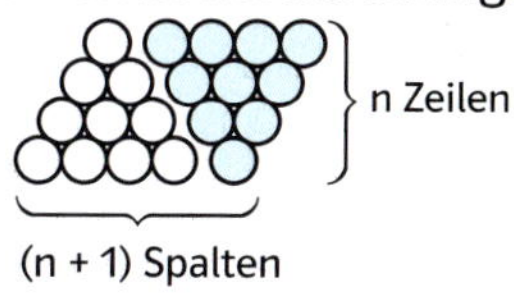

14 → Übungsaufgabe S. 5

Mit der Gleichung (C) $M = 599\,€ \cdot \frac{19}{119}$ kann der Mehrwertsteuerbetrag direkt berechnet werden.
Teilt man den Betrag durch 119, erhält man ein Prozent des Grundwerts. Durch die Multiplikation mit 19 ergibt sich der Mehrwertsteuerbetrag.
Bei (A) wird der Preis ohne Mehrwertsteuer (= Nettopreis) berechnet.
Bei (B) werden 19 % des Preises berechnet. Da es sich beim Preis mit Mehrwertsteuer um einen vermehrten Grundwert handelt, ist das falsch.

15 → Übungsaufgabe S. 5

Das rechte Diagramm stellt das Umfrageergebnis korrekt dar.
Beim linken Diagramm sind die beiden kleinsten Sektoren gleich groß. Somit müssten die Anzahl der Nennungen für Fruchteis und Sonstige auch gleich groß sein, was nicht der Fall ist.

16 → Übungsaufgabe S. 5

a) 25 Grad Celsius sind $\frac{9}{5} \cdot 25 + 32 = 77$ Grad Fahrenheit.

b) Temperatur in Arizona: $104 = \frac{9}{5} \cdot C + 32 \quad | -32$

$$72 = \frac{9}{5} \cdot C \quad | \cdot \frac{5}{9}$$

$$C = 40\,°C$$

c) Einsetzen von $C = -40$ ergibt: $F = \frac{9}{5} \cdot (-40) + 32$; $F = -40$

Vigo hat somit recht.

17 → Übungsaufgabe S. 5

Autofahrerinnen im Jahr 2014 mit Ganzjahresreifen: $4000 \cdot 0{,}15 = 600$

Autofahrerinnen im Jahr 2018 mit Ganzjahresreifen: $4000 \cdot 0{,}25 = 1000$

Im Jahr 2018 nutzten somit 400 Autofahrerinnen mehr Ganzjahresreifen als im Jahr 2014.

18 → Übungsaufgabe S. 6

Die Aussage „Der Kunde spart dadurch 20 %." ist richtig.

Mögliche Begründung:

Kostet eine Kiste beispielsweise 10 €, dann bezahlt der Kunde ohne Rabatt $5 \cdot 10\,€ = 50\,€$.

Der reduzierte Preis wäre 40 € (Preis von 4 Kisten); Einsparung 10 €.

Einsparung in Prozent: $p\,\% = \frac{10\,€}{50\,€} = 20\,\%$

Allgemeine Betrachtung: Preis für eine Kiste: x €; Preis für 5 Kisten: $5 \cdot x\,€$

Einsparung in Prozent: $p\,\% = \frac{x}{5x} = \frac{1}{5} = 20\,\%$

19 → Übungsaufgabe S. 6

Mit der Gleichung $K_4 = 3000{,}00\,€ \cdot 1{,}012^4$ kann das Kapital nach Ablauf der vier Jahre direkt berechnet werden.

20 → Übungsaufgabe S. 6

Originalpreis	500 €	
Preis nach 1. Reduzierung	400 €	Reduzierung 20 %: $500\,€ \cdot 0{,}2 = 100\,€$
Preis nach 2. Reduzierung	360 €	Reduzierung 10 %: $400\,€ \cdot 0{,}1 = 40\,€$

Jerome hat recht.

21 → Übungsaufgabe S. 6

Schüler und Schülerinnen gesamt: 25

Besser als Note 2: 3 Schülerinnen und Schüler

$p\% = \frac{3}{25} = \frac{12}{100}$

12 % der Schülerinnen und Schüler waren besser als Note 2.

Durchschnitt: $\frac{3 \cdot 1 + 6 \cdot 2 + 8 \cdot 3 + 6 \cdot 4 + 2 \cdot 5}{25} = \frac{73}{25} = \frac{292}{100} = 2{,}92 \approx 2{,}9$

Somit waren 16 Schülerinnen und Schüler schlechter als der Durchschnitt von 2,9.

In Prozent: $p\% = \frac{16}{25} = \frac{64}{100} = 64\,\%$

22 → Übungsaufgabe S. 6

25 % sind 125 Schülerinnen und Schüler.

100 % sind 500 Schülerinnen und Schüler.

Es kommen 500 − 200 − 125 = 175 der Schülerinnen und Schüler weder mit dem Fahrrad noch mit dem Bus zur Schule.

Mittelpunktswinkel Bus 90°, Fahrrad 144° und Rest 126°

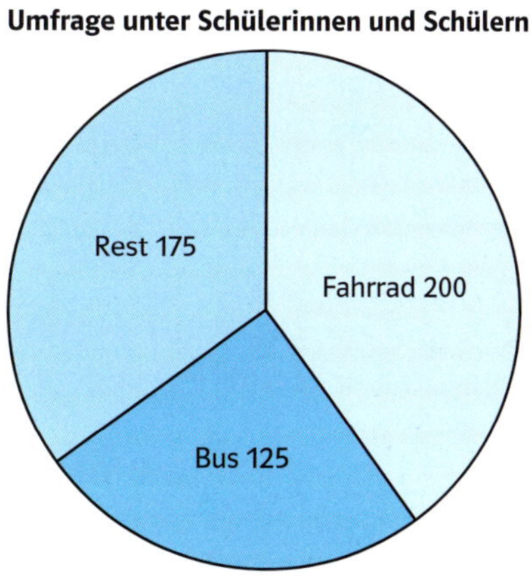

23 → Übungsaufgabe S. 7

a) Ursprünglicher Preis: 330,00 €

10 % von 330,00 € sind 33,00 €.

330,00 € − 33,00 € = 297,00 €

Das Preisschild ist falsch.

b)

500,00	100 %
5,00	1 %
45,00	9 %

Das entspricht einer Preisreduzierung von 9 %.

24 → Übungsaufgabe S. 7

Die Aussage „Im Jahr 2019 nahmen mehr als 1600 Personen am Spendenlauf teil." ist richtig.

25 → Übungsaufgabe S. 7
Folgende Aussagen sind richtig:
„Jeder 5. Befragte entschied sich fürs Joggen."
„Mehr als 50 % wählten nicht das Radfahren."

26 → Übungsaufgabe S. 7
Die Aussage „weniger als 20 % billiger" ist richtig.

Leitidee: Funktionaler Zusammenhang

1 → Übungsaufgabe S. 8
(A) $y = (x - 4)^2 - 4$ hat zwei Schnittpunkte mit der x-Achse.
Denn der Scheitelpunkt $S(4|-4)$ liegt im vierten Quadranten unterhalb der x-Achse und die Parabel ist nach oben geöffnet.
(B) $y = (x + 4)^2$ hat einen Schnittpunkt mit der x-Achse.
Dieser Berührpunkt ist der Scheitelpunkt $S(-4|0)$. Der Scheitelpunkt liegt auf der x-Achse.
(C) $y = -\frac{1}{4}x^2 - 4$ hat keinen Schnittpunkt mit der x-Achse.
Der Scheitelpunkt $S(0|-4)$ liegt unterhalb der x-Achse und die Parabel ist nach unten geöffnet.
(D) $y = x^2 + 8x + 2$ hat zwei Schnittpunkte mit der x-Achse.
Durch Umformen erhält man den Scheitelpunkt $S(-4|-14)$. Der Scheitelpunkt liegt im dritten Quadranten unterhalb der x-Achse und die Parabel ist nach oben geöffnet.

2 → Übungsaufgabe S. 8
Es muss ein Scheitelpunkt gewählt werden, dessen x-Wert negativ und dessen y-Wert positiv ist. Dann werden die Koordinaten des Scheitelpunkts $S(d|e)$ in die Funktionsgleichung $y = (x - d)^2 + e$ eingesetzt. Durch Umformen erhält man die Normalform.
Zum Beispiel: möglicher Scheitelpunkt $S(-4|2)$
Scheitelform $y = (x + 4)^2 + 2$; Normalform: $y = x^2 + 8x + 18$

3 → Übungsaufgabe S. 8

Wertetabelle

x	−4	−1	3	**4**	5
y	**51**	**18**	**2**	3	**6**

Berechnung der y-Werte: x-Werte einsetzen in $y = x^2 - 6x + 11$
Berechnung des x-Werts: y-Wert einsetzen in $y = x^2 - 6x + 11$
Man erhält für x zwei Werte $x_1 = 2$ und $x_2 = 4$. Da die beiden benachbarten x-Werte 3 und 5 sind, wurde hier $x = 4$ eingesetzt.

4 → Übungsaufgabe S. 8

Scheitelform p_1: $y = (x + 2)^2 + 2$
a) Die Normalparabel mit dem Scheitelpunkt $S(0|0)$ wird um 2 Einheiten in x-Richtung nach links verschoben und um 2 Einheiten in y-Richtung nach oben, so erhält man den Scheitelpunkt $S_1(-2|2)$.
b) p_2: $y = x^2 - 4x + 6$
Durch Spiegelung an der x-Achse ergibt sich der Scheitelpunkt $S_2(2|2)$.
Einsetzen der Koordinaten des Scheitelpunkts in $y = (x - d)^2 + e$ und umformen in die Normalform.

5 → Übungsaufgabe S. 8

(A) $S(-6|-6)$. Durch Umformen in die Scheitelform $y = (x + 6)^2 - 6$ kann der Scheitelpunkt bestimmt werden.
(B) $S(0|5)$. Der Scheitelpunkt kann direkt aus der Funktionsgleichung abgelesen werden, da es sich hier um eine nach unten geöffnete Normalparabel handelt, die ihren Scheitelpunkt auf der y-Achse hat.
(C) $S(4|-2)$. Durch Umformen in die Scheitelform $y = (x - 4)^2 - 2$ kann der Scheitelpunkt bestimmt werden.
(D) $S(2|-4)$. Durch Umformen in die Scheitelform $y = (x - 2)^2 - 4$ kann der Scheitelpunkt bestimmt werden.

6 → Übungsaufgabe S. 9

(C) $y = x^2 + 4x + 3$ passt zur skizzierten Normalparabel.
Die Funktionsgleichungen (A) und (D) können ausgeschlossen werden, da ein negativer Wert für b in der Normalform auf einen positiven x-Wert des Scheitels schließen lässt. Dementsprechend liegt der Scheitelpunkt dieser Parabeln im ersten oder vierten Quadranten.
Bei (B) kann durch Umformen in die Scheitelform $y = (x + 1{,}5)^2 + 1{,}75$ der Scheitelpunkt $S(-1{,}5 \mid 1{,}75)$ bestimmt werden. Dieser liegt im zweiten Quadranten. Damit kann auch diese Funktionsgleichung ausgeschlossen werden.
Bei (C) kann durch Umformen in die Scheitelform $y = (x + 2)^2 - 1$ der Scheitelpunkt $S(-2 \mid -1)$ bestimmt werden. Dieser Scheitelpunkt liegt im dritten Quadranten, was zu der skizzierten Parabel passt.

7 → Übungsaufgabe S. 9

Um drei gemeinsame Punkte zu erhalten, muss man die Parabel p_1 mit der Gleichung $y = \frac{1}{2}x^2$ in y-Richtung um zwei Einheiten nach oben verschieben. Sie berührt dann die Parabel p_3 im Punkt $S(0 \mid 2)$ und schneidet die Parabel p_2 in den Punkten $Q(-1{,}41 \mid 3)$ und $P(1{,}41 \mid 3)$.
p_4: $y = \frac{1}{2}x^2 + 2$

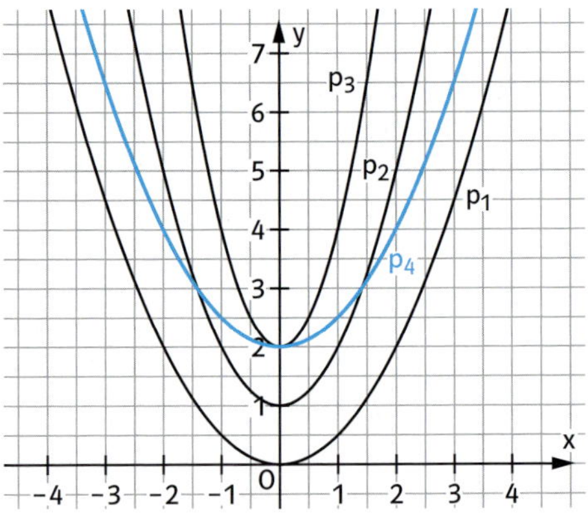

8 → Übungsaufgabe S. 9

Tim hat teilweise recht.
Durch Umformen in die Scheitelform $y = (x - 5)^2 - 6$ kann der Scheitelpunkt $S(5 \mid -6)$ bestimmt werden. Durch Punktprobe für die Punkte $A(3 \mid -2)$ und $B(-3 \mid 40)$ ergibt sich, dass Punkt A auf dem Graphen der Parabel liegt, Punkt B jedoch nicht.

9 → Übungsaufgabe S. 9

Durch Verschiebung des Scheitelpunkts $S_1(-1 \mid -4)$ entsteht der Scheitelpunkt $S_2(-3 \mid -1)$.
Scheitelform p_2: $x = (x + 3)^2 - 1$; Normalform p_2: $y = x^2 + 6x + 8$.
Schnittpunkte mit der x-Achse: $x^2 + 6x + 8 = 0$ ergibt $N_1(-4 \mid 0)$ und $N_2(-2 \mid 0)$

10 → Übungsaufgabe S. 9

Einsetzen des Punkts $A(-4|-2)$ in die Funktionsgleichung $y = x^2 + bx + 6$.

$-2 = (-4)^2 + b(-4) + 6$

$-2 = 16 - 4b + 6$

$4b = 24$

$b = 6$

Funktionsgleichung $y = x^2 + 6x + 6$

11 → Übungsaufgabe S. 10

Fehler beim Zeichnen von p_1:
Mara hat für den Scheitelpunkt die Parameter b und c eingesetzt und nicht in die Scheitelform $y = (x - d)^2 + e$ umgeformt, um dann richtig abzulesen.
Scheitelform p_1: $y = (x - 1)^2 + 1$, Scheitel bei $S(1|1)$
Fehler beim Zeichnen von p_2:
Sie hat beim Scheitelpunkt bei d das Vorzeichen nicht beachtet.
Scheitelform p_2: $y = (x + 3)^2 - 1$, Scheitel bei $S(-3|-1)$
Fehler beim Zeichnen von g:
Sie hat die Steigung m und den y-Achsenabschnitt c vertauscht.
Korrektes Schaubild:

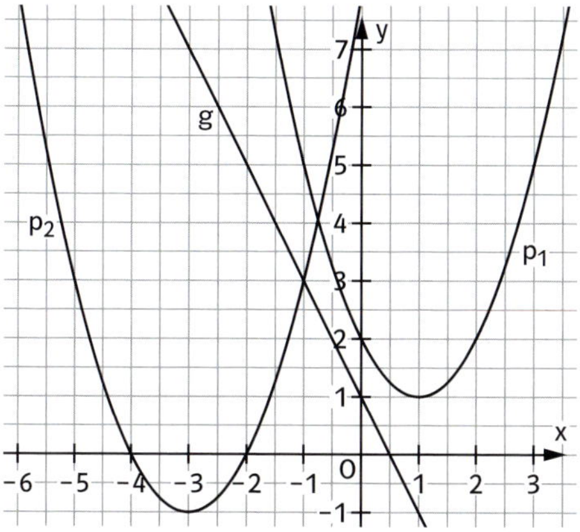

12 → Übungsaufgabe S. 10

a) Durch Einsetzen des Punkts $Q(1|2)$ erhält man: $y = (x + 2)^2 - 7$

b) Durch Einsetzen des Punkts $Q(-1|4)$ erhält man zwei mögliche quadratische Funktionen: $y = (x + 3)^2$ und $y = (x - 1)^2$

13 → Übungsaufgabe S. 10

a) parallel (gleiche Steigung): $g_1 \parallel g_4$ mit $m = -3$; $g_2 \parallel g_6$; mit $m = \frac{1}{3}$

b) senkrecht (Produkt der Steigungen = −1):

$g_1 \perp g_2$ und $g_1 \perp g_6$; mit $m_1 = -3$ und $m_2 = \frac{1}{3}$ sowie $m_6 = \frac{1}{3}$

$g_4 \perp g_2$ und $g_4 \perp g_6$; mit $m_4 = -3$ und $m_2 = \frac{1}{3}$ sowie $m_6 = \frac{1}{3}$

$g_3 \perp g_5$; mit $m_3 = -\frac{1}{3}$ und $m_5 = 3$

c) gemeinsamer Punkt auf der y-Achse (gleicher y-Achsenabschnitt):

g_1 und g_6 mit $c = 2$; g_2 und g_4 mit $c = -2$; g_3 und g_5 mit $c = 0$

14 → Übungsaufgabe S. 10

Durch Einsetzen der Punkte $A(-4\,|-3)$ und $B(5\,|\,10{,}5)$ in die Gleichung $y = mx + c$ erhält man ein lineares Gleichungssystem.

(1) $-3 = -4m + c$ und (2) $10{,}5 = 5m + c$

$m = \frac{13{,}5}{9} = \frac{3}{2}$; $c = 3$

Die Gerade hat die Funktionsgleichung $y = 1{,}5x + 3$.

Durch Einsetzen der Länge der Katheten des Steigungsdreiecks ergibt sich:

$\tan\alpha = \frac{3}{2}$

15 → Übungsaufgabe S. 11

(A) → (3) Die Vase besteht aus zwei Zylindern. Hier steigt das Wasser jeweils gleichmäßig an; erst langsamer, dann schneller.

(B) → (4) In der kugelförmigen Vase steigt das Wasser zunächst schneller, dann zunehmend langsamer, dann wieder zunehmend schneller.

(C) → (1) Die Vase besteht aus zwei Zylindern. Hier steigt das Wasser jeweils gleichmäßig an; erst schneller, dann langsamer.

Möglicher Füllgraph für Gefäß (2):

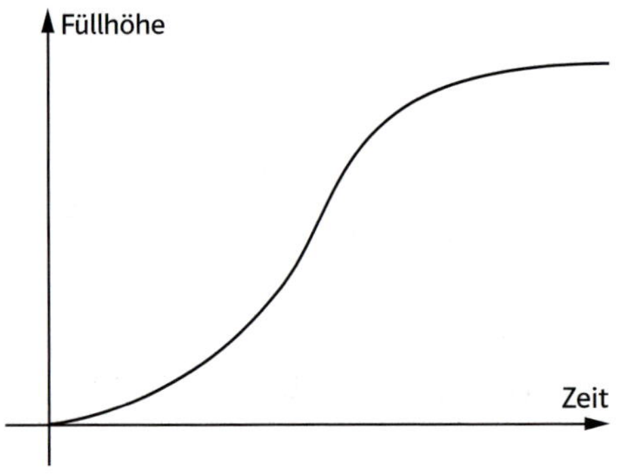

16 → Übungsaufgabe S. 11

Mögliche Lösung:
Das Wasser steigt in der kegelstumpfförmigen Vase zunächst langsam an, dann zunehmend schneller.

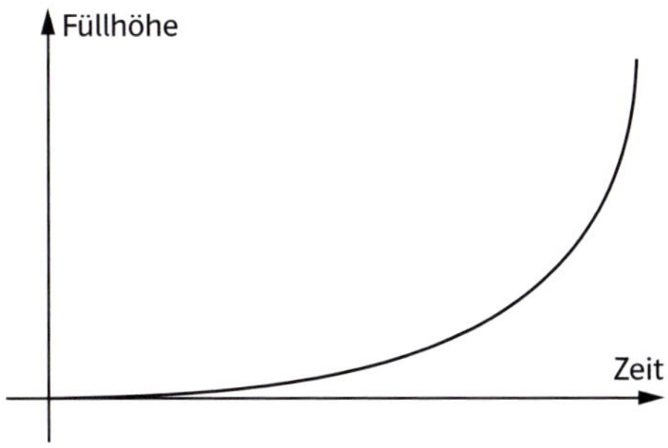

17 → Übungsaufgabe S. 11

Aus dem Wertepaar (0 | 30) kann $c = 30$ bestimmt werden.
Durch das Wertepaar (1 | 32,50) kann $m = 2{,}50$ bestimmt werden, somit ergibt sich die Funktionsgleichung $y = 2{,}50x + 30$.
Berechnung der y-Werte: x-Werte einsetzen in $y = 2{,}50x + 30$
Berechnung des x-Werts: y-Wert einsetzen in $y = 2{,}50x + 30$
Vollständig ausgefüllte Wertetabelle:

x	0	1	3	8	10	**15**
y	30	32,50	**37,50**	50	**55**	67,50

18 → Übungsaufgabe S. 11

Fahrstrecke in km	500	800	1000	1250	**1500**
Kosten in €	**2800**	**2800**	**2900**	**3025**	3150

Beachtet werden muss, dass bis zu einer Fahrstrecke von 800 km der Preis von 2800,00 € anfällt.
Für Fahrstrecken länger als 800 km, wird der Preis für jeden weiteren Kilometer um 0,50 € teurer.

19 → Übungsaufgabe S. 12

- ☒ Im gesamten ersten Viertel (Q1) haben die Lions geführt.
- ☐ Die ersten Punkte haben die Tigers gemacht.
- ☒ Zwischen der 10. und 30. Minute hat die Führung zweimal gewechselt.
- ☒ Die Tigers gewinnen das Spiel, obwohl sie zu Beginn des letzten Viertels zurückliegen.

20 → Übungsaufgabe S. 12

Der Graph g_1 gehört zur Sachsituation mit der Funktionsgleichung $y = 0{,}09\,x + 3{,}50$.
Mögliche Begründung:
Die Gerade g_3 geht durch den Ursprung. Das kann nicht der richtige Graph sein, da hier die Kosten für Porto und Verpackung nicht berücksichtigt wären.
Die Gerade g_2 hat eine negative Steigung (fallender Graph). Der Preis pro Bild entspricht einer positiven Steigung $m = 0{,}09$. Da der Preis positiv ist, kann es nicht der Graph g_2 sein.
Der Graph von g_1 hat eine positive Steigung und einen y-Achsenabschnitt größer als 0 und passt somit zur Funktionsgleichung.

21 → Übungsaufgabe S. 12

Die Funktionsgleichung (C) $y = 30 - 0{,}89\,x$ beschreibt das Restguthaben in Euro. Das Guthaben von 30 € $(c = 30)$ wird pro Minute Telefonieren um 0,89 € $(m = -0{,}89)$ verringert.

Leitideen: Messen/Raum und Form

1 → Übungsaufgabe S. 13

Würfel: (A) 216 cm³, denn $V = a^3 = 6^3 = 216\,\text{cm}^3$
Zylinder: (C) 170 cm², denn $V = \pi \cdot r^2 \cdot h = \pi \cdot 3^2 \cdot 6 = 54\pi \approx 170\,\text{cm}^3$
Pyramide: (B) 72 cm³, denn $V = \frac{1}{3}a^2 \cdot h = \frac{1}{3}6^2 \cdot 6 = 72\,\text{cm}^3$

2 → Übungsaufgabe S. 13

$\varepsilon_1 = 180° - \alpha_1 - \beta_1$
(Winkelsumme im Dreieck)
$\varepsilon_1 = 180° - 32° - 43° = 105°$
$\varepsilon_2 = 180° - \varepsilon_1$ (Nebenwinkel)
$\varepsilon_2 = 180° - 105° = 75°$
$\varphi_2 = \varepsilon_2 = 75°$
(gleichschenkliges Dreieck)
$\varphi_1 = \beta_1 = 43°$ (Wechselwinkel)
$\delta = 180° - \varphi_1 - \varphi_2$
$\delta = 180° - 43° - 75° = 62°$

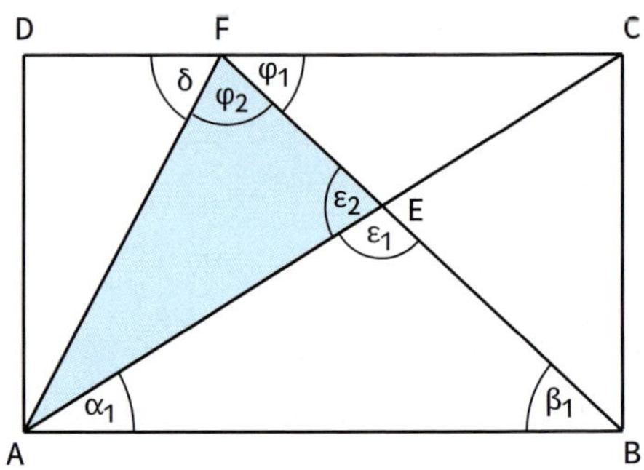

3 → Übungsaufgabe S. 13

$\varepsilon_1 = 70°$ (gleichschenkliges Dreieck)
$\varepsilon_2 = 180° - 70° = 110°$ (Nebenwinkel)
$\beta_1 = \frac{180° - 110°}{2} = 35°$
(gleichschenkliges Dreieck)
$\beta_2 = 45°$ (gleichschenklig-rechtwinkliges Dreieck)
$\beta = 35° + 45° = 80°$

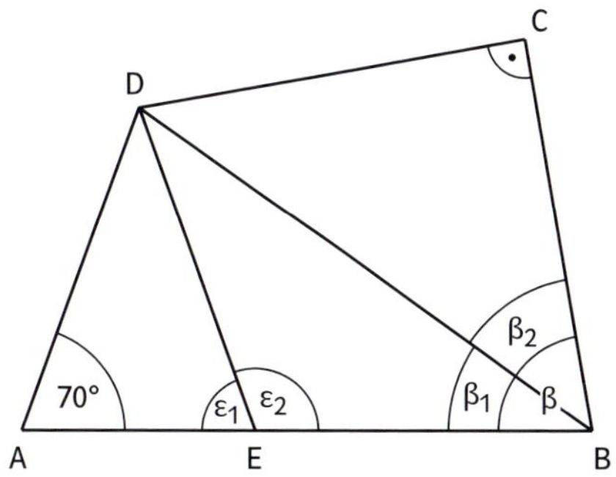

4 → Übungsaufgabe S. 14

Richtig sind (A) $\sin\alpha = \frac{\overline{BC}}{\overline{AC}}$ und (C) $\tan\gamma = \frac{\overline{DE}}{\overline{CE}}$

5 → Übungsaufgabe S. 14

a) $\sin\gamma = \frac{\overline{BE}}{\overline{BC}}$ b) $\tan\beta = \frac{\overline{AE}}{\overline{BE}}$ c) $\cos\alpha = \frac{\overline{AD}}{\overline{AC}}$ d) $\cos\delta = \frac{\overline{DE}}{\overline{CD}}$

6 → Übungsaufgabe S. 14

Zoe hat nicht recht.
Mögliche Begründung: Die gefärbten Dreiecke sind kongruent. Damit stimmen die Körperhöhe h_k der linken Pyramide und die Seitenhöhe h_s der rechten Pyramide überein.
Bei der rechten Pyramide gilt: $h_s > h$
Damit ist die Höhe der rechten Pyramide kleiner als bei der linken.

7 → Übungsaufgabe S. 15

(1) $\overline{CD}$ berechnen: $\sin\alpha = \frac{\overline{CD}}{\overline{AC}} \rightarrow \overline{CD} = \overline{AC} \cdot \sin\alpha$

(2) γ berechnen: $\gamma = 180° - 2\alpha$

(3) δ_2 berechnen: $\delta_2 = 90° - \frac{\gamma}{2}$

(4) $\overline{CE}$ berechnen: $\sin\delta_2 = \frac{\overline{CE}}{\overline{CD}} \rightarrow \overline{CE} = \overline{CD} \cdot \sin\delta_2$

(5) $\overline{DE}$ berechnen: $\overline{DE}^2 = \overline{CD}^2 - \overline{CE}^2 \rightarrow \overline{DE} = \sqrt{\overline{CD}^2 - \overline{CE}^2}$

(6) Umfang u berechnen: $u_{DEC} = \overline{CD} + \overline{DE} + \overline{CE}$

8 → Übungsaufgabe S. 15

$V_{Pyr} = \frac{1}{3} \cdot a^2 \cdot h = \frac{1}{3} \cdot 5^2 \cdot 12 = 100\,cm^3$

$V_W = a^3 = 5^3 = 125\,cm^3$

Ja, das Wasser passt vollständig in den Würfel.

Prozentualer Anteil: $p\,\% = \frac{100}{125} = \frac{4}{5} = 80\,\%$

9 → Übungsaufgabe S. 15

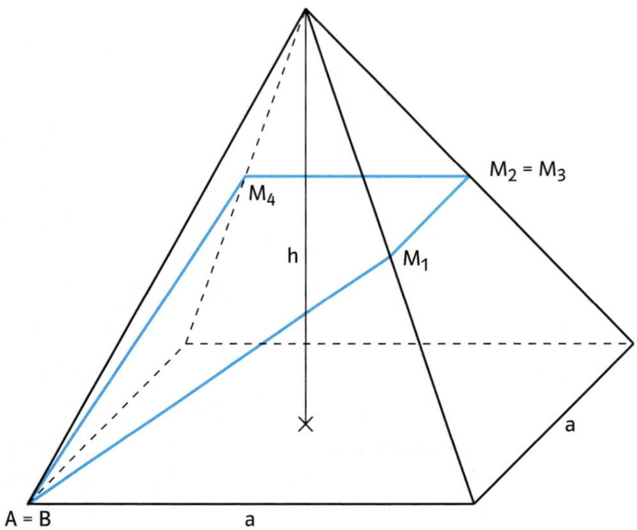

Die Zeichnung ist maßstäblich verkleinert.

10 → Übungsaufgabe S. 15

$V_1 = \frac{1}{3} \cdot a^2 \cdot h$

$V_2 = \frac{1}{3} \cdot (2a)^2 \cdot \frac{h}{2} = \frac{1}{3} \cdot 4a^2 \cdot \frac{h}{2} = 2 \cdot \left(\frac{1}{3} \cdot a^2 \cdot h\right) = 2 \cdot V_1$

Das Volumen der Pyramide verdoppelt sich.

11 → Übungsaufgabe S. 16

$\overline{AE}^2 = 8^2 + 6^2$

$\overline{AE}^2 = 64 + 36$

$\overline{AE}^2 = 100 \quad |\sqrt{}$

$\overline{AE} = 10{,}0\,cm$

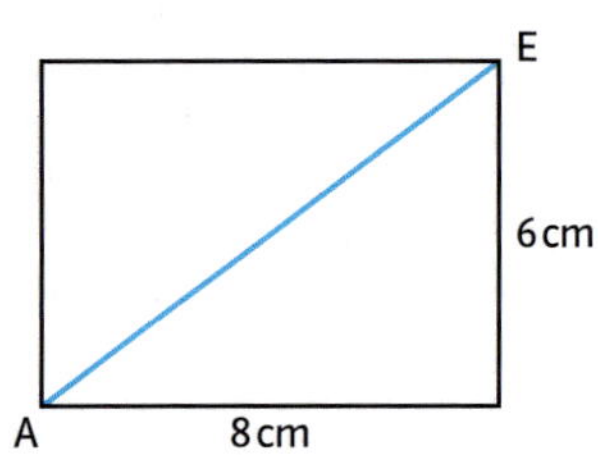

12 → Übungsaufgabe S. 16

$V_1 = \pi \cdot r_1^2 \cdot h_1 = \pi \cdot 8^2 \cdot 10 = 640\,\pi$

$V_2 = \pi \cdot r_2^2 \cdot h_2$

$640\,\pi = \pi \cdot r_2^2 \cdot 40 \quad |:\pi \quad |:40$

$r_2^2 = 16 \quad |\sqrt{}$

$r_2 = 4{,}0\,\text{cm}$

13 → Übungsaufgabe S. 16

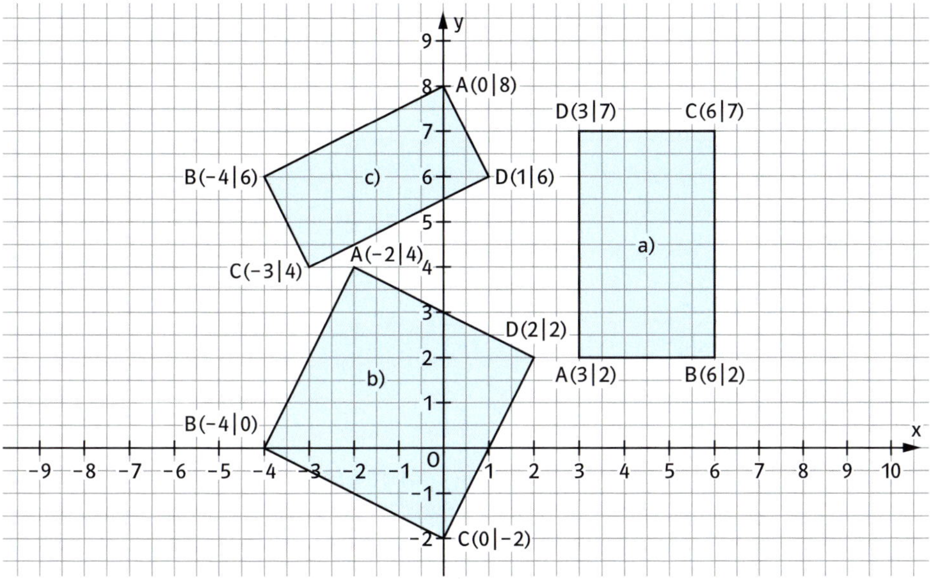

d) Flächeninhalt Rechteck a): $A_1 = 3 \cdot 5 = 15$ FE

Flächeninhalt Quadrat b): $A_2 = \overline{AB}^2 = \sqrt{(4^2 + 2^2)}^2 = \sqrt{20}^2 = 20$ FE

Flächeninhalt Rechteck c): $A_3 = \overline{AB} \cdot \overline{AD} = \sqrt{(4^2 + 2^2)} \cdot \sqrt{(1^2 + 2^2)} = \sqrt{20} \cdot \sqrt{5}$
$= \sqrt{100} = 10$ FE

14 → Übungsaufgabe S. 16

a) $V_P = G \cdot h = \frac{a^2}{2} \cdot a = \frac{a^3}{2}$ $\qquad V_P = \frac{10^3}{2} = 500\,\text{cm}^3$

b) $V_P = G \cdot h = \frac{3}{4}a^2 \cdot a = \frac{3}{4}a^3$ $\qquad V_P = \frac{3}{4} \cdot 10^3 = 750\,\text{cm}^3$

Leitidee: Daten und Zufall

1 → Übungsaufgabe S. 17

a) Kennwerte

	min	q_u	z	q_o	max
Jungen	0	1	3	7	15
Mädchen	0	1	3	4	15

b) Boxplots

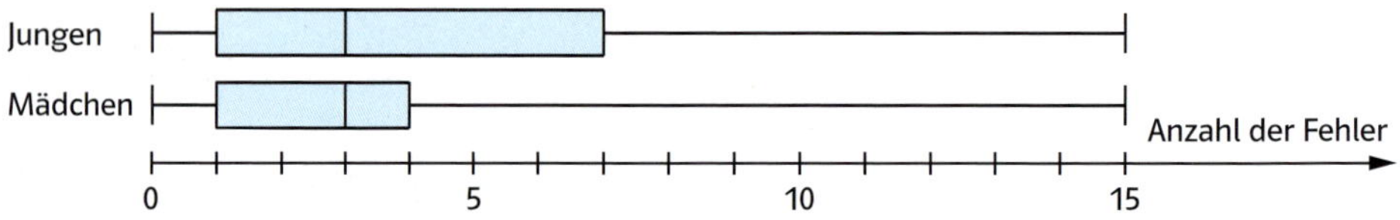

2 → Übungsaufgabe S. 17

Kennwerte

	min	q_u	z	q_o	max
Mädchen	0	10	25	35	50
Jungen	0	15	20	30	70

☐ In der Klasse befinden sich 13 Jungen und 14 Mädchen.
(Über die Anzahl der Jungen und Mädchen kann mit dem Boxplot keine Aussage gemacht werden.)

☒ Mindestens die Hälfte aller Mädchen schreiben täglich zwischen 10 und 35 Kurznachrichten.

☐ Im Durchschnitt schreiben die Mädchen täglich 25 Kurznachrichten.
(Der Durchschnitt kann mit den Kennwerten eines Boxplots nicht ermittelt werden.)

☒ Mindestens ein Viertel aller Jungen schreiben täglich mehr als 30 Kurznachrichten.

3 → Übungsaufgabe S. 18

a) Kennwerte

min	q_u	z	q_o	max
1	4	6	7	12

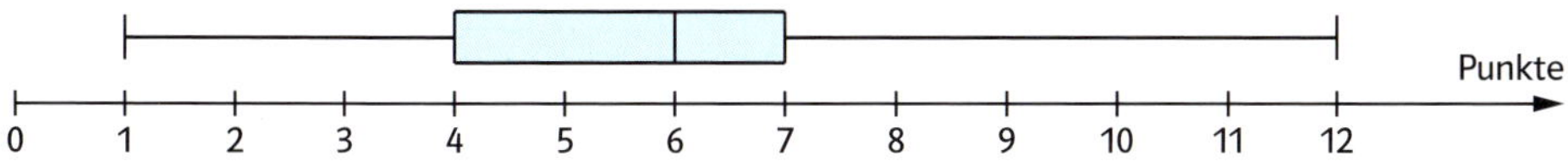

b) Kennwerte neu

min	q_u	z	q_o	max
1	4	5	7	12

Der Zentralwert ändert sich durch die beiden zusätzlichen Werte. Beide neuen Werte kommen in der unteren Hälfte dazu. Dadurch erfolgt eine Verschiebung der Rangplätze ab dem 5. Rangplatz. Diese wirkt sich bei der Verteilung dieser Datenreihe aber nur im Zentralwert aus.

4 → Übungsaufgabe S. 18

a) Kennwerte

	min	q_u	z	q_o	max
Rangplatz	1	4	7	10	13
Kennwert	1	3	5	6	9

Rangliste

Rangplatz	1	2	3	4	5	6	7	8	9	10	11	12	**13**
Zeit in h	**1**	2	2	**3**	**3 bis 5**	**3 bis 5**	**5**	5	5	**6**	6 bis 9	9	**9**

b)

☒ Mindestens 50 % der Jungen der 10 c sind durchschnittlich zwischen 3 bis 6 Stunden am Smartphone.

☐ Der Mittelwert der durchschnittlichen Bildschirmzeit aller Jungen der 10 c liegt bei 5 Stunden. (Der Durchschnitt kann mit den Kennwerten eines Boxplots nicht ermittelt werden und die Rangliste ist unvollständig.)

☐ Mindestens ein Viertel der Jungen ist weniger als 3 Stunden am Smartphone. (Da das untere Quartil 3 Stunden beträgt und auf dem 4. Rangplatz liegt, sind nur 3 der 13 Jungen weniger als 3 Stunden am Smartphone, das entspricht 23,1 %, also weniger als 25 %.)

5 → Übungsaufgabe S. 19

a) Kennwerte

min	q_u	z	q_o	max
0	10	15	20	30

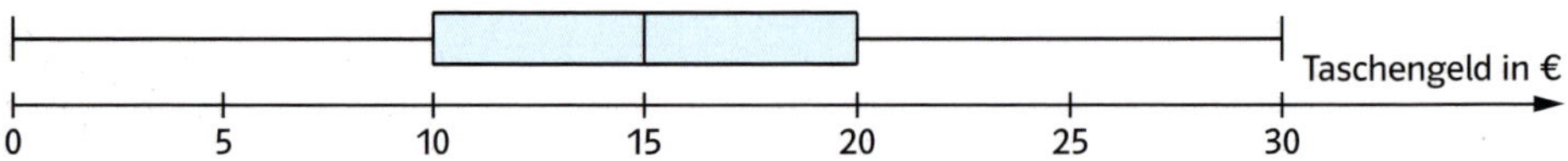

b) Es ändert sich nichts, da der 2. Rangplatz nun mit 5 € statt mit 0 € belegt ist. Dadurch verschieben sich die Rangplätze nicht und die Kennwerte bleiben somit gleich.

6 → Übungsaufgabe S. 19

Anzahl der Würfe nach 4 Ein-Minuten-Einheiten: $7{,}75 \cdot 4 = 31$
Anzahl der Würfe nach 5 Ein-Minuten-Einheiten: $8 \cdot 5 = 40$
Anzahl der Würfe in der 5. Einheit: $40 - 31 = 9$
Charlotte hat 9 Körbe in der 5. Einheit geworfen.

7 → Übungsaufgabe S. 19

- ☒ Die Spannweite der Abfüllmenge der Maschine ① ist geringer als bei Maschine ②.
- ☐ Der Mittelwert bei beiden Maschinen liegt bei 0,75 l. (Der Mittelwert kann mit den Kennwerten eines Boxplots nicht ermittelt werden.)
- ☐ Bei der Maschine ① wurden 100 Flaschen kontrolliert. (Über die Anzahl der kontrollierten Flaschen kann mit dem Boxplot keine Aussage gemacht werden.)
- ☒ In mindestens 25 % der Flaschen sind bei Maschine ② 752 ml oder mehr Apfelsaft abgefüllt worden.
- ☒ In keiner der kontrollierten Flaschen befinden sich weniger als 742 ml Apfelsaft.

8 → Übungsaufgabe S. 20

Insgesamt befinden sich 9 Bonbons in der Tüte.
Gleichzeitiges Ziehen bedeutet Ziehen ohne Zurücklegen.
Wenn man im ersten Zug ein rotes Bonbon zieht, entfällt der Pfad für „rot" im zweiten Zug.

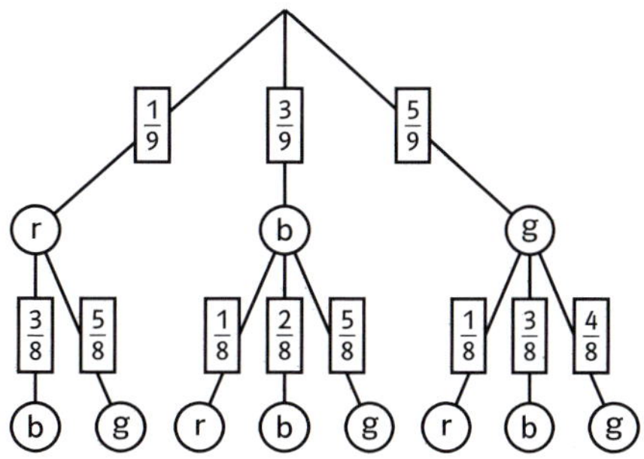

9 → Übungsaufgabe S. 20

Es sind 7 weiße Kugeln, 3 graue Kugeln und 5 blaue Kugeln in dem Gefäß. Also sind insgesamt 15 Kugeln in dem Gefäß.

a) $P(\text{keine weiße Kugel}) = \frac{8}{15}$

b) $P(\text{blau, blau}) = \frac{5}{15} \cdot \frac{5}{15} = \frac{1}{3} \cdot \frac{1}{3} = \frac{1}{9}$

c) $P(\text{grau, grau}) = \frac{3}{15} \cdot \frac{2}{14} = \frac{1}{5} \cdot \frac{1}{7} = \frac{1}{35}$

10 → Übungsaufgabe S. 20

$P\left(\frac{\text{Pkw}}{\text{Lkw}}\right) = \frac{75}{100} \cdot \frac{20}{99} + \frac{20}{100} \cdot \frac{75}{99}$

$= \frac{75 \cdot 20}{100 \cdot 99} \cdot 2 = \frac{3 \cdot 5}{99} \cdot 2 = \frac{10}{33} = 30{,}3\%$

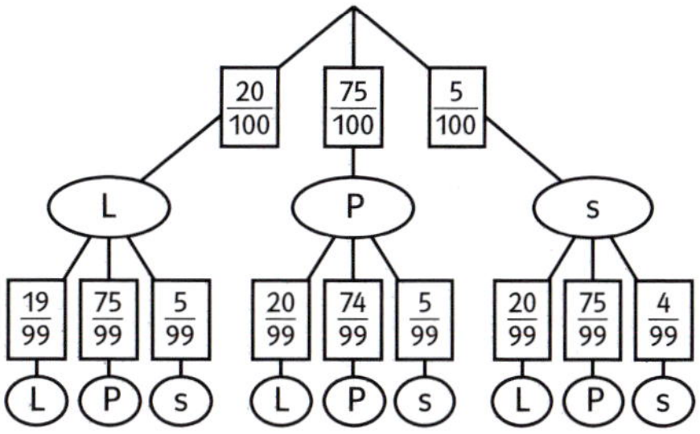

11 → Übungsaufgabe S. 20

Insgesamt gibt es 25 Lose, fünf davon Gewinne. Es wird zweimal gezogen und es ist ein Ziehen ohne Zurücklegen.

$P(\text{kein Gutschein}) = \frac{20}{25} \cdot \frac{19}{24} = \frac{4}{5} \cdot \frac{19}{24} = \frac{1}{5} \cdot \frac{19}{6} = \frac{19}{30}$

$P(\text{zwei Gutscheine}) = \frac{5}{25} \cdot \frac{4}{24} = \frac{1}{5} \cdot \frac{1}{6} = \frac{1}{30}$

Lösung (A) ist falsch. (Lösung (B) ist richtig.)

12 → Übungsaufgabe S. 21

a) Zwei der sechs Felder sind mit 2 Punkten beschriftet. Es gibt also zwei günstige bei 6 möglichen Ergebnissen.

$P(\text{Augenzahl } 2) = \frac{2}{6} = \frac{1}{3}$

b) Gerade Augensummen sind 2 oder 4.
Insgesamt gibt es 36 mögliche Ergebnisse.

$P(\text{Augensumme gerade}) = \frac{20}{36} = \frac{5}{9}$

	1	1	1	1	2	2
1	2	2	2	2	3	3
1	2	2	2	2	3	3
1	2	2	2	2	3	3
1	2	2	2	2	3	3
2	3	3	3	3	4	4
2	3	3	3	3	4	4

13 → Übungsaufgabe S. 21

a)

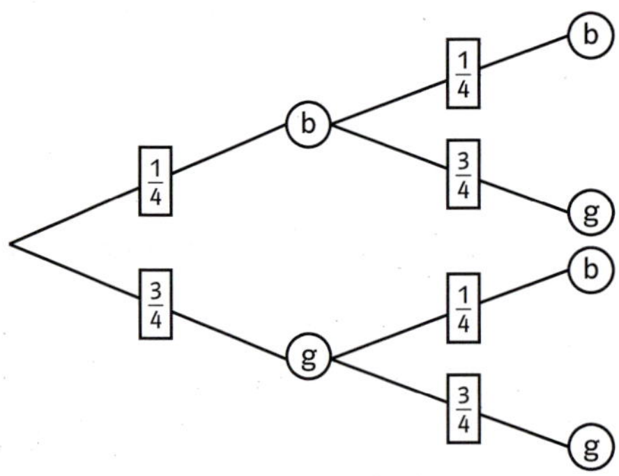

b) P(gleiche Farbe)

$= \frac{1}{4} \cdot \frac{1}{4} + \frac{3}{4} \cdot \frac{3}{4} = \frac{1}{16} + \frac{9}{16} = \frac{10}{16} = \frac{5}{8}$

c) P(unterschiedliche Farben)

$= \frac{3}{4} \cdot \frac{1}{4} \cdot 2 = \frac{6}{16} = \frac{3}{8}$

14 → Übungsaufgabe S. 21

Da zwei Bonbons gleichzeitig gezogen werden, handelt es sich um Ziehen ohne Zurücklegen.

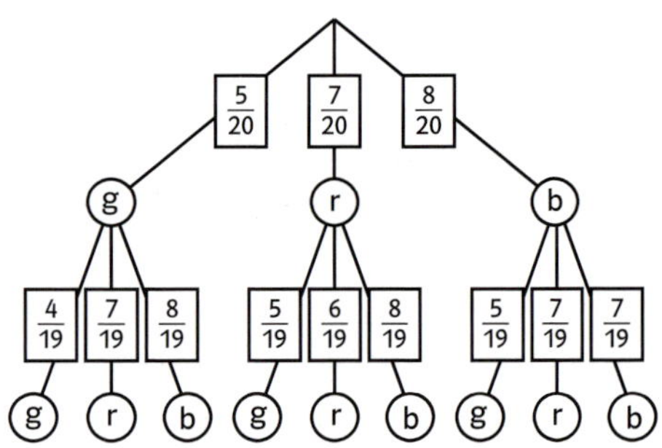

15 → Übungsaufgabe S. 22

☐ Es handelt sich um einen Zufallsversuch mit Zurücklegen. (Wenn zurückgelegt wird, bleibt die Gesamtsumme im Nenner gleich. Da sich in diesem Baumdiagramm beim zweiten Zug der Nenner um eins verringert, wurde hier nicht zurückgelegt.)

☒ P(zwei weiße Kugeln) $= \frac{2}{5} \cdot \frac{1}{4} = \frac{1}{10} = 10\,\%$

☒ Es werden zwei Kugeln gezogen.

☐ P(zwei blaue Kugeln) $= \frac{5}{9}$

(Richtig ist P(zwei blaue Kugeln) $= \frac{3}{5} \cdot \frac{2}{4} = \frac{6}{20} = \frac{3}{10} = 30\,\%$)

16 → Übungsaufgabe S. 22

Bei zweimal Drehen gibt es 16 mögliche Ergebnisse:

	♥	●	✶	✶
♥	♥♥	♥●	♥✶	♥✶
●	●♥	●●	●✶	●✶
✶	✶♥	✶●	✶✶	✶✶
✶	✶♥	✶●	✶✶	✶✶

a) $6{,}25\,\% = \frac{6{,}25}{100} = \frac{25}{400} = \frac{1}{16}$

Das Ereignis „Herz, Herz“ und das Ereignis „Kreis, Kreis“ treten jeweils mit einer Wahrscheinlichkeit von $\frac{1}{16}$ auf.

b) P(kein Stern) $= \frac{4}{16} = \frac{1}{4}$

17 → Übungsaufgabe S. 22

a)

Farbe	Wahrscheinlichkeit	Mittelpunktswinkel
rot	$\frac{3}{8}$	$\frac{3}{8} \cdot 360° = 135°$
grün	$\frac{3}{8}$	$360° - 135° - 90° = 135°$
weiß	$\frac{1}{4} = \frac{2}{8}$	$\frac{1}{4} \cdot 360° = 90°$

b) P(zweimal grün) $= \frac{3}{8} \cdot \frac{3}{8} = \frac{9}{64}$

Leitidee: Zahl, Variable, Operation

1 → Übungsaufgabe S. 23

Preis einschließlich Mehrwertsteuer: 1198,00 €
Prozentuale Reduzierung: $p\,\% = 20{,}0\,\%$

2 → Übungsaufgabe S. 23

Mia soll sich für den FUN-ROLLER entscheiden.
Preis FUN-ROLLER: 595,00 €; Preis Flitze-Flink: 596,55 €

3 → Übungsaufgabe S. 23

Monatsmiete 2018: 800,00 €
Monatsmiete 2019: 820,00 €
Monatsmiete 2020: 852,80 €
Mietkosten für das gesamte Jahr 2020: 10 233,60 €

4 → Übungsaufgabe S. 23

Preis ohne Mehrwertsteuer: 1091,58 €
Preis mit Mehrwertsteuer: 1298,98 €
Preis nach Skontoabzug: 1273,00 €

5 → Übungsaufgabe S. 23

Mehrwertsteuer im Endpreis (499,00 €): 79,67 €

6 → Übungsaufgabe S. 24

Preis nach der 1. Reduzierung: 254,15 €
Zweite prozentuale Preisminderung: $p\,\% = 10{,}0\,\%$
Gesamte Preisminderung in Prozent: $p\,\% = 23{,}5\,\%$

7 → Übungsaufgabe S. 24

Möglicher Ansatz: $(x \cdot 0{,}95 - 50) \cdot 0{,}9 = 1065{,}65$
Ursprünglicher Preis: 1299,00 €
Prozentuale Preissenkung insgesamt: $p\,\% = 18{,}0\,\%$

8 → Übungsaufgabe S. 24

Möglicher Ansatz: $x \cdot 0{,}9 \cdot 0{,}95 = x - 43{,}36$
Ursprünglicher Preis: 299,03 €

9 → Übungsaufgabe S. 24

Zunahme von 2009 bis 2018: p% = 34,3%
Einschlag im Staatswald 2018: 23,3 Mio. m^3
Erwarteter Einschlag 2028: 78,7 Mio. m^3
[exponentielles Wachstum: $64{,}6 \cdot 1{,}02^{10}$]

10 → Übungsaufgabe S. 25

Verkaufte E-Bikes in 2017: 720 588 [Ansatz: $x \cdot 1{,}36 = 980\,000$]
Insgesamt verkaufte Fahrräder 2018: 4 170 213
Jährliche Steigerungsrate: p% = 15,3% [Ansatz: $980\,000 \cdot (1 + p\%)^5 = 2\,000\,000$]

11 → Übungsaufgabe S. 25

Gesamtes Müllaufkommen pro Person: 464 kg (inklusive 2 kg sonstige Abfälle)
Prozentualer Anteil des Hausmülls: p% = 34,1%

Müllsorte	Müll pro Person in kg	prozentualer Anteil	Winkel im Kreisdiagramm in Grad
Hausmüll	158	34,1%	122,6
Biotonne, Garten- und Parkabfälle	125	26,9%	97,0
Sperrmüll	30	6,5%	23,3
Papier	69	14,9%	53,5
Verpackungen	33	7,1%	25,6
Glas	23	5,0%	17,8
sonstige (Holz, Metalle etc.)	24	5,2%	18,6
sonstige Abfälle	2	0,4%	1,6
Gesamt	**464**	**100,0%**	**360**

Müllaufkommen pro Person 2017

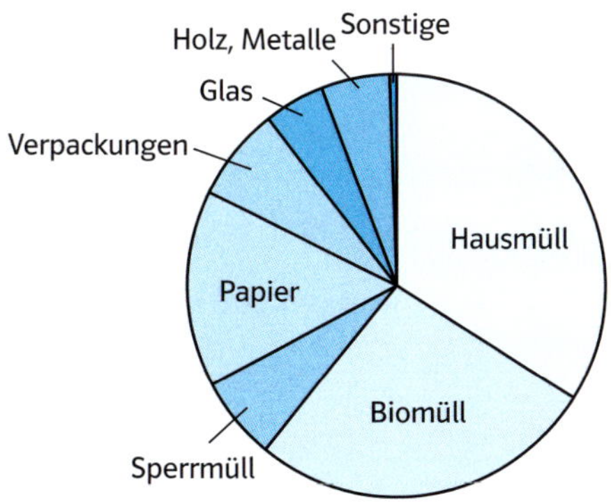

Das Zeichnen des Kreisdiagramms ist schwierig, da der kleinste Mittelpunktswinkel kleiner als 2° ist.

12 → Übungsaufgabe S. 26

Prozentualer Anstieg des Verpackungsmülls von 1995 bis 2010: $p\,\% = 15{,}3\,\%$
Prozentualer Anteil Papierverpackungen 2016: $p\,\% = 43{,}7\,\%$
Prozentualer Anstieg der Kunststoffverpackungen von 1991 bis 2016:
$p\,\% = 83{,}4\,\%$

13 → Übungsaufgabe S. 26

Prozentualer Anstieg von 2017 bis 2018: $p\,\% = 54{,}4\,\%$
Zugelassene Pkws 2018 in Deutschland: 41 587 500

14 → Übungsaufgabe S. 26

Emil hat nicht recht.
Das Bahnfahren ab 50 km wird um 10,1 % billiger.

15 → Übungsaufgabe S. 26

Das Bankhaus Fuchs bietet mit 1,6 % den höheren Zinssatz.
(Zinssatz Stadtsparkasse Taldorf: 1,5 %)

16 → Übungsaufgabe S. 27

Nach Ablauf der drei Jahre erhält Herr Schmitt 136,02 € Zinsen.
[$K_3 = 6000 \cdot (1 + 0{,}0075)^3 = 6136{,}02$ €]

17 → Übungsaufgabe S. 27

Der jährlich gleichbleibende Zinssatz beträgt 1,75 %.
[$14\,273{,}33 = 12\,000 \cdot (1 + p\,\%)^{10}$]
Kapital nach vier weiteren Jahren: 15 909,36 €
[$K_4 = 14\,273{,}33 \cdot (1 + 0{,}027)^4 = 15\,909{,}36$ €]

18 → Übungsaufgabe S. 27

1. Einzahlungsbetrag: $K_1 = 2000$ €
2. Einzahlungsbetrag: $K_2 = 2500$ €
3. Einzahlungsbetrag: $K_3 = 3000$ €

Nein, Luis hat nicht recht. Das Guthaben wäre lediglich auf 7640,85 € angewachsen, also 13,80 € weniger.

19 → Übungsaufgabe S. 27

Anstieg der voraussichtlichen Kosten von 2013 bis 2018: p % = 26,2 %
Durchschnittliche jährliche prozentuale Kostensteigerung von 1995 bis 2018:
p % = 5,3 %

20 → Übungsaufgabe S. 28

Prozentualer Anstieg von 2016 auf 2017: p % = 32,7 %
Die weltweite Leistung 2012 lag um 27 % unter der von 2013.
[Ansatz: $p\,\% = \frac{100 - 137}{137} = -27\,\%$]
Anteil der in Deutschland produzierter Solarenergie: $p\,\% = \frac{42}{402} = 10{,}4\,\%$
Mehr produzierte Solarenergie in Japan gegenüber Deutschland:
$p\,\% = \frac{49 - 42}{42} = 16{,}7\,\%$

21 → Übungsaufgabe S. 28

Zunahme der Leistung von 2014 bis 2018: p % = 38,9 %
Abnahme Neubau Windkraftanlagen von 2017 auf 2018: p % = 55,7 %
Jahr mit den meisten neu errichteten Windkraftanlagen: 2002
Jahr mit den wenigsten neu errichteten Windkraftanlagen: 2018
Prozentualer Unterschied zwischen 2002 und 2018:

- 2018 wurden um 68,1 % weniger Anlagen errichtet als 2002
  $\left[p\,\% = \frac{2328 - 743}{2328} = 68{,}1\,\%\right]$
- 2002 wurden um 213,3 % mehr Anlagen errichtet als 2018
  $\left[p\,\% = \frac{2328 - 743}{743} = 213{,}3\,\%\right]$

Jährliche durchschnittliche prozentuale Steigerung der installierten Leistung von 2010 bis 2018:
$p = \sqrt[8]{\frac{52\,931}{27\,190}}$
p % = 8,7 %

Leitidee: Funktionaler Zusammenhang

1
→ Übungsaufgabe S. 29

p: $y = x^2 + 2x - 3$

[Scheitelform p: $y = (x + 1)^2 - 4$; Schnittpunkte: $N_1(-3\,|\,0)$; $N_2(1\,|\,0)$]

u = 13 LE; A = 8 FE

[$\overline{SN_1} = \overline{SN_2} = \sqrt{2^2 + 4^2} = \sqrt{20} = 4{,}5$ LE; $\overline{N_1N_2} = 4$ LE]

2
→ Übungsaufgabe S. 29

h: $y = -x - 2$

[p_1: $y = x^2 + 2x - 2$; Schnittpunkte $A(0\,|\,-2)$ und $B(-3\,|\,1)$]

3
→ Übungsaufgabe S. 29

g: $y = -2x + 2$

[Scheitelform: p_1: $y = (x - 2)^2 - 2$; Normalform: $y = x^2 - 4x + 2$;
Schnittpunkte $A(0\,|\,2)$ und $B(2\,|\,-2)$]

Schnittwinkel mit der x-Achse: $\tan\alpha_1 = |m|$

$\alpha_1 = 63{,}4°$; $\alpha_2 = 116{,}6°$

4
→ Übungsaufgabe S. 29

p_1: $y = x^2 - 4x + 1$ [Scheitelpunkt $S_1(2\,|\,-3)$]

p_2: $y = -\frac{1}{4}x^2 + 5$ [Scheitelpunkt $S_2(0\,|\,5)$]

Steigung von g: $m = -4$

5
→ Übungsaufgabe S. 30

p_1: $y = x^2 - 6x - 1$ [Scheitelpunkt $S_1(3\,|\,-10)$]

p_2: $y = x^2 - 6x + 9$ [Scheitelpunkt $S_2(3\,|\,0)$]

6
→ Übungsaufgabe S. 30

p_1: $y = x^2 + 4x + 2$ [Scheitelpunkt $S_1(-2\,|\,-2)$]

p_2: $y = x^2 - 6x + 2$ [Scheitelpunkt $S_2(3\,|\,-7)$]

Nachweis für einen Schnittpunkt bei $T(0\,|\,2)$:

Gleichsetzen der Funktionsterme ergibt $x = 0$ und damit gibt es nur einen Schnittpunkt.

h: $y = -x + 2$

7 → Übungsaufgabe S. 30

p: $y = (x - 3)^2 + 2{,}5$; $y = x^2 - 6x + 11{,}5$ [Schnittpunkt $S(3|2{,}5)$]

8 → Übungsaufgabe S. 30

p: $y = x^2 - 8x + 12$

x	0	1	2	3	4	5	6
y	**12**	**5**	0	**−3**	**−4**	**−3**	0

h: $y = -4x + 12$ [Scheitelpunkt $S(4|-4)$; Schnittpunkt $R(0|12)$]

9 → Übungsaufgabe S. 31

p_1: $y = (x + 3)^2 - 3$; $y = x^2 + 6x + 6$ (verschobene Normalparabel)

p_2: $y = \frac{1}{2}x^2 + 3$ (breitere und nach oben geöffnete Parabel)

p_3: $y = -x^2 + 3$ (verschobene Normalparabel und nach unten geöffnet)
[Scheitelpunkte aus dem Schaubild ermittelt: $S_1(-3|-3)$; $S_2(0|3) = S_3(0|3)$]
Der Graph der Normalparabel p_1 muss zur unvollständigen Wertetabelle gehören. Mögliche Begründung: p_2 verläuft nur im 1. und 2. Quadranten, passt also nicht zur Wertetabelle.
Die Normalparabel p_3 verläuft steil nach unten, kann deshalb nicht durch den Punkt $(-4|-2)$ gehen.
g: $y = 2x + 3$

10 → Übungsaufgabe S. 31

p_2: $y = x^2 - 10x + 24$
[p_1: $y = (x + 3)^2 - 1$, Scheitelpunkt $S_1(-3|-1)$; Scheitelpunkt $S_2(5|-1)$]
$u = \overline{S_1S_2} + \overline{S_1P} + \overline{S_2P} = 8\text{ LE} + 16{,}5\text{ LE} + 16{,}5\text{ LE} = 41\text{ LE}$ [Schnittpunkt $P(1|15)$]

11 → Übungsaufgabe S. 31

x	−5	−4	−3	−2
y	**91**	**72**	**55**	**40**

h: $y = -\frac{9}{5}x$ [p: $y = x^2 - 10x + 16$; Scheitelpunkt $S(5|-9)$]

12 → Übungsaufgabe S. 32

g: $y = x + 2$

[p_1: $y = x^2 + 2x$; Scheitelpunkt $S_1(-1|-1)$; p_2: $y = x^2 - 4x + 6$;
Scheitelpunkt $S_2(2|2)$; Schnittpunkt $P(1|3)$]

Mögliche Funktionsgleichung für h: $y = x - 2$

[g und h gleiche Steigung; $c < -0{,}25$]

13 → Übungsaufgabe S. 32

Nachweis für Punkt $Q(-3|-6)$ als einziger gemeinsamer Punkt:
Gleichsetzen der Funktionsterme ergibt $x = -3$ als einzigen gemeinsamen x-Wert.

[p_1: $y = x^2 + 12x + 21$; Scheitelpunkt $S_1(-6|-15)$
p_2: $y = x^2 - 15$; Scheitelpunkt $S_2(0|-15)$]

$\tan\alpha = \frac{15}{6} = \frac{5}{2}$

[Eckpunkte des Dreiecks: $S_1(-6|-15)$, $S_2(0|-15)$ und $O(0|0)$; rechter Winkel bei S_2; $\overline{S_1S_2} = 6$ LE; $\overline{S_2O} = 15$ LE]

14 → Übungsaufgabe S. 32

p: $y = x^2 - 3x + 2$

[Scheitelpunkt $S(1{,}5|-0{,}25)$; Schnittpunkte: $S_y(0|2)$; $N_x(2|0)$]

h: $y = x - 1{,}75$

15 → Übungsaufgabe S. 32

p_1: $y = x^2 + 6x + 4$ [Scheitelpunkt $S_1(-3|-5)$]

x	−6	−5	−4	−3	−2	−1	0
y	4	**−1**	**−4**	**−5**	**−4**	**−1**	4

p_2: $y = -x^2 + 4$

$\overline{PS_1} = \sqrt{3^2 + 9^2} = \sqrt{90} = 9{,}5$ LE

16 → Übungsaufgabe S. 33

p: $y = -0{,}5x^2 + 6$; g: $y = 3x - 2$

x	−4	−3	−2	−1	0	1	2	3	4
p: y	−2	1,5	4	5,5	6	5,5	4	1,5	−2
g: y	−14	−11	−8	−5	−2	1	4	7	10

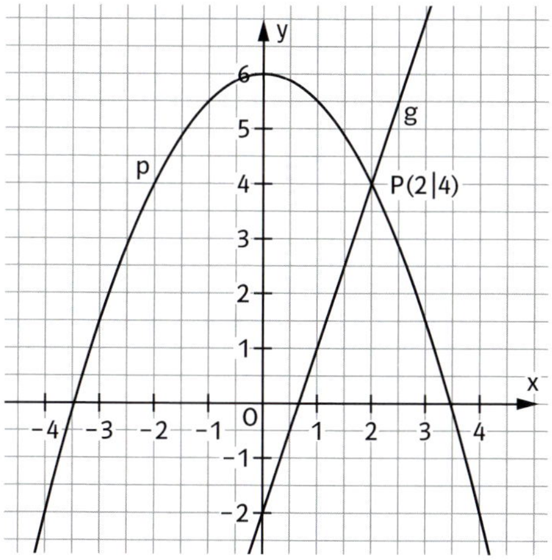

Q(−8|−26)

17 → Übungsaufgabe S. 33

p: $y = x^2 - 6x + 5$

Schnittpunkte mit der x-Achse:

$N_1(5|0)$; $N_2(1|0)$

Schnittpunkt mit der y-Achse:

$S_y(0|5)$

u = 16,2 LE

$A = \frac{1}{2} \cdot 4 \cdot 5 = 10$ FE

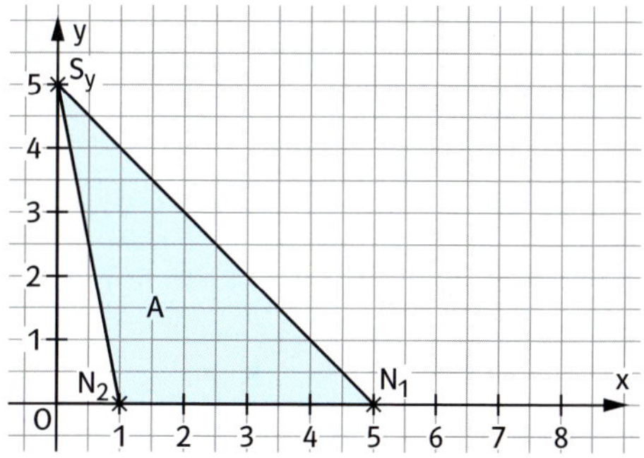

18 → Übungsaufgabe S. 33

$S_1(-2|-3)$, p_1: $y = (x - (-2))^2 - 3$; $y = x^2 + 4x + 1 \rightarrow$ (B)

$S_2(-3|-8)$, p_2: $y = (x - (-3))^2 - 8$; $y = x^2 + 6x + 1 \rightarrow$ (A)

$S_3(3|-8)$, p_3: $y = (x - 3)^2 - 8 = x^2 - 6x + 1$

p_4: $y = -x^2 + 1$

19 → Übungsaufgabe S. 33

Abstand: $\overline{AB} = \sqrt{(2 - (-1))^2 + (-1 - (-4))^2} = \sqrt{3^2 + 3^2} = 4{,}24$ LE

[p: $y = x^2 + 6x + 7$; Schnittpunkt A(−4|−1); Schnittpunkt B(−1|2)]

h: $y = -x - 5$

Leitideen: Messen/Raum und Form

1 → Übungsaufgabe S. 34

$A_{AEG} = 24{,}2\,cm^2$

$[\overline{AE} = 10{,}20\,cm;\ \overline{CE} = 4{,}20\,cm;$
$\overline{EB} = 2{,}00\,cm;\ \overline{AG} = 5{,}72\,cm;$
$\overline{EG} = 8{,}45\,cm;$
$\varepsilon_1 = 34{,}1°;\ \varepsilon_2 = 67{,}2°]$

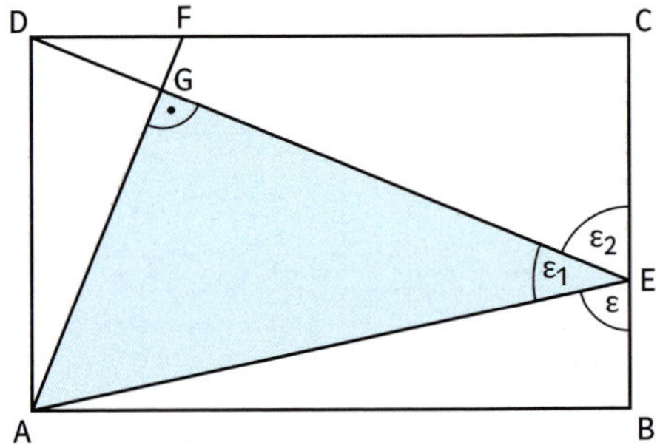

2 → Übungsaufgabe S. 34

$\beta = 49{,}4°;\ A_{ABED} = 45{,}9\,cm^2$

$[\beta_1 = 40{,}6°;\ \overline{AG} = 12{,}61\,cm;\ \overline{AD} = 5{,}41\,cm;\ \overline{EC} = 4{,}64\,cm;\ \overline{DE} = 6{,}16\,cm]$

3 → Übungsaufgabe S. 34

$\gamma = 98{,}7°$

$[\alpha = 55{,}0°;\ \gamma_1 = 35{,}0°;\ \overline{CE} = 4{,}51\,cm;$
$\overline{DE} = 1{,}64\,cm;\ \overline{BE} = 9{,}14\,cm;$
$\gamma_2 = 63{,}7°]$

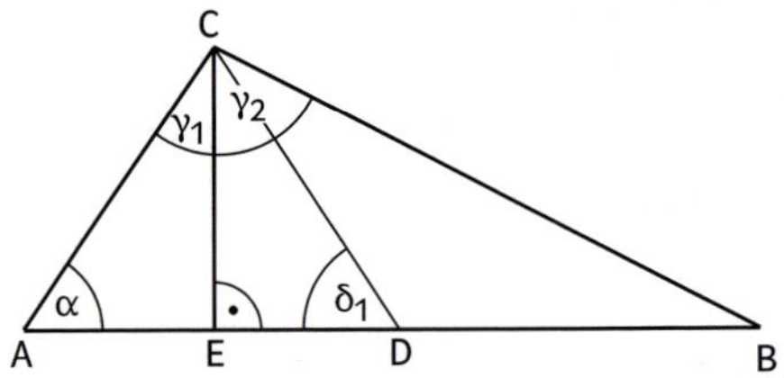

4 → Übungsaufgabe S. 35

$\alpha = 56{,}5°;\ \beta = 69{,}1°;\ \gamma = 54{,}4°\ [\overline{AC} = 10{,}2\,cm;\ \overline{BD} = 7{,}41\,cm]$

5 → Übungsaufgabe S. 35

$u_{AEF} = 26{,}0\,cm$

$[\overline{AE} = \overline{AF} = 11{,}27\,cm;\ \overline{BE} = 5{,}21\,cm;\ \overline{CE} = 2{,}79\,cm;\ \overline{DF} = 7{,}94\,cm;\ \overline{FC} = 2{,}06\,cm;$
$\overline{EF} = 3{,}47\,cm]$

6 → Übungsaufgabe S. 35

$V = 36{,}1\,cm^3;\ \varepsilon = 50{,}8°\ [h_s = 5{,}0\,cm;\ h = 4{,}33\,cm;\ s = 5{,}59\,cm]$

7 → Übungsaufgabe S. 36

$u_{ADC} = 38{,}9\,cm$

[$\overline{BC} = 15{,}93\,cm$; $\gamma = 27{,}8°$; $\overline{CD} = 16{,}41\,cm$; $\overline{AC} = 18{,}01\,cm$; $\overline{DB} = 3{,}94\,cm$; $\overline{AD} = 4{,}46\,cm$]

8 → Übungsaufgabe S. 36

$A_{ADC} = 30{,}4\,cm^2$

[$\overline{AD} = \overline{BD} = 10{,}08\,cm$; $\alpha = 73{,}8°$;
$\alpha_1 = \beta = 40{,}2°$; $\alpha_2 = 33{,}6°$;
$\delta_1 = 99{,}6°$; $\delta_2 = 80{,}4°$; $\overline{DE} = 5{,}58\,cm$;
$\overline{AE} = 8{,}40\,cm$; $\overline{CE} = 2{,}48\,cm$;
$\overline{AC} = 10{,}88\,cm$]

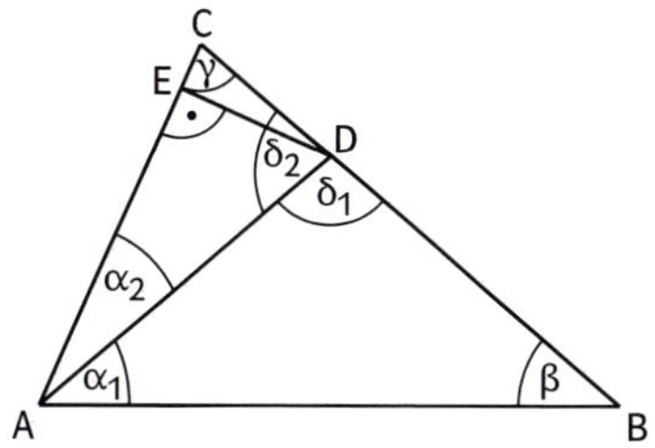

9 → Übungsaufgabe S. 36

$u_{ADMC} = 19{,}6\,cm$

[$\overline{BM} = \overline{CM} = 6{,}00\,cm$; $\overline{DM} = 4{,}20\,cm$; $\overline{AC} = 6{,}88\,cm$; $\overline{BD} = 7{,}32\,cm$;
$\overline{AB} = 9{,}83\,cm$; $\overline{AD} = 2{,}51\,cm$]

10 → Übungsaufgabe S. 36

$\beta = 59{,}1°$; $u_{BEG} = 11{,}5\,cm$

[$\overline{AF} = \overline{CF} = 4{,}3\,cm$;
$\overline{AH} = 2{,}23\,cm$; $\overline{CH} = 8{,}31\,cm$;
$\overline{HB} = 4{,}97\,cm$; $\beta_2 = 30{,}9°$;
$\overline{DF} = \overline{EB} = 4{,}15\,cm$; $\overline{GE} = 2{,}48\,cm$;
$\overline{BG} = 4{,}84\,cm$]

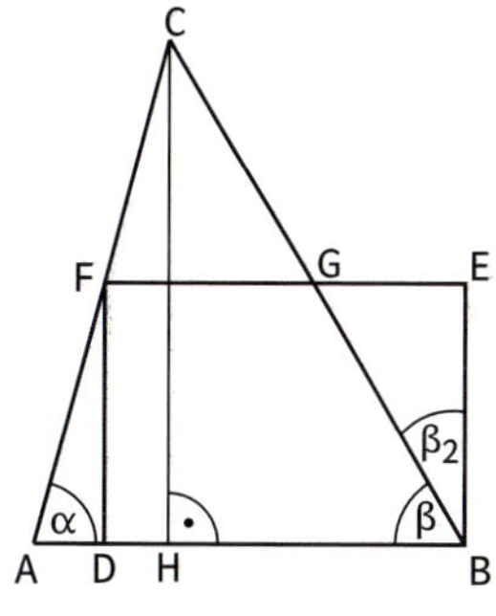

11 → Übungsaufgabe S. 37

$\delta_1 = 26{,}5°$; $A_{DEC} = 21{,}5\,cm^2$

[$\delta_2 = 63{,}5°$; $\overline{DE} = 8{,}03\,cm$; $h_{\overline{CD}} = 3{,}58\,cm$]

12 → Übungsaufgabe S. 37

$V = 205{,}9\,cm^3$ [$h_s = 9{,}39\,cm$; $h = 8{,}35\,cm$]

13 → Übungsaufgabe S. 37

$\beta = 77{,}4°$; $M_Z = 149{,}6\,cm^2$ [$a = 5{,}71\,cm$; $h_s = 13{,}11\,cm$; $V = 139{,}1\,cm^3$; $r = 1{,}86\,cm$]

14 → Übungsaufgabe S. 38

$O_Z = 603\,cm^2$; $V_P = 845\,cm^3$

[$r = 6{,}00\,cm$; $a = 10{,}63\,cm$; $h_s = 23{,}05\,cm$; $h = 22{,}43\,cm$]

15 → Übungsaufgabe S. 38

$A_{MQS} = 70{,}5\,cm^2$ [$h_a = 6{,}88\,cm$; $h = 9{,}16\,cm$; $r = 8{,}51\,cm$]

16 → Übungsaufgabe S. 38

$h = 17{,}8\,cm$; $V = 3768\,cm^3$ [$s = a = 25{,}2\,cm$; $h_s = 21{,}82\,cm$]

17 → Übungsaufgabe S. 38

$c = 7{,}0\,cm$; $u_{ABC} = 34{,}6\,cm$

[$\overline{AC} = 8{,}61\,cm$; $\overline{AB} = 12{,}50\,cm$; $\overline{BC} = 13{,}46\,cm$]

18 → Übungsaufgabe S. 39

$V_{HK} = 575\,cm^3$ [$r_{Ke} = 6{,}40\,cm$; $s = 13{,}42\,cm$; $O_{Ke} = 398{,}53\,cm^2$; $r_{Ku} = 6{,}50\,cm$]

19 → Übungsaufgabe S. 39

$V_{Ke} = 603\,cm^3$; $O_{Wü} = 428\,cm^2$ [$h = 13{,}50\,cm$; $r = 6{,}53\,cm$; $a = 8{,}45\,cm$]

20 → Übungsaufgabe S. 39

$V = 92\,cm^3$ [$a = 5{,}13\,cm$; $h_a = 3{,}53\,cm$; $h_s = 7{,}05\,cm$; $h = 6{,}10\,cm$]

21 → Übungsaufgabe S. 40

$O = 448\,cm^2$ [$h_{\overline{AB}} = 8{,}00\,cm$; $h = 10{,}11\,cm$; $h_s = 11{,}86\,cm$]

22 → Übungsaufgabe S. 40

$A_{BCE} = 16\,cm^2$

$[\beta_1 = 28{,}3°;\ \beta = 61{,}7°;\ \beta_2 = 33{,}4°;$

$\overline{CE} = 4{,}62\,cm]$

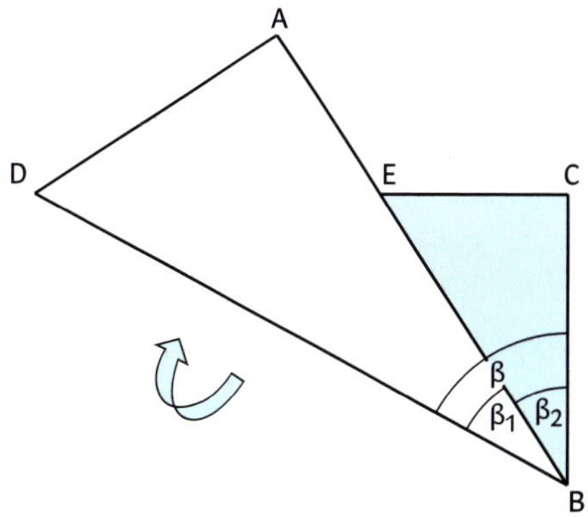

Leitidee: Daten und Zufall

1 → Übungsaufgabe S. 41

Kennwerte	min	q_u	z	q_o	max
Mädchen	156	162	166	169	173
Jungen	164	176	178,5	184	202

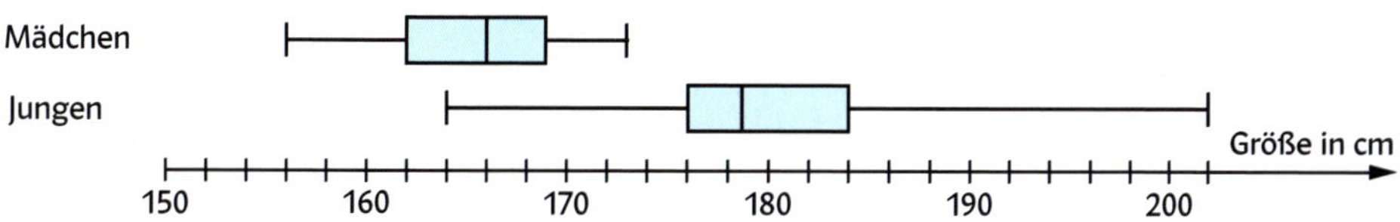

Insgesamt sind die Jungen größer. Die Spannweite bei den Jungen ist größer. Das liegt an den Extremwerten.
Bei Jungen und Mädchen liegt die Größe von mindestens der Hälfte der Jugendlichen ähnlich nah beieinander.

2 → Übungsaufgabe S. 41

Der Boxplot (1) gehört zum Monat März.

Kennwerte	min	q_u	z	q_o	max
Boxplot (1), März	22	23	25	27	29
Boxplot (2), April	22	23	26	27	29

Rangliste für den Monat April:

Rangplatz	1	2	3	4	5	6	7	8	9	10	11
Zeit (min)	**22**	22 oder 23	22 oder 23	22 oder 23	22 oder 23	**23**	24	25	25	25 oder 26	**26**

Rangplatz	12	13	14	15	16	17	18	19	20	21
Zeit (min)	26	26	26	27	**27**	27 bis 29	27 bis 29	27 bis 29	27 bis 29	**29**

3 → Übungsaufgabe S. 42

a) Ranglisten:

Rangplatz	1	2	3	4	5	6	7	8	9	10
Gr. 1	0,27	0,29	0,35	0,36	0,37	0,37	0,38	0,41	0,41	0,42
Gr. 2	0,29	0,30	0,30	0,31	0,34	0,34	0,36	0,39	0,40	0,86

Kennwerte	min	q_u	z	q_o	max	Spannweite	Mittelwert
Gr. 1	0,27	0,35	0,37	0,41	0,42	0,15	0,363
Gr. 2	0,29	0,30	0,34	0,39	0,86	0,57	0,389

b) Mittelwert und Zentralwert nach Streichung der Extremwerte jeder Gruppe:

	Mittelwert	Zentralwert
Gr. 1	0,368	0,37
Gr. 2	0,343	0,34

In Gruppe 2 ändert sich der Mittelwert stärker, da es sich bei dem Wert 0,86 um einen „Ausreißer" handelt. Der Zentralwert bleibt in beiden Gruppen gleich.

4 → Übungsaufgabe S. 42

Boxplot (2) stellt die Verteilung der Punkte der Bulls dar.
Die Kennwerte der beiden Boxplots unterscheiden sich nur im unteren Quartil.

Kennwerte	min	q_u	z	q_o	max
Boxplot (1), Knights	0	2	9	14	17
Boxplot (2), Bulls	0	3	9	14	17

Rangliste für die Knights:

Spieler	**1**	2	3	**4**	5	6	**7**	8	9	**10**	11	12	**13**
Punkte	**0**	0	1 oder 2	**2**	2 bis 9	2 bis 9	**9**	9 bis 13	9 bis 13	**14**	15	17	**17**

Mögliches Diagramm für die Punkteverteilung der Knights.

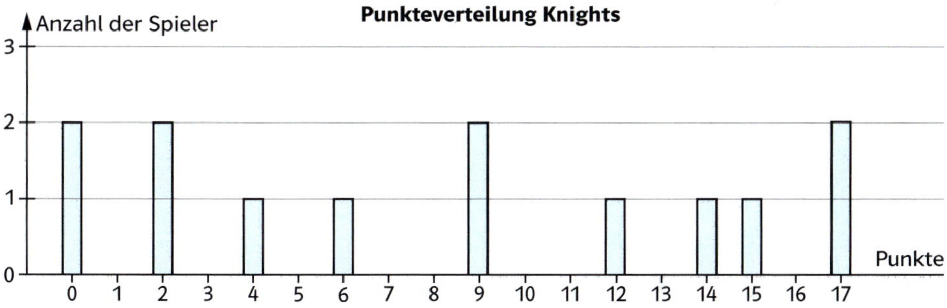

Dirks Behauptung kann stimmen. Die exakte Gesamtpunktezahl der Knights ist aus dem Boxplot und dem Säulendiagramm nicht ablesbar. Aus der Rangliste kann man jedoch die Mindest- und die Höchstpunktezahl berechnen. Die Mindestpunktezahl der Knights beträgt 97 Punkte, die Höchstpunktezahl 120 Punkte. Die Bulls haben 113 Punkte erspielt.

5 → Übungsaufgabe S. 43

Kennwerte	min	q_u	z	q_o	max
8a	0	2	3	5	7
8b	0	1	3	7	9

Boxplot für die Klasse 8a:

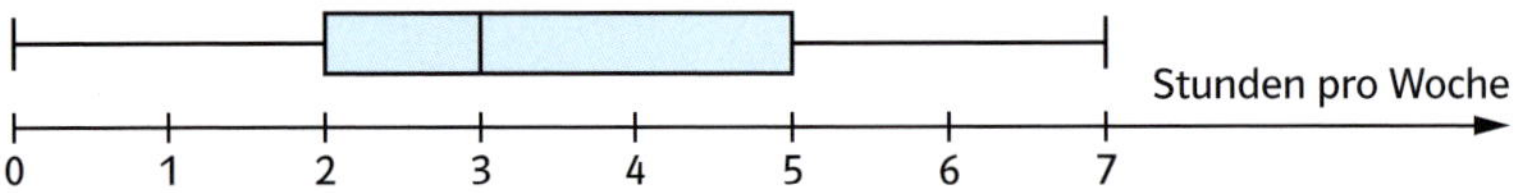

Rangliste für die Klasse 8b:

Schüler/in	1	2	3	4	5	6	7	8	9	10	11
Std./Woche	**0**	1	1	1	1	**1**	2	2	2 oder 3	2 oder 3	**3**

Schüler/in	12	13	14	15	16	17	18	19	20	21
Std./Woche	3 oder 4	4	4	4 bis 7	**7**	7	7	8	8 oder 9	**9**

Chris hat recht. Bei beiden Klassen liegt der Zentralwert bei drei Stunden. Damit helfen in beiden Klassen mindestens die Hälfte der Schüler und Schülerinnen drei und mehr Stunden im Haushalt.

6 → Übungsaufgabe S. 43

Kennwerte	min	q_u	z	q_o	max
Movie	1	3	4	9	15
Star	1	5	7	10	15

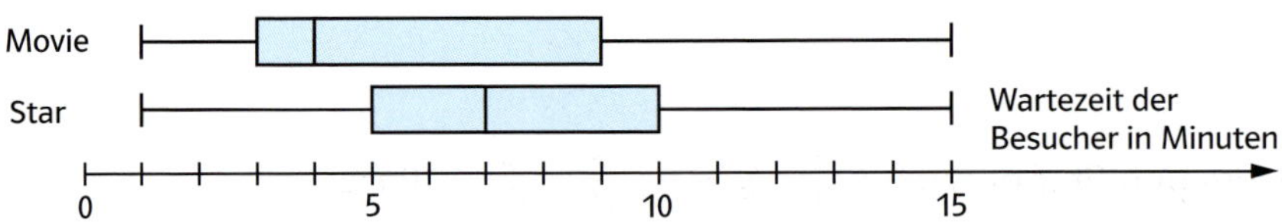

Die durchschnittliche Wartezeit im Kino „Movie" beträgt 6,06 Minuten.
Die durchschnittliche Wartezeit im Kino „Star" beträgt 7,36 Minuten.

7 → Übungsaufgabe S. 44

a) Die durchschnittliche Verspätung beträgt $\frac{97}{21}$ min = 4,62 min.
b) Der Bus verspätete sich um 13 Minuten.
c) Ohne den verspäteten Bus hat Max 21 Rangplätze, mit dem verspäteten Bus 22 Rangplätze. Der 11. Rangplatz und der Mittelwert des 11. und 12. Rangplatzes haben den gleichen Wert (4 min). Deshalb bleibt der Zentralwert gleich.

8 → Übungsaufgabe S. 44

P(rot, rot) = $\frac{7}{19} \cdot \frac{6}{18} = \frac{7}{57}$ = 12,3 %

P(mindestens ein grünes Ei) = $\frac{7}{19} \cdot \frac{5}{18} + \frac{3}{19} \cdot \frac{5}{18} + \frac{4}{19} \cdot \frac{5}{18} + \frac{5}{19} \cdot 1 = \frac{80}{171}$ = 46,8 %

9 → Übungsaufgabe S. 44

	1	2	3	4	5	6	7	8
1	**2**	**3**	4	**5**	6	**7**	8	9
1	**2**	**3**	4	**5**	6	**7**	8	9
1	**2**	**3**	4	**5**	6	**7**	8	9
2	**3**	4	**5**	6	**7**	8	9	10
3	4	**5**	6	**7**	8	9	10	**11**
3	4	**5**	6	**7**	8	9	10	**11**
4	**5**	6	**7**	8	9	10	**11**	12
5	6	**7**	8	9	10	**11**	12	**13**

Insgesamt gibt es 8 · 8 = 64 Möglichkeiten, darunter 27-mal eine Primzahl.

P(Primzahl) = $\frac{27}{64}$ = 42,2 %

P(Zahl größer als 9) = $\frac{12}{64} = \frac{3}{16}$ = 18,75 %

10 → Übungsaufgabe S. 44

Insgesamt befinden sich 30 Bonbons in der Dose.

P(Karamell oder Zitrone) = $\frac{5}{30} + \frac{7}{30} = \frac{12}{30} = \frac{2}{5}$ = 40 %

P(Himbeere und Pfefferminz) = $\frac{4}{30} \cdot \frac{11}{29} + \frac{11}{30} \cdot \frac{4}{29} = \frac{44}{435}$ = 10,1 %

11 → Übungsaufgabe S. 45

	☹	☹	😐	😐	☺
☹	☹ ☹	☹ ☹	☹ 😐	☹ 😐	☹ ☺
☹	☹ ☹	☹ ☹	☹ 😐	☹ 😐	☹ ☺
☹	☹ ☹	☹ ☹	☹ 😐	☹ 😐	☹ ☺
😐	😐 ☹	😐 ☹	😐 😐	😐 😐	😐 ☺
☺	☺ ☹	☺ ☹	☺ 😐	☺ 😐	☺ ☺

- P(zweimal ☺) $= \frac{1}{25} = 4{,}0\,\%$
- P(höchstens einmal ☹) $= \frac{19}{25} = 76{,}0\,\%$
- P(kein blaues Feld) $= \frac{12}{25} = 48{,}0\,\%$

12 → Übungsaufgabe S. 45

P(Schlüssel passt beim 1. Versuch nicht) $= \frac{7}{8} = 87{,}5\,\%$

P(passt spätestens beim 2. Versuch) $= \frac{1}{8} + \frac{7}{8} \cdot \frac{1}{7} = \frac{1}{4} = 25\,\%$

13 → Übungsaufgabe S. 45

P(mind. einen Preis) = 1 − P(zwei Nieten) $= 1 - \frac{145}{200} \cdot \frac{144}{199} = 1 - \frac{522}{995} = \frac{473}{995} = 47{,}5\,\%$

P(keine Niete) = P(nur Gewinne) $= \frac{55}{200} \cdot \frac{54}{199} = \frac{297}{3980} = 7{,}5\,\%$

14 → Übungsaufgabe S. 45

	1	2	3	4	5	6
1	11	12	13	14	15	16
2	21	22	23	24	25	26
3	31	32	33	34	35	36
4	41	42	43	44	45	46
5	51	52	53	54	55	56
6	61	62	63	64	65	66
7	71	72	73	74	75	76
8	81	82	83	84	85	86

Insgesamt gibt es $8 \cdot 6 = 48$ Möglichkeiten.

- Man kann insgesamt 6 Schnapszahlen würfeln: 11, 22, 33, 44, 55 und 66
  P(Schnapszahl) = $\frac{6}{48} = \frac{1}{8}$ = 12,5 %
- P(mindestens einmal 6) = $\frac{13}{48}$ = 27,1 %
- Vielfache von vier in der Tabelle: 12, 16, 24, 32, 36, 44, 52, 56, 64, 72, 76, 84
  P(Vielfaches von vier) = $\frac{12}{48} = \frac{1}{4}$ = 25 %

15 → Übungsaufgabe S. 46

In der Schale liegen insgesamt 11 Kugeln.
Gleichzeitiges Ziehen bedeutet ohne Zurücklegen.

- P(zwei schwarze Kugeln) = P(keine weiße Kugel) = $\frac{7}{11} \cdot \frac{6}{10} = \frac{42}{110} = \frac{21}{55}$ = 38,2 %
- P(mind. eine weiße Kugel) = 1 – P(keine weiße Kugel) = 1 – 38,2 % = 61,8 %
- Symbole: zweimal Stern, dreimal Herz und zweimal Kreis
  P(zwei gleiche Symbole) = $\frac{2}{11} \cdot \frac{1}{10} + \frac{3}{11} \cdot \frac{2}{10} + \frac{2}{11} \cdot \frac{1}{10} = \frac{1}{11}$ = 9,1 %

16 → Übungsaufgabe S. 46

a) Leon kann beim nächsten Zug mit einer drei oder einer fünf die beiden Figuren direkt vor sich schlagen. Für die beiden anderen Figuren benötigt er eine neun oder eine zehn. Diese Summe erreicht er nur, wenn er zuerst eine sechs würfelt.
P(eine Figur schlagen) = P(3) + P(5) + P(6; 3) + P(6; 4) = 38,9 %

b) Mögliche Lösung:
P(eine Figur schlagen)
= 50 % = $\frac{1}{2} = \frac{3}{6}$
Eine Figur muss hinter Leon stehen, die drei anderen Figuren müssen ein, zwei, drei, vier oder fünf Felder entfernt stehen. So ergibt sich die Wahrscheinlichkeit von 50 %.

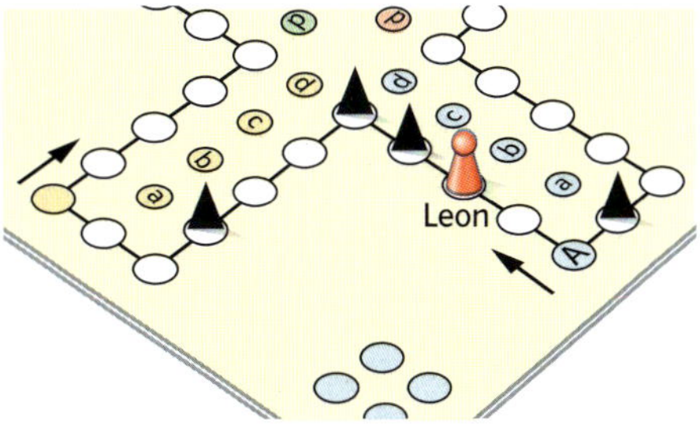

17 → Übungsaufgabe S. 46

Insgesamt 8 Geldstücke;
Anzahl der 50-Cent-Stücke: x

$\frac{x}{8} \cdot \frac{x-1}{7} = \frac{1}{28}$

Die Gleichung hat die Lösungen $x_1 = 2$ und $x_2 = -1$ (keine Lösung, da negativ). Daraus ergibt sich, dass zu Anfang zwei 50-Cent-Stücke, eine 2-Euro-Münze und fünf 1-Euro-Münzen in der Kasse liegen.

P(weniger als 3 €)
$= 1 - P(2\,€, 1\,€) - P(1\,€, 2\,€)$
$= 1 - \frac{1}{8} \cdot \frac{5}{7} - \frac{5}{8} \cdot \frac{1}{7} = \frac{23}{28} = 82{,}1\,\%$

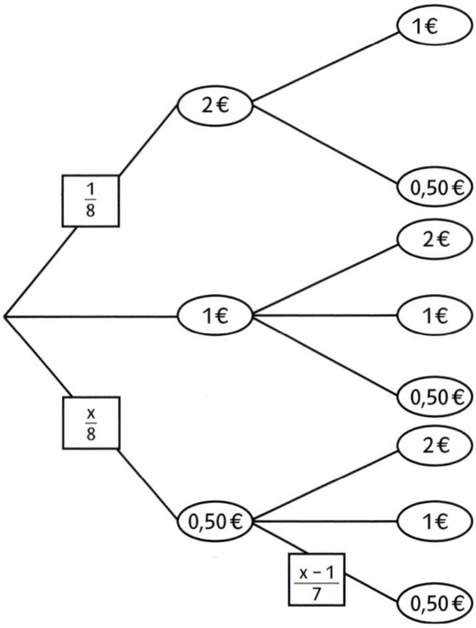

18 → Übungsaufgabe S. 47

Am Baumdiagramm erkennt man, dass sich 7 blaue und 10 grüne Bonbons (40 %) in der Tüte befinden. So bleiben für rot noch 8 Bonbons übrig.

P(gleiche Farbe)
$= P(r, r) + P(g, g) + P(b, b)$
$= \frac{8}{25} \cdot \frac{7}{24} + \frac{10}{25} \cdot \frac{9}{24} + \frac{7}{25} \cdot \frac{6}{24} = \frac{188}{600} = \frac{47}{150}$
$= 31{,}3\,\%$

P(kein rotes Kaubonbon)
$= 1 - P(r, \text{beliebig}) - P(g, r) - P(b, r)$
$= 1 - \frac{8}{25} \cdot 1 - \frac{10}{25} \cdot \frac{8}{24} - \frac{7}{25} \cdot \frac{8}{24} = \frac{272}{600} = \frac{34}{75}$
$= 45{,}3\,\%$

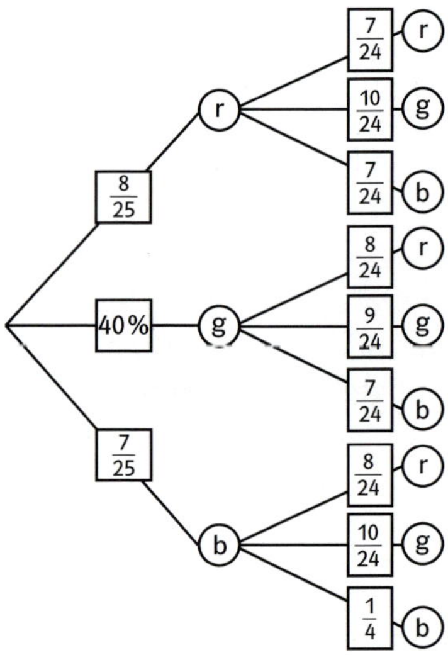

19 → Übungsaufgabe S. 47

- P(„blau/blau") $= \frac{1}{4} \cdot \frac{1}{3} = \frac{1}{12} = 8{,}3\,\%$
- P(„weißes" Feld) = P(beliebig/weiß) $= 1 \cdot \frac{1}{3} = 33{,}3\,\%$
- P(höchstens einmal „grau") = 1 − P(grau/grau) $= 1 - \frac{3}{4} \cdot \frac{1}{3} = \frac{3}{4} = 75{,}0\,\%$

Leitidee: Funktionaler Zusammenhang

1 → Übungsaufgabe S. 48

Bestimmung der Funktionsgleichung p_1:

(→ Scheitelpunkt in Scheitelform der quadratischen Funktion einsetzen)

$y = (x - d)^2 + e$

$S_1(-2{,}5|-4)$ einsetzen: $y = (x - (-2{,}5))^2 - 4$

$y = x^2 + 5x + 6{,}25 - 4$ $\quad$ $\underline{p_1\colon y = x^2 + 5x + 2{,}25}$

Berechnung der Schnittpunkte mit der x-Achse:

(→ Punkte auf der x-Achse haben den y-Wert null; Lösungsformel)

$0 = x^2 + 5x + 2{,}25$

$x_{1,2} = -\frac{b}{2} \pm \sqrt{\left(\frac{b}{2}\right)^2 - c}$

$x_{1,2} = -\frac{5}{2} \pm \sqrt{\left(\frac{5}{2}\right)^2 - 2{,}25}$

$x_{1,2} = -2{,}5 \pm 2$

$x_1 = -0{,}5$ $\quad$ $\underline{\underline{N_1(-0{,}5|0)}}$

$x_2 = -4{,}5$ $\quad$ $\underline{\underline{N_2(-4{,}5|0)}}$

Bestimmung der Funktionsgleichung p_2:

(→ Scheitelpunkt in Scheitelform der quadratischen Funktion einsetzen)

$y = -(x - d)^2 + e$

$S_1(-0{,}5|-2)$ einsetzen: $y = -(x - (-0{,}5))^2 - 2$

$y = -(x^2 + x + 0{,}25) - 2$

$y = -x^2 - x - 0{,}25 - 2$ $\quad$ $\underline{p_2\colon y -x^2 - x - 2{,}25}$

Schnittpunkt der beiden Parabeln:

(→ Gleichsetzen der Funktionsgleichungen; Lösungsformel)

$x^2 + 5x + 2{,}25 = -x^2 - x - 2{,}25 \quad |+x^2 + x + 2{,}25$

$2x^2 + 6x + 4{,}5 = 0 \quad |:2$

$x^2 + 3x + 2{,}25 = 0$

$x_{1,2} = -\frac{b}{2} \pm \sqrt{\left(\frac{b}{2}\right)^2 - c}$

$x_{1,2} = -\frac{3}{2} \pm \sqrt{\left(\frac{3}{2}\right)^2 - 2{,}25}$

$x_{1,2} = -1{,}5 \pm 0$

$x_1 = x_2 = -1{,}5$

$y = -3$ $\quad$ $\underline{\underline{P(-1{,}5|-3)}}$

2 → Übungsaufgabe S. 48

Zuordnung der Graphen zu den Funktionsgleichungen:

Der Graph p_1 ist symmetrisch zu einer Symmetrieachse durch $x = -3$. Somit muss die x-Koordinate des Scheitelpunkts $x = -3$ sein. Das passt zur Funktionsgleichung in der Scheitelform (2) $y = (x + 3)^2 + e$. Sie hat den Scheitelpunkt $S(-3 \mid e)$.

Der Graph p_1 gehört zu (2).

Der Graph p_2 ist keine Normalparabel. Die Gleichung (1) ist die einzige Funktionsgleichung, die zu einer breiteren oder schmäleren Parabel gehört.

Der Graph p_2 gehört zu (1).

Der Graph p_3 ist der einzige noch mögliche Graph, der für die Funktionsgleichung (3) in Frage kommt (Ausschlussverfahren).

Der Graph p_3 gehört zu (3).

Vervollständigen der Funktionsgleichungen:

(➔ Ablesen von Punkten; Einsetzen der Koordinaten in die Gleichungen
Alle Parabeln gehen durch den Punkt $T(0 \mid 4)$.)

Parabel p_1 vervollständigen:

(➔Einsetzen von $T(0 \mid 4)$ in die Funktionsgleichung (2): $y = (x + 3)^2 + e$)

$$\begin{aligned} 4 &= (0 + 3)^2 + e \\ 4 &= 9 + e \qquad |-9 \\ -5 &= e \end{aligned}$$

$p_1: y = (x + 3)^2 - 5$

Parabel p_2 vervollständigen:

(➔Einsetzen von $N_1(4 \mid 0)$ in die Funktionsgleichung (1): $y = ax^2 + 4$)

$$\begin{aligned} 0 &= a \cdot 4^2 + 4 \\ 0 &= 16a + 4 \qquad |-4 \\ -4 &= 16a \qquad |:16 \\ a &= -\tfrac{1}{4} \end{aligned}$$

$p_2: y = -\frac{1}{4}x^2 + 4$

Parabel p_3 vervollständigen:

(➔Einsetzen des Scheitelpunkts $S_3(2 \mid 0)$ in die Funktionsgleichung (3):
$y = x^2 + bx + 4$)

$$\begin{aligned} 0 &= 2^2 + b \cdot 2 + 4 \\ 0 &= 8 + 2b \qquad |-2b \\ -2b &= 8 \qquad |:(-2) \\ b &= -4 \end{aligned}$$

$p_3: y = x^2 - 4x + 4$

Berechnung der Funktionsgleichung von g:
(➔ Bestimmung der Scheitelpunkte S_1 und S_3; Geradengleichung $y = mx + c$; Steigung m und y-Achsenabschnitt c berechnen)
Aus der Funktionsgleichung p_1: $y = (x + 3)^2 - 5$ ergibt sich: $\underline{S_1(-3|-5)}$
Scheitelform p_3: $y = (x - 2)^2$ $\underline{S_3(2|0)}$

$m = \frac{y_{S_1} - y_{S_3}}{x_{S_1} - x_{S_3}}$

$m = \frac{-5 - 0}{-3 - 2}$

$m = \frac{-5}{-5}$ $\underline{m = 1}$

Mit $S_3(2|0)$ und $m = 1$ erhält man:
$0 = 1 \cdot 2 + c$
$0 = 2 + c \quad |-2$ $\underline{c = -2}$
$\underline{\underline{g: y = x - 2}}$

Bestimmung der Funktionsgleichung von h:
(➔ Geradengleichung $y = mx + c$; Steigung m_h und y-Achsenabschnitt c berechnen)
$g \perp h$, deshalb gilt: $m_g \cdot m_h = -1$
$1 \cdot m_h = -1$ $\underline{m_h = -1}$

Aus dem Scheitelpunkt $S_2(0|4)$ erhält man: $\underline{c = 4}$
$\underline{\underline{h: y = -x + 4}}$

3 → Übungsaufgabe S. 49

Berechnung der Funktionsgleichung der Parabel p_1:
(➔ Einsetzen der Koordinaten von $A(5|-1)$ und $B(-1|11)$ in $y = x^2 + bx + c$)

$A(5\|-1)$ eingesetzt:	(1) $-1 = 5^2 + b \cdot 5 + c$	$\|-5b - 25$
$B(-1\|11)$ eingesetzt:	(2) $11 = (-1)^2 + b \cdot (-1) + c$	$\|+b - 1$
Umformen:	(1)′ $-5b - 26 = c$	
	(2)′ $b + 10 = c$	
Gleichsetzen (1)′ = (2)′:	$-5b - 26 = b + 10$	$\|-b + 26$
	$-6b = 36$	$\|:(-6)$

$\underline{b = -6}$

$b = -6$ eingesetzt in (1)′: $-5 \cdot (-6) - 26 = c$ $\underline{c = 4}$
$\underline{\underline{p_1: y = x^2 - 6x + 4}}$

Bestimmung der Funktionsgleichung der Parabel p_2:
Nach unten geöffnete Normalparabel mit $S_2(0|0)$ $\underline{\underline{p_2: y = -x^2}}$

Berechnung der Koordinaten der Schnittpunkte von p_1 und p_2:
(→ Gleichsetzen der Funktionsgleichungen; Lösungsformel)
$x^2 - 6x + 4 = -x^2 \quad |+x^2$
$2x^2 - 6x + 4 = 0 \quad |:2$
$x^2 - 3x + 2 = 0$
$x_{1,2} = 1{,}5 \pm \sqrt{(-1{,}5)^2 - 2}$
$x_{1,2} = 1{,}5 \pm 0{,}5$
$x_1 = 2$
$x_2 = 1$
Einsetzen in p_2: $y_1 = -2^2 = -4$ $\quad \underline{P(2|-4)}$
und
$y_2 = -1^2 = -1$ $\quad \underline{Q(1|-1)}$

Berechnung der Funktionsgleichung von g:
(→ Geradengleichung $y = mx + c$; Steigung m und y-Achsenabschnitt c berechnen)
$m = \frac{y_P - y_Q}{x_P - x_Q}$
$m = \frac{-4-(-1)}{2-1}$
$m = \frac{-3}{1}$ $\quad \underline{m = -3}$
Mit $P(2|-4)$ und $m = -3$ erhält man: $-4 = -3 \cdot 2 + c$ $\quad \underline{c = 2}$
$\underline{\underline{g: y = -3x + 2}}$

Berechnung der Schnittwinkel der Gerade g mit der x-Achse:
(→ Tangensfunktion im Steigungsdreieck; Nebenwinkel)
$\tan \alpha_1 = \frac{3}{1}$ $\quad \underline{\underline{\alpha_1 = 71{,}6°}}$
α_2 ist Nebenwinkel zu α_1 $\quad \underline{\underline{\alpha_2 = 108{,}4°}}$

4 → Übungsaufgabe S. 49

Bestimmung der Funktionsgleichung der Parabel p_1:
(→Ablesen eines Punktes; Einsetzen der Koordinaten in die Funktionsgleichung $y = ax^2 + c$)
Aus $S_1(0|2)$ kann $c = 2$ bestimmt werden: $y = ax^2 + 2$
Einsetzen von $P(-2|1)$: $1 = a \cdot (-2)^2 + 2$
$1 = 4a + 2 \quad |-2$
$-1 = 4a \quad |:4$
$a = -\frac{1}{4}$ $\quad \underline{\underline{p_1: y = -\frac{1}{4}x^2 + 2}}$

Bestimmung der Funktionsgleichung der Parabel p_2:
(➔ Argumentative Ermittlung des Scheitelpunkts S_2; Auszählen von Koordinaten)
Die beiden Punkte $N_1(-5|0)$ und $N_2(-1|0)$ haben denselben y-Wert. Dies bedeutet, dass die Symmetrieachse der Parabel durch den Mittelwert der beiden x-Werte $(x = -3)$ verläuft. Der Abstand der beiden Parabelpunkte N_1 und N_2 ist 4. Um zum Scheitelpunkt S_2 der Parabel zu gelangen, geht man zwei Einheiten von N_1 oder N_2 zur Parabelmitte und das Quadrat des Werts, also 4 nach unten. Damit hat der Scheitelpunkt S_2 der Parabel die Koordinaten $S_2(-3|-4)$.
Funktionsgleichung in Scheitelform $y = (x + 3)^2 - 4$ $\qquad$ $\underline{\underline{p_2: y = x^2 + 6x + 5}}$

Alternativ können die zwei Punkte $N_1(-5|0)$ und $N_2(-1|0)$ in $y = x^2 + bx + c$ eingesetzt werden und das lineare Gleichungssystem gelöst werden.

Berechnung der Funktionsgleichung von g:
(➔ Geradengleichung $y = mx + c$; Steigung m und y-Achsenabschnitt c berechnen)

$$m = \frac{y_{S_1} - y_{S_2}}{x_{S_1} - x_{S_2}}$$

$$m = \frac{2 - (-4)}{0 - (-3)}$$

$$m = \frac{6}{3} \qquad \underline{m = 2}$$

Mit $S_1(0|2)$ und $m = 2$ erhält man:
$2 = 2 \cdot 0 + c$
$2 = c$ $\qquad$ $\underline{\underline{g: y = 2x + 2}}$

Bestimmen der Funktionsgleichung von p_3:
(➔ möglichen Scheitelpunkt S_3 bestimmen)
Der Scheitelpunkt S_3 muss oberhalb der Parabel p_1 liegen, da die Parabel p_3 keinen gemeinsamen Punkt mit der Parabel p_1 haben soll. Nimmt man z.B. $x = 1$ an und setzt $x = 1$ in die Geradengleichung g ein, so erhält man $y = 4$. Damit hat ein möglicher Scheitelpunkt S_3 der Parabel die Koordinaten $S_3(1|4)$.

Funktionsgleichung p_3 in Scheitelform $y = (x - 1)^2 + 4$
<u>mögliche Funktionsgleichung für</u> $\underline{\underline{p_3: y = x^2 - 2x + 5}}$

5 → Übungsaufgabe S. 49

Bestimmung der Funktionsgleichung der Parabel p:

(→ Scheitelpunkt $(2|-3)$ einsetzen in $y = (x - d)^2 + e$; in Normalform umformen)

$S(2|-3)$ eingesetzt in Scheitelform: $y = (x - 2)^2 - 3$

Normalform $\underline{p: y = x^2 - 4x + 1}$

Bestimmung der Funktionsgleichung der Gerade g:

(→ $P(-1|-10)$ in die Geradengleichung $y = 2x + c$ einsetzen; y-Achsenabschnitt c berechnen)

Einsetzen von $P(-1|-10)$:

$$-10 = 2 \cdot (-1) + c$$
$$-10 = -2 + c \qquad |+2$$
$$-8 = c$$

$\underline{g: y = 2x - 8}$

Berechnung der Koordinaten des Berührpunktes T:

(→ Gleichsetzen der Funktionsgleichungen von Parabel und Gerade; Lösungsformel)

$$x^2 - 4x + 1 = 2x - 8 \qquad |-2x + 8$$
$$x^2 - 6x + 9 = 0$$
$$x_{1,2} = -\frac{(-6)}{2} \pm \sqrt{\left(\frac{-6}{2}\right)^2 - 9}$$
$$x_{1,2} = 3 \pm 0$$
$$x = 3$$
$$y = 2 \cdot 3 - 8 = -2$$

$\underline{\underline{T(3|-2)}}$

Bestimmung der Funktionsgleichung von h:

(→ Geradengleichung $y = mx + c$; Steigung m und y-Achsenabschnitt c)

$g \perp h$, deshalb gilt $m_g \cdot m_h = -1$

$2 \cdot m_h = -1 \qquad |:2$ $\qquad \underline{m_h = -\frac{1}{2}}$

Für $m_h = -\frac{1}{2}$ und den Punkt $T(3|-2)$ erhält man:

$$-2 = -\frac{1}{2} \cdot 3 + c$$
$$-2 = -1{,}5 + c \qquad |+1{,}5$$
$$c = -0{,}5$$

$\underline{\underline{h: y = -\frac{1}{2}x - 0{,}5}}$

Berechnung des Schnittpunkts mit der y-Achse:

(→ Punkte auf der y-Achse haben den x-Wert null)

$$y = -\frac{1}{2} \cdot 0 - 0{,}5$$
$$y = -0{,}5$$

$\underline{R(0|-0{,}5)}$

Berechnung des Flächeninhalts des Dreiecks PTR:
(→ Berechnung der Kathetenlängen des Dreiecks; Satz des Pythagoras)
Die Trägergeraden g und h stehen senkrecht aufeinander, deshalb ist das Dreieck PTR rechtwinklig.

$\overline{TR}^2 = (-2-(-0{,}5))^2 + (3-0)^2$ $\qquad$ $\overline{TR} = 3{,}35$ LE

$\overline{PT}^2 = (-10-(-2))^2 + (3-(-1))^2$ $\qquad$ $\overline{PT} = 8{,}94$ LE

(→ Flächenformel des rechtwinkligen Dreiecks)

$A = \frac{1}{2} \cdot \overline{PT} \cdot \overline{TR}$

$A = \frac{1}{2} \cdot 8{,}94 \cdot 3{,}35$ $\qquad$ $A = 15$ FE

6 → Übungsaufgabe S. 50

Berechnung der Funktionsgleichung der Parabel p_1:
(→ Einsetzen der Koordinaten der Punkte aus der Wertetabelle in $y = x^2 + bx + c$)

Einsetzen von $P_0(0|7)$: $7 = 0^2 + b \cdot 0 + c$ $\qquad$ $c = 7$

Einsetzen von $P_5(5|2)$ in $y = x^2 + bx + 7$:

$2 = 5^2 + b \cdot 5 + 7$

$2 = 25 + 5b + 7 \quad |-32$

$-30 = 5b \quad |:5$ $\qquad$ $b = -6$

$p_1: y = x^2 - 6x + 7$

Vervollständigung der Wertetabelle:
(→ Einsetzen der x-Werte in $y = x^2 - 6x + 7$)

Für $x = 1$: $y = 1^2 - 6 \cdot 1 + 7 = 2$ $\qquad$ $P_1(1|2)$

Für $x = 2$: $y = 2^2 - 6 \cdot 2 + 7 = -1$ $\qquad$ $P_2(2|-1)$

Für $x = 3$: $y = 3^2 - 6 \cdot 3 + 7 = -2$ $\qquad$ $P_3(3|-2)$

Für $x = 4$: $y = 4^2 - 6 \cdot 4 + 7 = -1$ $\qquad$ $P_4(4|-1)$

Wertetabelle

x	0	1	2	3	4	5
y	7	2	−1	−2	−1	2

Bestimmung der Funktionsgleichung p_2:
(→ Scheitelpunkt in Scheitelform $y = (x - d)^2 + e$ einsetzen)

$S_2(-0{,}5|-0{,}25)$ einsetzen: $y = (x - (-0{,}5))^2 - 0{,}25$

$y = x^2 + x + 0{,}25 - 0{,}25$ $\qquad$ $p_2: y = x^2 + x$

Schnittpunkt R der beiden Parabeln:
(➔ Gleichsetzen der Parabelgleichungen; Lösungsformel)

$x^2 - 6x + 7 = x^2 + x \quad | -x^2 - x - 7$

$-7x = -7 \quad | :7$

$x = 1$

$y = 2$ $\underline{\underline{R(1|2)}}$

Berechnung der Funktionsgleichung von h:
(➔ Bestimmung des Scheitelpunkts S_1 über quadratische Ergänzung oder Ablesen aus der Wertetabelle)
Die Parabel p_1: $y = x^2 - 6x + 7$ hat die Scheitelform
$y = (x - 3)^2 - 2$ $\underline{S_1(3|-2)}$

(➔ Geradengleichung $y = mx + c$; Steigung m und y-Achsenabschnitt c berechnen)

$m = \frac{y_{S_1} - y_{S_2}}{x_{S_1} - x_{S_2}}$

$m = \frac{-2 - (-0{,}25)}{3 - (-0{,}5)}$

$m = \frac{-1{,}75}{3{,}5}$ $\underline{m = -0{,}5}$

Mit $S_1(3|-2)$ und $m = -0{,}5$ erhält man:
$-2 = -0{,}5 \cdot 3 + c$ $\underline{c = -0{,}5}$

$\underline{\underline{h: y = -0{,}5x - 0{,}5}}$

Bestimmen der Funktionsgleichung von p_3:
(➔ möglichen Scheitelpunkt S_3 bestimmen)
Die quadratische Funktion p_3 ist eine nach unten geöffnete Parabel. Ihr Scheitelpunkt S_3 muss außerdem auf der Gerade h liegen. Nimmt man den Schnittpunkt der Gerade mit der y-Achse als Scheitelpunkt $S_3(0|-0{,}5)$ und setzt diesen in die Funktionsgleichung $y = -x^2 + c$ ein, erhält man $y = -x^2 - 0{,}5$.

$\underline{\underline{\text{mögliche Funktionsgleichung für } p_3\text{: } y = -x^2 - 0{,}5}}$

Weitere mögliche Scheitelpunkte für p_3 sind alle Punkte auf der Geraden h im vierten Quadranten mit $x > 4$ oder $x = 1$. Auch breitere und schmälere nach unten geöffnete Parabeln sind hier möglich.

7 → Übungsaufgabe S. 50

Schnitt der Geraden g mit den Parabeln p_1 und p_2:
(→ Gleichsetzen der Funktionsgleichungen und Untersuchen der Diskriminante in der Lösungsformel)

p_1 und g: $-\frac{1}{3}x^2 + 1 = -2x + 4{,}5 \quad | +2x - 4{,}5$

$-\frac{1}{3}x^2 + 2x - 3{,}5 = 0 \quad | \cdot (-3)$

$x^2 - 6x + 10{,}5 = 0$

Diskriminante $D = (-3)^2 - 10{,}5 = -1{,}5$

$D < 0$, also kein Schnittpunkt

p_2 und g: $x^2 - 8x + 14 = -2x + 4{,}5 \quad | +2x - 4{,}5$

$x^2 - 6x + 9{,}5 = 0$

Diskriminante $D = (-3)^2 - 9{,}5 = -0{,}5$

$D < 0$, also kein Schnittpunkt

Bestimmen der Geradengleichung von h:
(→ parallel bedeutet gleiche Steigung)
Steigung $m = -2$: $y = -2x + c$

Bestimmen von c (h und p_1 einen gemeinsamen Punkt):
(→ Gleichsetzen der Funktionsgleichungen und Untersuchen der Diskriminante in der Lösungsformel; D = 0)

p_1 und h: $-\frac{1}{3}x^2 + 1 = -2x + c \quad | +2x - c$

$-\frac{1}{3}x^2 + 2x - c + 1 = 0 \quad | \cdot (-3)$

$x^2 - 6x + 3c - 3 = 0$

Diskriminante: $D = (-3)^2 - (3c - 3)$

$0 = -3c + 12$

$c = 4$ $\qquad \underline{\underline{y = -2x + 4}}$

8 → Übungsaufgabe S. 50

Berechnung der Koordinaten des gemeinsamen Punktes P:
(→ Gleichsetzen der Funktionsgleichungen von Parabel und Gerade; Untersuchen der Diskriminante in der Lösungsformel; D = 0)

g und p: $\frac{1}{2}x^2 + c = 2x - 3 \quad | -2x + 3$

$\frac{1}{2}x^2 - 2x + c + 3 = 0 \quad | \cdot 2$

$x^2 - 4x + 2c + 6 = 0$

Diskriminante $0 = (-2)^2 - (2c + 6)$

$0 = -2 - 2c \quad |+2c$

$2c = -2 \quad |:2$

$c = -1$ $\underline{p\colon y = \frac{1}{2}x^2 - 1}$

P bestimmen $\frac{1}{2}x^2 - 1 = 2x - 3 \quad |-2x+3$

$\frac{1}{2}x^2 - 2x + 2 = 0 \quad |\cdot 2$

$x^2 - 4x + 4 = 0$

$x_{1,2} = 2 \pm \sqrt{(-2)^2 - 4}$

$x_{1,2} = 2 \pm 0$

$x = 2$

$y = 4 - 3 = 1$ $\underline{\underline{P(2|1)}}$

Zeichnung:

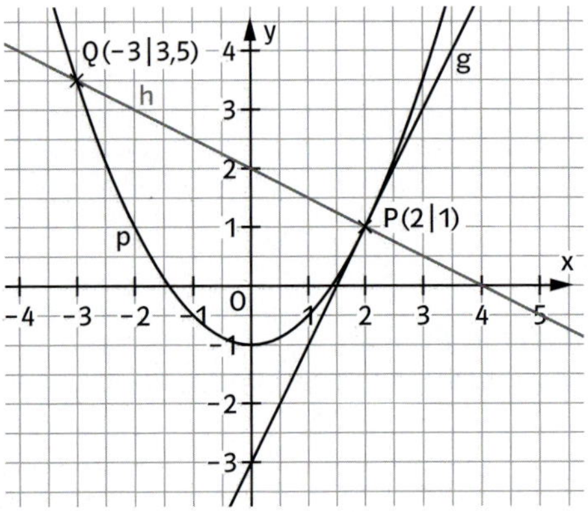

Bestimmung der Funktionsgleichung von h:

(→ Geradengleichung $y = mx + c$ mit Steigung m und y-Achsenabschnitt c bestimmen)

$g \perp h$, deshalb gilt: $m_g \cdot m_h = -1$

$2 \cdot m_h = -1 \quad |:2$ $\underline{m_h = -\frac{1}{2}}$

$m_h = -\frac{1}{2}$ und Punkt P(2|1) einsetzen:

$1 = -\frac{1}{2} \cdot 2 + c$

$1 = -1 + c \quad |+1$ $\underline{c = 2}$

$\underline{\underline{h\colon y = -\frac{1}{2}x + 2}}$

Berechnung der Koordinaten des 2. Schnittpunkts Q von p und h:
(➔ Gleichsetzen der Funktionsgleichungen von Parabel und Gerade; Lösungsformel)

$$\tfrac{1}{2}x^2 - 1 = -\tfrac{1}{2}x + 2 \quad \left| +\tfrac{1}{2}x - 2\right.$$
$$\tfrac{1}{2}x^2 + \tfrac{1}{2}x - 3 = 0 \quad |\cdot 2$$
$$x^2 + x - 6 = 0$$
$$x_{1,2} = -0{,}5 \pm \sqrt{-(0{,}5)^2 + 6}$$
$$x_{1,2} = -0{,}5 \pm 2{,}5$$
$$x_1 = 2$$
$$x_2 = -3$$
$$y_1 = -\tfrac{1}{2} \cdot 2 + 2 = 1 \quad \text{(Schnittpunkt } P(2\,|\,1))$$
$$y_2 = -\tfrac{1}{2} \cdot (-3) + 2 = 3{,}5$$

<u>$Q(-3\,|\,3{,}5)$</u>

9 → Übungsaufgabe S. 50

Berechnung der Funktionsgleichung der Parabel p_1:
(➔ Einsetzen der Koordinaten von $A(2\,|-8)$ und $B(4\,|-8)$ in $y = x^2 + bx + c$; Gleichsetzungsverfahren)

A(2 | −8) eingesetzt: (1) $-8 = 2^2 + b \cdot 2 + c$
B(4 | −8) eingesetzt: (2) $-8 = 4^2 + b \cdot 4 + c$
Umformen: (1)′ $-2b - 12 = c$
(2)′ $-4b - 24 = c$
Gleichsetzen (1)′ = (2)′: $-2b - 12 = -4b - 24 \quad | +4b + 12$
$2b = -12 \quad | :2$ — <u>$b = -6$</u>
b = −6 eingesetzt in (1)′: $-2 \cdot (-6) - 12 = c$ — <u>$c = 0$</u>

<u>p_1: $y = x^2 - 6x$</u>

Alternative Lösung durch Ermittlung des Scheitelpunkts $S_1(-3\,|-9)$ durch Auszählen von Koordinaten und einsetzen in die Scheitelform.

Berechnung der Schnittpunkte mit der x-Achse:
(➔ Punkte auf der x-Achse haben den y-Wert null; Satz vom Nullprodukt)

$$x^2 - 6x = 0$$
$$x(x - 6) = 0$$
$x_1 = 6$ — <u>$N_1(6\,|\,0)$</u>
$x_2 = 0$ — <u>$N_2(0\,|\,0)$</u>

Berechnung des Flächeninhalts des Vierecks ABN_1N_2:

(→ Flächenformel des Trapezes)

Die Zeichnung zeigt das Trapez ABN_1N_2. Die untere Seite $\overline{AB}$ misst 2 LE, die obere Seite $\overline{N_1N_2}$ misst 6 LE, die Höhe h_T misst 8 LE.

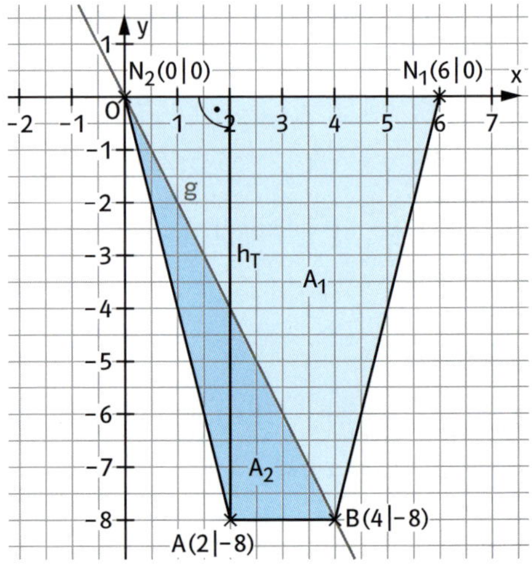

$A_T = \frac{1}{2}(\overline{AB} + \overline{N_1N_2}) \cdot h_T$

$A_T = \frac{1}{2}(2 + 6) \cdot 8$ $\underline{\underline{A_T = 32\text{ FE}}}$

Berechnung des Flächeninhalts des Dreiecks BN_1N_2:

(→ Flächenformel des allgemeinen Dreiecks)

$A_1 = \frac{1}{2} \cdot \overline{N_1N_2} \cdot h_T$

$A_1 = \frac{1}{2} \cdot 6 \cdot 8$ $\underline{A_1 = 24\text{ FE}}$

Daraus ergibt sich für das andere Teildreieck A_2: $\underline{A_2 = 8\text{ FE}}$

Bestimmung des Verhältnisses

(→ Flächeninhalte ins Verhältnis setzen)

$A_2 : A_1 = 8 : 24 = 1 : 3$ $\underline{\underline{\text{Niklas hat recht.}}}$

10 → Übungsaufgabe S. 51

Bestimmung der Funktionsgleichung der Parabel p:

(→ Parabelgleichung $y = ax^2 + c$ berechnen; Ablesen eines Punktes; Einsetzen der Koordinaten in die Gleichung)

$S(0|8)$ einsetzen $\underline{c = 8}$

$N_1(2|0)$ einsetzen in $y = ax^2 + 8$

$0 = a \cdot 2^2 + 8$

$0 = 4a + 8 \quad |-8$

$-8 = 4a \quad |:4$

$\underline{a = -2}$

$\underline{\underline{p: y = -2x^2 + 8}}$

Berechnung der Funktionsgleichung der Geraden g:

(→ Weiteren Punkt B aus dem Graphen von g ablesen; Einsetzen der Koordinaten von $N_2(-2|0)$ und $B(-1|2)$ in $y = mx + c$)

$N_2(-2|0)$ eingesetzt: (1) $0 = -2 \cdot m + c \quad | +2m$

$B(-1|2)$ eingesetzt: (2) $2 = -1 \cdot m + c \quad | +m$

Umformen (1)′ $2m = c$

(2)′ $2 + m = c$

Gleichsetzen (1)′ = (2)′: $2m = 2 + m \quad | -m$ — $\underline{m = 2}$

$m = 2$ eingesetzt in (1)′: $2 \cdot 2 = c$ — $\underline{c = 4}$

$\underline{\underline{g: y = 2x + 4}}$

Berechnung des zweiten Schnittpunkts T:

(→ Gleichsetzen der Funktionsgleichungen von Parabel und Gerade; Lösungsformel)

$-2x^2 + 8 = 2x + 4 \quad | -2x - 4$

$-2x^2 - 2x + 4 = 0 \quad | :(-2)$

$x^2 + x - 2 = 0$

$x_{1,2} = -\frac{1}{2} \pm \sqrt{\left(\frac{1}{2}\right)^2 + 2}$

$x_{1,2} = -0{,}5 \pm \sqrt{2{,}25}$

$x_{1,2} = -0{,}5 \pm 1{,}5$

$x_1 = 1$

$x_2 = -2 = N_2$

x_1 eingesetzt in g: $y_1 = 2 \cdot 1 + 4 = 6$ — $\underline{T(1|6)}$

Berechnung des Flächeninhalts des Dreiecks N_1N_2T:

(→ Flächenformel des allgemeinen Dreiecks)

$A = \frac{1}{2} \cdot \overline{N_1N_2} \cdot h_T$

$A = \frac{1}{2} \cdot 4 \cdot 6$

$\underline{\underline{A = 12\text{ FE}}}$

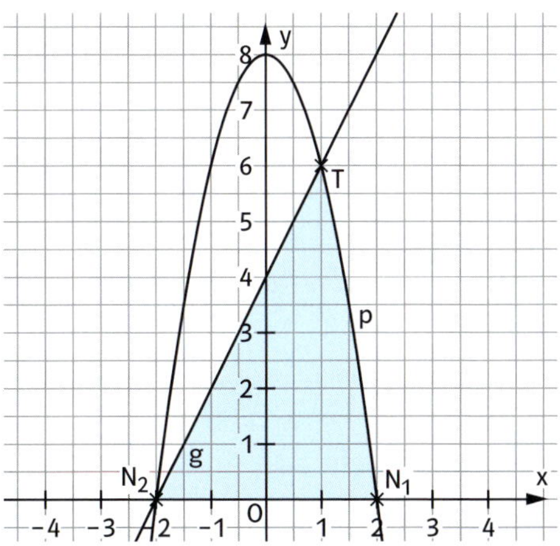

Berechnung des größten Flächeninhalts des Dreiecks N_1N_2T:
(➔ Der Punkt T bewegt sich auf p)
Der Punkt T bewegt sich oberhalb der x-Achse auf der Parabel p.
Bei gleichbleibender Grundseite $\overline{N_1N_2}$ ergibt sich die größte Dreieckshöhe im Scheitel $S(0\,|\,8)$ der Parabel p.

Das Dreieck N_1N_2T hat somit für $T_{max}(0\,|\,8)$ den maximalen Flächeninhalt:

$A_{max} = \frac{1}{2} \cdot \overline{N_1N_2} \cdot h_{T_{max}}$

$A_{max} = \frac{1}{2} \cdot 4 \cdot 8$ $\underline{\underline{A_{max} = 16\text{ FE}}}$

11 → Übungsaufgabe S. 51

Bestimmung eines möglichen Koordinatensystems:
x-Achse auf Ebene der Laufbahn, y-Achse durch den Scheitelpunkt

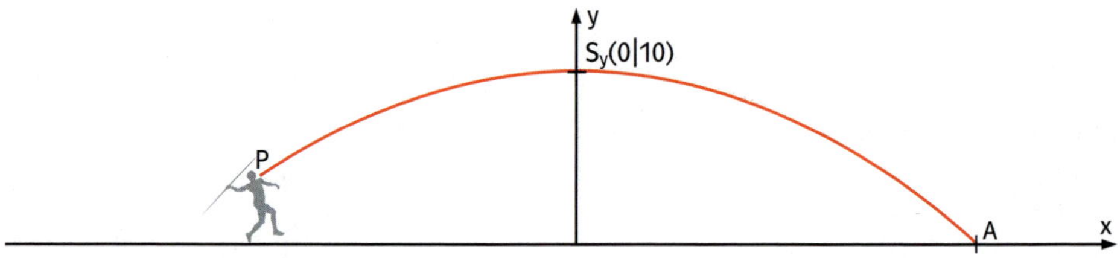

Bestimmung des Scheitelpunkts:
(➔ Ablesen aus der Funktionsgleichung) $\underline{S(0\,|\,10)}$

Berechnung des Auftreffpunkts A:
(➔ Einsetzen von $y_A = 0$ in die Funktionsgleichung $y = -\frac{3}{500}x^2 + 10$)

$0 = -\frac{3}{500}x^2 + 10$

$x_{1,2} = \pm\sqrt{\frac{10 \cdot 500}{3}}$

$x_A = 40{,}82$ (negativer x-Wert ist hier nicht relevant) $\underline{A(40{,}82\,|\,0)}$

Berechnung des Abwurfpunktes P:
(➔ Einsetzen von $y_P = 2{,}20$ in die Funktionsgleichung $y = -\frac{3}{500}x^2 + 10$)

$2{,}20 = -\frac{3}{500}x^2 + 10$

$x_{1,2} = \pm\sqrt{\frac{7{,}8 \cdot 500}{3}}$

$x_P = -36{,}06$ (positiver x-Wert nicht relevant) $\underline{P(-36{,}06\,|\,2{,}20)}$

Berechnung der Wurfweite w:

$w = x_A - x_P$

$w = 40{,}82 - (-36{,}06)$ $\underline{\underline{w = 76{,}88\,\text{m}}}$

Berechnung der Flughöhe nach 50 m:

$\left(\rightarrow\right.$ x-Wert in 50 m Entfernung berechnen; einsetzen in die Funktionsgleichung $\left. y = -\frac{3}{500}x^2 + 10\right)$

$x_{50} = x_P + 50$

$x_{50} = -36{,}06 + 50$ $\underline{\underline{x_{50} = 13{,}94}}$

$y_{50} = -\frac{3}{500}x_{50}^2 + 10$

$y_{50} = -\frac{3}{500} \cdot 13{,}94^2 + 10$ $\underline{\underline{y_{50} = 8{,}83}}$

Der Speer erreicht nach 50 m horizontaler Entfernung vom Abwurfpunkt eine Höhe von 8,83 m.

12 → Übungsaufgabe S. 51

Bestimmung eines möglichen Koordinatensystems:

x-Achse auf der Fahrbahn,
y-Achse durch den Scheitelpunkt (höchster Punkt),
Abstand der x-Werte der Nullstellen entspricht der maximalen Breite des Tunnels

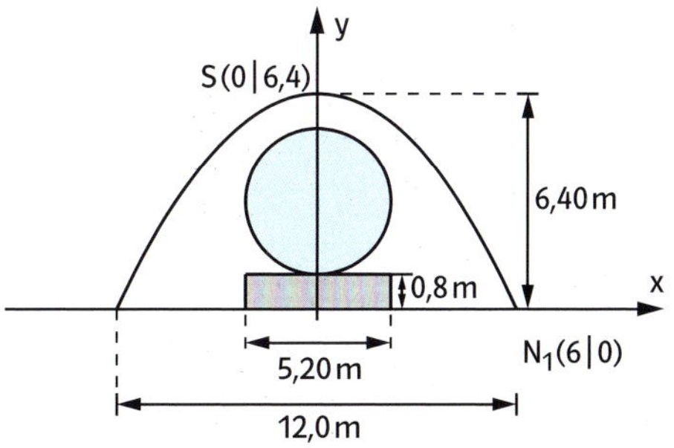

Bestimmung des Scheitelpunkts:

(→ Maximale Durchfahrtshöhe) $\underline{S(0\,|\,6{,}40)}$

Berechnung der Funktionsgleichung des Tunnelbogens:

(→ Einsetzen der Koordinaten vorgegebener Punkte in $y = ax^2 + c$)

Scheitelpunkt $S(0\,|\,6{,}40)$ einsetzen: $6{,}40 = a \cdot 0^2 + c$ $\underline{c = 6{,}4}$

$N_1(6{,}0\,|\,0)$ einsetzen: $0 = a \cdot 6{,}0^2 + 6{,}40$ $\underline{a = -\frac{8}{45}}$

$\underline{\underline{y = -\frac{8}{45}x^2 + 6{,}4}}$

Berechnung der Bogenhöhe für $x_P = 2{,}60$:
(→ Einsetzen der halben Fahrzeugbreite in $y = -\frac{8}{45}x^2 + 6{,}4$)
$y_P = -\frac{8}{45} \cdot 2{,}6^2 + 6{,}4$ $\underline{\underline{y_P = 5{,}20}}$

Berechnung der Fahrzeughöhe an der breitesten Stelle:
(→ Zylinderradius plus Höhe Ladefläche)
$h_1 = r_Z + h_L$ $h_1 = 2{,}6 + 0{,}8$ $\underline{\underline{h_1 = 3{,}40\,m}}$

Fährt der Schwertransporter mittig, ist genügend Platz für die Durchfahrt vorhanden.

13 → Übungsaufgabe S. 52

Bestimmung eines möglichen Koordinatensystems:
x-Achse auf Ebene der Laufbahn,
y-Achse durch den Scheitelpunkt (höchster Punkt des Sprungs)

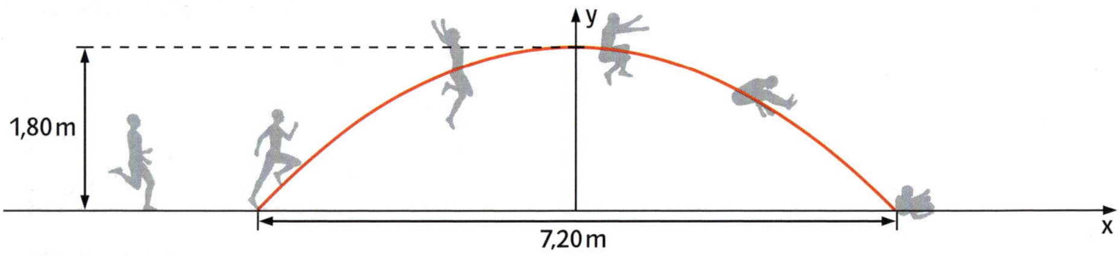

Berechnung der Funktionsgleichung für den ersten Versuch:
(→ Einsetzen der Koordinaten bekannter Punkte in $y = ax^2 + c$)
$S(0\,|\,1{,}80)$ einsetzen: $1{,}8 = a \cdot 0^2 + c$ $\underline{c = 1{,}8}$

$N_1(3{,}60\,|\,0)$ einsetzen: $0 = a \cdot 3{,}6^2 + 1{,}8$ $\underline{a = -\frac{5}{36}}$

$\underline{\underline{y = -\frac{5}{36}x^2 + 1{,}8}}$

Berechnung des Scheitelpunkts für den zweiten Versuch:
(→ Einsetzen der halben Sprungweite in $y = -0{,}125x^2 + c$)
$0 = -0{,}125 \cdot 4{,}0^2 + c$
$c = 2{,}0$ $\underline{y = -0{,}125x^2 + 2{,}0}$
Scheitelpunkt berechnen $\underline{S(0\,|\,2)}$
Der höchste Punkt ist der Scheitelpunkt. Der Weitspringer ist beim zweiten Versuch 2 m hoch gesprungen.

Berechnung der Sprungweite des dritten Versuchs:
(➔ x-Wert des Scheitelpunkts ist der Mittelwert der x-Koordinaten der beiden Punkte mit demselben y-Wert)

$x_S = \frac{2{,}34 + 5{,}34}{2}$ $\underline{x_S = 3{,}84}$

Aufgrund der Symmetrieeigenschaft der Parabel ist die Sprungweite doppelt so groß wie x_S.
Die Sprungweite beträgt im dritten Versuch somit $2 \cdot 3{,}84\,m$ $\underline{\underline{w = 7{,}68\,m}}$

Alternativ hätte zuerst die Parabelgleichung ermittelt werden können.
$y = -0{,}148\,x^2 + 2{,}18$
Im Anschluss hätte die Berechnung der Nullstellen die Sprungweite ergeben.

14 → Übungsaufgabe S. 52
Bestimmung eines möglichen Koordinatensystems:
x-Achse auf der Fahrbahn, y-Achse durch den Scheitelpunkt (höchster Punkt)

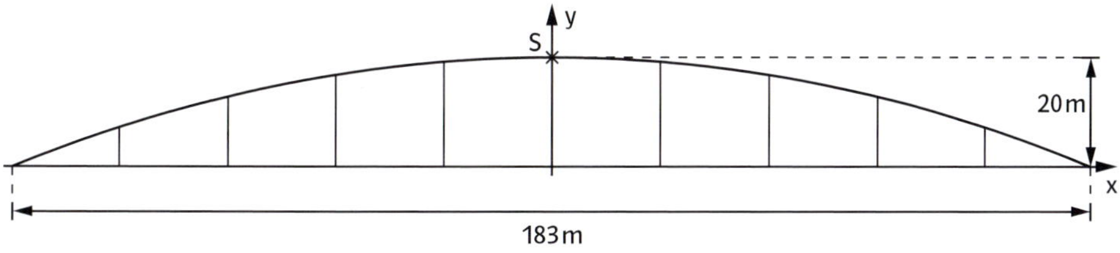

Bestimmung des Scheitelpunkts:
(➔ Maximale Höhe der Brücke über der Fahrbahn) $\underline{S(0|20)}$

Berechnung der Funktionsgleichung des Brückenbogens:
(➔ Einsetzen der Koordinaten vorgegebener Punkte in $y = a x^2 + c$)
$S(0|20)$ einsetzen: $20 = a \cdot 0^2 + c$ $\underline{c = 20}$
$N_1(91{,}5|0)$ einsetzen: $0 = a \cdot 91{,}5^2 + 20$ $\underline{a = -0{,}0024}$
$\underline{\underline{y = -0{,}0024\,x^2 + 20}}$

Berechnung des x-Wertes des zweitlängsten Trageseils P_2:
$x_{P_2} = \frac{\frac{w}{2}}{5}$ $x_{P_2} = \frac{\frac{183}{2}}{5}$ $\underline{x_{P_2} = 18{,}3}$

Berechnung der Tragseilhöhe für $x_{P_2} = 18{,}3$:
(→ Einsetzen in $y = -0{,}0024x^2 + 20$)
$y_{P_2} = -0{,}0024 \cdot 18{,}3^2 + 20$ $\underline{\underline{y_{P_2} = 19{,}2\,\text{m}}}$

Das zweitlängste Tragseil hat eine Länge von 19,2 m (mit gerundeten Zwischenwerte 19,3 m).

15 → Übungsaufgabe S. 52

Bestimmung eines möglichen Koordinatensystems:
x-Achse auf der Fahrbahn, y-Achse durch den Scheitelpunkt (tiefster Punkt)
Hängebrücke mit $w = 1280\,\text{m}$ und $y = \frac{1}{2560}x^2$
Fahrbahn 67 m über Meeresspiegel

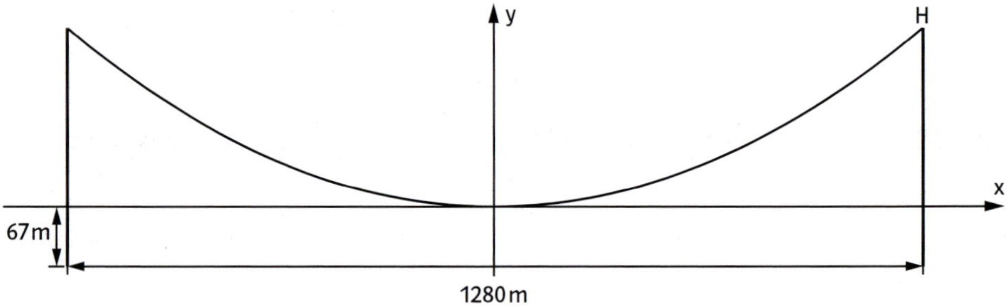

Berechnung der Höhe H:
(→ Einsetzen der halben Spannweite in $y = \frac{1}{2560}x^2$)
$y_H = \frac{1}{2560} \cdot \left(\frac{1280}{2}\right)^2$ $\underline{\underline{y_H = 160\,\text{m}}}$

Berechnung der Pylonenhöhe P_H:
$P_H = y_H + 67$ $P_H = 160 + 67$ $\underline{\underline{P_H = 227\,\text{m}}}$

16 → Übungsaufgabe S. 53

Bestimmung eines möglichen Koordinatensystems:
x-Achse auf Höhe des Erdgeschosses,
y-Achse durch den Scheitelpunkt (höchster Punkt)
höchster Punkt des Bogens 35 m über dem Boden
Balkon: in 28 m Höhe; 30 m breit

Bestimmung des Scheitelpunkts S:
(→ höchster Punkt des Bogens) $\underline{\underline{S(0\,|\,35)}}$

Berechnung der Funktionsgleichung $y = ax^2 + c$:
(→ Einsetzen der Koordinaten vorgegebener Punkte in $y = ax^2 + c$)
$S(0|35)$ einsetzen: $35 = a \cdot 0^2 + c$ $\underline{c = 35}$
$P_1\left(\frac{30}{2}\middle|28\right)$ einsetzen: $28 = a \cdot 15^2 + 35$ $\underline{a = -\frac{7}{225}}$
$\underline{y = -\frac{7}{225}x^2 + 35}$

Berechnung der Breite am Boden:
(→ Einsetzen von $y = 0$ in die Funktionsgleichung $y = -\frac{7}{225}x^2 + 35$)
$0 = -\frac{7}{225}x^2 + 35$
$x_{1,2} = \pm\sqrt{\frac{35 \cdot 225}{7}}$
$x = \pm 33{,}54$
Der Bogen hat somit am Boden eine Breite b von $2 \cdot 33{,}54\,m$ $\underline{\underline{b = 67\,m}}$

Berechnung der Breite in halber Höhe:
(→ Hälfte der Bogenhöhe h_1 berechnen; Einsetzen von h_1 in die Funktionsgleichung $y = -\frac{7}{225}x^2 + 35$)
$h_1 = \frac{35}{2}$ $\underline{h_1 = 17{,}5\,m}$
h_1 einsetzen: $17{,}5 = -\frac{7}{225}x^2 + 35$
$x_{1,2} = \pm\sqrt{\frac{17{,}5 \cdot 225}{7}}$
$x_{1,2} = \pm 23{,}72$
Der Bogen hat auf halber Höhe eine Breite b_1 von $2 \cdot 23{,}72\,m$ $\underline{\underline{b_1 = 47{,}4\,m}}$

17 → Übungsaufgabe S. 53

Bestimmung eines möglichen Koordinatensystems:
x-Achse auf dem Erdboden,
y-Achse durch den Scheitelpunkt (höchster Punkt)

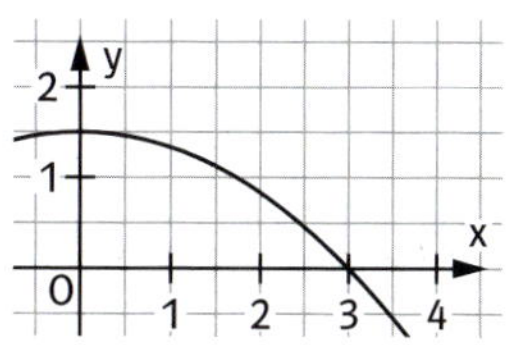

Situation 1:
Wasser spritzt aus einer Höhe von 1,50 m insgesamt 3 m weit.

Bestimmung des Scheitelpunkts S:
(→ höchster Punkt des Bogens) $\underline{S(0|1{,}5)}$

Berechnung der Funktionsgleichung p_1 mit $y = ax^2 + c$:
(→ Einsetzen der Koordinaten vorgegebener Punkte in $y = ax^2 + c$)
S(0 | 1,5) einsetzen: $1{,}5 = a \cdot 0^2 + c$ — $\underline{c = 1{,}5}$
P(3 | 0) einsetzen: $0 = a \cdot 3^2 + 1{,}5$ — $\underline{a = -\frac{1}{6}}$
$\underline{\underline{y = -\frac{1}{6}x^2 + 1{,}5}}$

Situation 2: Funktionsgleichung des Strahls $y = -0{,}5x^2 + 1{,}5$
Berechnung der Spritzweite w:
(→ Einsetzen von $y = 0$ in die Funktionsgleichung $y = -0{,}5x^2 + 1{,}5$)
$0 = -0{,}5x^2 + 1{,}5$ $\quad x_{1,2} = \pm\sqrt{3}$
Das Wasser spritzt 3 m weit.

18 → Übungsaufgabe S. 53

Bestimmung eines möglichen Koordinatensystems:
x-Achse auf Höhe des Bodens,
y-Achse durch den Scheitelpunkt (höchster Punkt)

Bestimmung des Scheitelpunkts S:
(→ höchster Punkt des Bogens) — $\underline{S(0 | 13)}$

Berechnung der Funktionsgleichung $y = ax^2 + c$:
(→ Einsetzen der Koordinaten vorgegebener Punkte in $y = ax^2 + c$)
S(0 | 13) einsetzen: $13 = a \cdot 0^2 + c$ — $\underline{c = 13}$
$P\left(\frac{7{,}2}{2} \middle| 0\right)$ einsetzen: $0 = a \cdot 3{,}6^2 + 13$ — $\underline{a = -1{,}00}$
$\underline{\underline{y = -x^2 + 13}}$

Berechnung des Abstandes der Luftballons:
(→ Einsetzen von $y = 5$ in die Funktionsgleichung $y = -x^2 + 13$)
$5 = -x^2 + 13$
$x_{1,2} = \pm\sqrt{8}$
$x = \pm 2{,}83$

Die Luftballons haben eine Entfernung von $2 \cdot 2{,}83\,\text{m} =$ $\underline{\underline{5{,}7\,\text{m}}}$

19 → Übungsaufgabe S. 54

Bestimmung eines möglichen Koordinatensystems:
x-Achse auf Grund der Brückenbogen,
y-Achse durch den Scheitelpunkt (höchster Punkt)

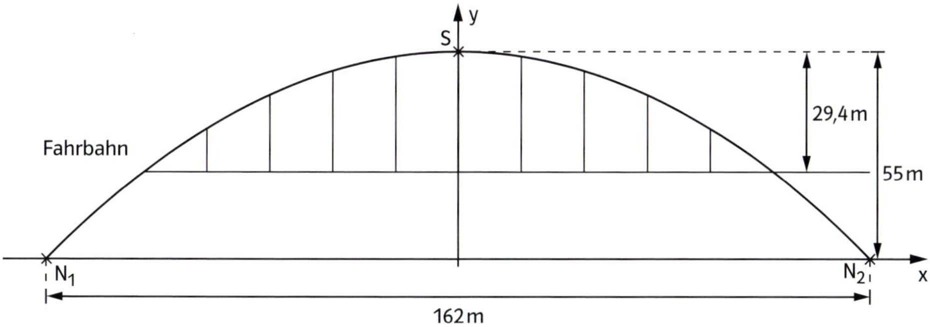

Bestimmung des Scheitelpunkts S:
(→ höchster Punkt des Bogens) $\underline{S(0|55)}$

Bestimmung der Schnittpunkte mit der x-Achse:
(→ Halbierung der Spannweite)
Aus der Spannweite $w = 162\,m$ folgt: $\underline{N_1(-81|0);\ N_2(81|0)}$

Berechnung der Funktionsgleichung des inneren Brückenbogens:
(→ Einsetzen der Koordinaten vorgegebener Punkte in $y = ax^2 + c$)
$S(0|55)$ einsetzen: $55 = a \cdot 0^2 + c$ $\underline{c = 55}$
$N_2(81|0)$ einsetzen: $0 = a \cdot 81^2 + 55$ $\underline{a = -0{,}0084}$
$\underline{\underline{y = -0{,}0084x^2 + 55}}$

Berechnung der Fahrbahnhöhe h_1 über dem Grund:
(→ Differenz der beiden Höhen)
$h_1 = 55\,m - 29{,}4\,m$ $\underline{h_1 = 25{,}6\,m}$

Berechnung der Schnittpunkte des inneren Brückenbogens mit der Fahrbahn P_1 und P_2:
(→ Einsetzen der Höhe h_1 als y-Wert in $y = -0{,}0084x^2 + 55$)
$25{,}6 = -0{,}0084x^2 + 55$
$x_{1,2} = \pm\sqrt{\frac{29{,}4}{0{,}0084}}$
$x_{1,2} = \pm 59{,}16$

Die Fahrbahn hat innerhalb des inneren Bogens
eine Länge von $2 \cdot 59{,}16\,m =$ $\underline{\underline{118{,}3\,m}}$

20 → Übungsaufgabe S. 54

Bestimmung eines möglichen Koordinatensystems:
x-Achse geht durch die Enden des Brückenbogens,
y-Achse durch den Scheitelpunkt (höchster Punkt)
Brücke 150 m Länge; Stützpfeiler im Abstand von 25 m;
höchster Stützpfeiler in der Mitte $\overline{AO} = 30\,m$ hoch

Bestimmung des Scheitelpunkts A:
(→ höchster Punkt des Bogens) $\underline{A(0\,|\,30)}$

Bestimmung der Schnittpunkte mit der x-Achse:
(→ Halbierung der Spannweite)
Aus der Spannweite $w = 150\,m$ folgt: $\underline{N_1(75\,|\,0);\ N_2(-75\,|\,0)}$

Berechnung der Funktionsgleichung des Brückenbogens:
(→ Einsetzen der Koordinaten vorgegebener Punkte in $y = ax^2 + c$)
$A(0\,|\,30)$ einsetzen: $30 = a \cdot 0^2 + c$ $\underline{c = 30}$
$N_1(75\,|\,0)$ einsetzen: $0 = a \cdot 75^2 + 30$ $\underline{a = -\frac{2}{375}}$
$\underline{\underline{y = -\frac{2}{375}x^2 + 30}}$

Berechnung der Länge der beiden Stützpfeiler $\overline{BD}$ und $\overline{CE}$:
Für $x_B = 25$ ist $y_B = -\frac{2}{375} \cdot 25^2 + 30$ $y_B = 26{,}67$ $\underline{\underline{\overline{BD} = 26{,}7\,m}}$
Für $x_C = 50$ ist $y_C = -\frac{2}{375} \cdot 50^2 + 30$ $y_C = 16{,}67$ $\underline{\underline{\overline{CE} = 16{,}7\,m}}$
Die Stützpfeiler $\overline{BD}$ und $\overline{CE}$ haben die Längen $\overline{BD} = 26{,}7\,m$ und $\overline{CE} = 16{,}7\,m$.

Leitideen: Messen/Raum und Form

1 → Übungsaufgabe S. 55

Für das Viereck ABDE und das Dreieck BCD mit der gemeinsamen Seite $\overline{BD}$ gilt:
$\overline{AB} = 6{,}4\,cm$; $\overline{AE} = 7{,}2\,cm$;
$\overline{BC} = \overline{CD} = 9{,}6\,cm$; $\alpha = 70{,}0°$;
$\delta_1 = 48{,}0°$

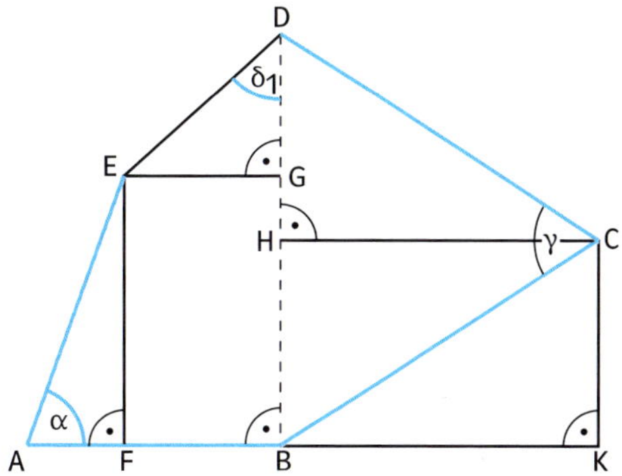

Berechnung von $\overline{AF}$:

$\cos 70° = \frac{\overline{AF}}{7{,}2}$ $\qquad$ $\overline{AF} = 7{,}2 \cdot \cos 70°$ $\qquad$ $\underline{\overline{AF} = 2{,}46\,cm}$

Berechnung von $\overline{EF}$:

$\sin 70° = \frac{\overline{EF}}{7{,}2}$ $\qquad$ $\overline{EF} = 7{,}2 \cdot \sin 70°$ $\qquad$ $\underline{\overline{EF} = 6{,}77\,cm}$

Berechnung von $\overline{EG}$:

$\overline{EG} = \overline{AB} - \overline{AF}$ $\qquad$ $\overline{EG} = 6{,}4 - 2{,}46$ $\qquad$ $\underline{\overline{EG} = 3{,}94\,cm}$

Berechnung von $\overline{DG}$:

$\tan 48° = \frac{3{,}94}{\overline{DG}}$ $\qquad$ $\overline{DG} = \frac{3{,}94}{\tan 48°}$ $\qquad$ $\underline{\overline{DG} = 3{,}55\,cm}$

Berechnung von $\overline{BD}$:

$\overline{BD} = \overline{EF} + \overline{DG}$ $\qquad$ $\overline{BD} = 6{,}77 + 3{,}55$ $\qquad$ $\underline{\overline{BD} = 10{,}32\,cm}$

Berechnung von γ:

(→ $\overline{CH}$ ist Symmetrieachse des Dreiecks BCD)

$\sin\frac{\gamma}{2} = \frac{\frac{\overline{DB}}{2}}{\overline{CD}}$

$\sin\frac{\gamma}{2} = \frac{\frac{10{,}32}{2}}{9{,}6}$ $\qquad$ $\frac{\gamma}{2} = 32{,}51°$ $\qquad$ $\underline{\underline{\gamma = 65{,}0°}}$

Berechnung von $\overline{CH}$:
(→ Satz des Pythagoras im rechtwinkligen Dreieck BCH)

$\overline{CH}^2 = \overline{BC}^2 - \left(\frac{\overline{BD}}{2}\right)^2$ $\qquad$ $\overline{CH}^2 = 9{,}6^2 - 5{,}16^2$ $\qquad$ $\underline{\overline{CH} = 8{,}10\,\text{cm}}$

Berechnung von $\overline{AC}$:
(→ Satz des Pythagoras im rechtwinkligen Dreieck AKC)

$\overline{AC}^2 = \overline{KC}^2 + \overline{AK}^2$ $\qquad$ $\overline{AC}^2 = 5{,}16^2 + (6{,}4 + 8{,}1)^2$ $\qquad$ $\underline{\underline{\overline{AC} = 15{,}4\,\text{cm}}}$

2 → Übungsaufgabe S. 55

Im Trapez ABCD liegt das gleichseitige Dreieck AED.
Es gilt: $\overline{AE} = 5{,}0\,\text{cm}$; $\overline{CD} = 6{,}8\,\text{cm}$

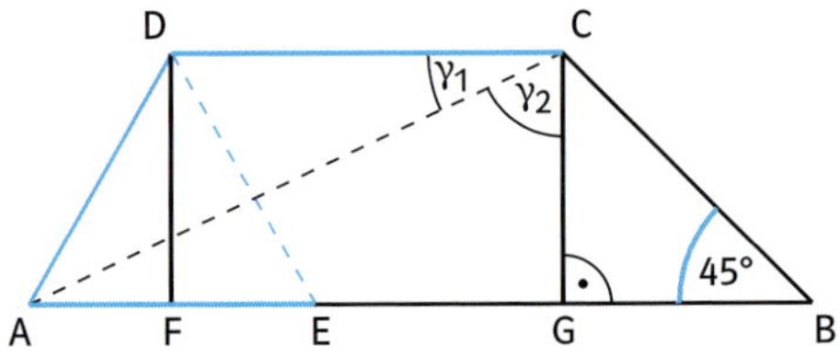

Berechnung von $\overline{DF} = \overline{CG}$:
(→ Höhe im gleichseitigen Dreieck)

$\overline{DF} = \frac{1}{2} \cdot \sqrt{3} \cdot \overline{AE}$ $\qquad$ $\overline{DF} = \frac{5{,}0}{2}\sqrt{3}$ $\qquad$ $\underline{\overline{DF} = 4{,}33\,\text{cm}}$

Berechnung von $\overline{AG}$:

$\overline{AG} = \frac{\overline{AE}}{2} + \overline{CD}$ $\qquad$ $\overline{AG} = 2{,}5 + 6{,}8$ $\qquad$ $\underline{\overline{AG} = 9{,}3\,\text{cm}}$

Berechnung von γ_2:

$\tan\gamma_2 = \frac{\overline{AG}}{\overline{CG}}$ $\qquad$ $\tan\gamma_2 = \frac{9{,}3}{4{,}33}$ $\qquad$ $\underline{\gamma_2 = 65{,}0°}$

Berechnung von γ_1:
(→ $\gamma_1 + \gamma_2 = 90°$)

$\gamma_1 = 90° - \gamma_2$ $\qquad$ $\gamma_1 = 90° - 65{,}0°$ $\qquad$ $\underline{\underline{\gamma_1 = 25{,}0°}}$

Berechnung von $\overline{BG} = \overline{CG}$:
(→ Das Dreieck GBC ist gleichschenklig-rechtwinklig, halbes Quadrat)

$\overline{BG} = \overline{CG}$ $\qquad$ $\underline{\overline{BG} = 4{,}33\,\text{cm}}$

Berechnung von A_{ABCD}:
(→ Flächenformel Trapez)

$A_{ABCD} = \frac{\overline{AB} + \overline{CD}}{2} \cdot h$ $\qquad$ $A_{ABCD} = \frac{(9{,}3 + 4{,}33) + 6{,}8}{2} \cdot 4{,}33$ $\qquad$ $\underline{\underline{A_{ABCD} = 44{,}2\,\text{cm}^2}}$

3 → Übungsaufgabe S. 55

→ Übungsaufgabe S. 55

Gleichseitiges Dreieck ABC mit gleichschenkligem Dreieck DEF

$\overline{AB} = \overline{BC} = \overline{AC} = 10{,}0\,\text{cm}$

$\overline{CF} = 7{,}2\,\text{cm}$

$\overline{DE} = \overline{EF}$

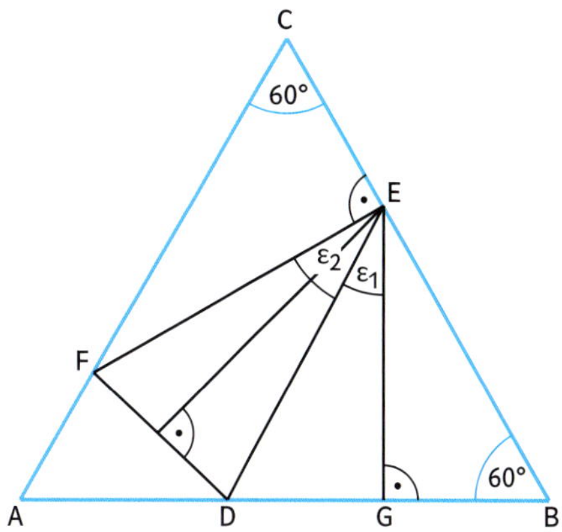

Berechnung von $\overline{CE}$:

$\cos 60° = \frac{\overline{CE}}{7{,}2}$ $\quad\overline{CE} = 7{,}2 \cdot \cos 60°$ $\quad\underline{\overline{CE} = 3{,}6\,\text{cm}}$

Berechnung von $\overline{EF} = \overline{DE}$:

(➔ Satz des Pythagoras im rechtwinkligen Dreieck CEF)

$\overline{EF}^2 = \overline{CF}^2 - \overline{CE}^2$ $\quad\overline{EF}^2 = 7{,}2^2 - 3{,}6^2$ $\quad\underline{\overline{EF} = 6{,}24\,\text{cm}}$

Berechnung von $\overline{BE}$:

$\overline{BE} = \overline{BC} - \overline{CE}$ $\quad\overline{BE} = 10{,}0 - 3{,}6$ $\quad\underline{\overline{BE} = 6{,}4\,\text{cm}}$

Berechnung von $\overline{EG}$:

$\sin 60° = \frac{\overline{EG}}{6{,}4}$ $\quad\overline{EG} = 6{,}4 \cdot \sin 60°$ $\quad\underline{\overline{EG} = 5{,}54\,\text{cm}}$

Berechnung von ε_1:

$\cos \varepsilon_1 = \frac{\overline{EG}}{\overline{ED}}$ $\quad\cos \varepsilon_1 = \frac{5{,}54}{6{,}24}$ $\quad\underline{\varepsilon_1 = 27{,}4°}$

Berechnung von ε_2:

(➔ Winkel entlang einer Strecke)

$\varepsilon_2 = 180° - 90° - 30° - \varepsilon_1$ $\quad\varepsilon_2 = 180° - 90° - 30° - 27{,}4°$ $\quad\underline{\varepsilon_2 = 32{,}6°}$

Berechnung von $\overline{DF}$:

$\sin \frac{\varepsilon_2}{2} = \frac{\frac{\overline{DF}}{2}}{\overline{EF}}$ $\quad\frac{\overline{DF}}{2} = 6{,}24 \cdot \sin 16{,}3°$ $\quad\underline{\overline{DF} = 3{,}50\,\text{cm}}$

Berechnung von u_{DEF}:

$u = 2\,\overline{EF} + \overline{DF}$ $\quad u = 2 \cdot 6{,}24 + 3{,}50$ $\quad\underline{\underline{u = 16{,}0\,\text{cm}}}$

4 → Übungsaufgabe S. 56

6 gleichschenklige Dreiecke;
2 halbe gleichschenklige Dreiecke
mit b = 8,0 cm und α = 22,0°.

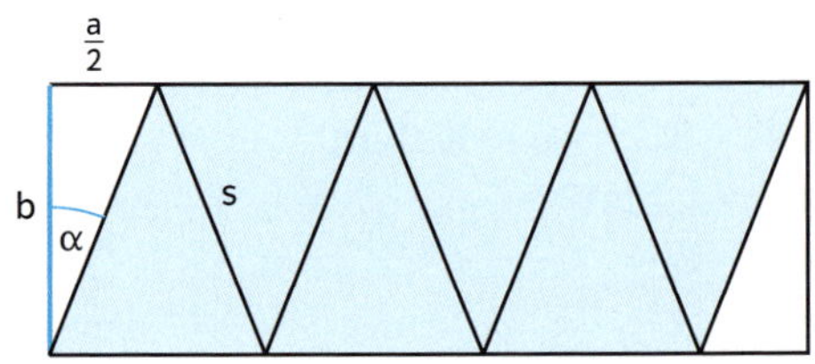

Berechnung von a:

$\tan\alpha = \frac{\frac{a}{2}}{b}$ $\quad \frac{a}{2} = 8{,}0 \cdot \tan 22{,}0°$ $\quad \underline{a = 6{,}46\,\text{cm}}$

Berechnung von s:
(→ Satz des Pythagoras im halben gleichschenkligen Dreieck)

$s^2 = b^2 + \left(\frac{a}{2}\right)^2$ $\quad s^2 = 8{,}0^2 + 3{,}23^2$ $\quad \underline{s = 8{,}63\,\text{cm}}$

Berechnung der Pyramidenhöhe h:
(→ Satz des Pythagoras in der Pyramide)

$h^2 = s^2 - a^2$ $\quad h^2 = 8{,}63^2 - 6{,}46^2$ $\quad \underline{h = 5{,}72\,\text{cm}}$

Berechnung der Höhe h_a im Dreieck der Grundfläche:
(→ Höhe im gleichseitigen Dreieck)

$h_a = \frac{a}{2}\sqrt{3}$ $\quad h_a = \frac{6{,}46}{2}\sqrt{3}$ $\quad \underline{h_a = 5{,}59\,\text{cm}}$

Berechnung der sechseckigen Grundfläche G:
(→ Sechseck besteht aus sechs gleichseitigen Dreiecken)

$G = 6 \cdot \frac{a \cdot h_a}{2}$ $\quad G = 6 \cdot \frac{6{,}46 \cdot 5{,}59}{2}$ $\quad \underline{G = 108{,}3\,\text{cm}^2}$

Berechnung von V:

$V = \frac{1}{3} \cdot G \cdot h$ $\quad V = \frac{1}{3} \cdot 108{,}3 \cdot 5{,}72$ $\quad \underline{\underline{V = 206{,}5\,\text{cm}^3}}$

5 → Übungsaufgabe S. 56

Regelmäßige achtseitige Pyramide
mit a = 12,0 cm und h = 20,0 cm

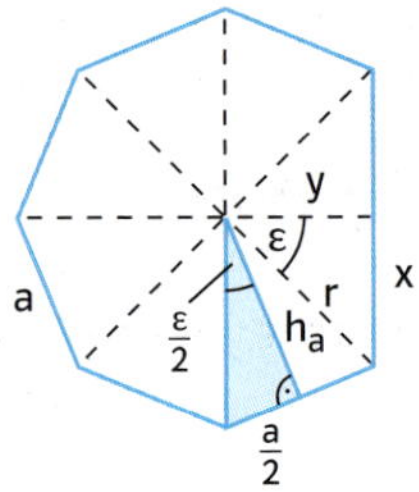

Berechnung des Mittelpunktswinkel ε:
(➔ Mittelpunktswinkel regelmäßiges Achteck)

$\varepsilon = \frac{360°}{8}$ $\qquad$ $\underline{\varepsilon = 45°;\ \frac{\varepsilon}{2} = 22{,}5°}$

Berechnung der Höhe h_a in einem Dreieck der Grundfläche:

$\tan 22{,}5° = \frac{\frac{a}{2}}{h_a}$ $\qquad$ $h_a = \frac{6}{\tan 22{,}5°}$ $\qquad$ $\underline{h_a = 14{,}49\,\text{cm}}$

Berechnung der Höhe einer Seite der Pyramide h_s:

$h_s^2 = h^2 + h_a^2$ $\qquad$ $h_s^2 = 20{,}0^2 + 14{,}49^2$ $\qquad$ $\underline{h_s = 24{,}69\,\text{cm}}$

Berechnung der Mantelfläche M:

$M = 8 \cdot \frac{a \cdot h_s}{2}$ $\qquad$ $M = 8 \cdot \frac{12{,}0 \cdot 24{,}69}{2}$ $\qquad$ $\underline{M = 1185{,}1\,\text{cm}^2}$

Berechnung des Radius r der achteckigen Grundfläche:

$\sin 22{,}5° = \frac{\frac{a}{2}}{r}$ $\qquad$ $r = \frac{6}{\sin 22{,}5°}$ $\qquad$ $\underline{r = 15{,}68\,\text{cm}}$

Berechnung von x:

$\sin 45° = \frac{x}{r}$ $\qquad$ $x = 15{,}68 \cdot \sin 45°$ $\qquad$ $\underline{x = 11{,}09\,\text{cm}}$

Berechnung von y:
(➔ gleichschenklig-rechtwinkliges Dreieck, halbes Quadrat)

$x = y$ $\qquad$ $\underline{y = 11{,}09\,\text{cm}}$

Berechnung der Höhe h_x der abgeschnittenen Seite:

$h_x^2 = y^2 + h^2$ $\qquad$ $h_x^2 = 11{,}09^2 + 20{,}0^2$ $\qquad$ $\underline{h_x = 22{,}87\,\text{cm}}$

Berechnung der Größe der Schnittfläche A_S:
(➔ Flächenformel Dreieck)

$A_S = \frac{2 \cdot x \cdot h_x}{2}$ $\qquad$ $A_S = \frac{2 \cdot 11{,}09 \cdot 22{,}87}{2}$ $\qquad$ $\underline{A_S = 253{,}63\,\text{cm}^2}$

Berechnung der Mantelfläche M_{neu}:
(➔ 6 Manteldreiecke plus Schnittfläche)

$M_{neu} = 6 \cdot \frac{a \cdot h_s}{2} + A_S$ $\qquad$ $M_{neu} = 6 \cdot \frac{12{,}0 \cdot 24{,}69}{2} + 253{,}63$ $\qquad$ $\underline{\underline{M_{neu} = 1142{,}5\,\text{cm}^2}}$

Die Mantelfläche des neu entstandenen Körpers hat sich durch das Abschneiden um 42,6 cm² verkleinert.

6 → Übungsaufgabe S. 56

Quadratische Pyramide mit gleichseitigen Dreiecken als Seitenflächen.
Es gilt: $a = 8{,}4\,cm$

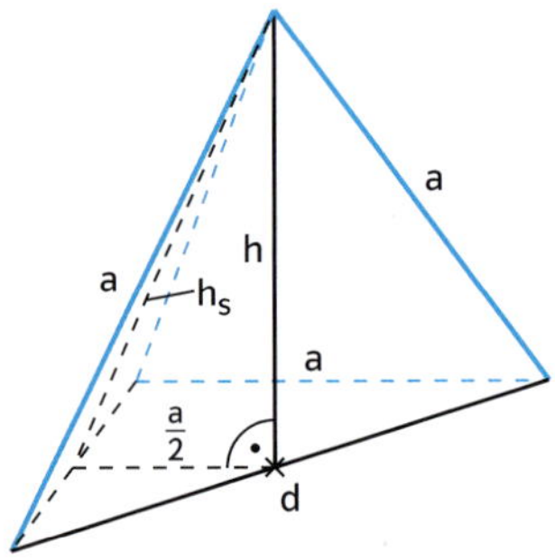

Berechnung der Höhe h_s der Seite:
(➔ Höhe im gleichseitigen Dreieck)

$h_s = \frac{a}{2}\sqrt{3}$ $\quad h_s = \frac{8{,}4}{2}\sqrt{3}$ $\quad \underline{h_s = 7{,}27\,cm}$

Berechnung Körperhöhe h:
(➔ Satz des Pythagoras)

$h_s^2 = h^2 + \left(\frac{a}{2}\right)^2$ $\quad h^2 = 7{,}27^2 - 4{,}2^2$ $\quad \underline{h = 5{,}93\,cm}$

Berechnung der Diagonalen d der Grundfläche:
(➔ Diagonale im Quadrat)

$d = a\sqrt{2}$ $\quad d = 8{,}4 \cdot \sqrt{2}$ $\quad \underline{d = 11{,}88\,cm}$

Berechnung des Oberflächeninhalts O:
(➔ Summe von vier Dreiecken)

$O = 2 \cdot A_{Manteldreieck} + A_{halbe\ Grundfläche} + A_{Schnittfläche}$

$O = 2 \cdot \frac{a \cdot h_s}{2} + \frac{a^2}{2} + \frac{d \cdot h}{2}$

$O = 2 \cdot \frac{8{,}4 \cdot 7{,}27}{2} + \frac{8{,}4^2}{2} + \frac{11{,}88 \cdot 5{,}93}{2}$

$O = 2 \cdot 30{,}53 + 35{,}28 + 35{,}22$ $\quad \underline{\underline{O = 131{,}6\,cm^2}}$

Nachweis für Flächengleichheit:
(➔ allgemeine Betrachtung)
$A_{\text{halbe Grundfläche}} = A_{\text{Schnittfläche}}$

Die Diagonale d und die Höhe h lassen sich durch die Grundkantenlänge a ausdrücken.

Für d gilt: $d = a\sqrt{2}$ (Diagonale im Quadrat)

Für h gilt: $h^2 = h_s^2 - \left(\frac{a}{2}\right)^2$ $\quad h^2 = \left(\frac{a}{2}\sqrt{3}\right)^2 - \left(\frac{a}{2}\right)^2$ $\quad \underline{h = \frac{a}{2}\sqrt{2}}$

Aus $\frac{a^2}{2} = \frac{d \cdot h}{2}$ folgt: $\quad \frac{a^2}{2} = \frac{a\sqrt{2} \cdot \frac{a}{2}\sqrt{2}}{2}$ $\quad \underline{\underline{\frac{a^2}{2} = \frac{a^2}{2}}}$

7 → Übungsaufgabe S. 57

Zwei kongruente Rechtecke ABCD und DEBF mit $\overline{AB} = 10{,}0\,\text{cm}$ und $\overline{BC} = 5{,}0\,\text{cm}$.

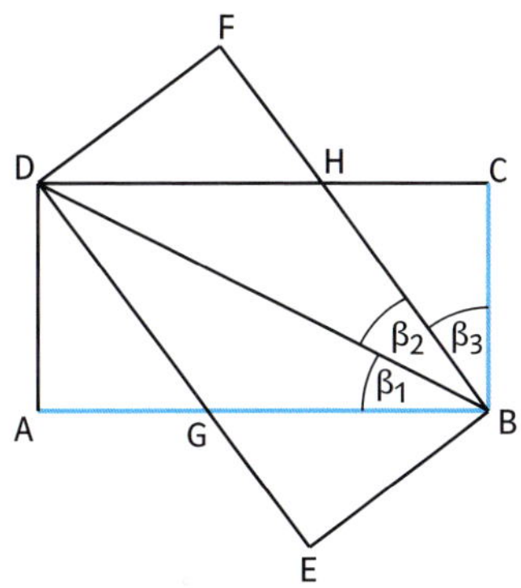

Berechnung des Winkels β_1:

$\tan\beta_1 = \frac{\overline{AD}}{\overline{AB}}$ $\quad \tan\beta_1 = \frac{5}{10}$ $\quad \underline{\beta_1 = 26{,}6°}$

Berechnung des Winkels β_2:

$\tan\beta_2 = \frac{\overline{DF}}{\overline{BF}}$ $\quad \tan\beta_2 = \frac{5}{10}$ $\quad \underline{\beta_2 = 26{,}6°}$

Berechnung des Winkels β_3:

$\beta_3 = 90° - \beta_1 - \beta_2$ $\quad \beta_3 = 90° - 26{,}6° - 26{,}6°$ $\quad \underline{\beta_3 = 36{,}8°}$

Berechnung von $\overline{CH}$:

$\tan\beta_3 = \frac{\overline{CH}}{\overline{BC}}$ $\quad \overline{CH} = 5 \cdot \tan 36{,}8°$ $\quad \underline{\overline{CH} = 3{,}74\,\text{cm}}$

Berechnung von $\overline{DH} = \overline{BG}$:

$\overline{DH} = \overline{CD} - \overline{CH}$ $\quad \overline{DH} = 10{,}0 - 3{,}74$ $\quad \underline{\overline{DH} = 6{,}26\,\text{cm}}$

Berechnung des Flächeninhalts A_{GBHD}:
(→ Flächenformel Parallelogramm)

$A_{GBHD} = \overline{BG} \cdot \overline{AD}$ $\quad A_{GBHD} = 6{,}25 \cdot 5{,}0$ $\quad \underline{\underline{A_{GBHD} = 31{,}3\,cm^2}}$

8 → Übungsaufgabe S. 57

Die Dreiecke ABC und CBD haben den gleichen Flächeninhalt.
Es gilt: a = 8,5 cm
s = 10,5 cm

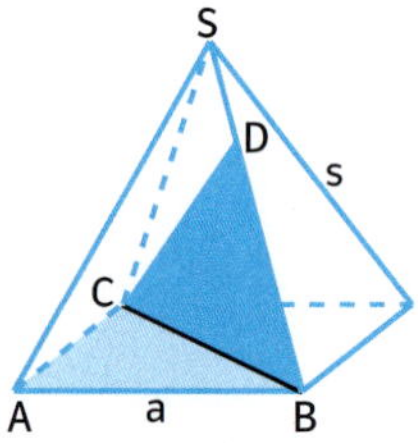

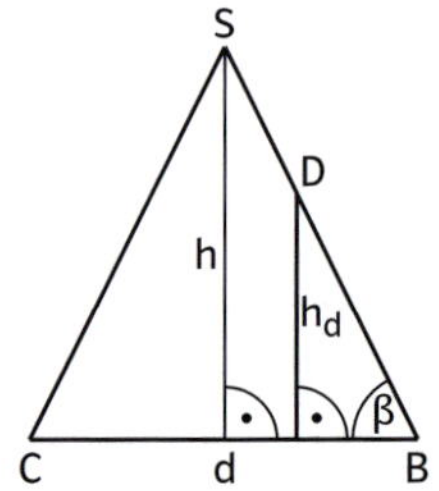

Berechnung des Flächeninhalts des Dreiecks ABC:
(→ halbes Quadrat)

$A_{ABC} = \frac{a^2}{2}$ $\quad A_{ABC} = \frac{8{,}5^2}{2}$ $\quad \underline{A_{ABC} = 36{,}1\,cm^2}$

Berechnung der Diagonalen d:
(→ Diagonale im Grundflächenquadrat)

$d = a\sqrt{2}$ $\quad d = 8{,}5 \cdot \sqrt{2}$ $\quad \underline{d = 12{,}02\,cm}$

Berechnung der Höhe h_d des Dreiecks CBD:
(→ Umstellen der Flächenformel)

$A_{CBD} = \frac{d \cdot h_d}{2}$ $\quad h_d = \frac{2 \cdot 36{,}1}{12{,}02}$ $\quad \underline{h_d = 6{,}01\,cm}$

Berechnung des Winkels β:

$\cos\beta = \frac{\frac{d}{2}}{s}$ $\quad \cos\beta = \frac{6{,}01}{10{,}5}$ $\quad \underline{\beta = 55{,}1°}$

Berechnung der Länge $\overline{BD}$:

$\sin\beta = \frac{h_d}{\overline{BD}}$ $\quad \overline{BD} = \frac{6{,}01}{\sin 55{,}1°}$ $\quad \underline{\overline{BD} = 7{,}33\,cm}$

Berechnung der Länge $\overline{DS}$:

$\overline{DS} = s - \overline{BD}$ $\quad \overline{DS} = 10{,}5 - 7{,}33$ $\quad \underline{\underline{\overline{DS} = 3{,}2\,cm}}$

9 → Übungsaufgabe S. 57

Ein rechteckiges Blatt Papier (Format 20,0 cm × 15,0 cm) wird entlang von BD gefaltet.

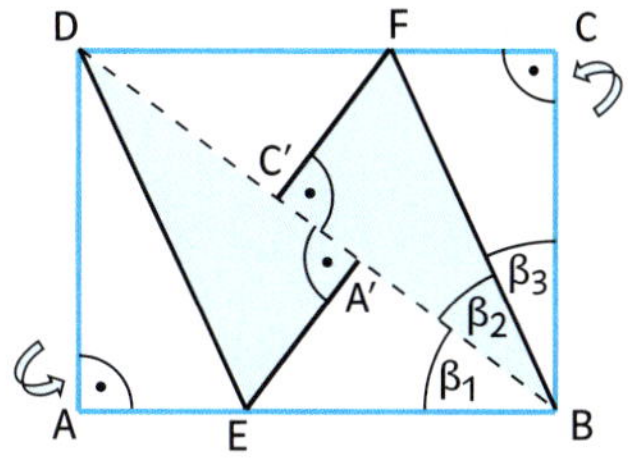

Berechnung des Winkels β_1:

$\tan\beta_1 = \frac{\overline{AD}}{\overline{AB}}$ $\qquad$ $\tan\beta_1 = \frac{15}{20}$ $\qquad$ $\underline{\beta_1 = 36{,}9°}$

Berechnung der Winkel β_2 und β_3:
(→ $\beta_2 = \beta_3$)

$\beta_2 = \frac{90° - \beta_1}{2}$ $\qquad$ $\beta_2 = \frac{90° - 36{,}9°}{2}$ $\qquad$ $\underline{\beta_2 = \beta_3 = 26{,}6°}$

Berechnung der Länge $\overline{CF}$:

$\tan\beta_3 = \frac{\overline{CF}}{\overline{BC}}$ $\qquad$ $\overline{CF} = 15 \cdot \tan 26{,}6°$ $\qquad$ $\underline{\overline{CF} = 7{,}5\,cm}$

Berechnung der beiden Dreiecksflächen:
(→ Flächenformel rechtwinkliges Dreieck)

$A = 2 \cdot \frac{\overline{BC} \cdot \overline{CF}}{2}$ $\qquad$ $A = 15 \cdot 7{,}5$ $\qquad$ $\underline{A = 112{,}5\,cm^2}$

Berechnung des prozentualen Anteils p %:

$p\,\% = \frac{A}{A_{ABCD}}$ $\qquad$ $p\,\% = \frac{112{,}5}{15 \cdot 20}$ $\qquad$ $\underline{\underline{p\,\% = 37{,}5\,\%}}$

10 → Übungsaufgabe S. 58

Kugel mit doppelt so großem Durchmesser wie ein eingeschlossener Doppelkegel
Es gilt: $V_{Kugel} = 1000\,cm^3$

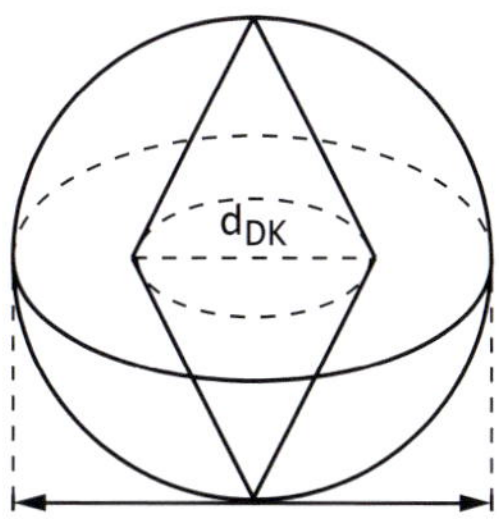

Berechnung des Kugelradius r_{Ku}:
(→ Formel Kugelvolumen nach Radius auflösen)
$V_{Ku} = \frac{4}{3}\pi r_{Ku}^3$ $r_{Ku} = \sqrt[3]{\frac{3 \cdot V_{Ku}}{4 \cdot \pi}}$ $r_{Ku} = \sqrt[3]{\frac{3 \cdot 1000}{4 \cdot \pi}}$ $\underline{r_{Ku} = 6{,}20\,\text{cm}}$

Berechnung des Radius des Kegels r_{DK}:
$r_{DK} = \frac{1}{2} r_{Ku}$ $r_{DK} = \frac{1}{2} \cdot 6{,}20$ $\underline{r_{DK} = 3{,}10\,\text{cm}}$

Bestimmung der Höhe eines Kegels h_{Ke}:
$h_{Ke} = r_{Ku}$ $\underline{h_{Ke} = 6{,}20\,\text{cm}}$

Berechnung der Mantellinie s:
(→ Satz des Pythagoras)
$s^2 = r_{DK}^2 + h_{Ke}^2$ $s^2 = 3{,}1^2 + 6{,}2^2$ $\underline{s = 6{,}93\,\text{cm}}$

Berechnung der Oberfläche des Doppelkegels:
(→ zweimal Mantelfläche Kegel berechnen)
$O_{DK} = 2 \cdot \pi \cdot r_{DK} \cdot s$ $O_{DK} = 2 \cdot \pi \cdot 3{,}10 \cdot 6{,}93$ $\underline{\underline{O_{DK} = 135\,\text{cm}^2}}$

Berechnung des Volumens des Doppelkegels:
(→ Volumenformel Kegel benutzen)
$V_{DK} = 2 \cdot \frac{1}{3}\pi \cdot r_{DK}^2 \cdot h_{Ke}$ $V_{DK} = 2 \cdot \frac{1}{3}\pi \cdot 3{,}1^2 \cdot 6{,}2$ $\underline{\underline{V_{DK} = 125\,\text{cm}^3}}$

Berechnung des Volumenverhältnisses:
(→ berechnetes Kegelvolumen mit gegebenem Kugelvolumen ins Verhältnis setzen)
$\frac{V_{DK}}{V_{Ku}} = \frac{125\,\text{cm}^3}{1000\,\text{cm}^3}$ $\underline{\underline{\frac{V_{DK}}{V_{Ku}} = \frac{1}{8}}}$

11 → Übungsaufgabe S. 58
Körper zusammengesetzt aus einer Halbkugel und einem Kegel mit $V_{ges} = 3900\,\text{cm}^3$.

Berechnung der Höhe h des Kegels:
(→ Höhe im gleichseitigen Dreieck; $s = d = 2r$)
Der Achsenschnitt des Kegels ist ein gleichseitiges Dreieck.
$h = \frac{d}{2}\sqrt{3}$ $h = \frac{2r}{2}\sqrt{3}$ $\underline{\underline{h = r\sqrt{3}}}$

Berechnung des Radius r:
(→ Halbkugel und Kegel gleicher Radius; Radius aus Volumen berechnen; Volumenformel umstellen)

$V_{ges} = V_{HK} + V_{Ke}$

$V_{ges} = \frac{2}{3}\pi r^3 + \frac{1}{3}\pi r^2 \cdot h$

$V_{ges} = \frac{2}{3}\pi r^3 + \frac{1}{3}\pi r^2 \cdot r\sqrt{3}$

$3900 = \frac{1}{3}\pi r^3 (2 + \sqrt{3}) \quad \Big| \cdot \frac{3}{\pi(2+\sqrt{3})}$

$r^3 = \frac{3 \cdot 3900}{\pi(2+\sqrt{3})} \quad \Big| \cdot \sqrt[3]{}$

$\underline{r = 10{,}0\,cm}$

Berechnung der Oberfläche O:
Mit $s = d = 20{,}0\,cm$ gilt:

$O_{ges} = M_{Ke} + O_{HK}$ $\quad O_{ges} = \pi \cdot r \cdot s + 2\pi r^2$

$O_{ges} = \pi \cdot 10{,}0 \cdot 20{,}0 + 2\pi \cdot 10{,}0^2$

$\underline{\underline{O_{ges} = 1257\,cm^2}}$

12 → Übungsaufgabe S. 58

regelmäßige Sechseckspyramide mit $a = 8{,}0\,cm$ und $s = 18{,}0\,cm$
Der Punkt C halbiert die Seitenkante s.

Berechnung der Länge $\overline{AB}$:
(→ Höhe im gleichseitigen Dreieck $h = \frac{a}{2}\sqrt{3}$)

$\frac{\overline{AB}}{2} = \frac{a}{2}\sqrt{3}$ $\quad \frac{\overline{AB}}{2} = \frac{8{,}0}{2}\sqrt{3}$

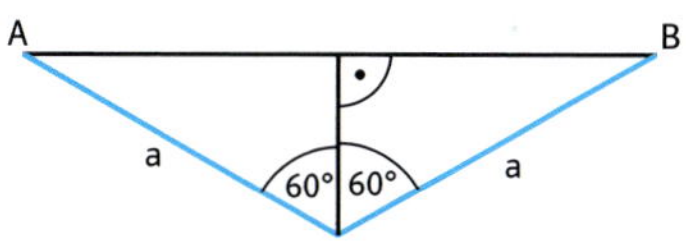

$\underline{\overline{AB} = 13{,}86\,cm}$

Berechnung der Länge $\overline{AC}$:
(→ C halbiert die Seitenkante s)

$\overline{AC} = \frac{s}{2}$ $\quad \overline{AC} = \frac{18{,}0}{2}$

$\underline{\overline{AC} = 9{,}0\,cm}$

Berechnung des Winkels α:

$\cos\alpha = \frac{\frac{\overline{AB}}{2}}{s}$ $\quad \cos\alpha = \frac{\frac{13{,}86}{2}}{18{,}0}$

$\underline{\alpha = 67{,}4°}$

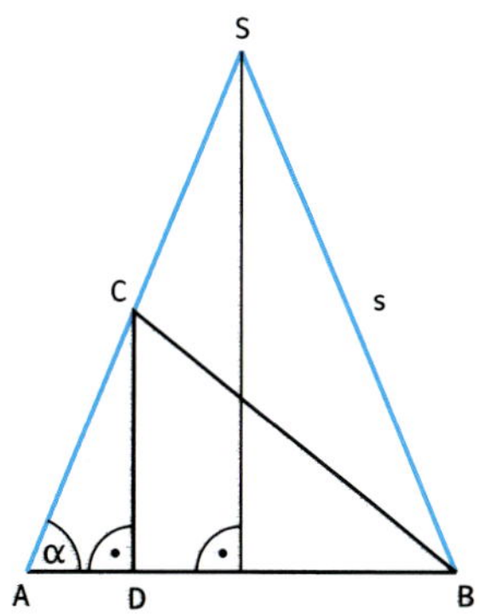

Berechnung der Höhe $\overline{CD}$:

$\sin 67{,}4° = \frac{\overline{CD}}{9{,}0}$ $\quad\overline{CD} = 9{,}0 \cdot \sin 67{,}4°$ $\quad\underline{\underline{\overline{CD} = 8{,}31\,\text{cm}}}$

Berechnung des Flächeninhalts A_{ABC}:
(→ Flächenformel allgemeines Dreieck)

$A_{ABC} = \frac{\overline{AB} \cdot \overline{CD}}{2}$ $\quad A_{ABC} = \frac{13{,}86 \cdot 8{,}31}{2}$ $\quad\underline{\underline{A_{ABC} = 57{,}6\,\text{cm}^2}}$

Berechnung der Höhe eines Manteldreiecks h_s:
(→ Satz des Pythagoras)

$h_s^2 = s^2 - \left(\frac{a}{2}\right)^2$ $\quad h_s^2 = 18{,}0^2 - \left(\frac{8{,}0}{2}\right)^2$ $\quad\underline{h_s = 17{,}55\,\text{cm}}$

Berechnung des Flächeninhalts des Manteldreiecks A_M:
(→ Flächenformel allgemeines Dreieck)

$A_M = \frac{a \cdot h_s}{2}$ $\quad A_M = \frac{8{,}0 \cdot 17{,}55}{2}$ $\quad\underline{A_M = 70{,}2\,\text{cm}^2}$

Berechnung der neuen Höhe $\overline{C'D'}$:
(→ Flächenformel allgemeines Dreieck)

$A_{ABC'} = \frac{\overline{AB} \cdot \overline{C'D'}}{2}$ $\quad 70{,}2 = \frac{13{,}86 \cdot \overline{C'D'}}{2}$ $\quad \overline{C'D'} = \frac{2 \cdot 70{,}2}{13{,}86}$ $\quad\underline{\overline{C'D'} = 10{,}13\,\text{cm}}$

Berechnung der neuen Länge $\overline{AC'}$:

$\sin\alpha = \frac{\overline{C'D'}}{\overline{AC'}}$ $\quad \overline{AC'} = \frac{10{,}13}{\sin 67{,}4°}$ $\quad\underline{\overline{AC'} = 10{,}97\,\text{cm}}$

Berechnung von $\overline{CC'}$:

$\overline{CC'} = \overline{AC'} - \frac{s}{2}$ $\quad \overline{CC'} = 10{,}97 - 9{,}0$ $\quad\underline{\underline{\overline{CC'} = 1{,}97\,\text{cm}}}$

Der Punkt C muss um 2,0 cm in Richtung der Pyramidenspitze S verschoben werden.

Leitidee: Zufall

1 → Übungsaufgabe S. 59

Insgesamt sind es 250 Lose. Ein Los kostet 2,00 €.

Anzahl der Lose	Gewinnwert	Abkürzung
230 Nieten	0,00 € (kein Gewinn)	N
19 Trostpreise	10,00 € (Gutschein)	T
1 Hauptgewinn	200,00 € (Tablet)	H

Berechnung der Gewinnwahrscheinlichkeiten:
(→ einstufiger Zufallsversuch)
$P(\text{Niete}) = \frac{230}{250}$; $P(\text{Trostpreis}) = \frac{19}{250}$; $P(\text{Hauptgewinn}) = \frac{1}{250}$

Berechnung der Wahrscheinlichkeit P(keine Niete):
(→ zweistufiger Zufallsversuch; gleichzeitig Ziehen also Ziehen ohne Zurücklegen)
$P(\text{keine Niete}) = P(H, T) + P(T, H) + P(T, T)$
$P(\text{keine Niete}) = \frac{1}{250} \cdot \frac{19}{249} + \frac{19}{250} \cdot \frac{1}{249} + \frac{19}{250} \cdot \frac{18}{249}$
$P(\text{keine Niete}) = \frac{38}{6225}$ $\underline{\underline{P(\text{keine Niete}) = 0{,}6\,\%}}$

Berechnung des Erwartungswerts E:
(→ Summe aus den Produkten von Gewinnwahrscheinlichkeit und erwartetem Gewinn pro Los aus Sicht des Veranstalters)
$E = -\frac{1}{250} \cdot 200{,}00\,€ - \frac{19}{250} \cdot 10{,}00\,€ + 2{,}00\,€$ $\underline{\underline{E = 0{,}44\,€}}$
Die Klasse macht auf lange Sicht 0,44 € Gewinn pro Spiel.

Berechnung des Werts des Hauptgewinns bei $E_{neu} = 0{,}60\,€$:
$0{,}60\,€ = -\frac{1}{250} \cdot x - \frac{19}{250} \cdot 10{,}00\,€ + 2{,}00\,€$
$0{,}60\,€ = -\frac{1}{250} \cdot x + 1{,}24\,€$
$-0{,}64\,€ = -\frac{1}{250} \cdot x$ $\underline{\underline{x = 160{,}00\,€}}$
Der Hauptgewinn dürfte höchstens einen Wert von 160,00 € haben.

2 → Übungsaufgabe S. 59

Zeichnen des Baumdiagramms:
(➔ zweistufiger Zufallsversuch; Ziehen mit Zurücklegen; Baumdiagramm)
Zacken unten: 55 %; Zacken oben: 45 %

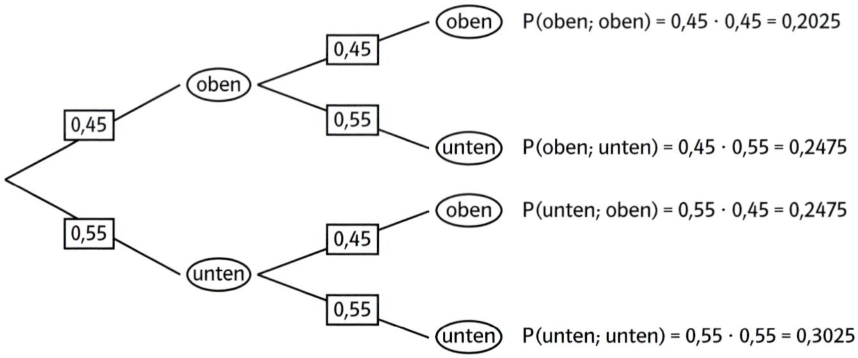

Berechnung der Wahrscheinlichkeit P(einmal Zacken oben und einmal Zacken unten):
P(oben und unten) = P(oben; unten) + P(unten; oben)
P(oben und unten) = 0,2475 + 0,2475 = 0,495

P(oben und unten) = 49,5 %

Berechnung der Gewinnwahrscheinlichkeit:
(➔ zweistufiger Zufallsversuch; Ziehen mit Zurücklegen)

Gewinnplan		Gewinnwahrscheinlichkeit
Ergebnis	Gewinn	
2 x Zacken oben	3,00 €	P(oben; oben) = 0,45 · 0,45 = 0,2025
1 x Zacken unten, 1 x Zacken oben	1,00 €	P(oben; unten) + P(unten; oben) = 0,495
2 x Zacken unten	kein Gewinn	P(unten; unten) = 0,55 · 0,55 = 0,3025
Einsatz pro Spiel 1,00 €		

Berechnung des Erwartungswerts E:
(➔ Summe aus den Produkten von Gewinnwahrscheinlichkeit und erwartetem Gewinn pro Spiel; Berücksichtigung des Gewinnplans)
E = 0,2025 · 3,00 € + 0,495 · 1,00 € − 1,00 €   E = 0,10 €
Der Betreiber würde auf lange Sicht durchschnittlich 10 Cent Verlust pro Spiel machen.

3 → Übungsaufgabe S. 59

Berechnung der Gewinnübersicht:

Gewinnwahrscheinlichkeit	2%	4%	8%	86%
Gewinnwahrscheinlichkeit als Dezimalzahl	0,02	0,04	0,08	0,86
Gewinn in Euro	100,00	10,00	5,00	–

Berechnung des Erwartungswerts E:

(→ Summe aus den Produkten von Gewinnwahrscheinlichkeit und erwartetem Gewinn pro Los)

Einsatz: 3,00 €

E = 0,02 · 100,00 € + 0,04 · 10,00 € + 0,08 · 5,00 € – 3,00 € **E = –0,20 €**

Der Spieler verliert durchschnittlich 20 Cent pro Spiel.

Berechnung des Preises pro Los bei einem fairen Spiel:

(→ Veränderung des Einsatzes, so dass E = 0,00 €; restliche Bedingungen unverändert)

0 € = 0,02 · 100,00 € + 0,04 · 10,00 € + 0,08 · 5,00 € – x

0 € = 2,80 € – x **x = 2,80 €**

Bei einem Preis von 2,80 € pro Los wäre das Spiel fair.

4 → Übungsaufgabe S. 60

2 Würfel mit den Symbolen ○, □ und △

Es gibt insgesamt 36 Würfel-Möglichkeiten:

	○	□	□	△	△	△
○	○○	○□	○□	○△	○△	○△
○	○○	○□	○□	○△	○△	○△
□	□○	□□	□□	□△	□△	□△
□	□○	□□	□□	□△	□△	□△
△	△○	△□	△□	△△	△△	△△
△	△○	△□	△□	△△	△△	△△

Berechnung der Wahrscheinlichkeit P(zwei gleiche Symbole):

(→ zweistufiger Zufallsversuch; Ziehen mit Zurücklegen; Lösung über Tabelle)

P(zwei gleiche Symbole) = P(○○) + P(□□) + P(△△)

P(zwei gleiche Symbole) = $\frac{2}{36} + \frac{4}{36} + \frac{6}{36} = \frac{12}{36} = \frac{1}{3}$

P(zwei gleiche Symbole) = 33,3%

Berechnung des Erwartungswerts E:
(→ Summe aus den Produkten von Gewinnwahrscheinlichkeit und erwartetem Gewinn pro Spiel; Berücksichtigung des Gewinnplans)

Gewinnplan		Gewinnwahrscheinlichkeit
Wurf-Ergebnis	Gewinn	
○○	3,00 €	$\frac{2}{36}$
□□	2,00 €	$\frac{4}{36}$
△△	1,00 €	$\frac{6}{36}$
verschiedene Symbole	kein Gewinn	$\frac{24}{36}$
Einsatz pro Spiel 1,00 €		

$E = \frac{2}{36} \cdot 3{,}00\,€ + \frac{4}{36} \cdot 2{,}00\,€ + \frac{6}{36} \cdot 1{,}00\,€ - 1{,}00\,€$ $\quad \underline{\underline{E = -0{,}44\,€}}$

Berechnung des Erwartungswerts E_{neu}:

	○	□	△	△	△	△
○	○○	○□	○△	○△	○△	○△
○	○○	○□	○△	○△	○△	○△
□	□○	□□	□△	□△	□△	□△
□	□○	□□	□△	□△	□△	□△
△	△○	△□	△△	△△	△△	△△
△	△○	△□	△△	△△	△△	△△

Gewinnplan		Gewinnwahrscheinlichkeit
Wurf-Ergebnis	Gewinn	
○○	3,00 €	$\frac{2}{36} = \frac{1}{18}$
□□	2,00 €	$\frac{2}{36} = \frac{1}{18}$
△△	1,00 €	$\frac{8}{36} = \frac{4}{18}$
verschiedene Symbole	kein Gewinn	$\frac{24}{36}$
Einsatz pro Spiel 1,00 €		

$E_{neu} = \frac{1}{18} \cdot 3{,}00\,€ + \frac{1}{18} \cdot 2{,}00\,€ + \frac{4}{18} \cdot 1{,}00\,€ - 1{,}00\,€$ $\quad \underline{\underline{E_{neu} = -0{,}50\,€}}$

Es wäre vorteilhaft für den Betreiber, er würde durchschnittlich pro Spiel 6 Cent mehr Gewinn machen.

5 → Übungsaufgabe S. 60

Verteilung des Gewinns:

Ergebnis	5	2	1
Gewinnwahrscheinlichkeit als Bruch	$\frac{1}{5}$	$\frac{1}{5}$	$\frac{3}{5}$
Gewinn	5,00 €	−2,00 €	−1,00 €

Berechnung des Erwartungswerts E:

(➔ Summe aus den Produkten von Gewinnwahrscheinlichkeit und erwartetem Gewinn pro Los)

$E = \frac{1}{5} \cdot 5{,}00\,€ - \frac{1}{5} \cdot 2{,}00\,€ - \frac{3}{5} \cdot 1{,}00\,€$ $\underline{\underline{E = 0\,€}}$

Ja, das Spiel ist fair.

Berechnung des Einsatzes bei einem zusätzlichen Kärtchen:

Verteilung des Gewinns:

Ergebnis	5	2	1
Gewinnwahrscheinlichkeit als Bruch	$\frac{1}{3}$	$\frac{1}{6}$	$\frac{1}{2}$
Gewinn in Euro	5,00 €	−2,00 €	−1,00 €

x: möglicher Einsatz

$0\,€ = \frac{1}{3} \cdot 5{,}00\,€ - \frac{1}{6} \cdot 2{,}00\,€ - \frac{1}{2} \cdot 1{,}00\,€ - x$

$0\,€ = \frac{5}{6}\,€ - x$ $\underline{\underline{x = 0{,}83\,€}}$

Bei einem Einsatz von 0,83 € beim Ziehen einer Karte ist das Spiel fair, wenn ein weiteres Kärtchen mit der Zahl 5 hinzukommt.

6 → Übungsaufgabe S. 60

Die Sektoren des Glücksrads haben die Mittelpunktswinkel 60° (♥), 120°(♣) und 180° (●).

Erstellen des Baumdiagramms:
(→ zweistufiger Zufallsversuch; Ziehen mit Zurücklegen)

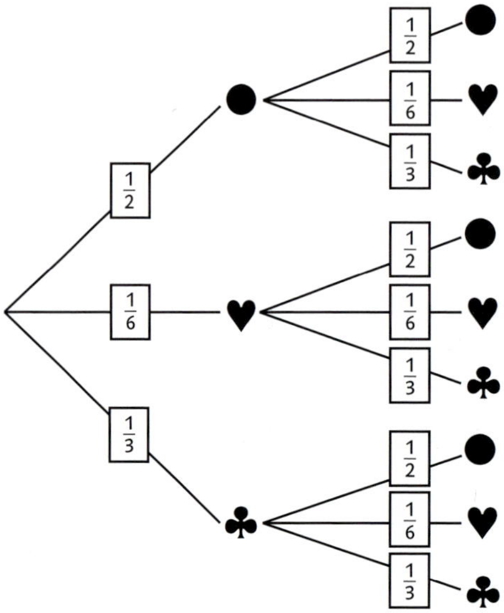

Berechnung der Wahrscheinlichkeit P (zweimal Herz):

P(zweimal Herz) = $\frac{1}{6} \cdot \frac{1}{6} = \frac{1}{36}$ P(zweimal Herz) = 2,8 %

Gewinnplan		Gewinnwahrscheinlichkeit
Ereignis	Gewinn	
♥♥	10,00 €	$\frac{1}{6} \cdot \frac{1}{6} = \frac{1}{36}$
♣♣	4,00 €	$\frac{1}{3} \cdot \frac{1}{3} = \frac{1}{9}$
restliche Möglichkeiten	kein Gewinn	$\frac{31}{36}$
Einsatz pro Spiel 1,00 €		

Berechnung des Erwartungswerts E:
(➔ Summe aus den Produkten von Gewinnwahrscheinlichkeit und erwartetem Gewinn pro Spiel, Berücksichtigung des Gewinnplans)

$E = \frac{1}{36} \cdot 10{,}00\,€ + \frac{1}{9} \cdot 4{,}00\,€ - 1{,}00\,€ = -\frac{5}{18}\,€$ $\qquad \underline{\underline{E = -0{,}28\,€}}$

Der Spieler verliert durchschnittlich 28 Cent pro Spiel.

Berechnung des Gewinns für „zweimal Herz" bei $E_{neu} = -\frac{10}{18}\,€$:
(➔ Veränderung des Gewinns eines Ereignisses; Rest bleibt unverändert)

$-\frac{10}{18}\,€ = \frac{1}{36} \cdot 10{,}00\,€ + \frac{1}{9} \cdot x - 1{,}00\,€$

$\frac{1}{6}\,€ = \frac{1}{9}x$ $\qquad \underline{\underline{x = 1{,}50\,€}}$

Der Gewinn für „zweimal Kreuz" müsste dann auf 1,50 € reduziert werden.

7

→ Übungsaufgabe S. 61

In einem Gefäß sind 30 Kugeln: 20 weiße und 10 rote Kugeln.

Berechnung der Anzahl der weißen Kugeln im Behälter:
(➔ einstufiger Zufallsversuch; Aufstellen einer Gleichung; 1 Kugel wird gezogen)

x: Anzahl der Kugeln insgesamt; P(rot) = 0,4

$0{,}4 = \frac{10}{x}$ $\qquad \underline{x = 25}$

Es dürfen nur 15 weiße Kugeln im Behälter sein. Es müssen also 5 weiße Kugeln entnommen werden.

Berechnung der Anzahl der grünen Kugeln im Behälter:
(➔ einstufiger Zufallsversuch; Aufstellen einer Gleichung)

y: Anzahl der grünen Kugeln; P(grüne oder rote Kugel) = $\frac{3}{7}$

$\frac{10}{30+y} + \frac{y}{30+y} = \frac{3}{7}$

$(10 + y) \cdot 7 = 3 \cdot (30 + y)$

$70 + 7y = 90 + 3y \qquad | -3y - 70$

$4y = 20$ $\qquad \underline{\underline{y = 5}}$

Es müssen 5 grüne Kugeln hinzugefügt werden.

8 → Übungsaufgabe S. 61

2 Glücksräder mit den Symbolen ☺; 😐 und ☹

Berechnung der Wahrscheinlichkeit P(zwei gleiche Symbole):
(➔ zweistufiger Zufallsversuch; Ziehen mit Zurücklegen; Lösung über Tabelle)
Es gibt insgesamt 25 Möglichkeiten für das Ergebnis:

	☹	☹	😐	😐	☺
☹	☹ ☹	☹ ☹	☹ 😐	☹ 😐	☹ ☺
☹	☹ ☹	☹ ☹	☹ 😐	☹ 😐	☹ ☺
😐	😐 ☹	😐 ☹	😐 😐	😐 😐	😐 ☺
☺	☺ ☹	☺ ☹	☺ 😐	☺ 😐	☺ ☺
☺	☺ ☹	☺ ☹	☺ 😐	☺ 😐	☺ ☺

P(zwei gleiche Symbole) = P(☺☺) + P(😐😐) + P(☹☹)
P(zwei gleiche Symbole) = $\frac{2}{25} + \frac{2}{25} + \frac{4}{25} = \frac{8}{25}$

<u>P(zwei gleiche Symbole) = 32 %</u>

Berechnung der Erwartungswerte E_A und E_B:
(➔ Summe aus den Produkten von Gewinnwahrscheinlichkeit und erwartetem Gewinn pro Spiel; Berücksichtigung des Gewinnplans)

Ereignis	Gewinnplan A	Gewinnplan B	Gewinnwahrscheinlichkeit
Zweimal ☺☺	7,00 €	5,00 €	$\frac{2}{25}$
nur einmal ☺	5,00 €	7,00 €	$\frac{11}{25}$
restliche Möglichkeiten	kein Gewinn	kein Gewinn	$\frac{12}{25}$
Einsatz pro Spiel	3,00 €	4,00 €	

Berechnung des Erwartungswerts E_A:
$E_A = \frac{2}{25} \cdot 7{,}00\,€ + \frac{11}{25} \cdot 5{,}00\,€ - 3{,}00\,€$ $\underline{\underline{E_A = -0{,}24\,€}}$

Berechnung des Erwartungswerts E_B:
$E_B = \frac{2}{25} \cdot 5{,}00\,€ + \frac{11}{25} \cdot 7{,}00\,€ - 4{,}00\,€$ $\underline{\underline{E_B = -0{,}52\,€}}$

Im Durchschnitt verliert der Spieler pro Spiel bei Gewinnplan B viel mehr als bei A. Der Betreiber sollte sich daher für Gewinnplan B entscheiden. Hier macht er langfristig mehr als doppelt so viel Gewinn als bei Gewinnplan A.

A1 A2 B

Prüfung 2022

Aufgaben und Lösungen

Pflichtbereich A1

Zugelassene Hilfsmittel: Parabelschablone, Zeichengeräte

Aufgabe 1

Vervollständigen Sie die Gleichung.

a) $\sin\alpha = \frac{}{\overline{AB}}$

b) $ = \frac{\overline{DE}}{\overline{BE}}$

c) $\cos\varepsilon_1 = \frac{}{}$

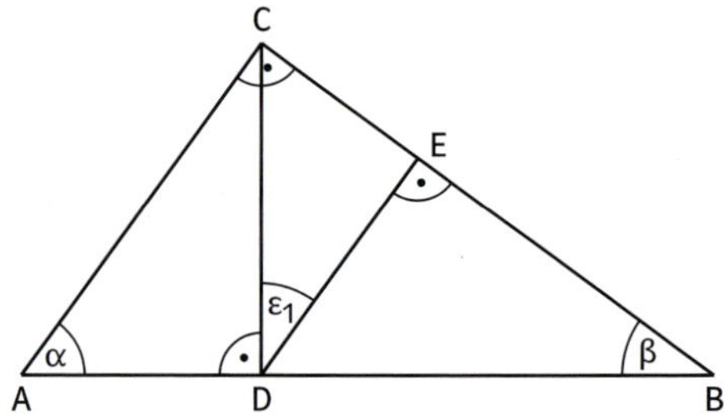

Aufgabe 2

Eine quadratische Pyramide mit der Grundkante $a = 6\,cm$ und der Körperhöhe $h = 4\,cm$ wird vollständig mit Wasser gefüllt.

a) Berechnen Sie das Volumen der Wassermenge.

b) Die Wassermenge wird in ein quadratisches Prisma umgefüllt.
Die Grundkante des quadratischen Prismas beträgt 4 cm.
Wie hoch steht das Wasser im Prisma?

Aufgabe 3

Ein Glücksrad mit vier gleich großen Feldern ist weiß, schwarz und grau gefärbt. Es wird zweimal nacheinander gedreht.
Berechnen Sie die Wahrscheinlichkeit des Ereignisses.

a) P(zweimal weiß)

b) P(grau und schwarz)

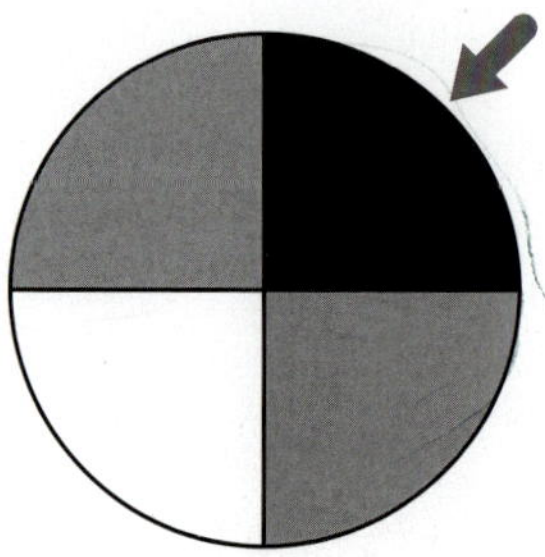

 → Lösung S. 12 – 13

Aufgabe 4

Welcher der drei Boxplots gehört zur abgebildeten Rangliste?
Begründen Sie mithilfe der Kennwerte.

Rang	1	2	3	4	5	6	7	8	9	10	11	12	13
Gewicht (in kg)	20	30	30	40	50	80	90	100	110	120	150	160	180

(A)

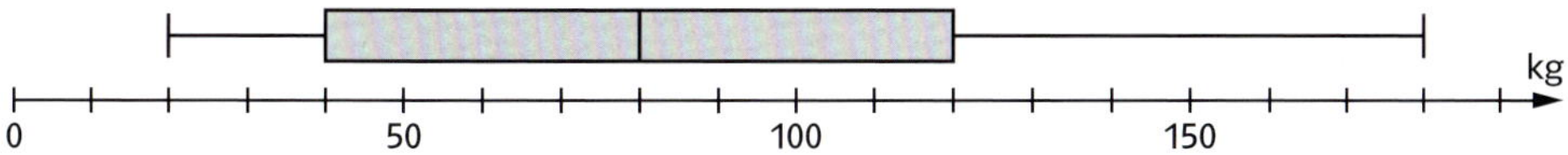

(B)

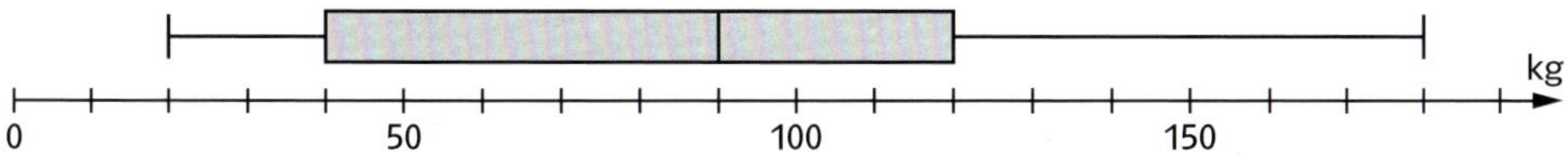

(C)

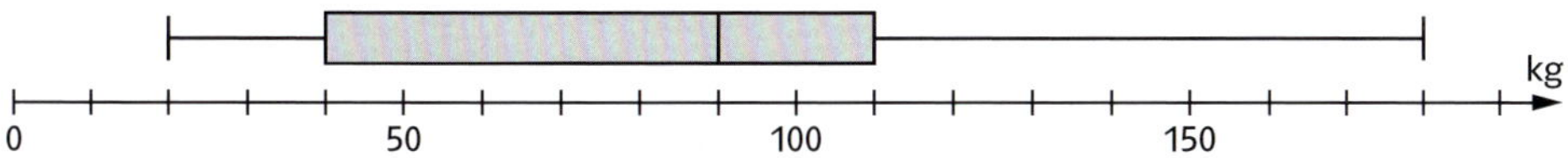

Aufgabe 5

Berechnen Sie den Term.

$58 \cdot 10^4 + 42 \cdot 10^4$

Kreuzen Sie das zum Ergebnis zugehörige Zahlwort an.

☐ 1 Million ☐ 10 Millionen ☐ 1 Milliarde

→ Lösung S. 14

Aufgabe 6

Emma legt Muster aus Kärtchen. Die ersten drei Muster hat sie bereits gelegt.

a) Geben Sie die Anzahl der Kärtchen für das 7. Muster an (n = 7).

b) Eine der folgenden Formeln kann zur Berechnung der Anzahl der Kärtchen bei allen Mustern verwendet werden.

Welche Formel sollte Emma auswählen?

$s = 3n - 2$

$s = n^2 + n - 2$

$s = n^2$

→ n gibt die Stelle des jeweiligen Musters an.

→ s ist die Summe der einzelnen Kärtchen.

Aufgabe 7

Ein Paar Sportschuhe kostet 120 €. Im Rahmen einer Rabattaktion wird der Preis um 30 % reduziert.
Anschließend wird der reduzierte Preis nochmals um 20 % gesenkt.

Liam behauptet: „Die Sportschuhe kosten somit nur noch die Hälfte des ursprünglichen Preises."

Hat Liam recht? Begründen Sie Ihre Entscheidung durch Rechnung oder Argumentation.

 → Lösung S. 14 – 15

Pflichtbereich A2

Zugelassene Hilfsmittel: Formelsammlung, wissenschaftlicher Taschenrechner (nicht programmierbar), Parabelschablone, Zeichengeräte

Aufgabe 1

Im rechtwinkligen Dreieck ABC gilt:

$\overline{AC} = 9{,}5\,\text{cm}$
$\alpha = 40{,}0°$
$\overline{BC} = \overline{BD}$

Berechnen Sie den Umfang des Dreiecks ADC.

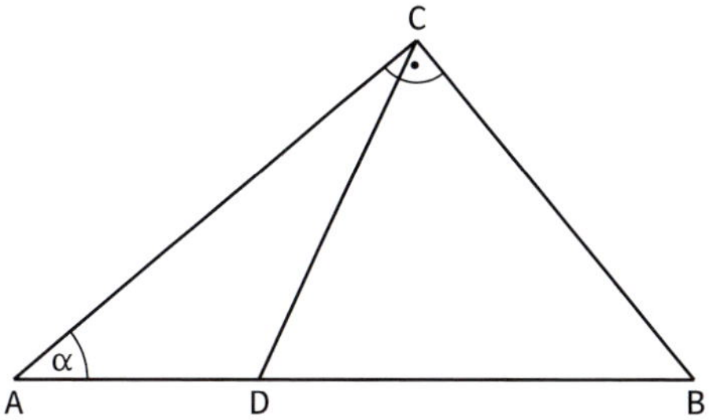

Aufgabe 2

1000 Wachskugeln werden eingeschmolzen. Sie haben jeweils einen Radius von 1,5 cm.
Mit diesem eingeschmolzenen Wachs werden quadratische Pyramiden gegossen. Dazu wird die abgebildete Gussform verwendet. Diese wird vollständig mit Wachs gefüllt.

Es gilt:

$a_W = 10{,}0\,\text{cm}$ (Grundkante Würfel)
$s = 9{,}0\,\text{cm}$
$t = 1{,}0\,\text{cm}$

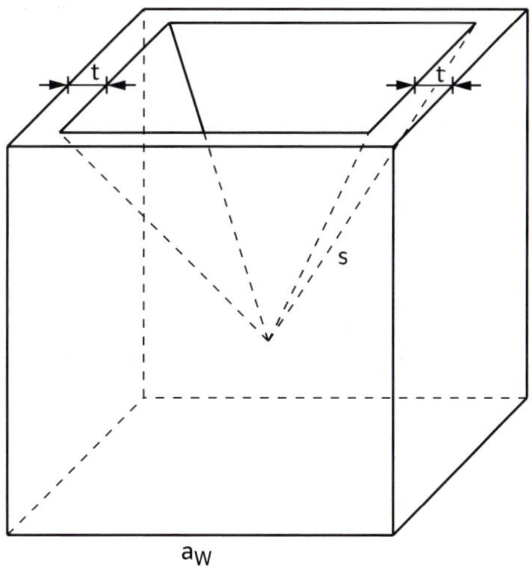

Wie viele solcher Pyramiden können mit dem eingeschmolzenen Wachs gegossen werden?

Aufgabe 3

Lösen Sie die Gleichung.

$$(x + 2)(x - 4) - x = 2(x - 3)^2 - 12$$

→ Lösung S. 16–19

Aufgabe 4

Das Schaubild zeigt den Ausschnitt einer verschobenen Normalparabel p.
- Bestimmen Sie die Funktionsgleichung von p.

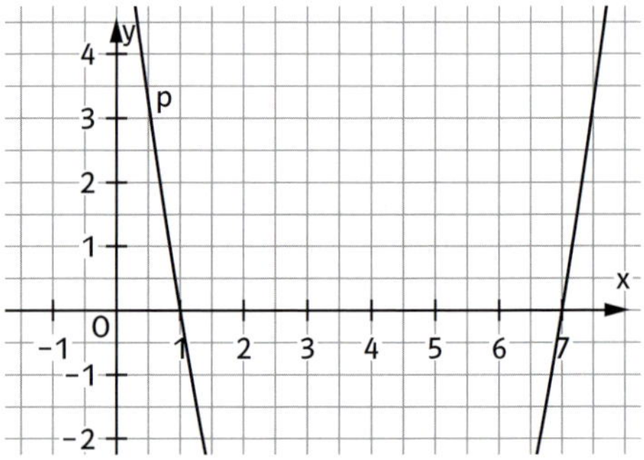

Die Wertetabelle gehört zur Parabel p.

x	−3	−2	−1	0
y				

- Ergänzen Sie die fehlenden y-Werte in der Wertetabelle.

Die Gerade g mit der Funktionsgleichung $y = -2x + 2$ schneidet die Parabel p in den Punkten A und B.
- Berechnen Sie die Koordinaten der Schnittpunkte A und B.

Aufgabe 5

Die Klasse 5c verkauft Lose beim Schulfest.
Es gibt folgende Gewinne: 12 Fußbälle und 8 Basketbälle.
Die restlichen 80 Lose sind Nieten.

Francesca möchte zwei Lose ziehen.
Wie groß ist die Wahrscheinlichkeit, dass sie
- zwei Nieten zieht?
- einen Fußball und einen Basketball gewinnt?

 → Lösung S. 19 – 21

Aufgabe 6

Die Paketzustellungen in Deutschland haben in den letzten Jahren zugenommen. Im Schaubild ist diese Entwicklung dargestellt.

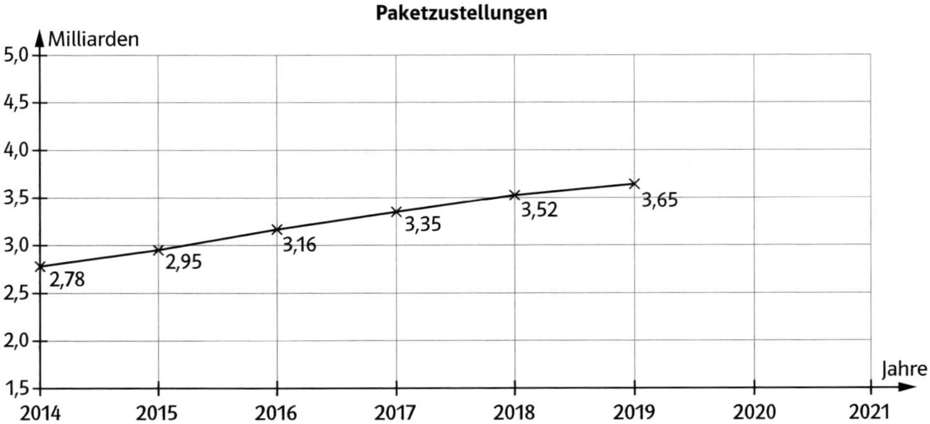

- Um wie viel Prozent haben die Paketzustellungen von 2014 bis 2019 insgesamt zugenommen?

Der Dienstleister DHL hatte im Jahr 2019 einen Anteil von 57,0 % an den gesamten Zustellungen.

- Wie viele Pakete wurden von DHL im Jahr 2019 zugestellt?

Im Jahr 2020 nahm die Anzahl der Paketzustellungen um 9,7 % zu.
Im darauffolgenden Jahr 2021 stieg die Anzahl der Paketzustellungen um 12,5 %.

- Tragen Sie die Werte für 2020 und 2021 in das oben abgebildete Diagramm ein. ✎

→ Lösung S. 22 – 23

Wahlbereich B

Zugelassene Hilfsmittel: Formelsammlung, wissenschaftlicher Taschenrechner (nicht programmierbar), Parabelschablone, Zeichengeräte

Aufgabe 1

a) Im Quadrat ABCD liegen die beiden gleichschenkligen Dreiecke ABF und DEF.

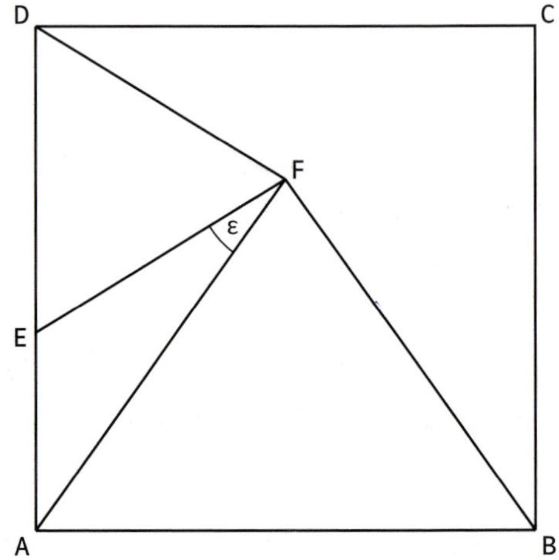

Es gilt:

$\overline{AB} = 14{,}0\,\text{cm}$

$\overline{AF} = 12{,}0\,\text{cm}$

$\overline{AF} = \overline{BF}$

$\overline{EF} = \overline{DF}$

- Berechnen Sie den Flächeninhalt des Dreiecks AFE.

- Berechnen Sie den Winkel ε.

b) Die Gerade g hat die Funktionsgleichung $y = x + 2$.
Die Parabel p_1 hat die Funktionsgleichung $y = -x^2 + 8$.
Die Parabel p_1 schneidet die Gerade g in den Punkten P und Q.
- Berechnen Sie die Koordinaten der Schnittpunkte P und Q.

Durch die beiden Schnittpunkte P und Q verläuft die verschobene nach oben geöffnete Normalparabel p_2.
- Berechnen Sie die Koordinaten des Scheitelpunkts S_2 von p_2.

Robin behauptet: „Das Dreieck mit den Punkten P, Q und S_2 ist rechtwinklig.“
- Hat Robin recht? Begründen Sie Ihre Antwort rechnerisch.

 → Lösung S. 24 – 30

Aufgabe 2

a) Das Schaubild zeigt Ausschnitte der verschobenen Normalparabel p_1 und der nach unten geöffneten Parabel p_2.

- Bestimmen Sie die Funktionsgleichungen der beiden Parabeln. Entnehmen Sie dazu geeignete Werte aus dem Schaubild.

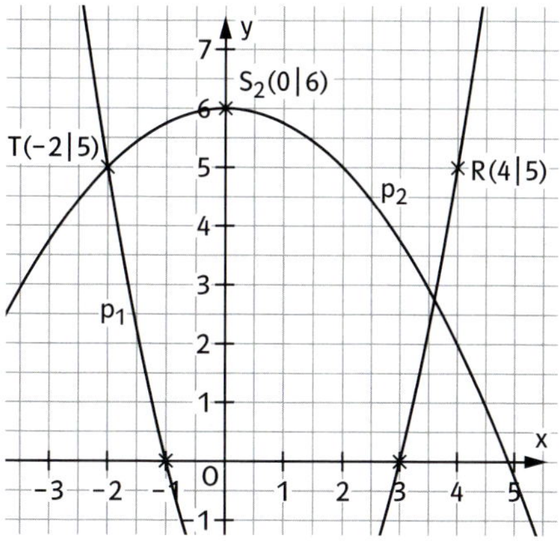

Die Gerade g verläuft durch die beiden Scheitelpunkte S_1 und S_2.

- Berechnen Sie die Funktionsgleichung von g.

Die Gerade h verläuft senkrecht zu g und geht durch den Punkt R(4|5).

- Berechnen Sie die Funktionsgleichung von h.

- Geben Sie die Funktionsgleichung einer weiteren verschobenen nach oben geöffneten Normalparabel p_3 an, die keine Punkte mit p_1 und p_2 gemeinsam hat.

b) Ein zusammengesetzter Körper besteht aus einem regelmäßigen Fünfecksprisma mit aufgesetzter regelmäßiger fünfseitiger Pyramide.

Es gilt:

$s = 12{,}6\,\text{cm}$
$\varepsilon = 33{,}0°$
$h_2 = 5{,}6\,\text{cm}$ (Höhe Prisma)

Berechnen Sie den Oberflächeninhalt des zusammengesetzten Körpers.

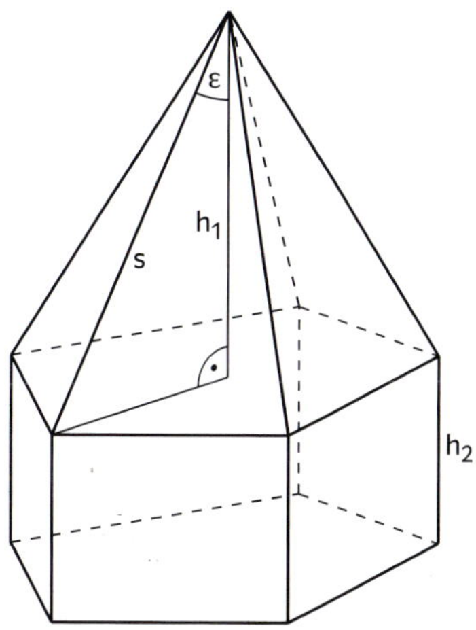

→ Lösung S. 31 – 39

Aufgabe 3

a) In einem Gefäß liegen acht Kugeln, die rot, blau und gelb gefärbt sind. Es werden zwei Kugeln ohne Zurücklegen gezogen.

- Wie groß ist die Wahrscheinlichkeit, zwei gleichfarbige Kugeln zu ziehen?

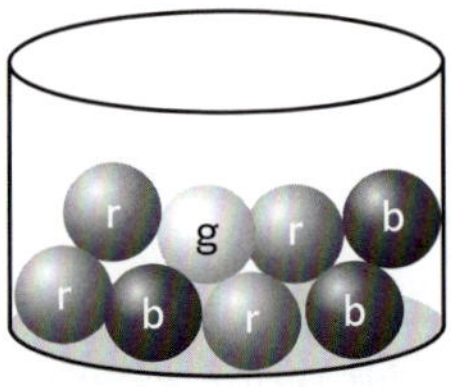

Ereignis	Gewinn
zwei gleichfarbige Kugeln	4,00 €
eine gelbe und eine blaue Kugel	10,00 €

Einsatz: 2,50 € pro Spiel

Die Kugeln werden für ein Gewinnspiel eingesetzt.
Dazu wird nebenstehender Gewinnplan geprüft.

- Berechnen Sie den Erwartungswert.

Der Veranstalter des Gewinnspiels möchte seinen Gewinn pro Spiel auf lange Sicht verdoppeln.

- Wie hoch müsste dann der Gewinn für „eine gelbe und eine blaue Kugel" sein, wenn alles andere unverändert bleibt?

b) Die Grafik zeigt ein „Tiny House".
Die Vorderseite des Hauses ist annähernd parabelförmig.
Die maximale Höhe des Hauses beträgt 3,00 m. Am Boden ist es 2,70 m breit.

- Berechnen Sie eine mögliche Funktionsgleichung für die parabelförmige Außenkante des Hauses.

Die 2,00 m hohe Eingangstür befindet sich mittig auf der Vorderseite des Hauses. Am oberen Ende der Eingangstür befindet sich ein Vordach, das von Außenkante zu Außenkante reicht.

- Berechnen Sie die Länge dieses Vordachs.

In 1,00 m Höhe hat der Türrahmen eine waagrechte Entfernung von 0,70 m zu den Außenkanten.

- Berechnen Sie den Flächeninhalt der Tür.

 → Lösung S. 40 – 46

Aufgabe 4

a) Die Parabel p_1 hat die Funktionsgleichung $y = x^2 - 8x + 12$. Die verschobene nach oben geöffnete Normalparabel p_2 hat den Scheitelpunkt $S_2(1|-7)$.

- Berechnen Sie die Koordinaten des Schnittpunkts Q_1 der beiden Parabeln p_1 und p_2.

Die Parabel p_1 schneidet die x-Achse in den Punkten N_1 und N_2.

- Berechnen Sie die Koordinaten von N_1 und N_2.

Die Punkte N_1, N_2 und Q_1 bilden ein Dreieck.

- Berechnen Sie den Flächeninhalt des Dreiecks $N_1Q_1N_2$.

Der Punkt Q_1 bewegt sich auf der Parabel p_2 unterhalb der x-Achse. Dadurch entsteht der Punkt Q_2 und somit das Dreieck $N_1Q_2N_2$.

- Für welche Lage von Q_2 wird der Flächeninhalt des Dreiecks am größten?

- Berechnen Sie diesen maximalen Flächeninhalt.

b) Das regelmäßige Sechseck und das gleichschenklige Dreieck ABC haben die Seite $\overline{AB}$ gemeinsam.

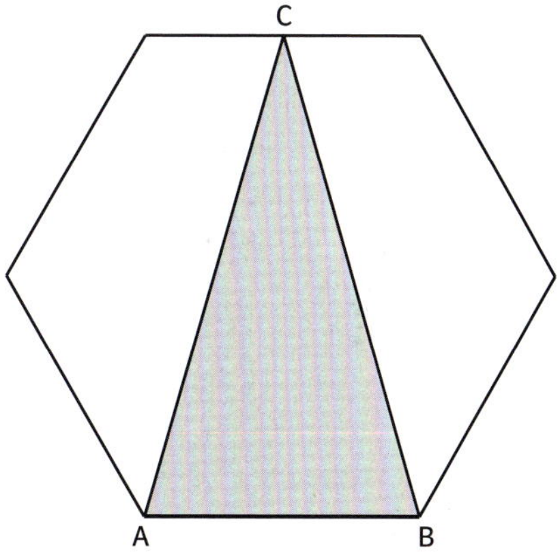

Es gilt:

$\overline{AB} = 12{,}4\,\text{cm}$

- Berechnen Sie den Umfang des Dreiecks ABC.

Tom behauptet: „Der Flächeninhalt des Sechsecks ist dreimal so groß wie der Flächeninhalt des Dreiecks ABC."

- Hat Tom recht?
  Begründen Sie Ihre Antwort durch Rechnung oder Argumentation.

Aufgabe 1 → Prüfungsaufgabe S. 2

a) $\sin\alpha = \frac{\overline{BC}}{\overline{AB}}$

b) $\tan\beta = \frac{\overline{DE}}{\overline{BE}}$

c) $\cos\varepsilon_1 = \frac{\overline{DE}}{\overline{CD}}$

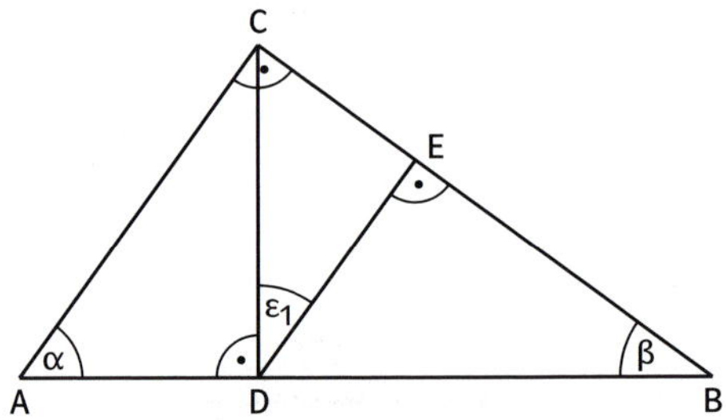

Aufgabe 2 → Prüfungsaufgabe S. 2

a) $V_{Pyr} = \frac{1}{3} \cdot a^2 \cdot h$

Mit $a = 6\,\text{cm}$ und $h = 4\,\text{cm}$ gilt:

$V_{Pyr} = \frac{1}{3} \cdot 6^2 \cdot 4$

$V_{Pyr} = \frac{36}{3} \cdot 4$

$V_{Pyr} = 12 \cdot 4$ $\qquad$ $\underline{\underline{V_{Pyr} = 48\,\text{cm}^3}}$

b) $V_{Pyr} = a_{Pr}^2 \cdot h_W$

a_{Pr} steht für die Grundfläche des Prismas und h_W steht für die Höhe des Wassers.

Mit $a_{Pr} = 4\,\text{cm}$ gilt:

$48 = 4^2 \cdot h_W$

$48 = 16 \cdot h_W \quad | :16$ $\qquad$ $\underline{\underline{h_W = 3\,\text{cm}}}$

Das Wasser steht im Prisma 3 cm hoch.

Aufgabe 3 → Prüfungsaufgabe S. 2

Von den vier Feldern eines Glücksrads sind zwei Felder grau, ein Feld schwarz und ein Feld weiß gefärbt.
Das Drehen eines Glücksrads bedeutet Ziehen mit Zurücklegen.

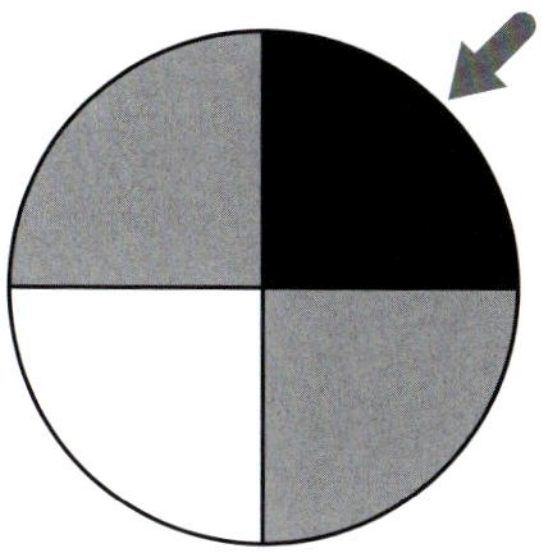

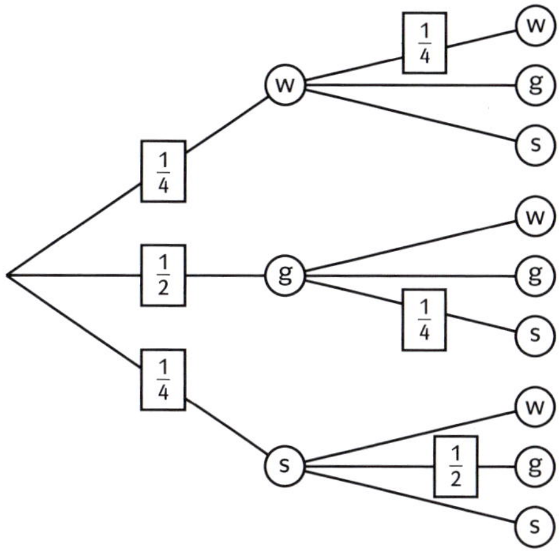

a) **Berechnung der Wahrscheinlichkeit des Ereignisses P (zweimal weiß):**

P (zweimal weiß) = $\frac{1}{4} \cdot \frac{1}{4}$

P (zweimal weiß) = $\frac{1}{16}$ = 6,25 %

b) **Berechnung der Wahrscheinlichkeit des Ereignisses P (grau und schwarz):**

P (grau und schwarz) = P (grau, schwarz) + P (schwarz, grau)

P (grau und schwarz) = $\frac{1}{2} \cdot \frac{1}{4} + \frac{1}{4} \cdot \frac{1}{2}$

P (grau und schwarz) = $\frac{1}{8} + \frac{1}{8} = \frac{2}{8}$

P (grau und schwarz) = $\frac{1}{4}$ = 25 %

Aufgabe 4 → Prüfungsaufgabe S. 3

Zuordnung eines der drei Boxplots zur abgebildeten Rangliste:

Rang	1	2	3	4	5	6	7	8	9	10	11	12	13
Gewicht (in kg)	20	30	30	40	50	80	90	100	110	120	150	160	180

Da die drei Boxplots sich lediglich im Zentralwert bzw. im oberen Quartil unterscheiden, müssen nur diese beiden Kennwerte untersucht werden.

Rechnerische Bestimmung der erforderlichen Rangplätze und Kennwerte:
Berechnung des Zentralwerts:
Rangplatz von z: $0{,}5 \cdot 13 = 6{,}5$ → Rang für z: 7
Wert für z: $\underline{z = 90\,\text{kg}}$

Berechnung des oberen Quartils:
Rangplatz von q_o: $0{,}75 \cdot 13 = 9{,}75$ → Rang für q_o: 10
Wert für q_o: $\underline{q_o = 120\,\text{kg}}$

<u>Boxplot (B) gehört zur abgebildeten Rangliste.</u>

Aufgabe 5 → Prüfungsaufgabe S. 3

Anwenden der Rechengesetze:
$58 \cdot 10^4 + 42 \cdot 10^4 = (58 + 42) \cdot 10^4 = 100 \cdot 10^4 = 10^2 \cdot 10^4 = 10^6$
☒ 1 Million

Aufgabe 6 → Prüfungsaufgabe S. 4

a) **Berechnung der Anzahl der Kärtchen s für das 7. Muster:**

n	(1.)	(2.)	(3.)	(4.)	(5.)	(6.)	(7.)
s	1	4	9	16	25	36	49
		+3	+5	+7	+9	+11	+13

n gibt die Stelle des jeweiligen Musters an. s ist die Anzahl der Kärtchen.

Das Muster setzt sich so fort, dass zur Anzahl der Kärtchen der untersten Reihe jeweils noch zwei Kärtchen dazukommen.

Für das 7. Muster ergibt sich: $s = 49$ <u>Das 7. Muster besteht aus 49 Kärtchen.</u>

b) **Zuordnung der richtigen Formel:**

(1.) (2.) (3.)

Durch Umlegen der äußeren Kärtchen kann jedes Muster als Quadrat dargestellt werden, das sich zum Berechnen der Anzahl der Kärtchen eignet.
Daraus ergibt sich: $s = n \cdot n = n^2$.
Wobei n für die Stelle des jeweiligen Musters steht.

Emma sollte die Formel $s = n^2$ auswählen.

Aufgabe 7 → Prüfungsaufgabe S. 4

Lösung über Rechnung:

Preis nach der 1. Reduzierung: $120\,€ \cdot 0{,}3 = 36\,€$

$120\,€ - 36\,€ = 84\,€$

Preis nach der 2. Reduzierung: $84\,€ \cdot 0{,}2 = 16{,}80\,€$

$84\,€ - 16{,}80\,€ = 67{,}20\,€$

Die Hälfte des ursprünglichen Preises wären 60 €. Liam hat nicht recht.

Lösung über Argumentation:

Man darf die Prozentsätze nicht addieren, da sich nach der ersten Preissenkung der Grundwert vermindert. Die zweite Preissenkung bezieht sich dann auf den bereits verminderten Grundwert. Die gesamte Preisreduzierung beträgt somit weniger als 50 %. Somit kosten die Schuhe mehr als die Hälfte des ursprünglichen Preises. Liam hat nicht recht.

Aufgabe 1 → Prüfungsaufgabe S. 5

Im rechtwinkligen Dreieck ABC gilt:

$\overline{AC} = 9{,}5\,\text{cm}$
$\alpha = 40{,}0°$
$\overline{BC} = \overline{BD}$

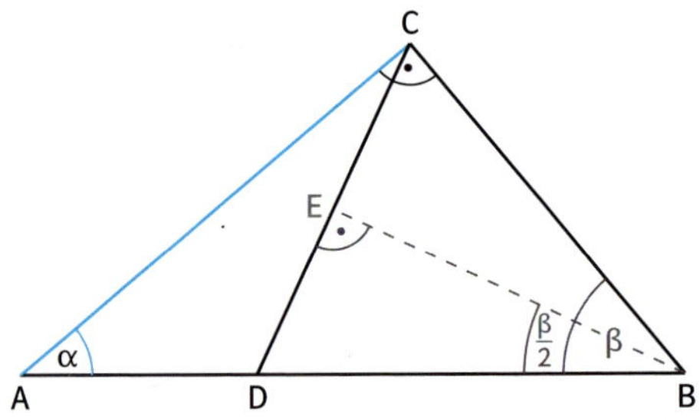

Berechnung des Umfangs des Dreiecks ADC:
(→ Summe der Dreiecksseiten)
$u_{ADC} = \overline{AD} + \overline{CD} + \overline{AC}$

Berechnung der Strecke $\overline{BC} = \overline{BD}$:
(→ Tangens im Dreieck ABC)

$$\tan\alpha = \frac{\overline{BC}}{\overline{AC}} \qquad | \cdot \overline{AC}$$

$$\overline{BC} = \overline{AC} \cdot \tan\alpha$$

$$\overline{BC} = 9{,}5 \cdot \tan 40°$$

<u>$\overline{BC} = \overline{BD} = 7{,}97\,\text{cm}$</u>

Berechnung der Strecke $\overline{AB}$:
(→ Kosinus im Dreieck ABC)

$$\cos\alpha = \frac{\overline{AC}}{\overline{AB}} \qquad | \cdot \overline{AB} \qquad | :\cos\alpha$$

$$\overline{AB} = \frac{\overline{AC}}{\cos\alpha}$$

$$\overline{AB} = \frac{9{,}5}{\cos 40°}$$

<u>$\overline{AB} = 12{,}40\,\text{cm}$</u>

Berechnung der Strecke $\overline{AD}$:
(→ Streckendifferenz)

$$\overline{AD} = \overline{AB} - \overline{BD}$$

$$\overline{AD} = 12{,}40 - 7{,}97$$

<u>$\overline{AD} = 4{,}43\,\text{cm}$</u>

Berechnung des Winkels β:
(→ Winkelsumme im Dreieck)

$$\alpha + \beta + 90° = 180° \qquad | -90° - \alpha$$

$$\beta = 90° - \alpha$$

$$\beta = 90° - 40°$$

<u>$\beta = 50°$</u>

Berechnung der Strecke $\overline{CD}$:
(➔ Sinus im Dreieck DBE)

$\sin\frac{\beta}{2} = \frac{\frac{\overline{CD}}{2}}{\overline{BD}} \qquad |\cdot\overline{BD} \quad |\cdot 2$

$\overline{CD} = 2\cdot\overline{BD}\cdot\sin\frac{\beta}{2}$

$\overline{CD} = 2\cdot 7{,}97\cdot\sin 25°$ $\qquad \underline{\overline{CD} = 6{,}74\,\text{cm}}$

$u_{ADC} = \overline{AD} + \overline{CD} + \overline{AC}$

$u_{ADC} = 4{,}43 + 6{,}74 + 9{,}5$ $\qquad \underline{\underline{u_{ADC} = 20{,}7\,\text{cm}}}$

Aufgabe 2 → Prüfungsaufgabe S. 5

1000 Wachskugeln mit jeweils einem Radius von 1,5 cm werden eingeschmolzen.
Die abgebildete Form wird zum Gießen von quadratischen Pyramiden aus Wachs verwendet. Sie wird vollständig mit dem eingeschmolzenen Wachs gefüllt.

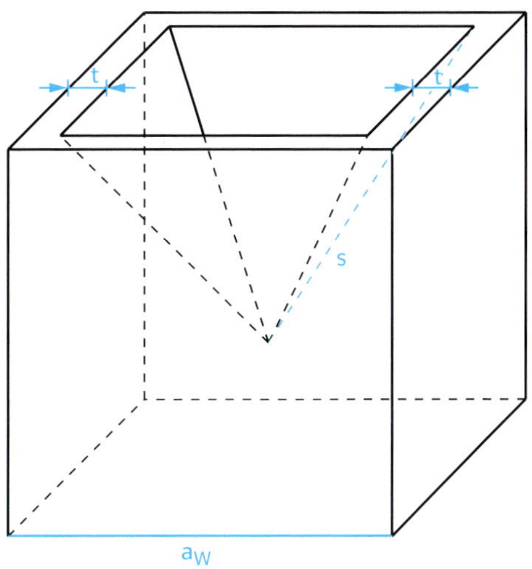

Es gilt:
$a_W = 10{,}0\,\text{cm}$ (Grundkante Würfel)
$s = 9{,}0\,\text{cm}$
$t = 1{,}0\,\text{cm}$

Berechnung der Anzahl der gegossenen Pyramiden:
(➔ Quotient aus Schmelzvolumen und Pyramidenvolumen)

$\text{Anzahl} = \frac{V_{Wachsschmelze}}{V_{Pyr}}$

Berechnung des gesamten Schmelzvolumen der Wachskugeln $V_{Wachsschmelze}$:
(➔ Volumenformel der Kugel)

$V_{Wachsschmelze} = 1000\cdot\frac{4}{3}\cdot\pi\cdot r^3$

$V_{Wachsschmelze} = 1000\cdot\frac{4}{3}\cdot\pi\cdot 1{,}5^3$ $\qquad \underline{V_{Wachsschmelze} = 14\,137\,\text{cm}^3}$

Berechnung der Grundkante a_{Pyr} der Pyramide:
(➔ Streckendifferenz)
$a_{Pyr} = a_W - 2 \cdot t$
$a_{Pyr} = 10{,}0 - 2 \cdot 1{,}0$ $\underline{a_{Pyr} = 8{,}0\,\text{cm}}$

Berechnung der Diagonalen d_{Pyr} der Pyramidengrundfläche:
(➔ Diagonale eines Quadrats)
$d_{Pyr} = a_{Pyr} \cdot \sqrt{2}$
$d_{Pyr} = 8{,}0 \cdot \sqrt{2}$ $\underline{d_{Pyr} = 11{,}31\,\text{cm}}$

Berechnung der Höhe h_{Pyr} der Pyramide:
(➔ Satz des Pythagoras, Diagonalschnitt)
$s^2 = h_{Pyr}^2 + \left(\frac{d_{Pyr}}{2}\right)^2 \quad \left| - \left(\frac{d_{Pyr}}{2}\right)^2\right.$
$h_{Pyr}^2 = s^2 - \left(\frac{d_{Pyr}}{2}\right)^2$
$h_{Pyr}^2 = 9{,}0^2 - \left(\frac{11{,}31}{2}\right)^2 \quad |\sqrt{}$

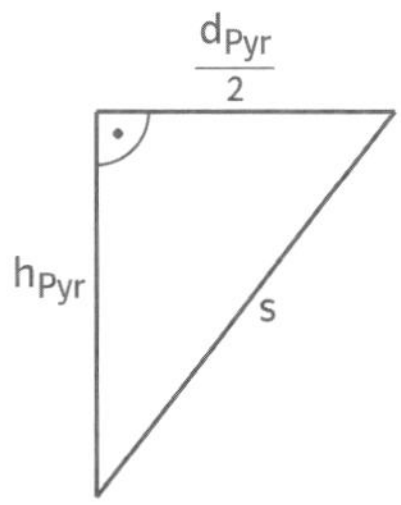

$\underline{h_{Pyr} = 7{,}0\,\text{cm}}$

Berechnung des Volumens V_{Pyr} der Pyramide:
(➔ Volumenformel der quadratischen Pyramide)
$V_{Pyr} = \frac{1}{3} \cdot a_{Pyr}^2 \cdot h_{Pyr}$
$V_{Pyr} = \frac{1}{3} \cdot 8{,}0^2 \cdot 7{,}0$ $\underline{V_{Pyr} = 149{,}3\,\text{cm}^3}$

$\text{Anzahl} = \frac{V_{Wachsschmelze}}{V_{Pyr}}$

$\text{Anzahl} = \frac{14\,137}{149{,}3} = 94{,}7$

<u>Es können 94 vollständige Pyramiden aus Wachs gegossen werden.</u>

Aufgabe 3 → Prüfungsaufgabe S. 5

(➔ Gleichung in Normalform umformen)

$$(x + 2)(x - 4) - x = 2(x - 3)^2 - 12$$
$$x^2 - 4x + 2x - 8 - x = 2(x^2 - 6x + 9) - 12$$
$$x^2 - 3x - 8 = 2x^2 - 12x + 18 - 12$$
$$x^2 - 3x - 8 = 2x^2 - 12x + 6 \qquad | -x^2 + 3x + 8$$
$$x^2 - 9x + 14 = 0$$

(➔ Lösungsformel anwenden)

$$x_{1,2} = -\frac{-9}{2} \pm \sqrt{\left(\frac{-9}{2}\right)^2 - 14}$$
$$x_{1,2} = 4{,}5 \pm \sqrt{20{,}25 - 14}$$
$$x_{1,2} = 4{,}5 \pm \sqrt{6{,}25}$$
$$x_{1,2} = 4{,}5 \pm 2{,}5 \qquad \underline{\underline{x_1 = 7;\; x_2 = 2}}$$

Aufgabe 4 → Prüfungsaufgabe S. 6

Das Schaubild zeigt den Ausschnitt einer verschobenen Normalparabel p.

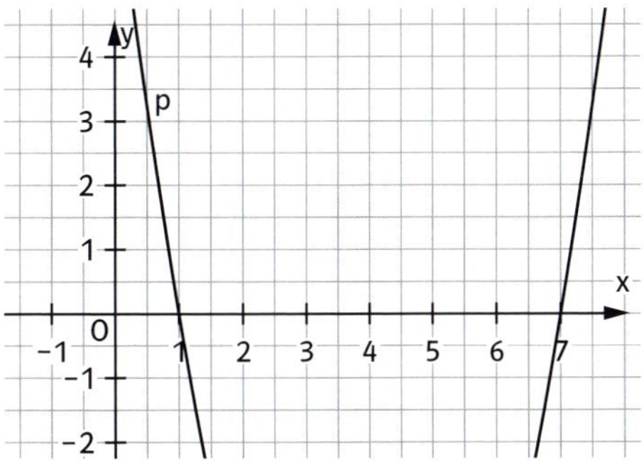

Bestimmung der Gleichung der Parabel p:

(➔ Einsetzen der Koordinaten von N_1 und N_2 in $y = x^2 + bx + c$; Gleichsetzungsverfahren)

Einsetzen von $N_1(1|0)$ und $N_2(7|0)$ in $y = x^2 + bx + c$.

$N_1(1\|0)$ eingesetzt:	(1)	$0 = 1^2 + b \cdot 1 + c$	$\| -b - 1$
$N_2(7\|0)$ eingesetzt:	(2)	$0 = 7^2 + b \cdot 7 + c$	$\| -7b - 49$
Umformen:	(1)′	$-b - 1 = c$	
	(2)′	$-7b - 49 = c$	
Gleichsetzen (1)′ = (2)′:		$-7b - 49 = -b - 1$	$\| +b + 49$
		$-6b = 48$	$\| :(-6) \quad \underline{b = -8}$
$b = -8$ eingesetzt in (1)′:		$c = -(-8) - 1$	$\underline{c = 7}$

$$\underline{\underline{p\!: y = x^2 - 8x + 7}}$$

Alternativer Lösungsweg:
(➔ argumentative Ermittlung des Scheitelpunkts S; Auszählen von Koordinaten)
Aus den beiden Schnittpunkten mit der x-Achse $N_1(1|0)$ und $N_2(7|0)$ erkennt man, dass der Scheitelpunkt S auf der Geraden $x = 4$ liegt (Symmetrieeigenschaft der Parabel).
Der Abstand von $N_1(1|0)$ zur Geraden $x = 4$ beträgt 3 Längeneinheiten. Damit liegt der Scheitelpunkt um die Quadratzahl von 3, also 9 LE, tiefer.
Somit gilt: $S(4|-9)$
Damit gilt für die Parabelgleichung: $y = (x - 4)^2 - 9$
Formt man das Binom um, erhält man die Normalform. $\underline{\underline{p: y = x^2 - 8x + 7}}$

Vervollständigen der Wertetabelle:
(➔ Einsetzen der x-Werte in die Funktionsgleichung)

x	−3	−2	−1	0
y	**40**	**27**	**16**	**7**

Berechnung der Koordinaten der Schnittpunkte A und B von p und g:
(➔ Gleichsetzen der Funktionsterme)
$x^2 - 8x + 7 = -2x + 2 \quad | +2x - 2$
$x^2 - 6x + 5 = 0$

(➔ Lösungsformel)
$x_{A,B} = 3 \pm \sqrt{(-3)^2 - 5}$
$x_{A,B} = 3 \pm \sqrt{4}$
$x_{A,B} = 3 \pm 2$ $\underline{x_A = 5}$
$\underline{x_B = 1}$

(➔ Berechnung der y-Werte durch Einsetzen von x_A und x_B in $y = -2x + 2$)
$x_A = 5$ eingesetzt in $y = -2x + 2$:
$y_A = -2 \cdot 5 + 2$
$y_A = -8$ $\underline{\underline{A(5|-8)}}$

$x_B = 1$ eingesetzt in $y = -2x + 2$:
$y_B = -2 \cdot 1 + 2$
$y_B = 0$ $\underline{\underline{B(1|0)}}$

Aufgabe 5 → Prüfungsaufgabe S. 6

Insgesamt werden 100 Lose verkauft.
Es gibt folgende Gewinne: 12 Fußbälle (F), 8 Basketbälle (B) und 80 Nieten (N).
Ein Ziehen zweier Lose bedeutet Ziehen ohne Zurücklegen.

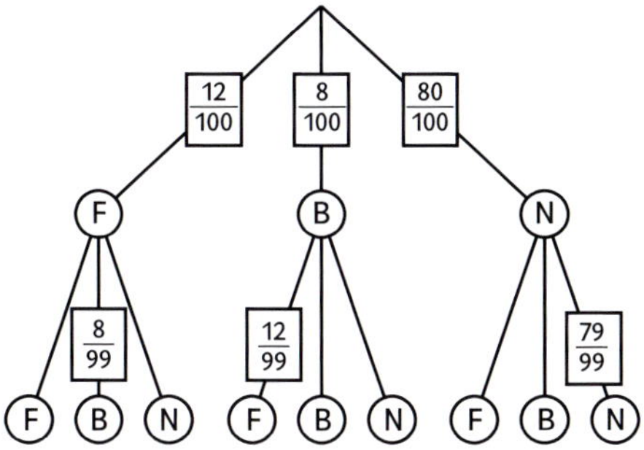

Berechnung der Wahrscheinlichkeit P(zwei Nieten):
(➔ Zweistufiges Zufallsexperiment; Ziehen ohne Zurücklegen; Baumdiagramm)

$P(\text{zwei Nieten}) = \frac{80}{100} \cdot \frac{79}{99}$

$P(\text{zwei Nieten}) = \frac{316}{495} = 63{,}8\,\%$

Berechnung der Wahrscheinlichkeit P(Fußball und Basketball):
(➔ Zweistufiges Zufallsexperiment; Ziehen ohne Zurücklegen; Baumdiagramm)
P(Fußball und Basketball) = P(Fußball, Basketball) + P(Basketball, Fußball)

$P(\text{Fußball und Basketball}) = \frac{12}{100} \cdot \frac{8}{99} + \frac{8}{100} \cdot \frac{12}{99}$

$P(\text{Fußball und Basketball}) = \frac{16}{825} = 1{,}9\,\%$

Aufgabe 6 → Prüfungsaufgabe S. 7

Die Paketzustellungen in Deutschland haben in den letzten Jahren zugenommen. Im Schaubild ist diese Entwicklung dargestellt.

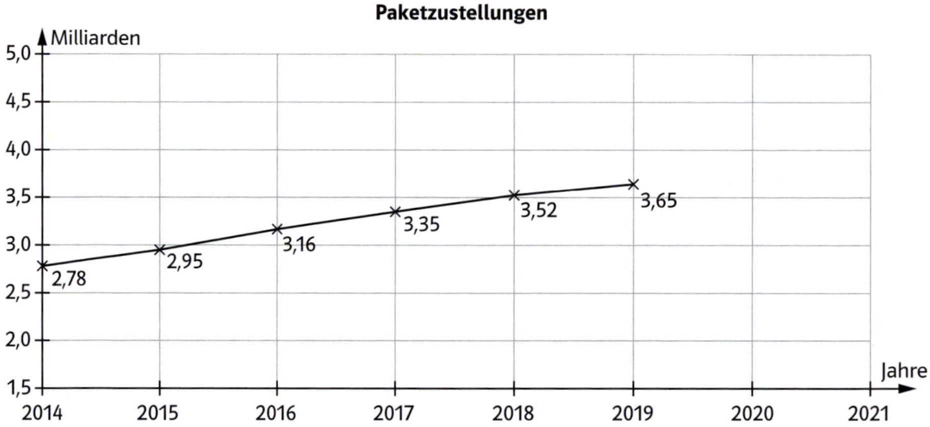

Berechnung der Zunahme von 2014 bis 2019 in Prozent:

(➔ Ablesen der Werte; Berechnung des Wachstumsfaktors q)

Wert 2014: 2,78 Mrd. Pakete

Wert 2019: 3,65 Mrd. Pakete

$q = \frac{\text{Wert 2019}}{\text{Wert 2014}}$

$q = \frac{3{,}65}{2{,}78}$

$q = 1{,}3129$ $\underline{\underline{p\,\% = 31{,}3\,\%}}$

Die Paketzustellungen haben von 2014 bis 2019 um 31,3 % zugenommen.

Berechnung der Pakete des Dienstleisters DHL P_{DHL} an den Gesamtzustellungen im Jahr 2019:

(➔ Berechnung des Prozentwerts)

$P_{DHL} = G_{2019} \cdot p\,\%$

$P_{DHL} = 3{,}65\text{ Mrd.} \cdot 57{,}0\,\%$ $\underline{\underline{P_{DHL} = 2{,}08\text{ Mrd. Pakete}}}$

Im Jahr 2019 stellte der Dienstleister DHL 2,08 Milliarden Pakete zu.

Eintragen der Werte für 2020 und 2021 im Diagramm:
(➔ Berechnung der vermehrten Grundwerte; Eintragen der Werte ins Diagramm)

Berechnung der Paketzustellungen im Jahr 2020:
(➔ Berechnung des vermehrten Grundwerts)
$W_{2020} = 3{,}65 \cdot 1{,}097$ $\underline{\underline{W_{2020} = 4{,}00 \text{ Mrd. Pakete}}}$

Berechnung der Paketzustellungen im Jahr 2021:
(➔ Berechnung des vermehrten Grundwerts)
$W_{2021} = 4{,}00 \cdot 1{,}125$ $\underline{\underline{W_{2021} = 4{,}50 \text{ Mrd. Pakete}}}$

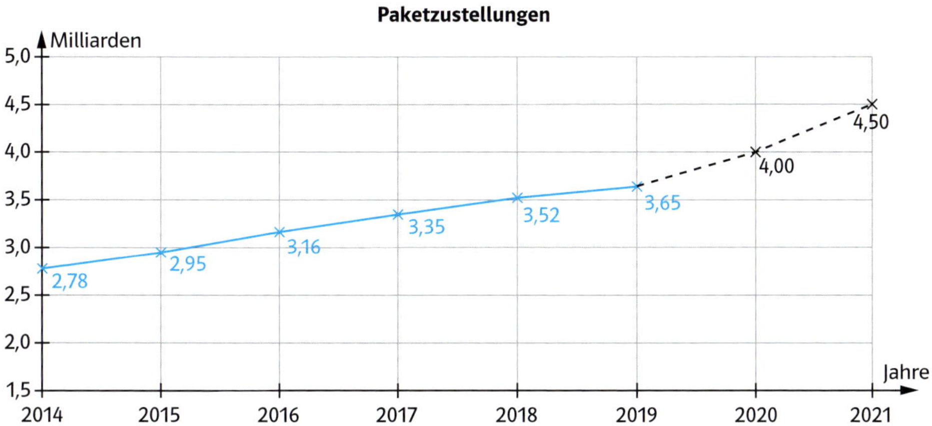

Aufgabe 1 → Prüfungsaufgabe S. 8

a) Im Quadrat ABCD liegen die beiden gleichschenkligen Dreiecke ABF und DEF.

Es gilt:

$\overline{AB} = 14{,}0\,\text{cm}$
$\overline{AF} = 12{,}0\,\text{cm}$
$\overline{AF} = \overline{BF}$
$\overline{EF} = \overline{DF}$

- Berechnen Sie den Flächeninhalt des Dreiecks AFE.

- Berechnen Sie den Winkel ε.

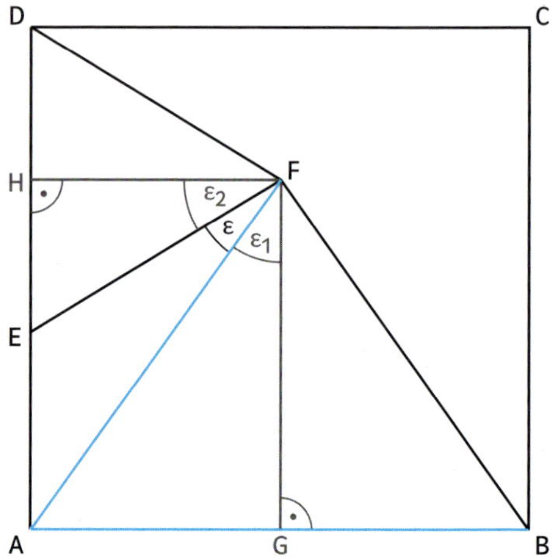

Aufgabe 1 Lösungshinweise

Berechnung des Flächeninhalts des Dreiecks AFE:
Zunächst zeichnet man in den beiden gleichschenkligen Dreiecken ABF und DEF die Höhen $\overline{FG}$ und $\overline{FH}$ ein und berechnet deren Länge. Dann berechnet man die Basis $\overline{DE}$ des gleichschenkligen Dreiecks DEF. Über eine Streckendifferenz erhält man die Grundseite $\overline{AE}$ des Dreiecks AFE. Mit der Dreiecksflächenformel kann man anschließend den Flächeninhalt des Dreiecks AFE berechnen.

☐	**Berechnung von $\overline{AG} = \overline{FH}$:** ➔ Halbierung der Quadratseite; Eigenschaften gleichschenkliges Dreieck
☐	**Berechnung von $\overline{FG} = \overline{AH}$:** ➔ Satz von Pythagoras im Dreieck AGF
☐	**Berechnung von $\overline{DH} = \overline{EH}$:** ➔ Eigenschaften gleichschenkliges Dreieck; Streckendifferenz
☐	**Berechnung von $\overline{AE}$:** ➔ Streckendifferenz
☐	**Berechnung des Flächeninhalts des Dreiecks AFE:** ➔ Flächenformel des Dreiecks; stumpfwinkliges Dreieck mit außenliegender Höhe

Berechnung des Winkels ε:
In den Dreiecken AGF und EFH kann man mit den Winkelfunktionen die Nebenwinkel von ε berechnen. Über die Winkeldifferenz gelangt man zum gesuchten Winkel ε.

☐	**Berechnung des Winkels ε_1:** → Sinus im Dreieck AGF
☐	**Berechnung des Winkels ε_2:** → Tangens im Dreieck EFH
☐	**Berechnung des Winkels ε:** → Winkeldifferenz; $\varepsilon = 90° - \varepsilon_1 - \varepsilon_2$

Aufgabe 1 Lösungen

Berechnung des Flächeninhalts des Dreiecks AFE:
(→ Flächenformel des Dreiecks; stumpfwinkliges Dreieck mit außenliegender Höhe)

$A_{AFE} = \frac{\overline{AE} \cdot \overline{FH}}{2}$

Berechnung von $\overline{AG} = \overline{FH}$:
(→ Halbierung der Quadratseite; Eigenschaften gleichschenkliges Dreieck)

$\overline{AG} = \frac{\overline{AB}}{2}$

$\overline{AG} = \frac{14{,}0}{2}$ $\qquad$ $\underline{\overline{AG} = \overline{FH} = 7{,}0\,\text{cm}}$

Berechnung von $\overline{FG} = \overline{AH}$:
(→ Satz von Pythagoras im Dreieck AGF)

$\overline{AF}^2 = \overline{AG}^2 + \overline{FG}^2 \quad | -\overline{AG}^2$

$\overline{FG}^2 = \overline{AF}^2 - \overline{AG}^2$

$\overline{FG}^2 = 12{,}0^2 - 7{,}0^2 \quad | \sqrt{}$ $\qquad$ $\underline{\overline{FG} = \overline{AH} = 9{,}75\,\text{cm}}$

Berechnung von $\overline{DH} = \overline{EH}$:
(→ Eigenschaften gleichschenkliges Dreieck; Streckendifferenz)

$\overline{DH} = \overline{AD} - \overline{AH}$

$\overline{DH} = 14{,}0 - 9{,}75$ $\qquad$ $\underline{\overline{DH} = \overline{EH} = 4{,}25\,\text{cm}}$

Berechnung von $\overline{AE}$:
(→ Streckendifferenz)

$\overline{AE} = \overline{AD} - \overline{DE}$

$\overline{AE} = 14{,}0 - 2 \cdot 4{,}25$ $\underline{\overline{AE} = 5{,}5\,\text{cm}}$

$A_{AFE} = \frac{\overline{AE} \cdot \overline{FH}}{2}$

$A_{AFE} = \frac{5{,}5 \cdot 7{,}0}{2}$ $\underline{\underline{A_{AFE} = 19{,}3\,\text{cm}^2}}$

Berechnung des Winkels ε:
(→ Winkeldifferenz; $\varepsilon = 90° - \varepsilon_1 - \varepsilon_2$)

$\varepsilon = 90° - \varepsilon_1 - \varepsilon_2$

Berechnung des Winkels ε_1:
(→ Sinus im Dreieck AGF)

$\sin \varepsilon_1 = \frac{\overline{AG}}{\overline{AF}}$

$\sin \varepsilon_1 = \frac{7{,}0}{12{,}0}$ $\underline{\varepsilon_1 = 35{,}7°}$

Berechnung des Winkels ε_2:
(→ Tangens im Dreieck EFH)

$\tan \varepsilon_2 = \frac{\overline{EH}}{\overline{FH}}$

$\tan \varepsilon_2 = \frac{4{,}25}{7{,}0}$ $\underline{\varepsilon_2 = 31{,}3°}$

$\varepsilon = 90° - \varepsilon_1 - \varepsilon_2$

$\varepsilon = 90° - 35{,}7° - 31{,}3°$ $\underline{\underline{\varepsilon = 23{,}0°}}$

Aufgabe 1 → Prüfungsaufgabe S. 8

b) Die Gerade g hat die Funktionsgleichung $y = x + 2$.
Die Parabel p_1 hat die Funktionsgleichung $y = -x^2 + 8$.
Die Parabel p_1 schneidet die Gerade g in den Punkten P und Q.
- Berechnen Sie die Koordinaten der Schnittpunkte P und Q.

Durch die beiden Schnittpunkte P und Q verläuft die verschobene nach oben geöffnete Normalparabel p_2.
- Berechnen Sie die Koordinaten des Scheitelpunkts S_2 von p_2.

Robin behauptet: „Das Dreieck mit den Punkten P, Q und S_2 ist rechtwinklig."
- Hat Robin recht? Begründen Sie Ihre Antwort rechnerisch.

Aufgabe 1 Lösungshinweise

Berechnung der Koordinaten der Schnittpunkte P und Q:
Durch Gleichsetzen der Funktionsterme von p_1 und g erhält man die Koordinaten der Schnittpunkte P und Q.

☐	**Berechnung der Koordinaten der Schnittpunkte P und Q:** ➔ Gleichsetzen der Funktionsterme der Geraden g und der Parabel p_1

Berechnung der Koordinaten des Scheitelpunkts S_2 von p_2:
Zur Berechnung der Funktionsgleichung der Parabel p_2 setzt man die Koordinaten der Schnittpunkte P und Q in die Normalform der nach oben geöffneten verschobenen Normalparabel ein. Anschließend löst man das entstandene lineare Gleichungssystem und stellt die Funktionsgleichung für p_2 auf. Durch Umformen in Scheitelform lassen sich die Koordinaten des Scheitelpunkts S_2 angeben.

☐	**Berechnung der Funktionsgleichung der Parabel p_2:** ➔ Einsetzen der Koordinaten von P und Q in $y = x^2 + bx + c$; Gleichsetzungsverfahren
☐	**Berechnung der Koordinaten des Scheitelpunkts S_2 von p_2:** ➔ Umformen der Normalform $y = x^2 + bx + c$ in die Scheitelform $y = (x - d)^2 + e$

Überprüfung einer möglichen Rechtwinkligkeit des Dreiecks PQS_2:
Als erstes überprüft man, ob das Dreieck PQS_2 in Q einen rechten Winkel hat. Die Punkte P und Q liegen auf der Geraden g mit der Steigung m_g. Die Punkte Q und S_2 liegen auf der Geraden h, die durch die Punkte Q und S_2 verläuft. Mit den Koordinaten der beiden Punkte Q und S_2 lässt sich die Steigung der Geraden h mit der Formel $m = \frac{y_1 - y_2}{x_1 - x_2}$ berechnen. Dann multipliziert man die beiden Steigungswerte der Trägergeraden. Ergibt das Produkt die Zahl −1, ist das Dreieck PQS_2 in Q rechtwinklig.
Alternativ kann man das Dreieck PQS_2 mit einem Rechteck umgeben und die Winkel an den Eckpunkten berechnen.

☐	**Bestimmung der Steigung m_g der Geraden g:** → Ablesen des Werts m aus der Funktionsgleichung
☐	**Berechnung der Steigung m_h der Geraden h durch die Punkte Q und S_2:** → Einsetzen der Koordinaten von Q und S_2 in die Formel $m = \frac{y_1 - y_2}{x_1 - x_2}$
☐	**Überprüfung einer möglichen Rechtwinkligkeit des Dreiecks PQS_2:** → Berechnung des Produkts der Steigungen der Trägergeraden

Aufgabe 1 Lösungen

Berechnung der Koordinaten der Schnittpunkte P und Q:
(→ Gleichsetzen der Funktionsterme der Geraden g und der Parabel p_1)

$x + 2 = -x^2 + 8 \quad | +x^2 - 8$

$x^2 + x - 6 = 0$

Lösungsformel:

$x_{1,2} = -\frac{1}{2} \pm \sqrt{\left(\frac{1}{2}\right)^2 - (-6)}$

$x_{1,2} = -\frac{1}{2} \pm \sqrt{6{,}25}$

$x_{1,2} = -0{,}5 \pm 2{,}5$

$\underline{x_1 = 2}$

$\underline{x_2 = -3}$

x_1 und x_2 einsetzen in g: $y = x + 2$:

$y_1 = 2 + 2$ $\underline{\underline{P(2|4)}}$

$y_2 = -3 + 2$ $\underline{\underline{Q(-3|-1)}}$

Berechnung der Koordinaten des Scheitelpunkts S_2 von p_2:
(→ Umformen der Normalform $y = x^2 + bx + c$ in die Scheitelform $y = (x - d)^2 + e$)

Berechnung der Funktionsgleichung der Parabel p_2:
(→ Einsetzen der Koordinaten von P und Q in $y = x^2 + bx + c$; Gleichsetzungsverfahren)

P(2|4) eingesetzt: (1) $4 = 2^2 + b \cdot 2 + c$
Q(−3|−1) eingesetzt: (2) $-1 = (-3)^2 + b \cdot (-3) + c$
Umformen: (1)′ $c = -2b$
(2)′ $c = 3b - 10$
Gleichsetzen (1)′ = (2)′: $-2b = 3b - 10$ | $+2b + 10$
$5b = 10$ | $:5$ $\underline{b = 2}$
b = 2 eingesetzt in (1)′: $c = -2 \cdot 2$ $\underline{c = -4}$

$\underline{p_2: y = x^2 + 2x - 4}$

$y = x^2 + 2x - 4$ | quadratische Ergänzung
$y = (x^2 + 2x + 1) - 4 - 1$ | in Scheitelform umformen
$y = (x + 1)^2 - 5$ $\underline{\underline{S_2(-1|-5)}}$

Überprüfung einer möglichen Rechtwinkligkeit des Dreiecks PQS_2:
(→ Berechnung des Produkts der Steigungen der Trägergeraden)
$m_g \cdot m_h = -1$

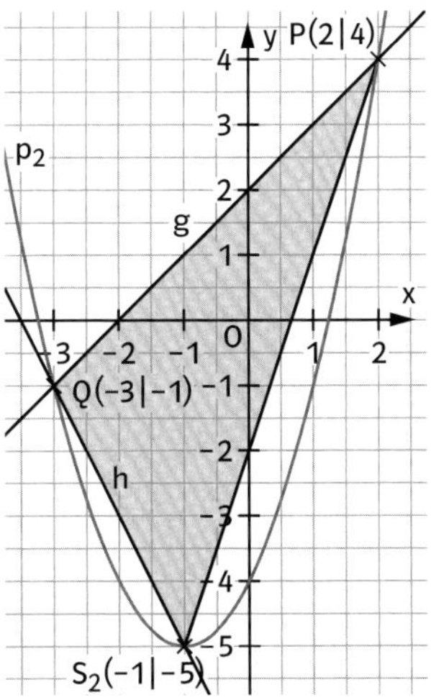

Bestimmung der Steigung m_g der Geraden g:
(→ Ablesen des Werts m aus der Funktionsgleichung)
Für die Gerade g gilt:
$y = x + 2$ $\underline{m_g = 1}$

Berechnung der Steigung m_h der Geraden h durch die Punkte Q und S_2:
(→ Einsetzen der Koordinaten von Q und S_2 in die Formel $m = \frac{y_1 - y_2}{x_1 - x_2}$)

Für Q(−3|−1) und $S_2(-1|-5)$ gilt:
$m_h = \frac{-1 - (-5)}{-3 - (-1)}$ $\underline{m_h = -2}$

Somit gilt für das Produkt der Steigungen: $m_g \cdot m_h = 1 \cdot (-2) = -2$

Das bedeutet, die beiden Geraden g und h stehen nicht aufeinander senkrecht. Betrachtet man die dritte Seite des Dreiecks, die auf der Geraden i liegt (die durch P und S_2 verläuft), so lässt sich ebenfalls nachweisen, dass weder i und g noch i und h senkrecht aufeinander stehen. Denn die Gerade i hat die Steigung $m_i = 3$.

Das Dreieck PQS_2 ist somit nicht rechtwinklig. <u>Robin hat nicht recht.</u>

Alternativer Lösungsweg:
Überprüfung der Rechtwinkligkeit des Dreiecks PQS_2:
(➔ Umrahmung des Dreiecks mit einem Rechteck; Berechnung der Teilwinkel)

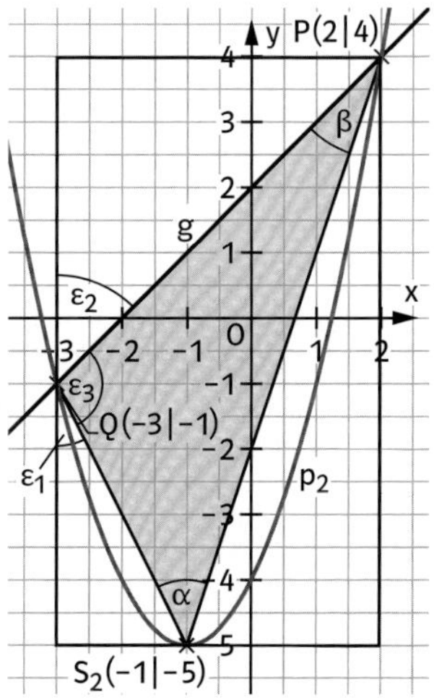

$\tan \varepsilon_1 = \frac{2}{4}$ $\qquad \underline{\varepsilon_1 = 26{,}6°}$

$\tan \varepsilon_2 = \frac{5}{5}$ $\qquad \underline{\varepsilon_2 = 45°}$

$\varepsilon_3 = 180° - \varepsilon_1 - \varepsilon_2$

$\varepsilon_3 = 180° - 26{,}6° - 45°$ $\qquad \underline{\varepsilon_3 = 108{,}4°}$

Für die beiden verbleibenden Winkel gilt damit: $\alpha + \beta = 180° - 108{,}4° = 71{,}6°$

Das Dreieck kann daher nicht an einer anderen Ecke einen rechten Winkel haben.

Damit ist das Dreieck PQS_2 nicht rechtwinklig. <u>Robin hat nicht recht.</u>

Aufgabe 2 → Prüfungsaufgabe S. 9

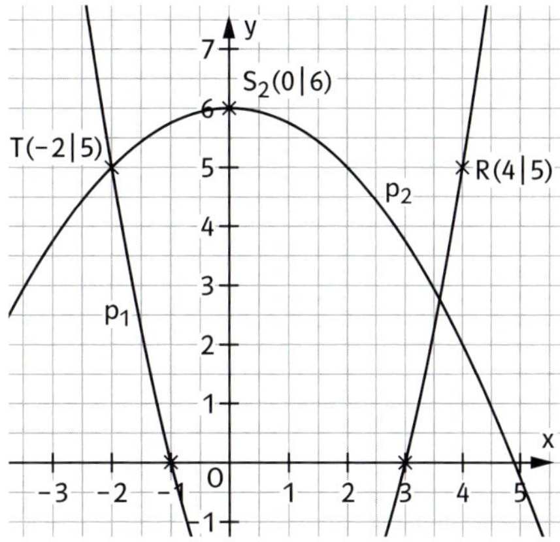

a) Das Schaubild zeigt Ausschnitte der verschobenen Normalparabel p_1 und der nach unten geöffneten Parabel p_2.

- Bestimmen Sie die Funktionsgleichungen der beiden Parabeln. Entnehmen Sie dazu geeignete Werte aus dem Schaubild.

Die Gerade g verläuft durch die beiden Scheitelpunkte S_1 und S_2.

- Berechnen Sie die Funktionsgleichung von g.

Die Gerade h verläuft senkrecht zu g und geht durch den Punkt $R(4|5)$.

- Berechnen Sie die Funktionsgleichung von h.

- Geben Sie die Funktionsgleichung einer weiteren verschobenen nach oben geöffneten Normalparabel p_3 an, die keine Punkte mit p_1 und p_2 gemeinsam hat.

Aufgabe 2 Lösungshinweise

Berechnung der Funktionsgleichung der Parabel p_1:
Zur Berechnung der Funktionsgleichung der Parabel p_1 in Normalform setzt man die Koordinaten der Punkte T und R in $y = x^2 + bx + c$ ein. Durch Gleichsetzen erhält man die Funktionsgleichung von p_1. **Alternativ** kann man den Scheitelpunkt der Parabel durch Auszählen der Koordinaten bestimmen. Anschließend formt man die Scheitelform der Funktionsgleichung in Normalform um.

☐	**Berechnung der Funktionsgleichung der Parabel p_1:** → Einsetzen der Koordinaten von $T(-2|5)$ und $R(4|5)$ in $y = x^2 + bx + c$; Gleichsetzungsverfahren

Berechnung der Funktionsgleichung der Parabel p_2:
Zur Berechnung der Funktionsgleichung der Parabel p_2 in Normalform setzt man die Koordinaten des Punktes T und den y-Wert von S_2 in $y = ax^2 + c$ ein.

☐	**Berechnung der Funktionsgleichung der Parabel p_2:** → Einsetzen der Koordinaten von $T(-2|5)$ und $c = 6$ in $y = ax^2 + c$

Berechnung der Funktionsgleichung der Geraden g:
Aus der Normalform von p_1 erhält man durch quadratische Ergänzung die Scheitelform. Hieraus lassen sich die Koordinaten von S_1 ablesen. Zur Ermittlung der Funktionsgleichung von g berechnet man die Steigung als Quotient der Koordinatendifferenzen von S_1 und S_2. Dann setzt man die Koordinaten von S_1 oder S_2 in die allgemeine Geradengleichung $y = mx + c$ ein.

☐	**Berechnung der Scheitelkoordinaten S_2 der Parabel p_2:** → Bestimmung der Scheitelform $y = (x - d)^2 + e$ durch quadratische Ergänzung
☐	**Berechnung der Funktionsgleichung der Geraden g:** → Steigung m_g als Quotient der Koordinatendifferenzen mit $m = \frac{y_1 - y_2}{x_1 - x_2}$ berechnen; Bestimmung von c

Berechnung der Funktionsgleichung der Geraden h:
Mithilfe der Formel $m_g \cdot m_h = -1$ berechnet man die Steigung der Geraden h. Dann setzt man die Koordinaten des Punktes R in die allgemeine Geradengleichung $y = mx + c$ ein.

☐	**Berechnung der Steigung m_h der Geraden h:** → Einsetzen der Steigung m_g in die Formel $m_g \cdot m_h = -1$
☐	**Berechnung der Funktionsgleichung der Geraden h:** → Einsetzen der Steigung m_h und der Koordinaten von R in die Geradengleichung $y = mx + c$

Bestimmung einer nach oben geöffneten verschobenen Normalparabel p_3, die mit p_1 und p_2 keinen gemeinsamen Punkt hat:
Die nach oben geöffnete verschobene Normalparabel p_3 hat den gleichen x-Wert wie der Scheitelpunkt der Parabel p_1. Der y-Wert muss größer als der y-Wert des Scheitels von S_2 sein. Anschließend kontrolliert man den angenommenen Scheitelwert von S_3 durch Schnittpunktberechnungen.

☐	**Bestimmung des x-Werts von S_3:** → Ablesen des x-Werts von S_1
☐	**Bestimmung des y-Werts von S_3:** → Ablesen des y-Werts von S_2
☐	**Bestimmung einer nach oben geöffneten verschobenen Normalparabel p_3, die mit p_1 und p_2 keinen gemeinsamen Punkt hat:** → Ablesen möglicher Koordinaten für S_3
☐	**Kontrolle durch Schnittpunktberechnungen:** → Gleichsetzen der Funktionsterme von p_3 und p_1 bzw. p_3 und p_2

Aufgabe 2 Lösungen

Berechnung der Funktionsgleichung der Parabel p_1:

(➔ Einsetzen der Koordinaten von $T(-2|5)$ und $R(4|5)$ in $y = x^2 + bx + c$; Gleichsetzungsverfahren)

$T(-2\|5)$ eingesetzt:	(1) $5 = (-2)^2 + b \cdot (-2) + c$
$R(4\|5)$ eingesetzt:	(2) $5 = 4^2 + b \cdot 4 + c$
Umformen:	(1)′ $c = 2b + 1$
	(2)′ $c = -4b - 11$
Gleichsetzen (1)′ = (2)′:	$2b + 1 = -4b - 11 \quad \|+4b - 1$
	$6b = -12 \quad \|:6$
$b = -2$ eingesetzt in (1)′:	$c = 2 \cdot (-2) + 1$

$\underline{b = -2}$

$\underline{c = -3}$

$\underline{\underline{p_1\text{: } y = x^2 - 2x - 3}}$

Alternativer Lösungsweg:

Bestimmung der Funktionsgleichung der Parabel p_1:

(➔ Argumentative Ermittlung des Scheitelpunkts S_1; Auszählen von Koordinaten)

Die beiden Parabelpunkte T und R haben denselben y-Wert. Dies bedeutet, dass die Symmetrieachse der Parabel durch den Mittelwert der beiden x-Werte von T und R geht.

Die Symmetrieachse geht also durch $x = 1$. Der x-Wert des Scheitelpunkts S_1 ist somit $x = 1$.

Der Abstand der beiden Parabelpunkte T und R beträgt 6 Längeneinheiten. Um zum Scheitelpunkt S_1 der Parabel zu gelangen, geht man 3 LE von T bzw. R zur Parabelmitte und das Quadrat dieses Werts, also $3^2 = 9$, nach unten. Damit gelangt man zum y-Wert $5 - 9 = -4$.

Der Scheitelpunkt S_1 der Parabel p_1 hat somit die Koordinaten $S_1(1|-4)$.

Eingesetzt in die allgemeine Scheitelform $y = (x - d)^2 + e$ ergibt sich für p_1 die Funktionsgleichung $y = (x - 1)^2 - 4$.

Umgewandelt in Normalform: $\underline{\underline{p_1\text{: } y = x^2 - 2x - 3}}$

Berechnung der Funktionsgleichung der Parabel p_2:

(➔ Einsetzen der Koordinaten von $T(-2|5)$ und $c = 6$ in $y = ax^2 + c$)

$5 = a \cdot (-2)^2 + 6 \quad |-6$

$-1 = 4a \quad |:4$

$a = -\frac{1}{4}$

$\underline{\underline{p_2\text{: } y = -\frac{1}{4}x^2 + 6}}$

Berechnung der Funktionsgleichung der Geraden g:
(➔ Steigung m_g als Quotient der Koordinatendifferenzen mit $m = \frac{y_1 - y_2}{x_1 - x_2}$ berechnen; Bestimmung von c)

Berechnung der Scheitelkoordinaten S_1 der Parabel p_1:
(➔ Bestimmung der Scheitelform $y = (x - d)^2 + e$ durch quadratische Ergänzung)

$y = x^2 - 2x - 3$ | quadratische Ergänzung
$y = (x^2 - 2x + 1) - 4$ | in Scheitelform umformen
$y = (x - 1)^2 - 4$ $\underline{S_1(1|-4)}$

Steigung m_g:

$m_g = \frac{y_{S_1} - y_{S_2}}{x_{S_1} - x_{S_2}}$

$m_g = \frac{-4 - 6}{1 - 0}$ $\underline{m_g = -10}$

Die Gerade g geht durch den Punkt $S_2(0|6)$.
Damit lässt sich der Wert von c ablesen. $\underline{c = 6}$

$\underline{\underline{g: y = -10x + 6}}$

Berechnung der Funktionsgleichung der Geraden h:
(➔ Einsetzen der Steigung m_h und der Koordinaten von R in die Geradengleichung $y = mx + c$)

Berechnung der Steigung m_h der Geraden h:
(➔ Einsetzen der Steigung m_g in die Formel $m_g \cdot m_h = -1$)

$m_g \cdot m_h = -1$
$-10 \cdot m_h = -1$ |: (−10) $\underline{m_h = \frac{1}{10} = 0{,}1}$

R(4|5) eingesetzt in $y = \frac{1}{10}x + c$:

$5 = \frac{1}{10} \cdot 4 + c$ | −0,4
$c = 4{,}6$ $\underline{\underline{h: y = \frac{1}{10}x + 4{,}6}}$

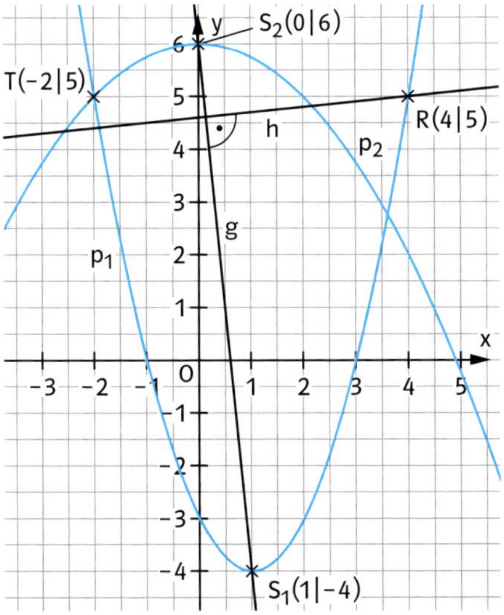

Bestimmung einer nach oben geöffneten verschobenen Normalparabel p_3, die mit p_1 und p_2 keinen gemeinsamen Punkt hat:
(→ Ablesen möglicher Koordinaten für S_3)

Bestimmung des x-Werts von S_3:
(→ Ablesen des x-Werts von S_1)
Damit die Parabel p_3 keinen gemeinsamen Punkt mit p_1 hat, muss der x-Wert von S_1 und S_3 übereinstimmen. $\underline{x_{S_3} = 1}$

Bestimmung des y-Werts von S_3:
(→ Ablesen des y-Werts von S_2)
Damit die Parabel p_3 keinen gemeinsamen Punkt mit p_2 hat, muss der y-Wert von S_3 größer als der von S_2 sein. $\underline{y_{S_3} = 7}$

Mögliche Parabel p_3: $y = (x - 1)^2 + 7$

Kontrolle durch Schnittpunktberechnungen:
(→ Gleichsetzen der Funktionsterme von p_3 und p_1 bzw. p_3 und p_2)

Untersuchung auf gemeinsame Punkte von p_1 und p_3:

$x^2 - 2x - 3 = (x - 1)^2 + 7$ | Binom umformen

$x^2 - 2x - 3 = x^2 - 2x + 1 + 7$ | $-x^2 + 2x$

$-3 = 8$

Die Aussage ist falsch.

Die beiden Parabeln p_1 und p_3 haben keine gemeinsamen Punkte.

Untersuchung auf gemeinsame Punkte von p_2 und p_3:

$-\frac{1}{4}x^2 + 6 = (x - 1)^2 + 7$ | Binom umformen

$-\frac{1}{4}x^2 + 6 = x^2 - 2x + 1 + 7$ | $+\frac{1}{4}x^2 - 6$

$1{,}25x^2 - 2x + 2 = 0$ | $:1{,}25$

$x^2 - 1{,}6x + 1{,}6 = 0$

$x_{1,2} = -\frac{-1{,}6}{2} \pm \sqrt{\left(\frac{-1{,}6}{2}\right)^2 - 1{,}6}$

$x_{1,2} = 0{,}8 \pm \sqrt{0{,}64 - 1{,}6}$ Die Diskriminante ist negativ.

Die beiden Parabeln p_2 und p_3 haben keine gemeinsamen Punkte.

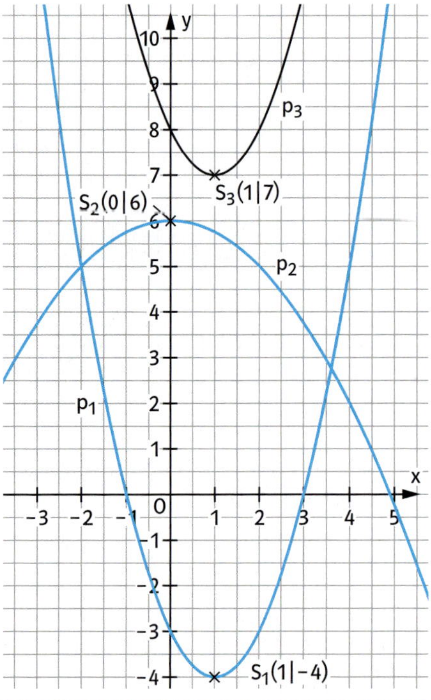

Aufgabe 2 → Prüfungsaufgabe S. 9

b) Ein zusammengesetzter Körper besteht aus einem regelmäßigen Fünfecksprisma mit aufgesetzter regelmäßiger fünfseitiger Pyramide.

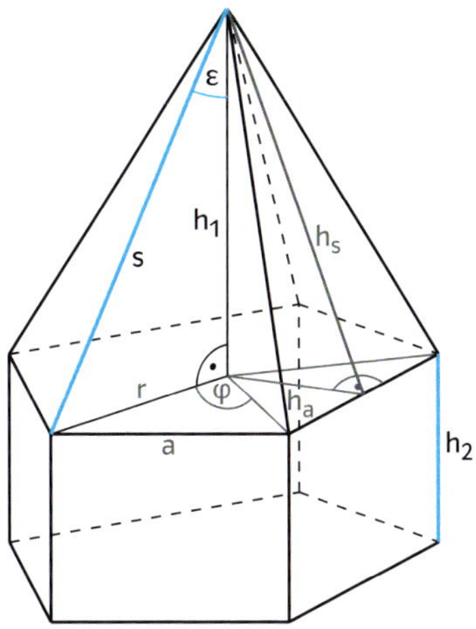

Es gilt:

$s = 12{,}6\,\text{cm}$
$\varepsilon = 33{,}0°$
$h_2 = 5{,}6\,\text{cm}$ (Höhe Prisma)

Berechnen Sie den Oberflächeninhalt des zusammengesetzten Körpers.

Aufgabe 2 Lösungshinweise

Berechnung des Oberflächeninhalts des zusammengesetzten Körpers:
Die Oberfläche des zusammengesetzten Körpers besteht aus der fünfeckigen Grundfläche, der Mantelfläche des Prismas sowie der Mantelfläche der regelmäßigen fünfseitigen Pyramide.
Um die Mantelfläche der Fünfeckspyramide berechnen zu können, berechnet man zunächst den Radius r des Fünfecks. Mit dem Mittelpunktswinkel φ und dem Radius r kann die Grundkante a der Grundfläche berechnet werden. Dann berechnet man die Höhe der Seitenfläche h_s eines Manteldreiecks und mit diesem Wert die Mantelfläche der Pyramide.
Um die Grundfläche des Fünfecks zu berechnen, berechnet man zunächst die Dreieckshöhe h_a der Grundfläche. Mit der Grundkante a und der Dreieckshöhe h_a lässt sich die Grundfläche berechnen.
Die Mantelfläche des Prismas lässt sich mit der Grundkante a und der Höhe h_2 berechnen.
Abschließend addiert man die drei Teilflächen.

☐	**Berechnung des Umkreisradius r:** ➔ Sinus im eingezeichneten Dreieck
☐	**Berechnung des Mittelpunktswinkels φ der Grundfläche:** ➔ Aufteilung des Vollwinkels
☐	**Berechnung der Grundkante a:** ➔ Sinus im Grundflächendreieck
☐	**Berechnung der Höhe der Seitenfläche h_s:** ➔ Satz von Pythagoras auf dem Manteldreieck

☐	**Berechnung der Mantelfläche der Pyramide M_{Pyr}:** → Formel zur Berechnung der Pyramidenmantelfläche
☐	**Berechnung der Grundflächenhöhe h_a:** → Tangens im Grundflächendreieck
☐	**Berechnung der Grundfläche G:** → Formel zur Berechnung eines regelmäßigen n-Ecks
☐	**Berechnung der Mantelfläche des Prismas M_{Pr}:** → Formel zur Berechnung der Mantelfläche des Prismas
☐	**Berechnung des Oberflächeninhalts des zusammengesetzten Körpers:** → Summe der drei Teilfächen $M_{Pyr} + M_{Pr} + G$

Aufgabe 2 Lösungen

Berechnung des Oberflächeninhalts des zusammengesetzten Körpers:
(→ Summe der drei Teilfächen $M_{Pyr} + M_{Pr} + G$)
$O_{ges} = M_{Pyr} + M_{Pr} + G$

Berechnung des Umkreisradius r:
(→ Sinus im eingezeichneten Dreieck)

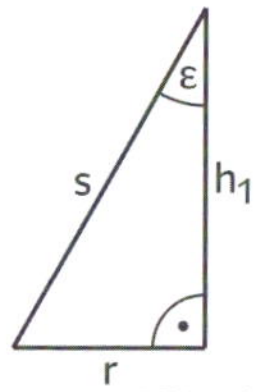

$\sin \varepsilon = \frac{r}{s}$

$\sin 33{,}0° = \frac{r}{12{,}6} \quad | \cdot 12{,}6$

$\underline{r = 6{,}86\,\text{cm}}$

Berechnung des Mittelpunktswinkels φ der Grundfläche:
(→ Aufteilung des Vollwinkels)

$\varphi = \frac{360°}{5}$

$\underline{\varphi = 72°;\ \frac{\varphi}{2} = 36°}$

Berechnung der Grundkante a:
(→ Sinus im Grundflächendreieck)

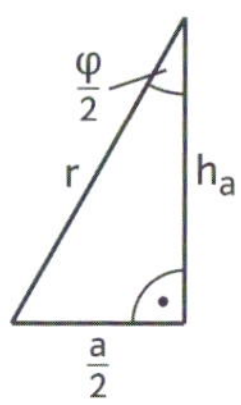

$\sin \frac{\varphi}{2} = \frac{\frac{a}{2}}{r} \quad | \cdot r$

$\frac{a}{2} = r \cdot \sin \frac{\varphi}{2} \quad | \cdot 2$

$a = 2r \cdot \sin \frac{\varphi}{2}$

$a = 2 \cdot 6{,}86 \cdot \sin 36°$

$\underline{a = 8{,}06\,\text{cm}}$

Berechnung der Höhe der Seitenfläche h_s:
(→ Satz von Pythagoras auf dem Manteldreieck)

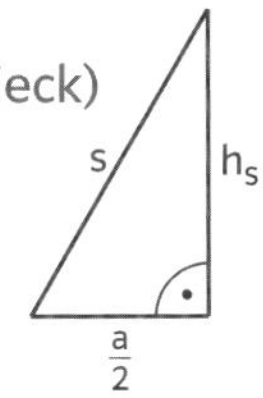

$s^2 = h_s^2 + \left(\frac{a}{2}\right)^2 \quad \left| - \left(\frac{a}{2}\right)^2\right.$

$h_s^2 = s^2 - \left(\frac{a}{2}\right)^2 \quad | \sqrt{\ }$

$h_s = \sqrt{12{,}6^2 - 4{,}03^2}$ $\underline{h_s = 11{,}94\,\text{cm}}$

Berechnung der Mantelfläche der Pyramide M_{Pyr}:
(→ Formel zur Berechnung der Pyramidenmantelfläche)

$M_{Pyr} = 5 \cdot \frac{a \cdot h_s}{2}$

$M_{Pyr} = 5 \cdot \frac{8{,}06 \cdot 11{,}94}{2}$ $\underline{M_{Pyr} = 240{,}6\,\text{cm}^2}$

Berechnung der Grundflächenhöhe h_a:
(→ Tangens im Grundflächendreieck)

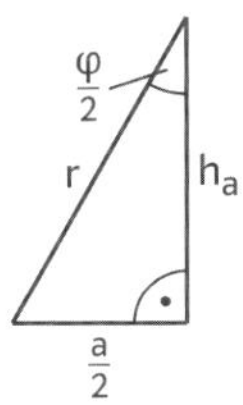

$\tan\frac{\varphi}{2} = \frac{\frac{a}{2}}{h_a} \quad | \cdot h_a \quad | : \tan\frac{\varphi}{2}$

$h_a = \frac{\frac{a}{2}}{\tan\frac{\varphi}{2}}$

$h_a = \frac{4{,}03}{\tan 36°}$ $\underline{h_a = 5{,}55\,\text{cm}}$

Berechnung der Grundfläche G:
(→ Formel zur Berechnung eines regelmäßigen n-Ecks)

$G = 5 \cdot \frac{a \cdot h_a}{2}$

$G = 5 \cdot \frac{8{,}06 \cdot 5{,}55}{2}$ $\underline{G = 111{,}8\,\text{cm}^2}$

Berechnung der Mantelfläche des Prismas M_{Pr}:
(→ Formel zur Berechnung der Mantelfläche des Prismas)

$M_{Pr} = 5 \cdot a \cdot h_2$

$M_{Pr} = 5 \cdot 8{,}06 \cdot 5{,}6$ $\underline{M_{Pr} = 225{,}7\,\text{cm}^2}$

$O_{ges} = M_{Pyr} + M_{Pr} + G$

$O_{ges} = 240{,}6 + 225{,}7 + 111{,}8$ $\underline{\underline{O_{ges} = 578\,\text{cm}^2}}$

Aufgabe 3 → Prüfungsaufgabe S. 10

a) In einem Gefäß liegen acht Kugeln, die rot, blau und gelb gefärbt sind. Es werden zwei Kugeln ohne Zurücklegen gezogen.

- Wie groß ist die Wahrscheinlichkeit, zwei gleichfarbige Kugeln zu ziehen?

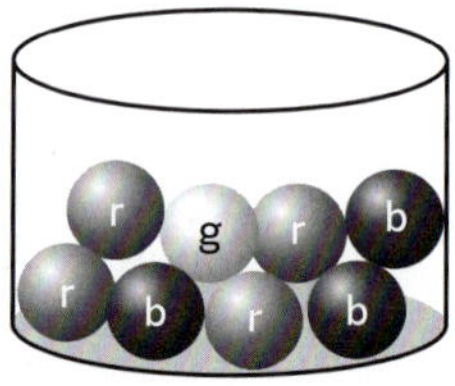

Die Kugeln werden für ein Gewinnspiel eingesetzt.
Dazu wird nebenstehender Gewinnplan geprüft.

- Berechnen Sie den Erwartungswert.

Ereignis	Gewinn
zwei gleichfarbige Kugeln	4,00 €
eine gelbe und eine blaue Kugel	10,00 €

Einsatz: 2,50 € pro Spiel

Der Veranstalter des Gewinnspiels möchte seinen Gewinn pro Spiel auf lange Sicht verdoppeln.

- Wie hoch müsste dann der Gewinn für „eine gelbe und eine blaue Kugel" sein, wenn alles andere unverändert bleibt?

Aufgabe 3 Lösungshinweise

Berechnung der Wahrscheinlichkeit P (zwei gleichfarbige Kugeln):
Das gleichzeitige Ziehen von Kugeln ist ein zweistufiger Zufallsversuch ohne Zurücklegen. Alle acht Kugeln werden mit derselben Wahrscheinlichkeit gezogen. Die Wahrscheinlichkeit, zwei gleichfarbige Kugeln zu ziehen, lässt sich über ein Baumdiagramm bestimmen.

☐	**Zeichnen eines Baumdiagramms:** → Zweistufiger Zufallsversuch, Ziehen ohne Zurücklegen
☐	**Berechnung der Wahrscheinlichkeit P (zwei gleichfarbige Kugeln):** → Lösung über Baumdiagramm

Berechnung des Erwartungswerts E:
Zur Berechnung des Erwartungswerts bestimmt man noch die Wahrscheinlichkeit für das Ereignis „eine gelbe und eine blaue Kugel". Diese Wahrscheinlichkeit lässt sich über das Baumdiagramm bestimmen. Dann bildet man die Summe der Produkte aus der jeweiligen Wahrscheinlichkeit und der Gewinnerwartung des Ereignisses und subtrahiert den Einsatz pro Spiel.

☐	**Berechnung der Wahrscheinlichkeit P(eine gelbe und eine blaue Kugel):** → Lösung über Baumdiagramm
☐	**Berechnung des Erwartungswerts E:** → Summe aus den Produkten von Gewinnwahrscheinlichkeit und erwartetem Gewinn pro Spiel, Berücksichtigung des Gewinnplans

Berechnung des Gewinns für das Ereignis „eine gelbe und eine blaue Kugel" bei E_{neu}:
Der Veranstalter möchte seinen Gewinn verdoppeln. Dafür muss man den Erwartungswert E verdoppeln. Um diesen neuen Erwartungswert E_{neu} zu erhalten, soll der Gewinnplan für das Ereignis „eine gelbe und eine blaue Kugel" verändert werden. Dazu lässt man alle Werte in der Gleichung zur Berechnung des Erwartungswerts gleich und setzt für den Gewinn von „eine gelbe und eine blaue Kugel" eine Variable. Anschließend löst man die Gleichung und erhält somit den Gewinn für das Ereignis „eine gelbe und eine blaue Kugel".

☐	**Berechnung des Gewinns für das Ereignis „eine gelbe und eine blaue Kugel" bei E_{neu}:** → Veränderung des Gewinns eines Ereignisses, Rest bleibt unverändert

Aufgabe 3 Lösungen

Berechnung der Wahrscheinlichkeit P(zwei gleichfarbige Kugeln):
(→ Lösung über Baumdiagramm)

Zeichnen eines Baumdiagramms:
(→ Zweistufiger Zufallsversuch, Ziehen ohne Zurücklegen)

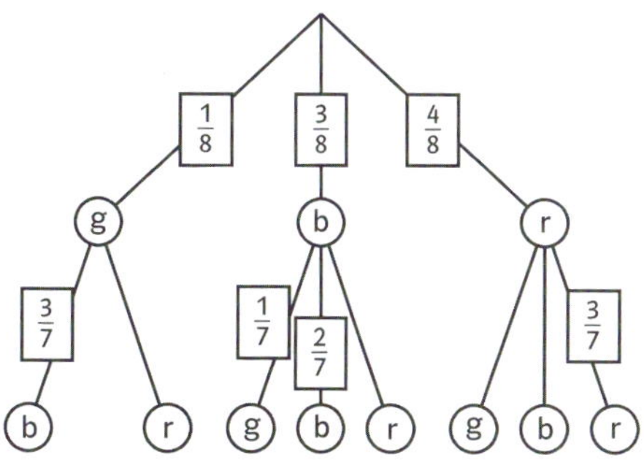

P(zwei gleichfarbige Kugeln) = P(rot, rot) + P(blau, blau)

P(zwei gleichfarbige Kugeln) = $\frac{4}{8} \cdot \frac{3}{7} + \frac{3}{8} \cdot \frac{2}{7}$

P(zwei gleichfarbige Kugeln) = $\frac{12}{56} + \frac{6}{56}$

P(zwei gleichfarbige Kugeln) = $\frac{9}{28}$ P(zwei gleichfarbige Kugeln) = 32,1%

Berechnung des Erwartungswerts E:
(➔ Summe aus den Produkten von Gewinnwahrscheinlichkeit und erwartetem Gewinn pro Spiel, Berücksichtigung des Gewinnplans)

Berechnung der Wahrscheinlichkeit P(eine gelbe und eine blaue Kugel):
(➔ Lösung über Baumdiagramm)

P(eine gelbe und eine blaue Kugel) = P(gelb, blau) + P(blau, gelb)

P(eine gelbe und eine blaue Kugel) = $\frac{1}{8} \cdot \frac{3}{7} + \frac{3}{8} \cdot \frac{1}{7}$

P(eine gelbe und eine blaue Kugel) = $\frac{3}{56} + \frac{3}{56}$

P(eine gelbe und eine blaue Kugel) = $\frac{3}{28}$

P(eine gelbe und eine blaue Kugel) = 10,7%

$E = \frac{9}{28} \cdot 4{,}00€ + \frac{3}{28} \cdot 10{,}00€ - 2{,}50€$

$E = \frac{9}{7}€ + \frac{15}{14}€ - 2{,}50€$

$E = -\frac{1}{7}€$ E = −0,14 €

Berechnung des Gewinns für das Ereignis „eine gelbe und eine blaue Kugel" bei E_{neu}:
(➔ Veränderung des Gewinns eines Ereignisses, Rest bleibt unverändert)

$2 \cdot (-0{,}14€) = \frac{9}{28} \cdot 4{,}00€ + \frac{3}{28} \cdot x - 2{,}50€$

$-0{,}28€ = \frac{9}{7}€ + \frac{3}{28}x - 2{,}50€$

$-0{,}28€ = -\frac{17}{14}€ + \frac{3}{28}x \quad \Big| +\frac{17}{14}€$

$\frac{327}{350}€ = \frac{3}{28}x \quad \Big| :\frac{3}{28}$ x = 8,72 €

Der Gewinn für das Ereignis „eine gelbe und eine blaue Kugel" muss dann 8,72 € betragen.

Aufgabe 3 → Prüfungsaufgabe S. 10

b) Die Grafik zeigt ein „Tiny House“. Die Vorderseite des Hauses ist annähernd parabelförmig. Die maximale Höhe des Hauses beträgt 3,00 m. Am Boden ist es 2,70 m breit.

- Berechnen Sie eine mögliche Funktionsgleichung für die parabelförmige Außenkante des Hauses.

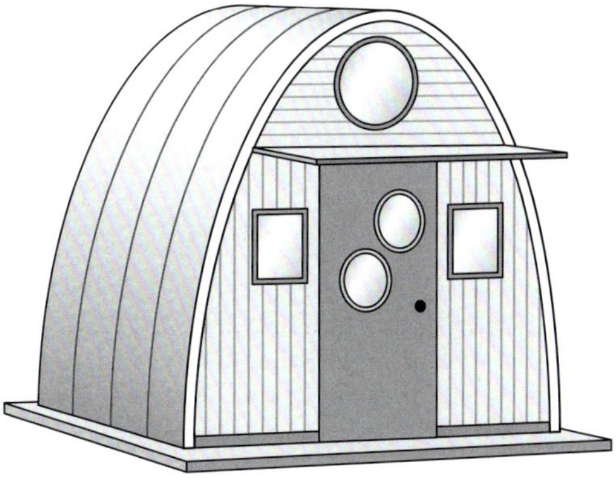

Die 2,00 m hohe Eingangstür befindet sich mittig auf der Vorderseite des Hauses. Am oberen Ende der Eingangstür befindet sich ein Vordach, das von Außenkante zu Außenkante reicht.

- Berechnen Sie die Länge dieses Vordachs.

In 1,00 m Höhe hat der Türrahmen eine waagrechte Entfernung von 0,70 m zu den Außenkanten.

- Berechnen Sie den Flächeninhalt der Tür.

Aufgabe 3 Lösungshinweise

Berechnung der Parabelgleichung $y = ax^2 + c$:
Man legt zunächst ein Koordinatensystem über die Grafik. Aus den Angaben lassen sich dann die Koordinaten des Scheitelpunkts der Parabel sowie die Koordinaten der beiden Außenkanten auf Bodenhöhe ermitteln. Setzt man nun die Koordinaten der ermittelten Punkte in die Funktionsgleichung $y = ax^2 + c$ ein, erhält man den Faktor a und damit die Funktionsgleichung der Parabel p.

☐	**Festlegung des Koordinatensystems für das mathematische Modell:** ➔ Die x-Achse verläuft auf der Höhe des Erdbodens, die y-Achse geht durch den höchsten Punkt des „Tiny Houses“
☐	**Bestimmung des Scheitelpunkts S:** ➔ Entnahme der Information aus dem Text
☐	**Bestimmung der Koordinaten der Außenkante auf Höhe des Erdbodens:** ➔ Entnahme der Information aus dem Text
☐	**Berechnung der Parabelgleichung $y = ax^2 + c$:** ➔ Einsetzen der Koordinaten von N_2 und S in die Gleichung $y = ax^2 + c$

Berechnung der Länge des Vordachs w: Das Vordach befindet sich in einer Höhe von 2,00 m. Um die Länge des Vordachs zu berechnen, setzt man diesen Wert als y-Wert in die Funktionsgleichung ein. Mit den beiden zugehörigen x-Werten kann dann die Länge des Vordachs berechnet werden.	
☐	**Berechnung der Länge des Vordachs w:** → Einsetzen von $y = 2{,}00$ in die Funktionsgleichung; Verdoppelung des x-Werts
Berechnung des Flächeninhalts $A_{Tür}$: Das obere Ende der Tür befindet sich in einer Höhe von 2,00 m. Dies entspricht somit der Länge $l = 2{,}00\,m$ der Tür. Um die Breite der Tür zu berechnen, setzt man die halbe Höhe als $y\text{-Wert} = 1{,}00\,m$ in die Funktionsgleichung ein. Mit den zugehörigen x-Werten kann man durch Streckendifferenz und Verdoppelung des Werts die Breite der Tür berechnen. Länge und Breite der Tür setzt man in die Flächenformel des Rechtecks ein.	
☐	**Berechnung der x-Werte für $y = 1{,}00$:** → Einsetzen des y-Werts in die Funktionsgleichung
☐	**Berechnung der Breite b der Tür:** → Differenzbildung; Verdoppelung des Werts
☐	**Berechnung des Flächeninhalts $A_{Tür}$:** → Flächenformel des Rechtecks

Aufgabe 3 Lösungen

Berechnung der Parabelgleichung $y = ax^2 + c$:
(→ Einsetzen der Koordinaten von N_2 und S in die Gleichung $y = ax^2 + c$)

Festlegung des Koordinatensystems für das mathematische Modell:
(→ Die x-Achse verläuft auf der Höhe des Erdbodens, die y-Achse geht durch den höchsten Punkt des „Tiny Houses")

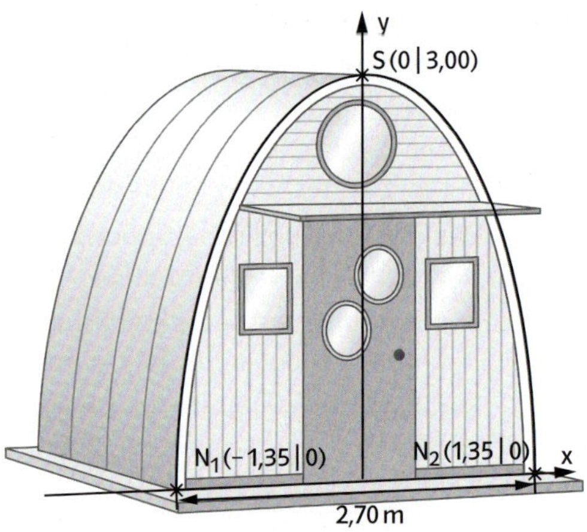

Bestimmung des Scheitelpunkts S:
(→ Entnahme der Information aus dem Text) $\underline{S(0\,|\,3{,}00)}$

Bestimmung der Koordinaten der Außenkante auf Höhe des Erdbodens:
(→ Entnahme der Information aus dem Text)
Am Boden ist das „Tiny House" 2,70 m breit. $\underline{N_1(-1{,}35\,|\,0);\ N_2(1{,}35\,|\,0)}$

$N_2(1{,}35\,|\,0)$ und $S(0\,|\,3{,}00)$ einsetzen in:

$$y = ax^2 + c$$
$$0 = a \cdot 1{,}35^2 + 3{,}00 \quad |-3{,}00$$
$$-3{,}00 = 1{,}35^2 \cdot a \quad |:1{,}35^2$$
$$a = -\frac{400}{243} = -1{,}646$$

$$\underline{\underline{y = -\frac{400}{243}x^2 + 3{,}00}}$$

bzw. $\underline{\underline{y = -1{,}646x^2 + 3{,}00}}$

Berechnung der Länge des Vordachs w:
(→ Einsetzen von $y = 2{,}00$ in die Funktionsgleichung; Verdoppelung des x-Werts)
$y = 2{,}00$ einsetzen:

$$2{,}00 = -\frac{400}{243}x^2 + 3{,}00 \quad |-3{,}00$$
$$-1{,}00 = -\frac{400}{243}x^2 \quad |:\left(-\frac{400}{243}\right)$$
$$\frac{243}{400} = x^2 \quad |\sqrt{\ }$$

$\underline{x_{1,2} = \pm 0{,}78}$

Wert verdoppeln:
$w = 2 \cdot 0{,}78$ $\underline{\underline{w = 1{,}56\,m}}$

Das Vordach hat eine Länge von 1,56 m.

Berechnung des Flächeninhalts $A_{Tür}$:
(➔ Flächenformel des Rechtecks)
$A_{Tür} = l \cdot b$

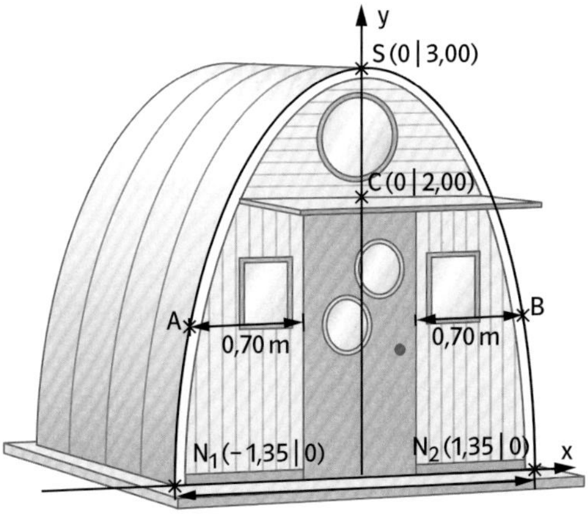

Berechnung der x-Werte für y = 1,00:
(➔ Einsetzen des y-Werts in die Funktionsgleichung)

$$1{,}00 = -\frac{400}{243}x^2 + 3{,}00 \quad | -3{,}00$$
$$-2{,}00 = -\frac{400}{243}x^2 \quad | : \left(-\frac{400}{243}\right)$$
$$\frac{243}{200} = x^2 \quad | \sqrt{}$$

$\underline{x_{A,B} = \pm 1{,}10}$

Berechnung der Breite b der Tür:
(➔ Differenzbildung; Verdoppelung des Werts)
$b = 2 \cdot (1{,}10 - 0{,}70)$
$b = 2 \cdot 0{,}40$ $\underline{b = 0{,}80\,m}$

$A_{Tür} = l \cdot b$
$A_{Tür} = 2{,}00 \cdot 0{,}80$ $\underline{\underline{A_{Tür} = 1{,}60\,m^2}}$

Die Tür hat einen Flächeninhalt von 1,6 m².

Aufgabe 4 → Prüfungsaufgabe S. 11

a) Die Parabel p_1 hat die Funktionsgleichung $y = x^2 - 8x + 12$. Die verschobene nach oben geöffnete Normalparabel p_2 hat den Scheitelpunkt $S_2(1|-7)$.
- Berechnen Sie die Koordinaten des Schnittpunkts Q_1 der beiden Parabeln p_1 und p_2.

Die Parabel p_1 schneidet die x-Achse in den Punkten N_1 und N_2.
- Berechnen Sie die Koordinaten von N_1 und N_2.

Die Punkte N_1, N_2 und Q_1 bilden ein Dreieck.
- Berechnen Sie den Flächeninhalt des Dreiecks $N_1Q_1N_2$.

Der Punkt Q_1 bewegt sich auf der Parabel p_2 unterhalb der x-Achse. Dadurch entsteht der Punkt Q_2 und somit das Dreieck $N_1Q_2N_2$.
- Für welche Lage von Q_2 wird der Flächeninhalt des Dreiecks am größten?

- Berechnen Sie diesen maximalen Flächeninhalt.

Aufgabe 4 Lösungshinweise

Berechnung der Koordinaten des Schnittpunkts Q_1 der beiden Parabeln p_1 und p_2: Zunächst berechnet man die Funktionsgleichung der Parabel p_2. Dazu setzt man die Koordinaten des Scheitelpunkts in die Scheitelform ein. Anschließend formt man die Scheitelform der Funktionsgleichung in Normalform um. Durch Gleichsetzen der beiden Funktionsterme der Parabelgleichungen kann man die Koordinaten des Schnittpunkts Q_1 berechnen.	
☐	**Berechnung der Funktionsgleichung der Parabel p_2:** ➔ Einsetzen der Koordinaten von $S_2(1|-7)$ in die Scheitelform $y = (x - d)^2 + e$; Umformung der Scheitelform in Normalform
☐	**Berechnung der Koordinaten des Schnittpunkts Q_1 der Parabeln p_1 und p_2:** ➔ Gleichsetzen der Funktionsterme der beiden Parabeln p_1 und p_2; Berechnung des y-Werts durch Einsetzen des x-Werts in p_1
Berechnung der Schnittpunkte N_1 und N_2 der Parabel p_1 mit der x-Achse: Die Schnittpunkte der Parabel p_1 mit der x-Achse erhält man über eine quadratische Gleichung.	
☐	**Berechnung der Schnittpunkte N_1 und N_2 der Parabel p_1 mit der x-Achse:** ➔ Parabelgleichung p_1 gleich Null setzen; Lösungsformel anwenden

Berechnung des Flächeninhalts A_D des Dreiecks $N_1Q_1N_2$: Zur Berechnung des Flächeninhalts des Dreiecks $N_1Q_1N_2$ bestimmt man die Länge der Grundseite $\overline{N_1N_2}$ des Dreiecks und die Höhe des Dreiecks und setzt diese in die Flächenformel des allgemeinen Dreiecks ein.	
☐	**Bestimmung der Länge der Strecke $\overline{N_1N_2}$ sowie der Höhe h_D des Dreiecks:** ➔ Differenz der x- bzw. y-Koordinaten der jeweiligen Punkte
☐	**Berechnung des Flächeninhalts A_D des Dreiecks $N_1Q_1N_2$:** ➔ Einsetzen der Werte in die Flächenformel des allgemeinen Dreiecks
Bestimmung der Koordinaten von Punkt Q_2 mit maximalem Flächeninhalt $A_{D_{max}}$ für das Dreieck $N_1Q_2N_2$: Der Punkt Q_1 bewegt sich auf der Parabel p_2 unterhalb der x-Achse. Bei gleichbleibender Grundseite $\overline{N_1N_2}$ des Dreiecks ergibt sich die größte Dreieckshöhe im Scheitelpunkt $S_2(1\|-7)$ der Parabel p_2.	
☐	**Bestimmung der Koordinaten von Punkt Q_2 mit maximalem Flächeninhalt $A_{D_{max}}$ für das Dreieck $N_1Q_2N_2$:** ➔ Bestimmung der maximalen Dreieckshöhe
Berechnung des Flächeninhalts $A_{D_{max}}$ des Dreiecks $N_1Q_2N_2$: Zur Berechnung des Flächeninhalts $A_{D_{max}}$ des Dreiecks $N_1Q_2N_2$ mit maximalem Flächeninhalt bestimmt man die Höhe des Dreiecks und setzt diese mit der Länge der Grundseite $\overline{N_1N_2}$ in die Flächenformel des allgemeinen Dreiecks ein.	
☐	**Bestimmung der Höhe $h_{D_{max}}$ des Dreiecks:** ➔ Differenz der y-Koordinaten
☐	**Berechnung des Flächeninhalts $A_{D_{max}}$ des Dreiecks $N_1Q_2N_2$:** ➔ Einsetzen der Werte in die Flächenformel des allgemeinen Dreiecks

Aufgabe 4 Lösungen

Berechnung der Koordinaten des Schnittpunkts Q_1 der Parabeln p_1 und p_2:
(➔ Gleichsetzen der Funktionsterme der beiden Parabeln p_1 und p_2; Berechnung des y-Werts durch Einsetzen des x-Werts in p_1)

Berechnung der Funktionsgleichung der Parabel p_2:
(➔ Einsetzen der Koordinaten von $S_2(1|-7)$ in die Scheitelform $y = (x - d)^2 + e$; Umformung der Scheitelform in Normalform)

$y = (x - 1)^2 - 7$

$y = x^2 - 2x + 1 - 7$ $\qquad$ $\underline{p_2: y = x^2 - 2x - 6}$

p_1 und p_2 gleichsetzen:

$$x^2 - 8x + 12 = x^2 - 2x - 6 \qquad | -x^2 + 8x$$
$$12 = 6x - 6 \qquad | +6$$
$$18 = 6x \qquad | :3$$

$\underline{x = 3}$

$x = 3$ einsetzen in p_1:

$y = 3^2 - 8 \cdot 3 + 12$

$y = -3$

$\underline{\underline{Q_1(3 | -3)}}$

Berechnung der Schnittpunkte N_1 und N_2 der Parabel p_1 mit der x-Achse:

(➔ Parabelgleichung p_1 gleich Null setzen; Lösungsformel anwenden)

$x^2 - 8x + 12 = 0$

$$x_{1,2} = -\frac{-8}{2} \pm \sqrt{\left(\frac{-8}{2}\right)^2 - 12}$$

$$x_{1,2} = 4 \pm \sqrt{16 - 12}$$

$x_1 = 2$ $\underline{\underline{N_1(2 | 0)}}$

$x_2 = 6$ $\underline{\underline{N_2(6 | 0)}}$

Berechnung des Flächeninhalts A_D des Dreiecks $N_1Q_1N_2$:

(➔ Einsetzen der Werte in die Flächenformel des allgemeinen Dreiecks)

$$A_D = \frac{\overline{N_1N_2} \cdot h_D}{2}$$

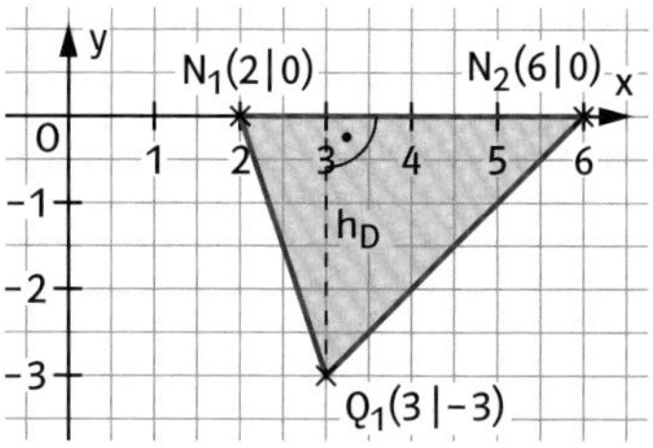

Bestimmung der Länge der Strecke $\overline{N_1N_2}$ sowie der Höhe h_D des Dreiecks:

(➔ Differenz der x- bzw. y-Koordinaten der jeweiligen Punkte)

$\underline{\overline{N_1N_2} = 4 \text{ LE}}$

$\underline{\text{Höhe } h_D = 3 \text{ LE}}$

$$A_D = \frac{\overline{N_1N_2} \cdot h_D}{2}$$

$$A_D = \frac{4 \cdot 3}{2}$$

$\underline{\underline{A_D = 6 \text{ FE}}}$

Bestimmung der Koordinaten von Punkt Q_2 mit maximalem Flächeninhalt $A_{D_{max}}$ für das Dreieck $N_1Q_2N_2$:
(→ Bestimmung der maximalen Dreieckshöhe)
Bei gleichbleibender Grundseite $\overline{N_1N_2}$ ergibt sich die größte Dreieckshöhe im Scheitelpunkt $S_2(1|-7)$ der Parabel p_2.
Es ist eine außenliegende Höhe. $\underline{\underline{Q_2(1|-7)}}$

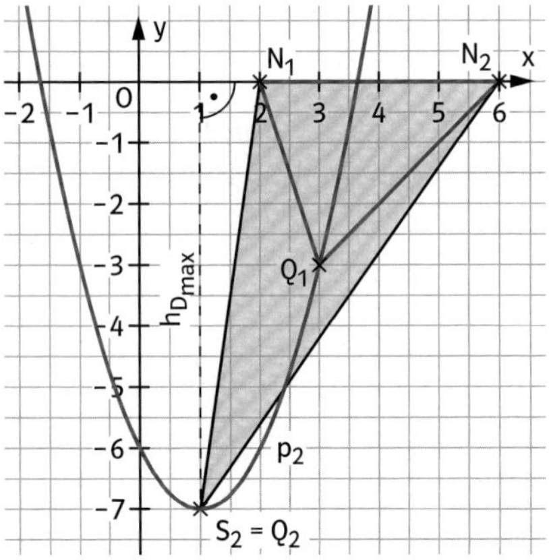

Berechnung des Flächeninhalts $A_{D_{max}}$ des Dreiecks $N_1Q_2N_2$:
(→ Einsetzen der Werte in die Flächenformel des allgemeinen Dreiecks)

$$A_{Dmax} = \frac{\overline{N_1N_2} \cdot h_{D_{max}}}{2}$$

Bestimmung der Höhe $h_{D_{max}}$ des Dreiecks:
(→ Differenz der y-Koordinaten)

Höhe $\underline{\underline{h_{D_{max}} = 7 \text{ LE}}}$

$$A_{D_{max}} = \frac{\overline{N_1N_2} \cdot h_{D_{max}}}{2}$$

$$A_{D_{max}} = \frac{4 \cdot 7}{2}$$

$\underline{\underline{A_{D_{max}} = 14 \text{ FE}}}$

Aufgabe 4 → Prüfungsaufgabe S. 11

b) Das regelmäßige Sechseck und das gleichschenklige Dreieck ABC haben die Seite $\overline{AB}$ gemeinsam.

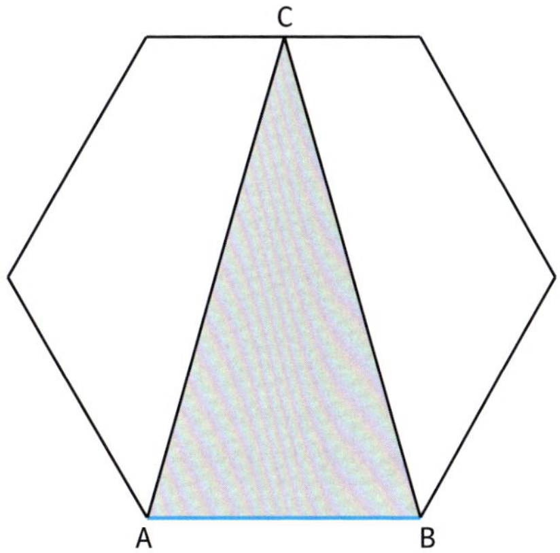

Es gilt:

$\overline{AB} = 12{,}4\,\text{cm}$

- Berechnen Sie den Umfang des Dreiecks ABC.

Tom behauptet: „Der Flächeninhalt des Sechsecks ist dreimal so groß wie der Flächeninhalt des Dreiecks ABC."

- Hat Tom recht?
  Begründen Sie Ihre Antwort durch Rechnung oder Argumentation.

Aufgabe 4 Lösungshinweise

Berechnung des Umfangs u des Dreiecks ABC:
Das Dreieck ABC ist ein gleichschenkliges Dreieck. Um den Umfang des Dreiecks ABC berechnen zu können, benötigt man zur Basis $\overline{AB}$ noch die beiden gleichgroßen Schenkel $\overline{AC}$ und $\overline{BC}$. Das Sechseck setzt sich aus sechs gleichseitigen Dreiecken zusammen. Die Höhe des gleichschenkligen Dreiecks ABC ist doppelt so lang wie eine Höhe h_a eines gleichseitigen Dreiecks im regelmäßigem Sechseck. Mit dem Satz von Pythagoras lassen sich die Schenkel $\overline{AC}$ und $\overline{BC}$ berechnen. Mit der Umfangsformel für das gleichschenklige Dreieck kann der Umfang des Dreiecks ABC berechnet werden.

☐	**Berechnung der Höhe h_a im gleichseitigen Dreieck:** → Höhenformel für das gleichseitige Dreieck
☐	**Berechnung der Höhe $h_{\overline{AB}}$ im gleichschenkligen Dreieck ABC:** → Verdoppelung der Höhe h_a
☐	**Berechnung der Schenkel $\overline{AC}$ und $\overline{BC}$:** → Satz von Pythagoras im halben gleichschenkligen Dreieck
☐	**Berechnung des Umfangs u des Dreiecks ABC:** → Umfangsformel für das gleichschenklige Dreieck

Rechnerische Überprüfung der Behauptung Toms:
Um die Behauptung zu überprüfen, muss man die Flächeninhalte des gleichschenkligen Dreiecks und des Sechsecks berechnen. Der Flächeninhalt des gleichschenkligen Dreiecks ABC lässt sich mit der Flächenformel für das allgemeine Dreieck berechnen, der Flächeninhalt des Sechsecks mit der Flächenformel für das regelmäßige Sechseck. Anschließend bildet man das Verhältnis aus den beiden Flächeninhalten.
Argumentativ kann man den Flächeninhalt des Sechsecks mit dem Flächeninhalt eines gleichseitigen Teildreiecks vergleichen. Die Fläche des gleichseitigen Dreiecks lässt sich mithilfe der Grundseite $\overline{AB}$ und der Höhe h_a berechnen.

☐	**Berechnung des Flächeninhalts des Dreiecks ABC:** ➔ Flächenformel für das allgemeine Dreieck
☐	**Berechnung des Flächeninhalts des Sechsecks:** ➔ Flächenformel für das regelmäßige Sechseck
☐	**Rechnerische Überprüfung der Behauptung Toms:** ➔ Flächeninhalte vergleichen; Berechnung des Verhältnisses der Flächeninhalte

Aufgabe 4 Lösungen

Berechnung des Umfangs u des Dreiecks ABC:
(➔ Umfangsformel für das gleichschenklige Dreieck)
$u = \overline{AB} + 2 \cdot \overline{BC}$

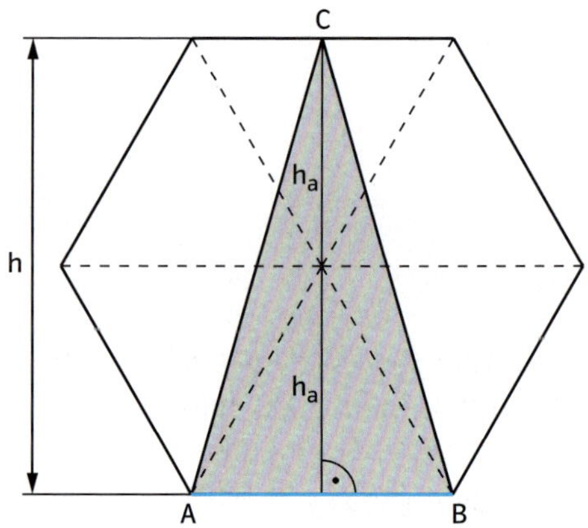

Berechnung der Höhe h_a im gleichseitigen Dreieck:
(➔ Höhenformel für das gleichseitige Dreieck)
$h_a = \frac{1}{2} \cdot \overline{AB} \cdot \sqrt{3}$
$h_a = \frac{1}{2} \cdot 12{,}4 \cdot \sqrt{3}$

$\underline{h_a = 10{,}74\,\text{cm}}$

Berechnung der Höhe $h_{\overline{AB}}$ im gleichschenkligen Dreieck ABC:
(➔ Verdoppelung der Höhe h_a)
$h_{\overline{AB}} = 2 \cdot h_a$
$h_{\overline{AB}} = 2 \cdot 10{,}74$

$\underline{h_{\overline{AB}} = 21{,}48\,\text{cm}}$

Berechnung der Schenkel $\overline{AC}$ und $\overline{BC}$:
(→ Satz von Pythagoras im halben gleichschenkligen Dreieck)

$\overline{BC}^2 = \left(\frac{\overline{AB}}{2}\right)^2 + h_{\overline{AB}}^2$

$\overline{BC}^2 = \left(\frac{12{,}4}{2}\right)^2 + 21{,}48^2 \quad |\sqrt{}$

$\overline{BC} = \sqrt{6{,}2^2 + 21{,}48^2}$ $\underline{\overline{BC} = 22{,}36\,cm}$

$u = \overline{AB} + 2 \cdot \overline{BC}$
$u = 12{,}4 + 2 \cdot 22{,}36$ $\underline{\underline{u = 57{,}1\,cm}}$

Rechnerische Überprüfung der Behauptung Toms:
(→ Flächeninhalte vergleichen; Berechnung des Verhältnisses der Flächeninhalte)

Berechnung des Flächeninhalts des Dreiecks ABC:
(→ Flächenformel für das allgemeine Dreieck)

$A_{ABC} = \frac{1}{2} \cdot \overline{AB} \cdot h_{\overline{AB}}$

$A_{ABC} = \frac{1}{2} \cdot 12{,}4 \cdot 21{,}48$ $\underline{A_{ABC} = 133{,}18\,cm^2}$

Berechnung des Flächeninhalts des Sechsecks:
(→ Flächenformel für das regelmäßige Sechseck)
$A_{Sechseck} = 3 \cdot \overline{AB} \cdot h_a$
$A_{Sechseck} = 3 \cdot 12{,}4 \cdot 10{,}74$ $\underline{A_{Sechseck} = 399{,}53\,cm^2}$

$\frac{A_{Sechseck}}{A_{ABC}} = \frac{399{,}53}{133{,}18} \approx \frac{3}{1}$ <u>Tom hat recht.</u>

Argumentative Überprüfung der Behauptung Toms:
(→ Vergleich des Flächeninhalts des Sechsecks mit dem Flächeninhalt eines gleichseitigen Teildreiecks.)
Das regelmäßige Sechseck besteht aus sechs gleichseitigen Dreiecken mit der Grundseite $\overline{AB}$ und der Höhe h_a. Das Dreieck ABC hat ebenfalls die Grundseite $\overline{AB}$ und die Höhe $h_{\overline{AB}} = 2 \cdot h_a$. Dadurch ist der Flächeninhalt des Dreiecks ABC doppelt so groß wie der eines der sechs gleichseitigen Dreiecke. Der Flächeninhalt des Sechsecks ist also dreimal so groß wie der Flächeninhalt des Dreiecks ABC.

<u>Tom hat recht.</u>

A1 A2 B

Prüfung 2021

Aufgaben und Lösungen

Pflichtbereich A1

Zugelassene Hilfsmittel: Parabelschablone, Zeichengeräte

Aufgabe 1

a) Auf der Mantelfläche der quadratischen Pyramide ist ein Streckenzug eingezeichnet. Auf welchem der vier abgebildeten Netze wird der Streckenzug richtig dargestellt?

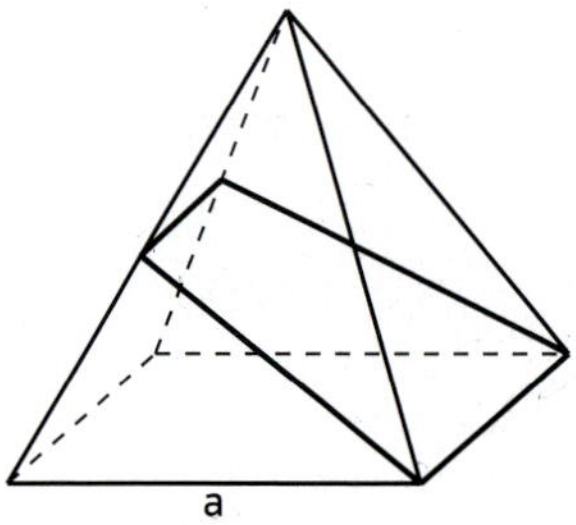

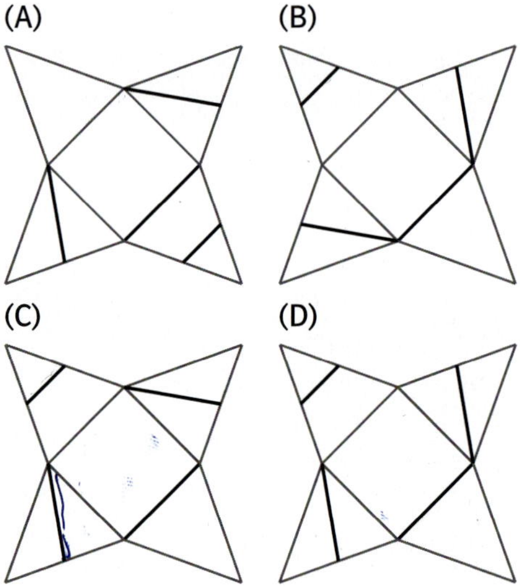

b) Die Grundkante a der quadratischen Pyramide ist 5 cm lang.
Die Körperhöhe h beträgt 6 cm.
Berechnen Sie das Volumen der quadratischen Pyramide.

Aufgabe 2

Lösen Sie die Gleichung.

$(x - 3)(x + 5) + 7 = 8(x - 2)$

 → Lösung S. 12

Aufgabe 3

In einem Behälter liegen gelbe, rote und blaue Kugeln.
Insgesamt sind es sechs Stück.
Kim zieht ohne hinzuschauen zwei Kugeln gleichzeitig.
Im Baumdiagramm sind zwei Wahrscheinlichkeiten angegeben.

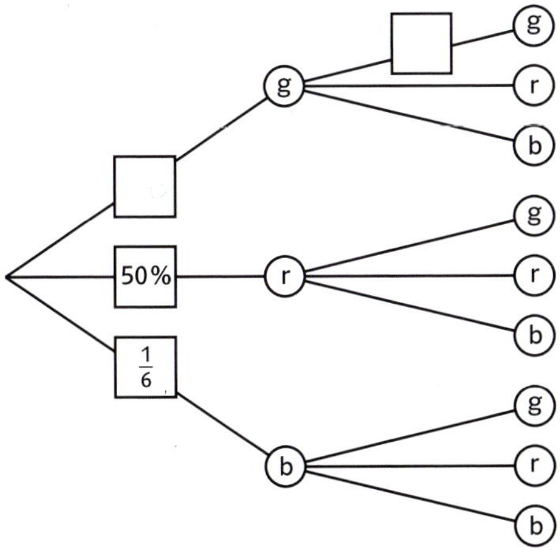

a) Ergänzen Sie in den beiden leeren Feldern die Wahrscheinlichkeitsangaben.

b) Wie groß ist die Wahrscheinlichkeit, dass Kim zwei rote Kugeln zieht?

Aufgabe 4

a) Sechs Funktionsgleichungen – drei Graphen
Welche Funktionsgleichung gehört zu welchem Graphen?

(1) $y = -3x + 3$

(2) $y = -\frac{1}{2}x^2 + 3$

(3) $y = x^2 - 4x + 3$

(4) $y = 3x + 3$

(5) $y = x^2 + 4x + 3$

(6) $y = -\frac{1}{4}x^2 + 3$

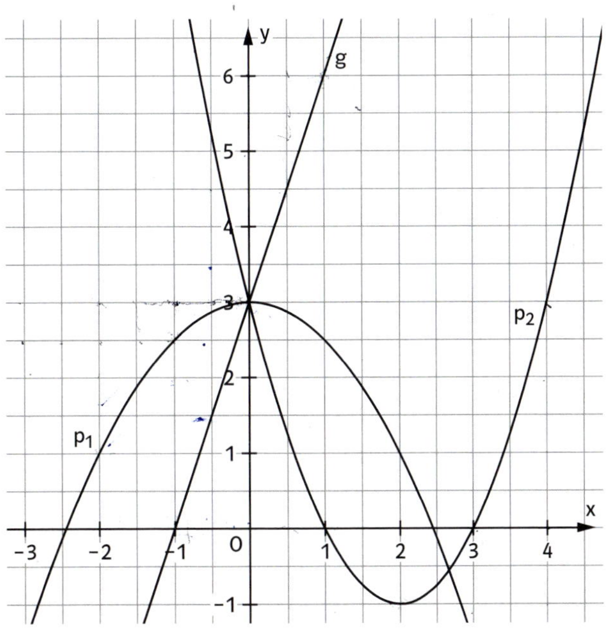

b) Die Gerade h hat die Funktionsgleichung $y = -\frac{1}{2}x + 2$.
Zeichnen Sie die Gerade h in das abgebildete Koordinatensystem.

→ Lösung S. 12 – 14

Aufgabe 5

Weisen Sie nach, dass gilt:

$$\frac{10^6}{5^4 \cdot 5^2} : 2^4 = 4$$

Aufgabe 6

Johannes legt drei Muster mit quadratischen Kärtchen.

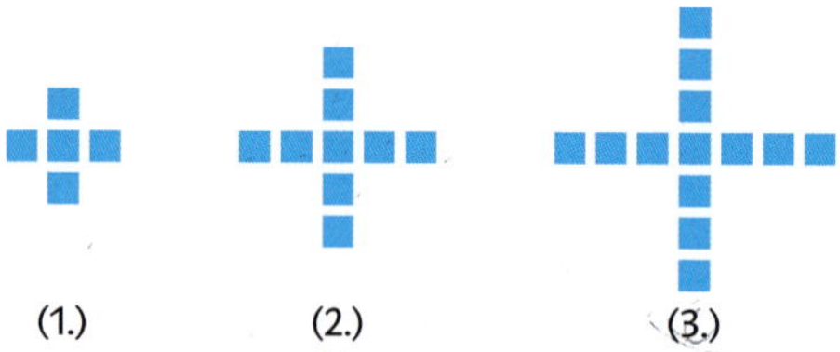

Er behauptet: „Das 10. Muster besteht aus 43 Kärtchen."
Hat Johannes recht?
Begründen Sie Ihre Aussage.

Aufgabe 7

Ordnen Sie jedem Kreisdiagramm die passende Aussage zu.
Tragen Sie den Buchstaben in das Kästchen ein.

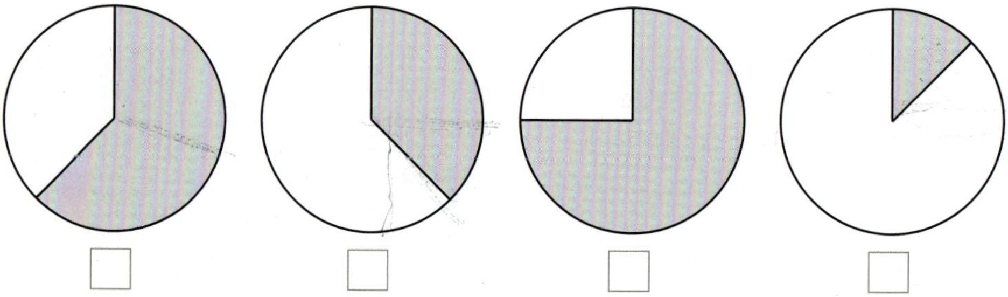

(A) Drei Viertel der Schülerinnen und Schüler kommen im Winter mit dem Bus zur Schule.
(B) 15 % der Schülerinnen und Schüler besuchen die Klassenstufe 10.
(C) 200 von 300 Schülerinnen und Schülern haben Geschwister.
(D) 40 % der Schülerinnen und Schüler fahren im Sommer mit dem Fahrrad zur Schule.

 → Lösung S. 15

Pflichtbereich A2

Zugelassene Hilfsmittel: Formelsammlung, wissenschaftlicher Taschenrechner (nicht programmierbar), Parabelschablone, Zeichengeräte

Aufgabe 1

Das gleichschenklige Dreieck ABC und das Quadrat ADEF überdecken sich teilweise.

Es gilt:
$\overline{BD} = 10{,}0\,cm$
$\beta = 67{,}0°$
$\overline{AC} = \overline{BC}$

Berechnen Sie den Umfang des Dreiecks GEC.

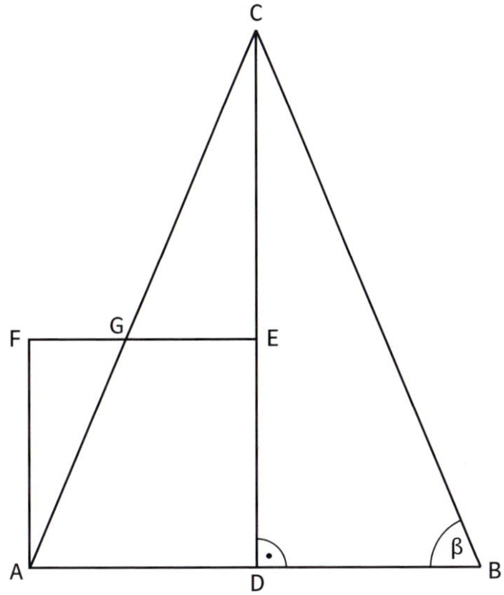

Aufgabe 2

Ein Kunstwerk setzt sich aus einer Halbkugel und einem Kegel zusammen.

Es gilt:
$s = 3{,}7\,m$
$h_{ges} = 5{,}1\,m$
$\alpha = 72{,}0°$

- Berechnen Sie den Oberflächeninhalt des zusammengesetzten Körpers.

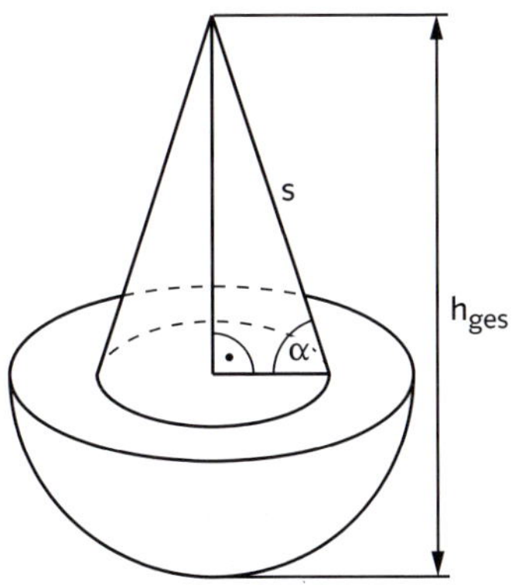

Dieses Kunstwerk soll mit Farbe angestrichen werden.
Eine 1-Liter-Farbdose reicht für $10\,m^2$.
- Wie viele Dosen müssen gekauft werden?

→ Lösung S. 16 – 18

Aufgabe 3

Die beiden Glücksräder werden gedreht.
Wenn sie stehen bleiben, erkennt man im Sichtfenster eine zweistellige Zahl.
Die Abbildung zeigt die Zahl 43.

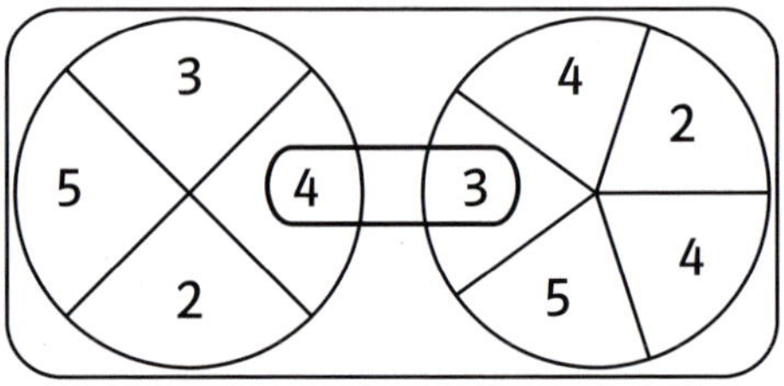

Mit welcher Wahrscheinlichkeit ist im Sichtfenster
- eine Zahl mit zwei gleichen Ziffern zu sehen?
- eine durch 12 teilbare Zahl zu sehen?
- höchstens einmal die Ziffer 4 zu sehen?

Aufgabe 4

Immer mehr Menschen kaufen im Internet ein. Die Grafik zeigt die Umsatzentwicklung des Onlinehandels in Deutschland.
- Um wie viel Prozent ist der Umsatz des Onlinehandels von 2016 bis 2019 insgesamt gestiegen?

Umsatz des Onlinehandels in Deutschland

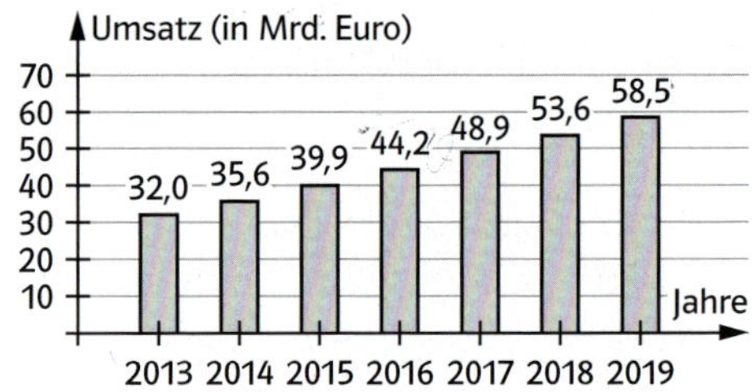

Das Kreisdiagramm zeigt die Umsatzanteile verschiedener Bereiche am Gesamtumsatz des Onlinehandels im Jahr 2017.
- Wie hoch war der Umsatz (in Euro) für den Bereich „Freizeit und Hobby"?

Umsatzanteile am Onlinehandel 2017

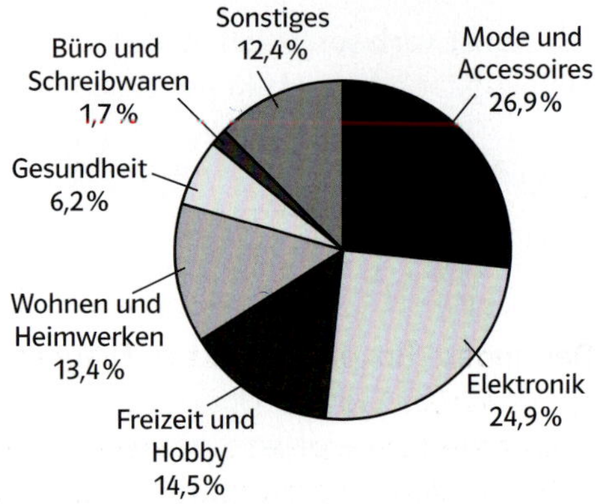

Laut einer Untersuchung entfielen im Jahr 2017 allein 53,0 % des Bereichs „Elektronik" auf den Onlinehandel mit Smartphones.
- Wie viele Euro wurden nach dieser Untersuchung im Onlinehandel für Smartphones ausgegeben?

 → Lösung S. 19 – 21

Aufgabe 5

Die Parabel p hat die Funktionsgleichung $y = x^2 - 6x + 10$. Eine Gerade g besitzt die Steigung $m = -2$. Sie geht durch den Scheitelpunkt S der Parabel p.
- Berechnen Sie die Koordinaten des zweiten Schnittpunkts Q der Parabel p mit der Geraden g.

Die Gerade h verläuft senkrecht zur Geraden g und geht durch den Punkt Q.
- Berechnen Sie die Funktionsgleichung der Geraden h.

Aufgabe 6

Im Rahmen einer Umfrage wurden 25 Männer und 25 Frauen getrennt voneinander befragt, wie viele Stunden sie pro Woche lesen.
Die Ergebnisse dieser Befragungen sind in den beiden Boxplots dargestellt.

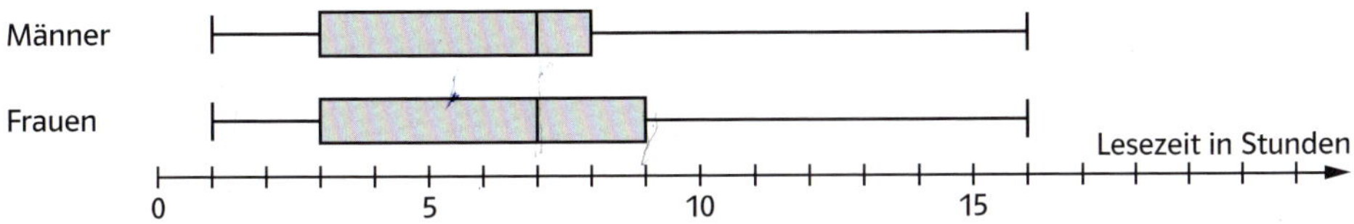

Außerdem sind die Ergebnisse der Befragungen in den beiden Säulendiagrammen abgebildet, wobei das Diagramm (2) unvollständig ist.
- Welcher Boxplot gehört zu Diagramm (1)? Begründen Sie mithilfe der Kennwerte.

(1)

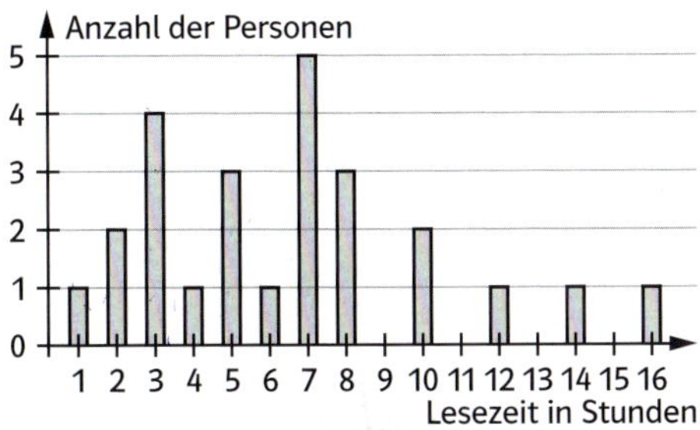

(2)

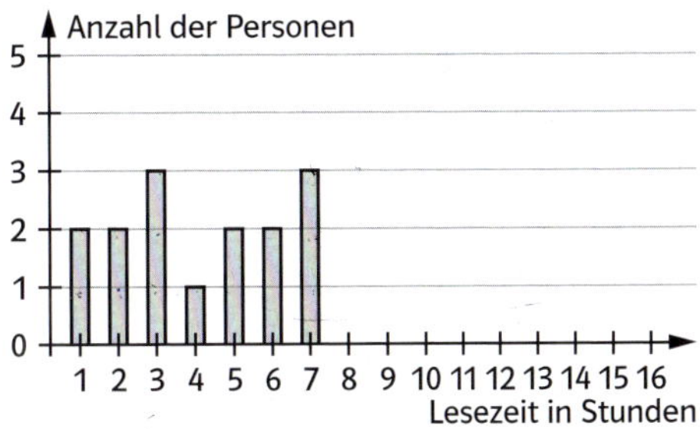

Der andere Boxplot gehört zu Diagramm (2). Hier fehlen Säulen von 8 bis 16 Stunden Lesezeit.
- Ergänzen Sie mögliche Säulen im Diagramm (2) für die Werte von 8 bis 16 Stunden Lesezeit mithilfe des zugehörigen Boxplots.

Finn behauptet: „Über die Hälfte der Männer liest 7 Stunden oder mehr pro Woche."
- Hat Finn recht? Begründen Sie.

→ Lösung S. 22 – 25

Wahlbereich B

Zugelassene Hilfsmittel: Formelsammlung, wissenschaftlicher Taschenrechner (nicht programmierbar), Parabelschablone, Zeichengeräte

Aufgabe 1

a) Gegeben sind das rechtwinklige Dreieck ABC und das gleichschenklige Dreieck ADE.

Es gilt:
$\overline{AB} = 13{,}2\,\text{cm}$
$\alpha = 55{,}0°$
$\overline{CE} = 8{,}0\,\text{cm}$
$\overline{AE} = \overline{DE}$

- Berechnen Sie die Länge von $\overline{DF}$.
- Berechnen Sie den Umfang des Vierecks ABFE.

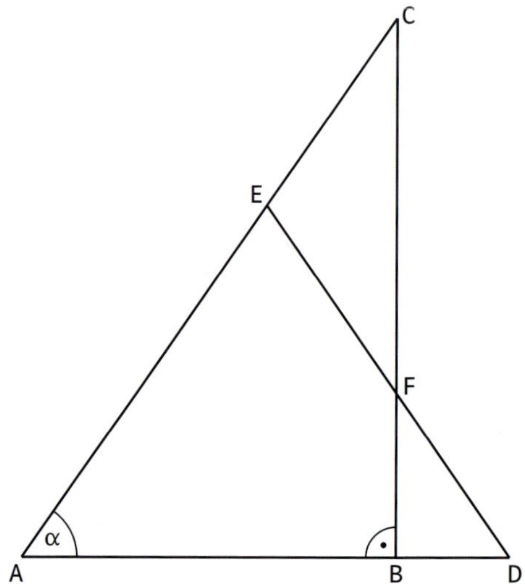

b) Die Punkte A(1 | −8) und B(3 | −8) liegen auf einer nach oben geöffneten verschobenen Normalparabel p.
- Geben Sie die Funktionsgleichung der Parabel p in der Normalform $y = x^2 + bx + c$ an.

Die Schnittpunkte der Parabel p mit der x-Achse und die Punkte A und B bilden ein Viereck.
- Berechnen Sie den Flächeninhalt dieses Vierecks.

Die Geraden g und h verlaufen jeweils auf den Diagonalen des Vierecks. Sie schneiden sich im Punkt Q.
- Berechnen Sie die Koordinaten des Schnittpunkts Q.

 → Lösung S. 26 – 32

Aufgabe 2

a) Der Punkt $A(-4|-1)$ liegt auf der Parabel p_1 mit der Funktionsgleichung $y = x^2 + bx + 7$.
Die Gerade g schneidet die Parabel p_1 im Punkt A und im Scheitelpunkt S_1.

- Berechnen Sie die Funktionsgleichungen der Parabel p_1 und der Geraden g.

Durch Spiegelung des Scheitelpunkts S_1 an der y-Achse entsteht der Punkt S_2.
S_2 ist der Scheitelpunkt einer nach oben geöffneten verschobenen Normalparabel p_2.

- Geben Sie die Funktionsgleichung von p_2 in der Form $y = x^2 + bx + c$ an.

Der Schnittpunkt der Geraden g mit der y-Achse ist der Scheitelpunkt S_3 der Parabel p_3. Die Parabel p_3 der Form $y = ax^2 + c$ geht außerdem durch die Scheitelpunkte S_1 und S_2.

- Berechnen Sie die Funktionsgleichung der Parabel p_3.

b) In einer quadratischen Pyramide liegt das gleichschenklige Dreieck EFS.

Es gilt:
$\overline{AB} = \overline{EF} = 12{,}6\,\text{cm}$
$\alpha = 72{,}0°$
$\overline{EF} \parallel \overline{AC}$

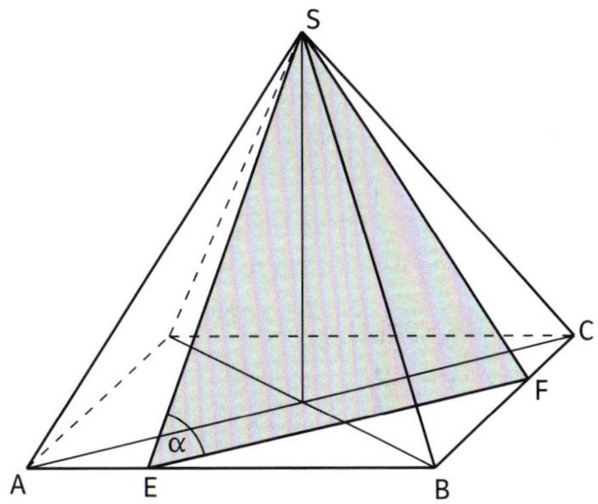

- Berechnen Sie den Flächeninhalt des Dreiecks EFS.

- Berechnen Sie das Volumen der quadratischen Pyramide.

→ Lösung S. 33 – 39

Aufgabe 3

a) Zehn gleich große Karten sind mit vier verschiedenen Symbolen (Handball, Radfahren, Laufen, Fußball) bedruckt. Sie sind nach den vier Symbolen in Stapeln sortiert (siehe Abbildung). Die Karten werden gemischt und verdeckt auf den Tisch gelegt. Sie werden für ein Glücksspiel eingesetzt. Dabei werden zwei Karten gleichzeitig gezogen.
Für das Spiel wird der abgebildete Gewinnplan geprüft.

- Berechnen Sie den Erwartungswert.

Ereignis	Gewinn
zweimal 	9,00 €
 und 	6,00 €
 und 	3,00 €
andere Ereignisse	kein Gewinn

Einsatz pro Spiel: 1,00 €

Der Veranstalter möchte langfristig pro Spiel einen Erlös von 0,50 € erzielen.

- Wie hoch muss dann der Gewinn für „ und " sein, wenn alles andere unverändert bleibt?

b) Die Flugbahn eines Speers ist nahezu parabelförmig. Der Abwurfpunkt A liegt 1,80 m über der Abwurflinie. Der Speer erreicht nach 20 m, in horizontaler Richtung von der Abwurflinie gemessen, seine maximale Höhe von 9,80 m.

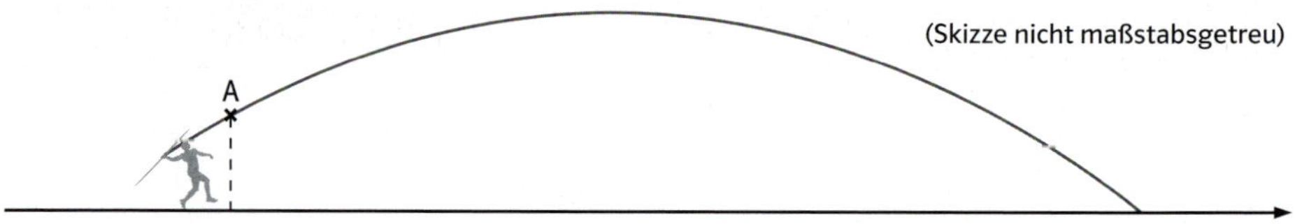

- Berechnen Sie eine mögliche Funktionsgleichung der Flugkurve des Speers.

- Wie weit fliegt der Speer?

Ein zweiter Wurfversuch kann mit der Funktionsgleichung $y = -\frac{1}{30}x^2 + 13$ beschrieben werden. Die Wurfweite beträgt 38,15 m.

- Geben Sie die Höhe dieses Abwurfpunktes an.

Aufgabe 4

a) Die Gerade g und die verschobene Normalparabel p gehen durch die beiden Punkte $A(2|3)$ und $B(6|11)$.
Der Punkt $C(4|y_C)$ liegt auf der Parabel p.
Die Gerade h steht senkrecht auf g und geht durch C.
Die Gerade h schneidet die beiden Koordinatenachsen in den Punkten P und Q.

- Berechnen Sie die Koordinaten von P und Q.

b) Ein DIN-A4-Blatt hat die Eckpunkte A, B, C und D.
Die Punkte M_1 und M_2 halbieren die Seitenlängen des DIN-A4-Blatts.
Das DIN-A4-Blatt wird wie abgebildet gefaltet. Der Punkt A wird zu A' und liegt nach dem Falten auf M_1.
Der Punkt C wird zum Punkt C'. Die beiden Papierkanten stoßen entlang von $\overline{M_1F}$ aneinander.

- Berechnen Sie die Flächeninhalte des Dreiecks EM_1D und des Vierecks FBM_2C'.

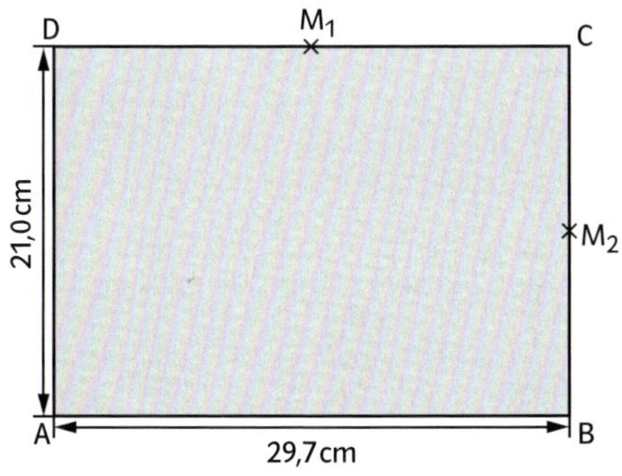

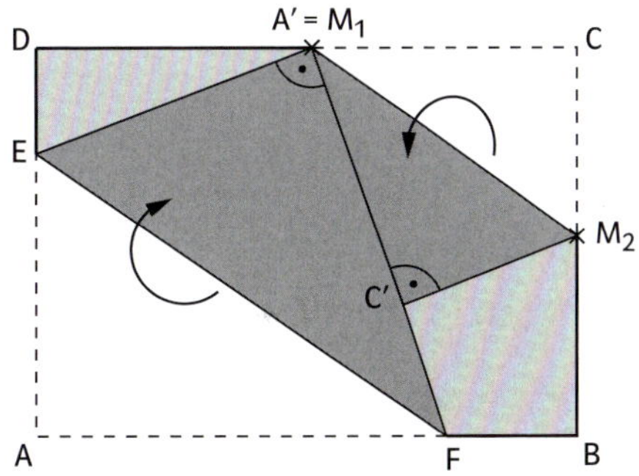

Aufgabe 1 → Prüfungsaufgabe S. 2

a) Der auf der Mantelfläche der quadratischen Pyramide abgebildete Streckenzug wird auf dem Netz (B) richtig dargestellt. Netz (B)

b) $V = \frac{1}{3} \cdot a^2 \cdot h$

Mit $a = 5\,cm$ und $h = 6\,cm$ gilt:

$V = \frac{1}{3} \cdot 5^2 \cdot 6$

$V = \frac{6}{3} \cdot 25$

$V = 2 \cdot 25$ $\underline{\underline{V = 50\,cm^3}}$

Aufgabe 2 → Prüfungsaufgabe S. 2

$$(x-3)(x+5)+7 = 8(x-2)$$
$$x^2 + 5x - 3x - 15 + 7 = 8x - 16$$
$$x^2 + 2x - 8 = 8x - 16 \qquad |-8x+16$$
$$x^2 - 6x + 8 = 0$$

$x_{1,2} = 3 \pm \sqrt{3^2 - 8}$

$x_{1,2} = 3 \pm 1$ $\underline{\underline{x_1 = 4;\ x_2 = 2}}$

Aufgabe 3 → Prüfungsaufgabe S. 3

Insgesamt liegen 6 Kugeln im Behälter.
Ein gleichzeitiges Ziehen zweier Kugeln bedeutet Ziehen ohne Zurücklegen.

a) **Berechnung der Wahrscheinlichkeit P(gelb):**

P(gelb) = 1 − P(rot) − P(blau)

P(gelb) = 1 − 50 % − $\frac{1}{6}$

P(gelb) = 1 − $\frac{3}{6} - \frac{1}{6} = \frac{2}{6}$

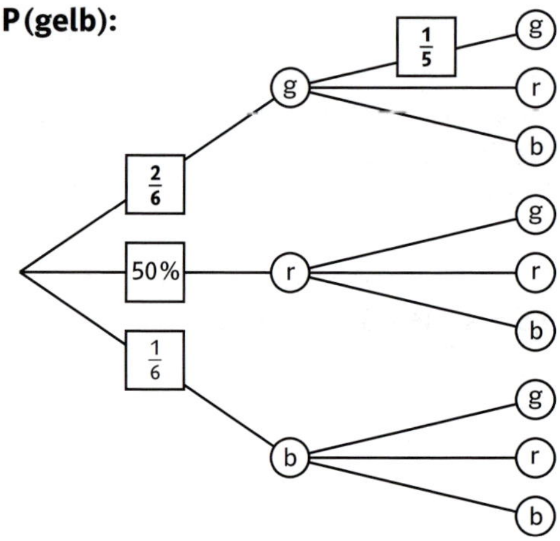

Berechnung der Wahrscheinlichkeit P(gelb) bei der 2. Ziehung:

Soll die zweite Kugel auch eine gelbe Kugel sein, hat man nur noch eine gelbe Kugel von insgesamt 5 Kugeln zur Verfügung.

P(gelb) bei der 2. Ziehung = $\frac{1}{5}$

b) **Berechnung der Wahrscheinlichkeit P (rot; rot):**

$P(\text{rot; rot}) = \frac{3}{6} \cdot \frac{2}{5}$

$P(\text{rot; rot}) = \frac{6}{30}$

$P(\text{rot; rot}) = \frac{1}{5}$ bzw. 20 %

Aufgabe 4 → Prüfungsaufgabe S. 3

(1) $y = -3x + 3$

(2) $y = -\frac{1}{2}x^2 + 3$

(3) $y = x^2 - 4x + 3$

(4) $y = 3x + 3$

(5) $y = x^2 + 4x + 3$

(6) $y = -\frac{1}{4}x^2 + 3$

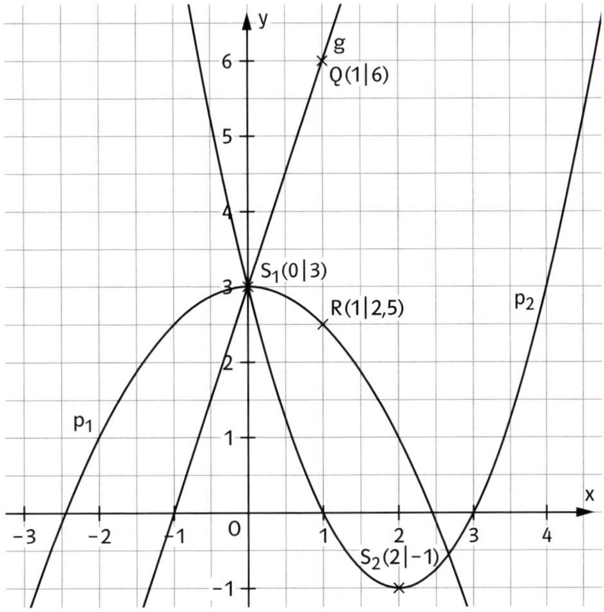

a) **Zuordnung der Graphen zu den Funktionsgleichungen:**

Bestimmung der Funktionsgleichung zu p_1:

Die Parabelpunkte $S_1(0|3)$ und $R(1|2{,}5)$ gehören zu p_1.

Somit gilt: $c = 3$

$R(1|2{,}5)$ einsetzen in $y = ax^2 + 3$:

$2{,}5 = a \cdot 1^2 + 3 \qquad |-3$

$a = -\frac{1}{2}$

$p_1\colon y = -\frac{1}{2}x^2 + 3$

Der Graph p_1 gehört zur Funktionsgleichung (2).

Bestimmung der Funktionsgleichung zu p_2:
Scheitelpunkt $S_2(2|-1)$ in $y = (x - d)^2 + e$ einsetzen:
$y = (x - 2)^2 - 1$
$y = x^2 - 4x + 4 - 1$ $\underline{p_2\text{: } y = x^2 - 4x + 3}$

Der Graph p_2 gehört zur Funktionsgleichung (3).

Bestimmung der Funktionsgleichung zu g:
Die Punkte $S_1(0|3)$ und $Q(1|6)$ gehören zu g.
Somit gilt: $c = 3$

$Q(1|6)$ einsetzen in $y = mx + 3$:
$6 = m \cdot 1 + 3 \quad |-3$
$m = 3$ $\underline{g\text{: } y = 3x + 3}$

Der Graph g gehört zur Funktionsgleichung (4).

b) **Zeichnung des Graphen h:**
Den Graphen von h zeichnet man mit dem y-Achsenabschnitt $c = 2$ und der Steigung $m = -\frac{1}{2}$ ein.

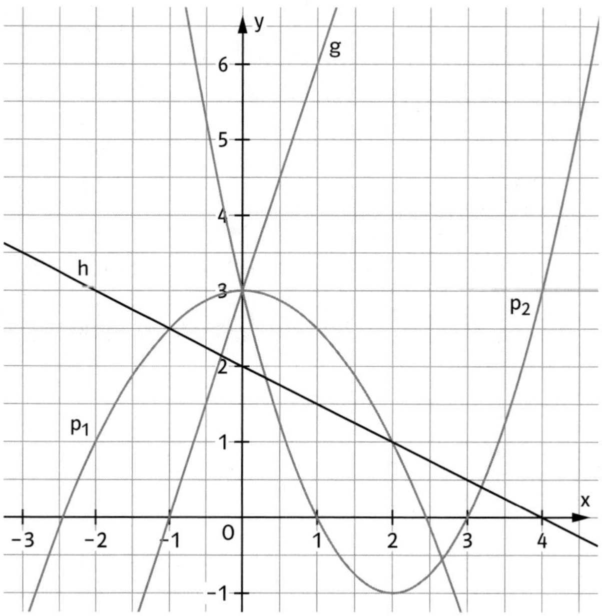

Aufgabe 5 → Prüfungsaufgabe S. 4

Anwenden der Potenzgesetze:

$$\frac{10^6}{5^4 \cdot 5^2} : 2^4 = \frac{10^6}{5^6} : 2^4 = 2^6 : 2^4 = 2^2 = 4$$

Aufgabe 6 → Prüfungsaufgabe S. 4

Berechnung der Anzahl der Kärtchen s für das 10. Muster:
Die Muster setzen sich so fort, dass jeweils 4 Kärtchen dazukommen.
Daraus ergibt sich: $s = 1 + 4 \cdot n$.
n steht für die Nummer des jeweiligen Musters.

Für das 10. Muster ergibt sich: $s = 1 + 4 \cdot 10 = 41$ Johannes hat nicht recht.

Aufgabe 7 → Prüfungsaufgabe S. 4

Zuordnung der Aussagen zu den Diagrammen:

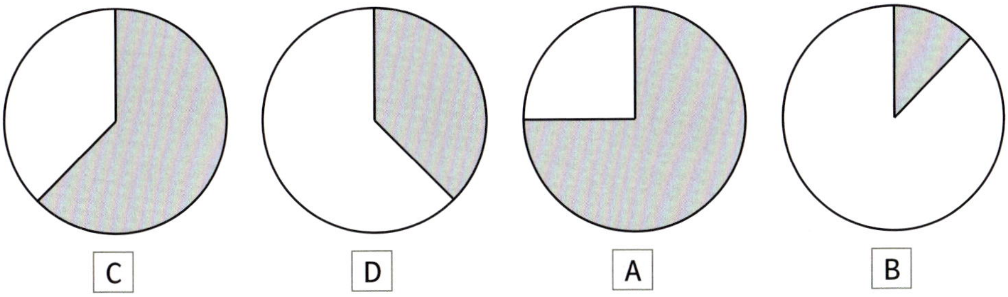

(A) Drei Viertel kann direkt dem 3. Diagramm zugeordnet werden.
(B) 15 % muss weniger als ein Viertel sein, somit kommt nur das 4. Diagramm in Frage.
(C) 200 von 300 Schülerinnen und Schülern sind $\frac{2}{3}$, also mehr als die Hälfte des Ganzen.
(D) 40 % sind weniger als die Hälfte.

Aufgabe 1 → Prüfungsaufgabe S. 5

Das gleichschenklige Dreieck ABC und das Quadrat ADEF überdecken sich teilweise.

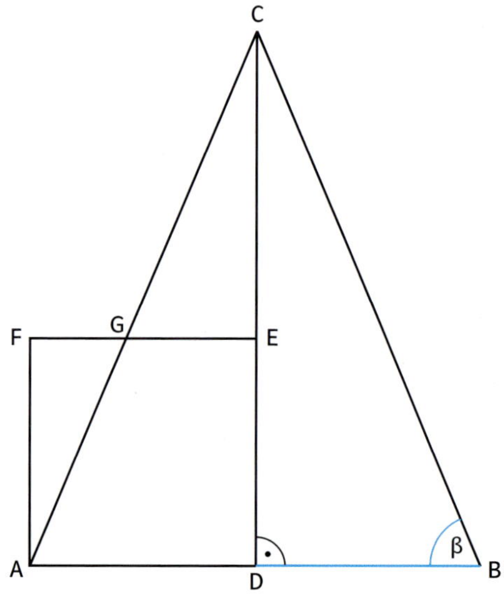

Es gilt:

$\overline{BD} = 10{,}0\,\text{cm}$

$\beta = 67{,}0°$

$\overline{AC} = \overline{BC}$

Berechnung des Umfangs des Dreiecks GEC:

(➔ Summe der Dreiecksseiten)

$u_{GEC} = \overline{EG} + \overline{CE} + \overline{CG}$

Berechnung der Strecke $\overline{CD}$:

(➔ Tangens im Dreieck DBC)

$\tan\beta = \frac{\overline{CD}}{\overline{BD}} \quad | \cdot \overline{BD}$

$\overline{CD} = \overline{BD} \cdot \tan\beta$

$\overline{CD} = 10{,}0 \cdot \tan 67{,}0°$ $\qquad$ $\underline{\overline{CD} = 23{,}56\,\text{cm}}$

Berechnung der Strecke $\overline{CE}$ mit $\overline{AD} = \overline{DE} = 10{,}0\,\text{cm}$ (Quadrat):

(➔ Streckendifferenz)

$\overline{CE} = \overline{CD} - \overline{DE}$

$\overline{CE} = 23{,}56 - 10{,}0$ $\qquad$ $\underline{\overline{CE} = 13{,}56\,\text{cm}}$

Berechnung des Winkels α:

(➔ Basiswinkel des gleichschenkligen Dreiecks)

$\alpha = \beta$ $\qquad$ $\underline{\alpha = 67{,}0°}$

Berechnung des Winkels α_1:

(➔ Stufenwinkel zu α)

$\alpha_1 = \alpha$ $\qquad$ $\underline{\alpha_1 = 67{,}0°}$

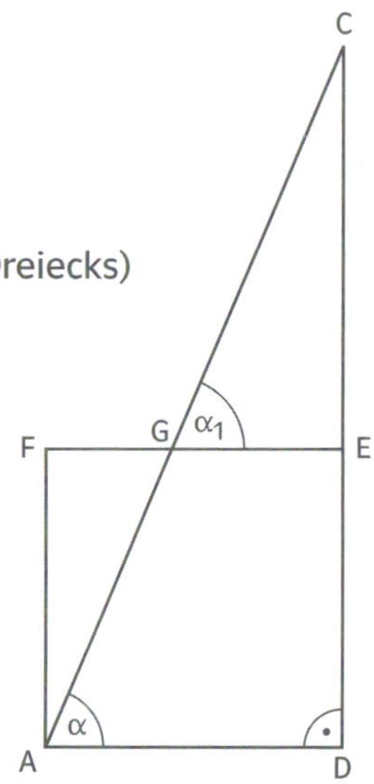

Berechnung der Strecke $\overline{EG}$:
(➔ Tangens im Dreieck GEC)

$\tan\alpha_1 = \frac{\overline{CE}}{\overline{EG}}$ $\quad | \cdot \overline{EG} \quad | : \tan\alpha_1$

$\overline{EG} = \frac{\overline{CE}}{\tan\alpha_1}$

$\overline{EG} = \frac{13{,}56}{\tan 67{,}0°}$ $\qquad \underline{\overline{EG} = 5{,}76\,cm}$

Berechnung der Strecke $\overline{CG}$:
(➔ Satz des Pythagoras im Dreieck GEC)

$\overline{CG}^2 = \overline{EG}^2 + \overline{CE}^2$

$\overline{CG}^2 = 5{,}76^2 + 13{,}56^2 \quad |\sqrt{\ }$

$\overline{CG} = \sqrt{5{,}76^2 + 13{,}56^2}$ $\qquad \underline{\overline{CG} = 14{,}73\,cm}$

$u_{GEC} = \overline{EG} + \overline{CE} + \overline{CG}$

$u_{GEC} = 5{,}76 + 13{,}56 + 14{,}73$ $\qquad \underline{\underline{u_{GEC} = 34{,}1\,cm}}$

Aufgabe 2 → Prüfungsaufgabe S. 5

Ein Kunstwerk setzt sich aus einer Halbkugel und einem Kegel zusammen.

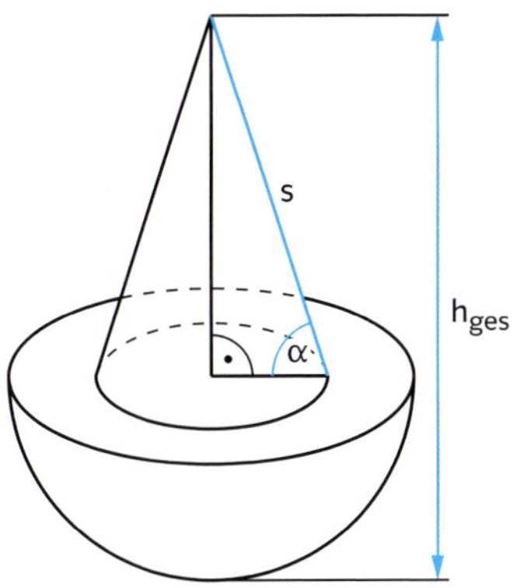

Es gilt:
$s = 3{,}7\,m$
$h_{ges} = 5{,}1\,m$
$\alpha = 72{,}0°$

Berechnung des Oberflächeninhalts O des Kunstwerks:
(➔ Summe der Teilflächen)

$O = M_{Kegel} + O_{Halbkugel} + A_{Ringfläche}$

Berechnung des Kegelradius r_{Ke}:
(➔ Kosinus in der halben Kegelschnittfläche)

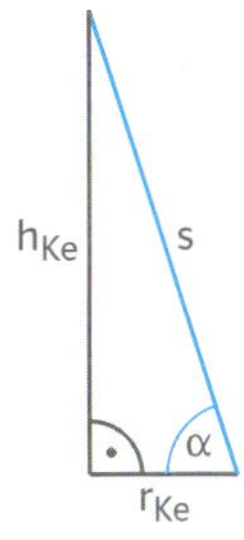

$\cos\alpha = \frac{r_{Ke}}{s}$ $\quad | \cdot s$

$r_{Ke} = s \cdot \cos\alpha$

$r_{Ke} = 3{,}7 \cdot \cos 72{,}0°$ $\qquad \underline{r_{Ke} = 1{,}14\,m}$

Berechnung der Mantelfläche des Kegels M_{Kegel}:
(➔ Mantelflächenformel des Kegels)

$M_{Kegel} = \pi \cdot r_{Ke} \cdot s$

$M_{Kegel} = \pi \cdot 1{,}14 \cdot 3{,}7$ $\qquad$ $\underline{M_{Kegel} = 13{,}25\,m^2}$

Berechnung der Kegelhöhe h_{Ke}:
(➔ Sinus in der halben Kegelschnittfläche)

$\sin\alpha = \frac{h_{Ke}}{s} \quad | \cdot s$

$h_{Ke} = s \cdot \sin\alpha$

$h_{Ke} = 3{,}7 \cdot \sin 72{,}0°$ $\qquad$ $\underline{h_{Ke} = 3{,}52\,m}$

Berechnung des Kugelradius r_{Ku}:
(➔ Streckendifferenz)

$r_{Ku} = h_{ges} - h_{Ke}$

$r_{Ku} = 5{,}1 - 3{,}52$ $\qquad$ $\underline{r_{Ku} = 1{,}58\,m}$

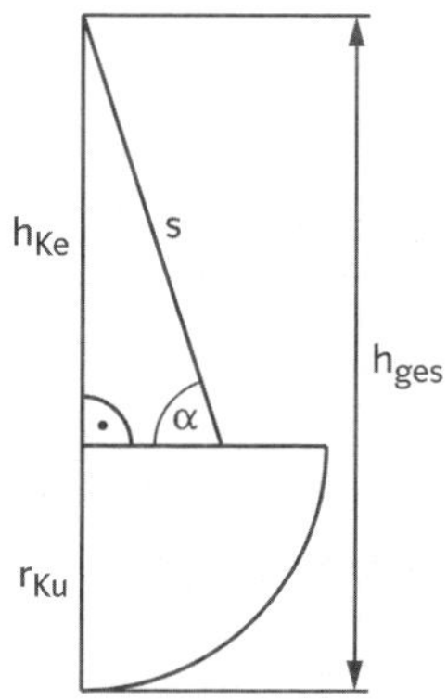

Berechnung der halben Kugeloberfläche $O_{Halbkugel}$:
(➔ Oberflächenformel der Kugel)

$O_{Halbkugel} = \frac{4\pi r_{Ku}^2}{2} = 2\pi r_{Ku}^2$

$O_{Halbkugel} = 2\pi \cdot 1{,}58^2$ $\qquad$ $\underline{O_{Halbkugel} = 15{,}69\,m^2}$

Berechnung der Ringfläche $A_{Ringfläche}$:
(➔ Differenz zweier Kreisflächen)

$A_{Ringfläche} = \pi r_{Ku}^2 - \pi r_{Ke}^2$

$A_{Ringfläche} = \pi \cdot 1{,}58^2 - \pi \cdot 1{,}14^2$ $\qquad$ $\underline{A_{Ringfläche} = 3{,}76\,m^2}$

$O = M_{Kegel} + O_{Halbkugel} + A_{Ringfläche}$

$O = 13{,}25 + 15{,}69 + 3{,}76$ $\qquad$ $\underline{\underline{O = 32{,}7\,m^2}}$

Berechnung der Farbmenge F:
(➔ 1 Liter Farbe reicht für $10\,m^2$)

$F = 32{,}7 : 10 = 3{,}27$ $\qquad$ Es müssen 4 Dosen gekauft werden.

Aufgabe 3 → Prüfungsaufgabe S. 6

Die beiden Glücksräder werden gedreht.
Wenn sie stehen bleiben, erkennt man im Sichtfenster eine zweistellige Zahl.
Die Abbildung zeigt die Zahl 43.

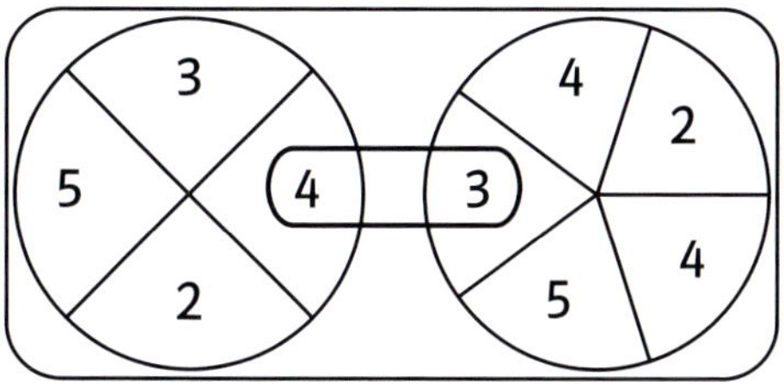

Bestimmung aller Ergebnisse:
(➔ Erstellen einer Tabelle)

	2	3	4	4	5
2	22	23	24	24	25
3	32	33	34	34	35
4	42	43	44	44	45
5	52	53	54	54	55

Berechnung der Wahrscheinlichkeit für das Ereignis „gleiche Ziffern":
(➔ zweistufiges Zufallsexperiment, Ziehen ohne Zurücklegen, Tabelle)

	2	3	4	4	5
2	22	23	24	24	25
3	32	33	34	34	35
4	42	43	44	44	45
5	52	53	54	54	55

P(gleiche Ziffern) = $\frac{5}{20}$

P(gleiche Ziffern) = $\frac{1}{4}$ = 25 %

Die Wahrscheinlichkeit für das Ereignis „gleiche Ziffern" beträgt $\frac{1}{4}$ bzw. 25 %.

Berechnung der Wahrscheinlichkeit für das Ereignis „Zahl ist durch 12 teilbar":
(➔ zweistufiges Zufallsexperiment, Ziehen ohne Zurücklegen, Tabelle)

	2	3	4	4	5
2	22	23	24	24	25
3	32	33	34	34	35
4	42	43	44	44	45
5	52	53	54	54	55

P(Zahl ist durch 12 teilbar) = $\frac{2}{20}$

P(Zahl ist durch 12 teilbar) = $\frac{1}{10}$ = 10 %

Die Wahrscheinlichkeit für das Ereignis „Zahl ist durch 12 teilbar" beträgt $\frac{1}{10}$ bzw. 10 %.

Berechnung der Wahrscheinlichkeit für das Ereignis „höchstens einmal die Ziffer 4“:

(➔ zweistufiges Zufallsexperiment, Ziehen ohne Zurücklegen, Gegenereignis, Tabelle)

	2	3	4	4	5
2	22	23	24	24	25
3	32	33	34	34	35
4	42	43	44	44	45
5	52	53	54	54	55

P(höchstens eine Ziffer 4) = 1 − P(4; 4)

P(höchstens eine Ziffer 4) = $1 - \frac{2}{20} = \frac{18}{20}$ P(höchstens eine Ziffer 4) = $\frac{9}{10}$ = 90 %

Die Wahrscheinlichkeit für das Ereignis „höchstens eine Ziffer 4“ beträgt $\frac{9}{10}$ bzw. 90 %.

Aufgabe 4 → Prüfungsaufgabe S. 6

Die Grafik zeigt die Umsatzentwicklung des Onlinehandels in Deutschland.

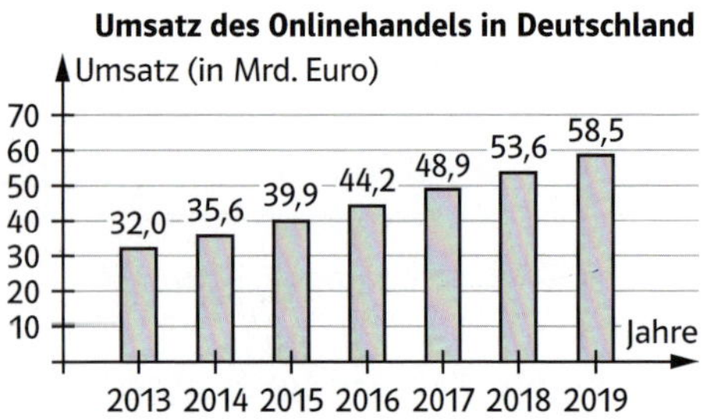

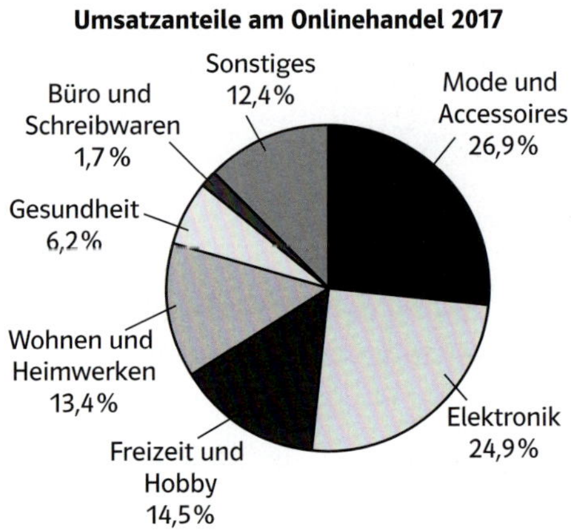

Berechnung der Zunahme von 2016 bis 2019 in Prozent:
(➔ Berechnung des Prozentsatzes)
$p\% = \frac{W}{G}$
$p\% = \frac{58{,}5 - 44{,}2}{44{,}2} = 0{,}3235$ $\underline{\underline{p\% = 32{,}4\%}}$

Der Umsatz des Onlinehandels ist von 2016 bis 2019 um 32,4% angestiegen.

Berechnung des Umsatzes des Bereichs „Freizeit und Hobby" $W_{F/H}$ am Gesamtumsatz im Jahr 2017:
(➔ Berechnung des Prozentwerts $W_{F/H}$)
$W_{F/H} = G_{2017} \cdot p_{F/H}\%$
$W_{F/H} = 48{,}9 \cdot 14{,}5\%$ $\underline{\underline{W_{F/H} = 7{,}09 \text{ Mrd. €}}}$

Im Jahr 2017 betrug der Umsatz des Bereichs „Freizeit und Hobby" etwa 7,09 Mrd. Euro.

Berechnung des Umsatzes für Smartphones W_S am Bereich „Elektronik" im Jahr 2017:
(➔ Berechnung des Prozentwerts W_S)
$W_S = W_E \cdot p_S\%$

Berechnung des Umsatzes des Bereichs „Elektronik" W_E am Gesamtumsatz im Jahr 2017:
(➔ Berechnung des Prozentwerts)
$W_E = G_{2017} \cdot p_E\%$
$W_E = 48{,}9 \cdot 24{,}9\%$ $\underline{W_E = 12{,}18 \text{ Mrd. €}}$

$W_S = W_E \cdot p_S\%$
$W_S = 12{,}18 \cdot 53{,}0\%$ $\underline{\underline{W_S = 6{,}46 \text{ Mrd. €}}}$

Im Jahr 2017 wurden im Onlinehandel etwa 6,46 Mrd. Euro für Smartphones ausgegeben.

Aufgabe 5 → Prüfungsaufgabe S. 7

Die Parabel p hat die Funktionsgleichung $y = x^2 - 6x + 10$.
Eine Gerade g besitzt die Steigung $m = -2$.

Berechnung der Koordinaten des 2. Schnittpunkts Q von p und g:
(➔ Gleichsetzen der Funktionsterme von p und g)
$x^2 - 6x + 10 = -2x + c$

Bestimmung des Scheitelpunkts S von p:
(➔ Umformen in Scheitelform; quadratische Ergänzung)
$y = x^2 - 6x + 10$ | quadratische Ergänzung
$y = (x^2 - 6x + 3^2) + 10 - 3^2$ | in Scheitelform umformen
$y = (x - 3)^2 + 1$ $\underline{\underline{S(3|1)}}$

Aufstellen der Gleichung der Geraden g:
(➔ Einsetzen von $m = -2$ und $S(3|1)$ in die Geradengleichung $y = mx + c$)
$1 = -2 \cdot 3 + c$ | +6
$c = 7$ $\underline{\underline{g: y = -2x + 7}}$

$x^2 - 6x + 10 = -2x + c$
$x^2 - 6x + 10 = -2x + 7$ | $+2x - 7$
$x^2 - 4x + 3 = 0$

(➔ Lösungsformel)
$x_{1,2} = 2 \pm \sqrt{(-2)^2 - 3}$
$x_{1,2} = 2 \pm \sqrt{1}$
$x_{1,2} = 2 \pm 1$
$x_1 = 3$
$x_2 = 1$

(➔ Einsetzen von $x_2 = 1$ in die Geradengleichung von $g: y = -2x + 7$)
$y_2 = -2 \cdot 1 + 7$
$y_2 = 1$ $\underline{\underline{Q(1|5)}}$

Berechnung der Funktionsgleichung von h:

(➔ Geradengleichung $y = mx + c$; Steigung m und y-Achsenabschnitt c)

$g \perp h$, deshalb gilt:

$m_g \cdot m_h = -1$

$-2 \cdot m_h = -1 \quad |:(-2)$

$m_h = \frac{1}{2}$

Für $m_h = \frac{1}{2}$ und den Punkt $Q(1|5)$ erhält man:

$5 = \frac{1}{2} \cdot 1 + c$

$5 = 0{,}5 + c \quad |-0{,}5$

$c = 4{,}5$

h: $y = \frac{1}{2}x + 4{,}5$

Aufgabe 6 → Prüfungsaufgabe S. 7

Im Rahmen einer Umfrage wurden 25 Männer und 25 Frauen getrennt voneinander befragt, wie viele Stunden sie pro Woche lesen.

(1)

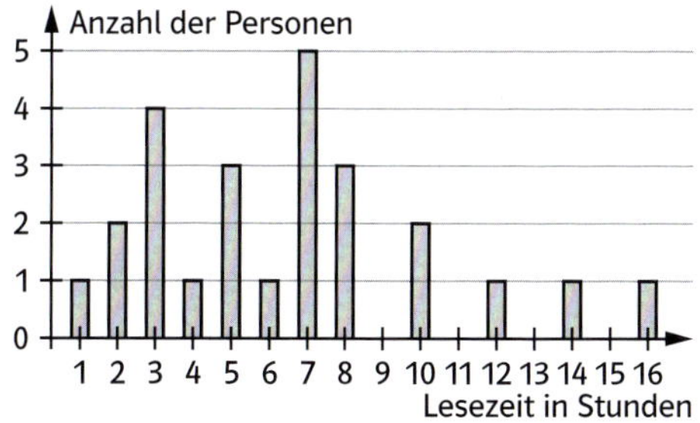

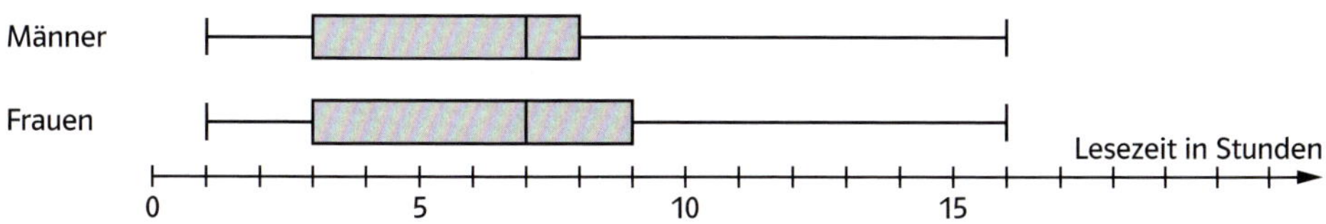

Zuordnung des Diagramms (1) zu den Boxplots:

(➔ Bestimmung des Werts des oberen Quartils q_o)

Die beiden Boxplots unterscheiden sich nur im oberen Quartil q_o.

(➔ Bestimmung des Rangplatzes des oberen Quartils für Diagramm (1))

Rang für q_o: $0{,}75 \cdot 25 = 18{,}75$ Das obere Quartil q_o liegt auf Rang 19.

(➔ Erstellung einer Rangliste für die Verteilung der Lesezeiten im Diagramm (1))

Rang	1	2	3	4	5	6	7	8	9	10	11	12	13
Lesezeit (h)	1	2	2	3	3	3	3	4	5	5	5	6	7

Rang	14	15	16	17	18	19	20	21	22	23	24	25
Lesezeit (h)	7	7	7	7	8	8	8	10	10	12	14	16

Der Wert von Rang 19 lässt sich aus der Rangliste ablesen. $q_o = 8$

Zum Diagramm (1) gehört der Boxplot der Männer.

Vervollständigung des Säulendiagramms für Diagramm (2):
(➔ Ermittlung der möglichen Werte für 8 bis 16 Stunden)

Bestimmung der Kennwerte für Diagramm (2):
(➔ Ablesen aus dem Boxplot der Frauen)

min	q_u	z	q_o	max
1	3	7	9	16

Da über die Hälfte der Werte im Säulendiagramm schon eingezeichnet sind, muss man nur die Rangplätze für das obere Quartil und das Maximum bestimmen.

(➔ Bestimmung des Rangplatzes des oberen Quartils für Diagramm (2))
Rang für q_o: $0{,}75 \cdot 25 = 18{,}75$ Das obere Quartil q_o liegt auf Rang 19.

(➔ Bestimmung des Rangplatzes des Maximums für Diagramm (2))
Rang für max: $n = 25$ Das Maximum max liegt auf Rang 25.

Erstellung einer möglichen Rangliste für das Diagramm (2):
(➔ Übertragen der Werte aus dem Säulendiagramm)

Rang	1	2	3	4	5	6	7	8	9	10	11	12	13	14	15
Lesezeit (h)	1	1	2	2	3	3	3	4	5	5	6	6	7	7	7

Rang	16	17	18	19	20	21	22	23	24	25
Lesezeit (h)	8 oder 9	8 oder 9	8 oder 9	**9**	9 bis 16	9 bis 16	9 bis 16	9 bis 16	9 bis 16	**16**
				↑ q_o						↑ max

Mögliche Lösung im Diagramm (2):
(➔ Übertragen der Werte aus der Rangliste in das Säulendiagramm)

Auf Rang 19 muss der Wert 9 Stunden und auf Rang 25 muss der Wert 16 Stunden liegen. Insgesamt müssen 10 Werte ergänzt werden.

(2)

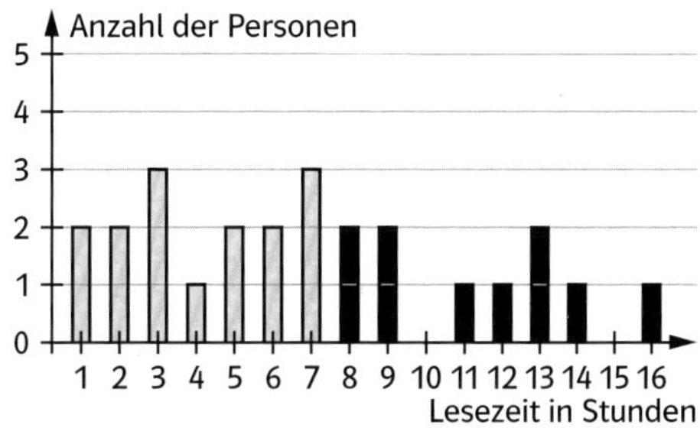

Behauptung von Finn:
(➔ Lösung über Argumentation)
Da der Zentralwert bei den Männern bei 7 Stunden liegt, lesen mehr als die Hälfte der Männer mehr als 7 Stunden pro Woche. Finn hat recht.

Alternativer Lösungsweg:
(➔ Lösung über Rechnung)
Ablesen der Werte aus dem Diagramm:
13 von 25 Männern lesen mehr als 7 Stunden in der Woche.

$p\% = \frac{13}{25} = 52\%$ Finn hat recht.

Aufgabe 1 → Prüfungsaufgabe S. 8

a) Gegeben sind das rechtwinklige Dreieck ABC und das gleichschenklige Dreieck ADE.

Es gilt:
$\overline{AB} = 13{,}2\,\text{cm}$
$\alpha = 55{,}0°$
$\overline{CE} = 8{,}0\,\text{cm}$
$\overline{AE} = \overline{DE}$

- Berechnen Sie die Länge von $\overline{DF}$.
- Berechnen Sie den Umfang des Vierecks ABFE.

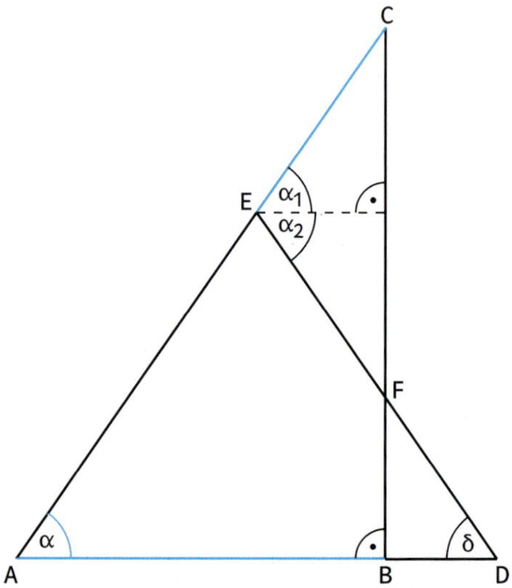

Aufgabe 1 Lösungshinweise

Berechnung der Länge von $\overline{DF}$:
→ Zunächst berechnet man die Strecken $\overline{AC}$ und $\overline{AE}$. Durch Winkelbetrachtungen im Dreieck EFC gelangt man zur Strecke $\overline{EF}$. Über die Gleichschenkligkeit des Dreiecks ADE und eine Streckendifferenz lässt sich die Strecke $\overline{DF}$ berechnen.

☐	**Berechnung von $\overline{AC}$:** → Kosinus im Dreieck ABC
☐	**Berechnung von $\overline{AE}$:** → Streckendifferenz
☐	**Bestimmung von α_1:** → Stufenwinkel zu α
☐	**Bestimmung von δ:** → Basiswinkel im gleichschenkligen Dreieck
☐	**Bestimmung von α_2:** → Wechselwinkel zu δ
☐	**Bestimmung von $\overline{EF}$:** → Eigenschaften gleichschenkliges Dreieck
☐	**Berechnung der Länge von $\overline{DF}$:** → Streckendifferenz; $\overline{DE} = \overline{AE}$

Berechnung des Umfangs u_{ABFE}: → Zur Berechnung des Umfangs des Vierecks ABFE addiert man alle Teilstrecken. Dazu muss man noch die Strecke $\overline{BF}$ im Dreieck BDF berechnen.	
☐	**Berechnung von $\overline{BF}$:** → Sinus im Dreieck BDF
☐	**Berechnung des Umfangs u_{ABFE}:** → Addition der Teilstrecken des Vierecks

Aufgabe 1 Lösungen

Berechnung der Länge von $\overline{DF}$:
(→ Streckendifferenz; $\overline{DE} = \overline{AE}$)
$\overline{DF} = \overline{DE} - \overline{EF}$

Berechnung von $\overline{AC}$:
(→ Kosinus im Dreieck ABC)

$\cos\alpha = \frac{\overline{AB}}{\overline{AC}} \quad |\cdot\overline{AC} \quad |:\cos\alpha$

$\overline{AC} = \frac{13{,}2}{\cos 55{,}0°}$ $\qquad \underline{\overline{AC} = 23{,}01\,\text{cm}}$

Berechnung von $\overline{AE}$:
(→ Streckendifferenz)
$\overline{AE} = \overline{AC} - \overline{CE}$
$\overline{AE} = 23{,}01 - 8{,}0$ $\qquad \underline{\overline{AE} = 15{,}01\,\text{cm}}$

Bestimmung von α_1:
(→ Stufenwinkel zu α)
$\alpha_1 = \alpha$
α_1 ist Stufenwinkel zu α. $\qquad \underline{\alpha_1 = 55{,}0°}$

Bestimmung von δ:
(→ Basiswinkel im gleichschenkligen Dreieck)
$\alpha = \delta$
Basiswinkel im gleichschenkligen Dreieck ADE sind gleich groß. $\qquad \underline{\delta = 55{,}0°}$

Bestimmung von α_2:
(→ Wechselwinkel zu δ)
$\alpha_2 = \delta$
α_2 ist Wechselwinkel zu δ. $\qquad \underline{\alpha_2 = 55{,}0°}$

Bestimmung von $\overline{EF}$:
(➔ Eigenschaften gleichschenkliges Dreieck)
Mit $\alpha_1 = \alpha_2$ ist das Dreieck FCE gleichschenklig.
Somit gilt: $\overline{CE} = \overline{EF}$ $\underline{\overline{EF} = 8{,}0\,\text{cm}}$

$\overline{DF} = \overline{DE} - \overline{EF}$
$\overline{DF} = 15{,}01 - 8{,}0$ $\underline{\underline{\overline{DF} = 7{,}0\,\text{cm}}}$

Berechnung des Umfangs u_{ABFE}:
(➔ Addition der Teilstrecken des Vierecks)
$u_{ABFE} = \overline{AB} + \overline{BF} + \overline{EF} + \overline{AE}$

Berechnung von $\overline{BF}$:
(➔ Sinus im Dreieck BDF)
$\sin\delta = \frac{\overline{BF}}{\overline{DF}} \quad | \cdot \overline{DF}$

$\overline{BF} = \overline{DF} \cdot \sin\delta$

$\overline{BF} = 7{,}0 \cdot \sin 55{,}0°$ $\underline{\overline{BF} = 5{,}73\,\text{cm}}$

$u_{ABFE} = \overline{AB} + \overline{BF} + \overline{EF} + \overline{AE}$
$u_{ABFE} = 13{,}2 + 5{,}73 + 8{,}0 + 15{,}01$ $\underline{\underline{u_{ABFE} = 41{,}9\,\text{cm}}}$

Aufgabe 1 → Prüfungsaufgabe S. 8

b) Die Punkte $A(1|-8)$ und $B(3|-8)$ liegen auf einer nach oben geöffneten verschobenen Normalparabel p.

- Geben Sie die Funktionsgleichung der Parabel p in der Normalform $y = x^2 + bx + c$ an.

Die Schnittpunkte der Parabel p mit der x-Achse und die Punkte A und B bilden ein Viereck.

- Berechnen Sie den Flächeninhalt dieses Vierecks.

Die Geraden g und h verlaufen jeweils auf den Diagonalen des Vierecks. Sie schneiden sich im Punkt Q.

- Berechnen Sie die Koordinaten des Schnittpunkts Q.

Aufgabe 1 Lösungshinweise

Berechnung der Funktionsgleichung der Parabel p: ➔ Zur Berechnung der Funktionsgleichung der Parabel p in Normalform stellt man eine Gleichung mit den Koordinaten von A und B auf. Durch Gleichsetzen erhält man das Ergebnis. **Alternativ** kann man den Scheitelpunkt der Parabel durch Auszählen der Koordinaten bestimmen. Anschließend formt man die Scheitelform der Funktionsgleichung in Normalform um.	
☐	**Berechnung der Funktionsgleichung der Parabel p:** ➔ Einsetzen der Koordinaten von $A(1|-8)$ und $B(3|-8)$ in $y = x^2 + bx + c$; Gleichsetzungsverfahren
Berechnung des Flächeninhalts des Vierecks ABN_1N_2: Zur Berechnung des Flächeninhalts benötigt man die Koordinaten der beiden Schnittpunkte N_1 und N_2 der Parabel mit der x-Achse. Anschließend bestimmt man die Längen der beiden Parallelstrecken und der Höhe des Vierecks. Diese setzt man in die Flächenformel des Trapezes ein.	
☐	**Berechnung der Koordinaten der Schnittpunkte N_1 und N_2 der Parabel mit der x-Achse:** ➔ Schnitt der Parabel mit der x-Achse: $y = 0$
☐	**Bestimmung der Längen der beiden Parallelstrecken $\overline{AB}$ und $\overline{N_1N_2}$ sowie der Höhe des Trapezes:** ➔ Differenz der x- bzw. y-Koordinaten der jeweiligen Punkte
☐	**Berechnung des Flächeninhalts des Vierecks ABN_1N_2:** ➔ Einsetzen der Werte in die Trapezflächenformel

Berechnung der Koordinaten des Schnittpunkts Q von g und h: Zunächst berechnet man die Funktionsgleichungen der beiden Geraden g und h. Dazu setzt man die Koordinaten der jeweiligen Punkte in die allgemeine Geradengleichung $y = mx + c$ ein. Durch Gleichsetzen der beiden Funktionsterme erhält man die Koordinaten des Schnittpunkts Q.	
☐	**Berechnung der Funktionsgleichung der Geraden g:** → Einsetzen von $A(1 \mid -8)$ und $N_1(5 \mid 0)$ in $y = mx + c$
☐	**Berechnung der Funktionsgleichung der Geraden h:** → Einsetzen von $B(3 \mid -8)$ und $N_2(-1 \mid 0)$ in $y = mx + c$
☐	**Berechnung der Koordinaten des Schnittpunkts Q von g und h:** → Gleichsetzen der Funktionsterme der beiden Geraden g und h

Aufgabe 1 Lösungen

Berechnung der Funktionsgleichung der Parabel p:
(→ Einsetzen der Koordinaten von $A(1 \mid -8)$ und $B(3 \mid -8)$ in $y = x^2 + bx + c$; Gleichsetzungsverfahren)

$A(1 \mid -8)$ eingesetzt: (1) $-8 = 1^2 + b \cdot 1 + c$
$B(3 \mid -8)$ eingesetzt: (2) $-8 = 3^2 + b \cdot 3 + c$
Umformen: (1)′ $c = -b - 9$
(2)′ $c = -3b - 17$
Gleichsetzen (1)′ = (2)′: $-b - 9 = -3b - 17 \quad | +3b + 9$
$2b = -8 \quad | :2$ $\qquad \underline{b = -4}$
$b = -4$ eingesetzt in (1)′: $c = -(-4) - 9$ $\qquad \underline{c = -5}$

$$\underline{\underline{p: y = x^2 - 4x - 5}}$$

Alternativer Lösungsweg:
Bestimmung der Funktionsgleichung der Parabel p:
(→ Argumentative Ermittlung des Scheitelpunkts S; Auszählen von Koordinaten)

Die beiden Parabelpunkte A und B haben denselben y-Wert. Dies bedeutet, dass die Symmetrieachse der Parabel durch den Mittelwert der beiden x-Werte von A und B geht.
Die Symmetrieachse geht also durch $x = 2$.
Der x-Wert des Scheitelpunkts S ist somit $x = 2$.
Der Abstand der beiden Parabelpunkte A und B beträgt 2 Längeneinheiten (LE). Um zum Scheitelpunkt S der Parabel zu gelangen, geht man eine LE von A und B zur Parabelmitte und das Quadrat dieses Werts, also $1^2 = 1$, nach unten.

Eingesetzt in die allgemeine Scheitelform $y = (x - d)^2 + e$ ergibt sich für p die Funktionsgleichung $y = (x - 2)^2 - 9$.
Der Scheitelpunkt S der Parabel hat die Koordinaten $S(2|-9)$.

Umgewandelt in Normalform: $\underline{\underline{p: y = x^2 - 4x - 5}}$

Berechnung des Flächeninhalts des Vierecks ABN_1N_2:
(➔ Einsetzen der Werte in die Trapezflächenformel)

$A_T = \frac{\overline{AB} + \overline{N_1N_2}}{2} \cdot h_T$

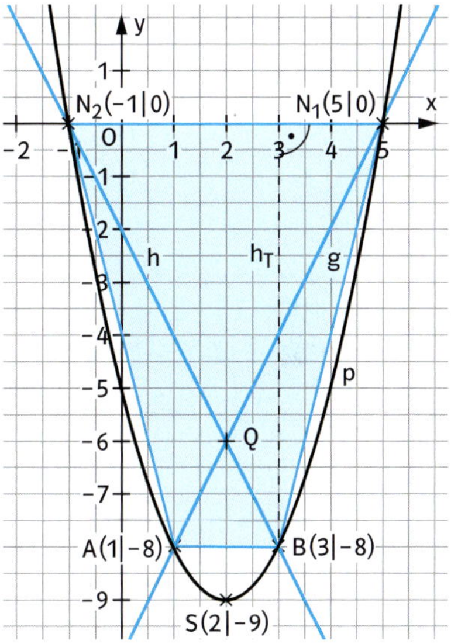

Berechnung der Koordinaten der Schnittpunkte N_1 und N_2 der Parabel mit der x-Achse:
(➔ Schnitt der Parabel mit der x-Achse: y = 0)

$x^2 - 4x - 5 = 0$

$x_{1,2} = -\frac{-4}{2} \pm \sqrt{\left(\frac{-4}{2}\right)^2 - (-5)}$

$x_{1,2} = 2 \pm \sqrt{4 + 5}$

$x_1 = 5$ $\underline{N_1(5|0)}$
$x_2 = -1$ $\underline{N_2(-1|0)}$

Bestimmung der Längen der beiden Parallelstrecken $\overline{AB}$ und $\overline{N_1N_2}$ sowie der Höhe des Trapezes:
(➔ Differenz der x- bzw. y-Koordinaten der jeweiligen Punkte)

$\underline{\overline{AB} = 2\,LE}$

$\underline{\overline{N_1N_2} = 6\,LE}$

$\underline{\text{Höhe } h_T = 8\,LE}$

$A_T = \frac{\overline{AB} + \overline{N_1N_2}}{2} \cdot h_T$

$A_T = \frac{2 + 6}{2} \cdot 8$ $\underline{\underline{A_T = 32\,FE}}$

Berechnung der Koordinaten des Schnittpunkts Q von g und h:
(→ Gleichsetzen der Funktionsterme der beiden Geraden g und h)
g = h

Berechnung der Funktionsgleichung der Geraden g:
(→ Einsetzen von $A(1|-8)$ und $N_1(5|0)$ in $y = mx + c$)

$A(1|-8)$ eingesetzt: (1) $-8 = m \cdot 1 + c \quad |-m$
$N_1(5|0)$ eingesetzt: (2) $0 = m \cdot 5 + c \quad |-5m$
Umformen: (1)′ $-8 - m = c$
(2)′ $-5m = c$
Gleichsetzen (1)′ = (2)′: $-8 - m = -5m \quad |+5m+8$
$4m = 8 \quad |:4$ $\qquad \underline{m = 2}$
m = 2 eingesetzt in (2)′: $c = -5 \cdot 2$ $\qquad \underline{c = -10}$
$\underline{g: y = 2x - 10}$

Berechnung der Funktionsgleichung der Geraden h:
(→ Einsetzen von $B(3|-8)$ und $N_2(-1|0)$ in $y = mx + c$)

$B(3|-8)$ eingesetzt: (1) $-8 = m \cdot 3 + c \quad |-3m$
$N_2(-1|0)$ eingesetzt: (2) $0 = m \cdot (-1) + c \quad |+m$
Umformen: (1)′ $-8 - 3m = c$
(2)′ $m = c$
Gleichsetzen (1)′ = (2)′: $-8 - 3m = m \quad |+3m$
$4m = -8 \quad |:4$ $\qquad \underline{m = -2}$
m = −2 eingesetzt in (2)′: $c = -2$ $\qquad \underline{c = -2}$
$\underline{h: y = -2x - 2}$

$g = h$
$2x - 10 = -2x - 2 \quad |+2x+10$
$4x = 8 \quad |:4$
$x = 2$
Eingesetzt in g: $y = 2 \cdot 2 - 10 = -6$ $\qquad \underline{\underline{Q(2|-6)}}$

Aufgabe 2 → Prüfungsaufgabe S. 9

a) Der Punkt $A(-4|-1)$ liegt auf der Parabel p_1 mit der Funktionsgleichung $y = x^2 + bx + 7$.
Die Gerade g schneidet die Parabel p_1 im Punkt A und im Scheitelpunkt S_1.
- Berechnen Sie die Funktionsgleichungen der Parabel p_1 und der Geraden g.

Durch Spiegelung des Scheitelpunkts S_1 an der y-Achse entsteht der Punkt S_2. S_2 ist der Scheitelpunkt einer nach oben geöffneten verschobenen Normalparabel p_2.
- Geben Sie die Funktionsgleichung von p_2 in der Form $y = x^2 + bx + c$ an.

Der Schnittpunkt der Geraden g mit der y-Achse ist der Scheitelpunkt S_3 der Parabel p_3. Die Parabel p_3 der Form $y = ax^2 + c$ geht außerdem durch die Scheitelpunkte S_1 und S_2.
- Berechnen Sie die Funktionsgleichung der Parabel p_3.

Aufgabe 2 Lösungshinweise

Berechnung der Funktionsgleichung der Parabel p_1 und der Geraden g:
➔ Zur Berechnung der Funktionsgleichung der Parabel p_1 setzt man die Koordinaten von A in $y = x^2 + bx + 7$ ein. Zur Bestimmung der Funktionsgleichung der Geraden g bestimmt man zunächst den Scheitelpunkt S_1 von p_1. Anschließend bestimmt man mit den Koordinaten der beiden Punkte A und S_1 die Geradengleichung $y = mx + c$.

☐	**Berechnung der Funktionsgleichung der Parabel p_1:** ➔ Einsetzen der Koordinaten von $A(-4\|-1)$ in $y = x^2 + bx + 7$
☐	**Bestimmung der Koordinaten des Scheitelpunkts S_1 von p_1:** ➔ Bestimmung der Scheitelform $y = (x - d)^2 + e$ der Parabel durch quadratische Ergänzung
☐	**Berechnung der Funktionsgleichung der Geraden g:** ➔ Einsetzen der Koordinaten von A und S_1 in die allgemeine Geradengleichung $y = mx + c$

Bestimmung der Funktionsgleichung der Parabel p_2:
➔ Durch Spiegelung des Scheitelpunkts S_1 an der y-Achse, ändert sich das Vorzeichen der x-Koordinate. Die Koordinaten des Scheitelpunkts S_2 setzt man in die Scheitelform ein und formt diese in die Normalform um.

☐	**Bestimmung der Funktionsgleichung der Parabel p_2:** ➔ Bestimmung von S_2 durch Spiegelung von S_1 an der y-Achse; Umformung der Scheitelform in die Normalform

Berechnung der Funktionsgleichung der Parabel p_3: Zunächst bestimmt man die Koordinaten des Scheitelpunkts S_3 der Parabel p_3. Durch Einsetzen der Koordinaten der Scheitelpunkte S_1 bzw. S_2 sowie des y-Werts von S_3 in die Funktionsgleichung $y = ax^2 + c$ erhält man die Funktionsgleichung von p_3.

☐	**Berechnung der Koordinaten des Scheitelpunkts S_3 der Parabel p_3:** ➔ Bestimmung des y-Achsenabschnitts der Geraden g
☐	**Berechnung der Funktionsgleichung der Parabel p_3:** ➔ Einsetzen der Koordinaten von $S_1(-3\mid-2)$ bzw. $S_2(3\mid-2)$ und des y-Werts von S_3 in $y = ax^2 + c$

Aufgabe 2 Lösungen

Berechnung der Funktionsgleichung der Parabel p_1:

(➔ Einsetzen der Koordinaten von $A(-4\mid-1)$ in $y = x^2 + bx + 7$)

$A(-4\mid-1)$ eingesetzt: $-1 = (-4)^2 + b \cdot (-4) + 7$

Umformen: $-1 = 23 - 4b \quad \mid +4b + 1$

$4b = 24 \quad \mid :4$

$b = 6$

$\underline{\underline{p_1: y = x^2 + 6x + 7}}$

Berechnung der Funktionsgleichung der Geraden g:

(➔ Einsetzen der Koordinaten von A und S_1 in die allgemeine Geradengleichung $y = mx + c$)

Bestimmung der Koordinaten des Scheitelpunkts S_1 von p_1:

(➔ Bestimmung der Scheitelform $y = (x - d)^2 + e$ der Parabel durch quadratische Ergänzung)

$y = x^2 + 6x + 7 \quad \mid$ quadratische Ergänzung

$y = x^2 + 6x + 9 - 2 \quad \mid$ in Scheitelform umformen

$y = (x + 3)^2 - 2$

$\underline{S_1(-3\mid-2)}$

Steigung m:

$$m = \frac{y_A - y_{S_1}}{x_A - x_{S_1}}$$

$$m = \frac{(-1) - (-2)}{(-4) - (-3)}$$

$$m = \frac{1}{-1} = -1$$

$S_1(-3\mid-2)$ eingesetzt in $y = -x + c$:

$-2 = (-1) \cdot (-3) + c \quad \mid -3$

$c = -5$

$\underline{\underline{g: y = -x - 5}}$

Bestimmung der Funktionsgleichung der Parabel p_2:
(→ Bestimmung von S_2 durch Spiegelung von S_1 an der y-Achse; Umformung der Scheitelform in die Normalform)

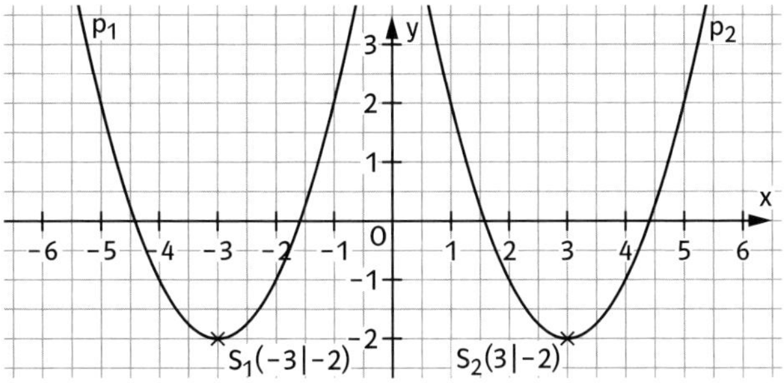

Spiegelt man den Scheitelpunkt S_1 an der y-Achse, entsteht der Scheitelpunkt S_2 der Parabel p_2.
Durch die Achsenspiegelung unterscheiden sich lediglich die Vorzeichen der beiden x-Werte. Die Vorzeichen der y-Werte stimmen überein.

Somit gilt: $\underline{S_2(3\,|\,-2)}$

Scheitelform für p_2: $y = (x - 3)^2 - 2$

Umformen in Normalform: $y = x^2 - 6x + 9 - 2$ $\underline{\underline{p_2\text{: } y = x^2 - 6x + 7}}$

Berechnung der Funktionsgleichung der Parabel p_3:
(➔ Einsetzen der Koordinaten von $S_1(-3|-2)$ bzw. $S_2(3|-2)$ und des y-Werts von S_3 in $y = ax^2 + c$)
$-2 = a \cdot 3^2 + c$

Berechnung der Koordinaten des Scheitelpunkts S_3 der Parabel p_3:
(➔ Bestimmung des y-Achsenabschnitts der Geraden g)
Für den y-Achsenabschnitt der Geraden g mit $y = -x - 5$ gilt: $\underline{c = -5}$
Der Scheitelpunkt S_3 der Parabel p_3 hat somit die Koordinaten: $\underline{\underline{S_3(0|-5)}}$

$-2 = a \cdot 3^2 + c$
$-2 = a \cdot 3^2 + (-5) \quad |+5$
$3 = 9a \quad |:9$
$a = \frac{1}{3}$

$\underline{\underline{p_3: y = \frac{1}{3}x^2 - 5}}$

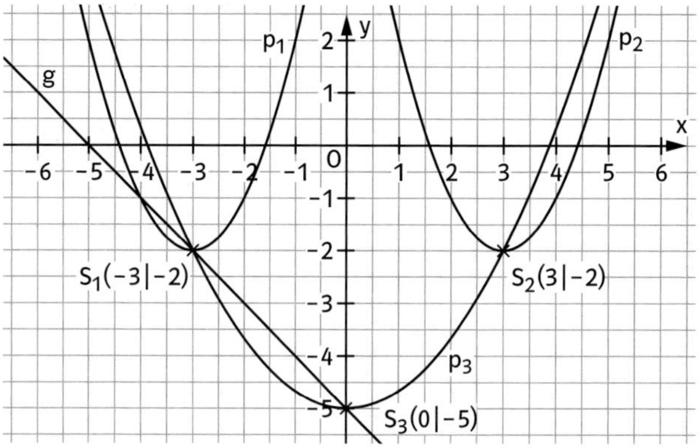

Aufgabe 2 → Prüfungsaufgabe S. 9

b) In einer quadratischen Pyramide liegt das gleichschenklige Dreieck EFS.

Es gilt:

$\overline{AB} = \overline{EF} = 12{,}6\,\text{cm}$

$\alpha = 72{,}0°$

$\overline{EF} \parallel \overline{AC}$

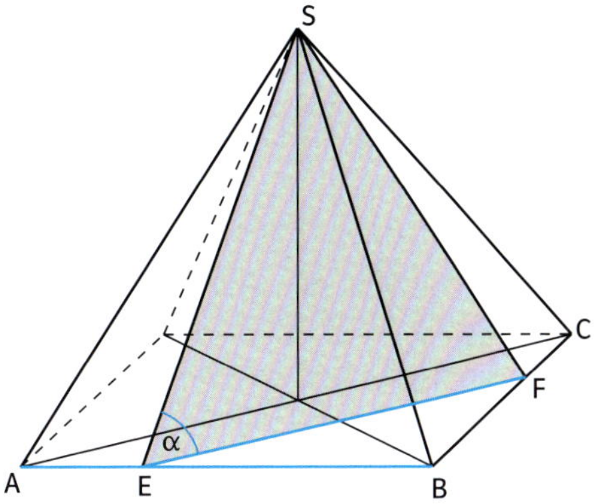

- Berechnen Sie den Flächeninhalt des Dreiecks EFS.
- Berechnen Sie das Volumen der quadratischen Pyramide.

Aufgabe 2 Lösungshinweise

Berechnung des Flächeninhalts des Dreiecks EFS:
→ Mithilfe des Winkels α und der halben Strecke von $\overline{EF}$ berechnet man die Höhe des Dreiecks EFS. Anschließend setzt man diesen Wert zusammen mit der Strecke $\overline{EF}$ in die Dreiecksflächenformel ein.

☐	**Berechnung der Dreieckshöhe $h_{\overline{EF}}$:** → Tangens im halben Dreieck EFS
☐	**Berechnung des Flächeninhalts des Dreiecks EFS:** → Flächenformel des Dreiecks

Berechnung des Volumens der quadratischen Pyramide:
➔ Für die Berechnung des Volumens der quadratischen Pyramide muss die Körperhöhe h_{Pyr} berechnet werden. Hierzu kann man ein rechtwinkliges Dreieck mit der Dreieckshöhe $h_{\overline{EF}}$, der Körperhöhe h_{Pyr} und einem Teilstück der Diagonalen der Grundfläche verwenden. Die Länge des Teilstücks auf der Diagonalen erhält man als Streckendifferenz der halben Quadratdiagonalen und dem Abstand des Punkts B zur Strecke $\overline{EF}$.
Zur Berechnung des Volumens der Pyramide setzt man die Länge der Grundkante $\overline{AB}$ und die Körperhöhe h_{Pyr} in die Volumenformel ein.

☐	**Berechnung der halben Länge der Diagonalen $\overline{AC}$:** ➔ Formel zur Diagonalen im Quadrat
☐	**Berechnung des Abstands von B zu $\overline{EF}$:** ➔ Eigenschaften der gleichschenklig-rechtwinkligen Dreiecke in der Grundfläche
☐	**Berechnung des Teilstücks $\overline{HG}$ auf der Quadratdiagonalen:** ➔ Streckendifferenz
☐	**Berechnung der Körperhöhe h_{Pyr} der quadratischen Pyramide:** ➔ Satz des Pythagoras
☐	**Berechnung des Volumens der quadratischen Pyramide:** ➔ Volumenformel quadratische Pyramide

Aufgabe 2 Lösungen

Berechnung des Flächeninhalts des Dreiecks EFS:
(➔ Flächenformel des Dreiecks)

$A_{EFS} = \frac{1}{2} \cdot \overline{EF} \cdot h_{\overline{EF}}$

Berechnung der Dreieckshöhe $h_{\overline{EF}}$:
(➔ Tangens im halben Dreieck EFS)

$\tan\alpha = \frac{h_{\overline{EF}}}{\frac{\overline{EF}}{2}} \qquad \Big| \cdot \frac{\overline{EF}}{2}$

$h_{\overline{EF}} = \frac{\overline{EF}}{2} \cdot \tan\alpha$

$h_{\overline{EF}} = 6{,}3 \cdot \tan 72{,}0°$

$\underline{\underline{h_{\overline{EF}} = 19{,}39\,\text{cm}}}$

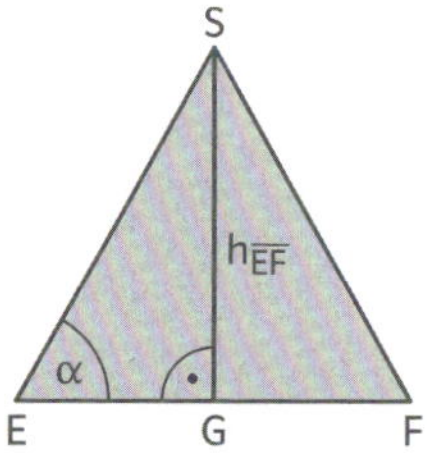

$A_{EFS} = \frac{1}{2} \cdot \overline{EF} \cdot h_{\overline{EF}}$

$A_{EFS} = \frac{1}{2} \cdot 12{,}6 \cdot 19{,}39$

$\underline{\underline{A_{EFS} = 122\,\text{cm}^2}}$

Berechnung des Volumens der quadratischen Pyramide:
(→ Volumenformel quadratische Pyramide)
$V = \frac{1}{3} \cdot \overline{AB}^2 \cdot h_{Pyr}$

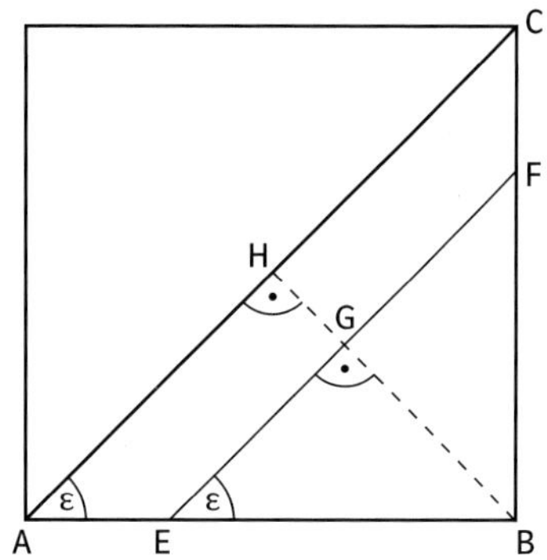

Berechnung der halben Länge der Diagonalen $\overline{AC}$:
(→ Formel zur Diagonalen im Quadrat)
Die Winkel ε sind 45° groß.
Zusammen mit $\overline{EF} \parallel \overline{AC}$ entstehen zwei gleichschenklig-rechtwinklige Dreiecke ABH und EBG.
Die Strecke $\overline{BH}$ liegt auf der Diagonalen der quadratischen Grundfläche.
$\overline{BH} = \frac{1}{2} \cdot \overline{AB} \cdot \sqrt{2}$
$\overline{BH} = \frac{1}{2} \cdot 12{,}6 \cdot \sqrt{2}$ $\underline{\overline{BH} = 8{,}91\,\text{cm}}$

Berechnung des Abstands von B zu $\overline{EF}$:
(→ Eigenschaften der gleichschenklig-rechtwinkligen Dreiecke in der Grundfläche)

$\overline{BG} = \frac{\overline{EF}}{2}$
$\overline{BG} = \frac{12{,}6}{2}$ $\underline{\overline{BG} = 6{,}3\,\text{cm}}$

Berechnung des Teilstücks $\overline{HG}$ auf der Quadratdiagonalen:
(→ Streckendifferenz)
$\overline{HG} = \overline{BH} - \overline{BG}$
$\overline{HG} = 8{,}91 - 6{,}3$ $\underline{\overline{HG} = 2{,}61\,\text{cm}}$

Berechnung der Körperhöhe h_{Pyr} der quadratischen Pyramide:
(→ Satz des Pythagoras)
$h_{Pyr}^2 = h_{\overline{EF}}^2 - \overline{HG}^2$
$h_{Pyr}^2 = 19{,}39^2 - 2{,}61^2 \quad |\sqrt{}$
$h_{Pyr} = \sqrt{19{,}39^2 - 2{,}61^2}$

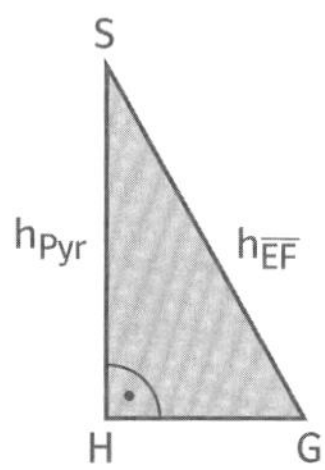

$\underline{h_{Pyr} = 19{,}21\,\text{cm}}$

$V = \frac{1}{3} \cdot \overline{AB}^2 \cdot h_{Pyr}$
$V = \frac{1}{3} \cdot 12{,}6^2 \cdot 19{,}21$ $\underline{\underline{V = 1017\,\text{cm}^3}}$

Aufgabe 3 → Prüfungsaufgabe S. 10

a) Zehn gleich große Karten sind mit vier verschiedenen Symbolen (Handball, Radfahren, Laufen, Fußball) bedruckt. Sie sind nach den vier Symbolen in Stapeln sortiert (siehe Abbildung). Die Karten werden gemischt und verdeckt auf den Tisch gelegt. Sie werden für ein Glücksspiel eingesetzt. Dabei werden zwei Karten gleichzeitig gezogen.
Für das Spiel wird der abgebildete Gewinnplan geprüft.

- Berechnen Sie den Erwartungswert.

Ereignis	Gewinn
zweimal 	9,00 €
 und 	6,00 €
 und 	3,00 €
andere Ereignisse	kein Gewinn

Einsatz pro Spiel: 1,00 €

Der Veranstalter möchte langfristig pro Spiel einen Erlös von 0,50 € erzielen.

- Wie hoch muss dann der Gewinn für „ und " sein, wenn alles andere unverändert bleibt?

Aufgabe 3 Lösungshinweise

Berechnung des Erwartungswerts E:
Das gleichzeitige Ziehen von Karten ist ein zweistufiger Zufallsversuch ohne Zurücklegen. Alle zehn Karten werden mit derselben Wahrscheinlichkeit gezogen. Zur Berechnung des Erwartungswerts bestimmt man die Wahrscheinlichkeiten der Ereignisse. Sie lassen sich über ein Baumdiagramm bestimmen. Dann bildet man die Summe der Produkte aus der jeweiligen Wahrscheinlichkeit und der Gewinnerwartung des Ereignisses und subtrahiert den Einsatz pro Spiel.

☐	**Zeichnen eines Baumdiagramms:** ➔ Zweistufiger Zufallsversuch; Ziehen ohne Zurücklegen
☐	**Berechnung der Wahrscheinlichkeit P („zweimal Laufen"):** ➔ Lösung über Baumdiagramm
☐	**Berechnung der Wahrscheinlichkeit P („Laufen und Fußball"):** ➔ Lösung über Baumdiagramm
☐	**Berechnung der Wahrscheinlichkeit P („Radfahren und Fußball"):** ➔ Lösung über Baumdiagramm
☐	**Berechnung des Erwartungswerts E:** ➔ Summe aus den Produkten von Gewinnwahrscheinlichkeit und erwartetem Gewinn pro Spiel; Berücksichtigung des Gewinnplans

Berechnung des Gewinns für das Ereignis „Laufen und Fußball" bei $E = -0{,}50\,€$:
Der Veranstalter möchte einen Gewinn von 0,50 € erzielen. Dafür muss man den Erwartungswert $E = -0{,}50\,€$ festsetzen. Um einen Erwartungswert $E = -0{,}50\,€$ zu erhalten, soll der Gewinnplan für das Ereignis „Laufen und Fußball" verändert werden. Dazu lässt man alle Werte in der Gleichung zur Berechnung des Erwartungswerts gleich und setzt für den Gewinn von „Laufen und Fußball" eine Variable ein. Anschließend löst man die Gleichung.

☐ **Berechnung des Gewinns für das Ereignis „Laufen und Fußball" bei $E = -0{,}50\,€$:**
➔ Veränderung des Gewinns eines Ereignisses; Rest bleibt unverändert

Aufgabe 3 Lösungen

Berechnung des Erwartungswerts E:
(➔ Summe aus den Produkten von Gewinnwahrscheinlichkeit und erwartetem Gewinn pro Spiel; Berücksichtigung des Gewinnplans)

Zeichnen eines Baumdiagramms:
(➔ Zweistufiger Zufallsversuch; Ziehen ohne Zurücklegen)

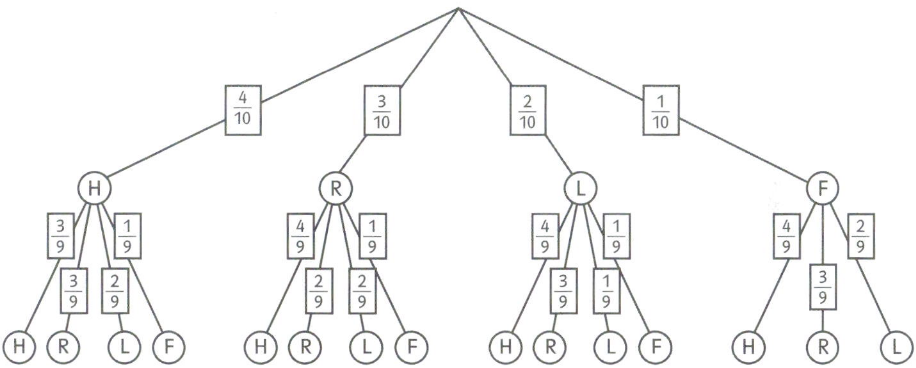

Berechnung der Wahrscheinlichkeit P(„zweimal Laufen"):
(➔ Lösung über Baumdiagramm)

$P(\text{„zweimal Laufen"}) = \frac{2}{10} \cdot \frac{1}{9}$

$P(\text{„zweimal Laufen"}) = \frac{2}{90} = \frac{1}{45}$ $\underline{P(\text{„zweimal Laufen"}) = 2{,}2\,\%}$

Berechnung der Wahrscheinlichkeit P(„Laufen und Fußball“):
(➔ Lösung über Baumdiagramm)
P(„Laufen und Fußball“) $= \frac{2}{10} \cdot \frac{1}{9} + \frac{1}{10} \cdot \frac{2}{9}$
P(„Laufen und Fußball“) $= \frac{4}{90} = \frac{2}{45}$ P(„Laufen und Fußball“) = 4,4 %

Berechnung der Wahrscheinlichkeit P(„Radfahren und Fußball“):
(➔ Lösung über Baumdiagramm)
P(„Radfahren und Fußball“) $= \frac{3}{10} \cdot \frac{1}{9} + \frac{1}{10} \cdot \frac{3}{9}$
P(„Radfahren und Fußball“) $= \frac{6}{90} = \frac{1}{15}$ P(„Radfahren und Fußball“) = 6,7 %

$E = \frac{1}{45} \cdot 9{,}00\,€ + \frac{2}{45} \cdot 6{,}00\,€ + \frac{1}{15} \cdot 3{,}00\,€ - 1{,}00\,€$
$E = \frac{9}{45}\,€ + \frac{12}{45}\,€ + \frac{3}{15}\,€ - 1{,}00\,€$
$E = -\frac{1}{3}\,€$ $E = -0{,}33\,€$

Berechnung des Gewinns für das Ereignis „Laufen und Fußball“ bei $E = -0{,}50\,€$:
(➔ Veränderung des Gewinns eines Ereignisses; Rest bleibt unverändert)
$-0{,}50\,€ = \frac{1}{45} \cdot 9{,}00\,€ + \frac{2}{45} \cdot x + \frac{1}{15} \cdot 3{,}00\,€ - 1{,}00\,€$
$-0{,}50\,€ = 0{,}20\,€ + \frac{2}{45} \cdot x + 0{,}20\,€ - 1{,}00\,€$
$-0{,}50\,€ = -0{,}60\,€ + \frac{2}{45} \cdot x \quad |+0{,}60\,€$
$0{,}10\,€ = \frac{2}{45} \cdot x \quad |:\frac{2}{45}$ $x = 2{,}25\,€$

Der Gewinn für das Ereignis „Laufen und Fußball“ muss 2,25 € betragen.

Aufgabe 3 → Prüfungsaufgabe S. 10

b) Die Flugbahn eines Speers ist nahezu parabelförmig. Der Abwurfpunkt A liegt 1,80 m über der Abwurflinie. Der Speer erreicht nach 20 m, in horizontaler Richtung von der Abwurflinie gemessen, seine maximale Höhe von 9,80 m.

(Skizze nicht maßstabsgetreu)

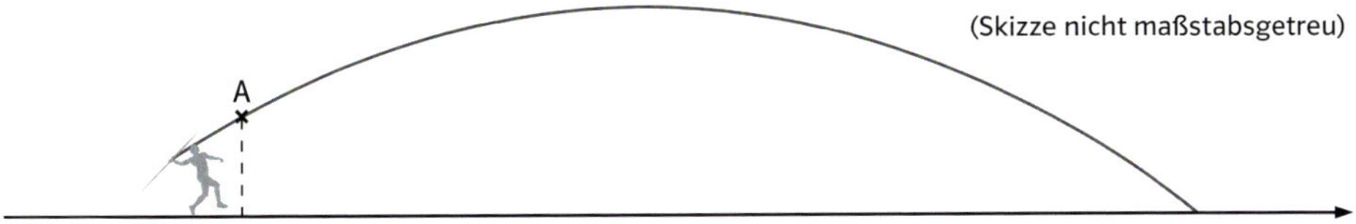

- Berechnen Sie eine mögliche Funktionsgleichung der Flugkurve des Speers.

- Wie weit fliegt der Speer?

Ein zweiter Wurfversuch kann mit der Funktionsgleichung $y = -\frac{1}{30}x^2 + 13$ beschrieben werden. Die Wurfweite beträgt 38,15 m.
- Geben Sie die Höhe dieses Abwurfpunktes an.

Aufgabe 3 Lösungshinweise

Berechnung einer möglichen Funktionsgleichung des Speers:
Die Flugkurve des Speers kann mithilfe einer Parabelgleichung $y = ax^2 + c$ beschrieben werden. Zunächst legt man ein Koordinatensystem über die Grafik, sodass die y-Achse durch den höchsten Flugpunkt des Speers und die x-Achse auf der Höhe des Erdbodens verläuft. Aus der Skizze lassen sich die Koordinaten des Scheitelpunkts S der Parabel sowie die Koordinaten des Abwurfpunkts A des Speers ermitteln. Setzt man nun die Koordinaten der beiden Punkte A und S der Flugkurve des Speers in die Parabelgleichung ein, erhält man den Faktor a und damit die Funktionsgleichung der Parabel p.

☐	**Festlegung des Koordinatensystems für das mathematische Modell:** → Die x-Achse verläuft auf der Höhe des Erdbodens, die y-Achse geht durch den höchsten Flugpunkt des Speers
☐	**Bestimmung des Scheitelpunkts S:** → Entnahme der Information aus dem Text
☐	**Bestimmung des Abwurfpunkts A:** → Entnahme der Information aus dem Text
☐	**Berechnung einer möglichen Funktionsgleichung des Speers:** → Einsetzen der Koordinaten von A und des y-Werts von S in die Gleichung $y = ax^2 + c$

Berechnung der Wurfweite w des Speers: Um die Wurfweite des Speers zu berechnen, muss man die Koordinaten der Schnittpunkte mit der x-Achse, also den Auftreffpunkt des Speers, berechnen. Durch Streckenaddition mit dem x-Wert des Abwurfpunkts ergibt sich die Wurfweite.	
☐	**Berechnung der Schnittpunkte mit der x-Achse:** ➔ Schnitt der Parabel mit der x-Achse: $y = 0$
☐	**Berechnung der Wurfweite w des Speers:** ➔ Summe der horizontalen Teilstrecken
Berechnung der Höhe des Abwurfpunkts B für den zweiten Wurfversuch: Um die Höhe des Abwurfpunkts B zu berechnen, benötigt man die beiden Teilstrecken der Wurfweite. Die rechts liegende Teilstrecke berechnet man über die Koordinaten der Schnittpunkte mit der x-Achse. Den links liegenden Teilabschnitt berechnet man aus der Streckendifferenz der gesamten Wurfweite und der rechts liegenden Teilstrecke der Wurfweite. Der x-Wert der links liegenden Teilstrecke (x_B) ist der negative Wert des Ergebnisses. Für die Höhe des Abwurfpunkts B setzt man x_B in die Funktionsgleichung des zweiten Wurfversuchs ein.	
☐	**Berechnung des x-Werts der rechts liegenden Teilstrecke:** ➔ Berechnung des Schnittpunkts mit der x-Achse
☐	**Berechnung des x-Werts (x_B) der links liegenden Teilstrecke:** ➔ Differenzbildung; negativer Wert = x_B
☐	**Berechnung der Höhe des Abwurfpunkts B für den zweiten Wurfversuch:** ➔ Einsetzen von x_B in die Funktionsgleichung des zweiten Wurfversuchs $y = -\frac{1}{30}x^2 + 13$

Aufgabe 3 Lösungen

Berechnung einer möglichen Funktionsgleichung des Speers:
(→ Einsetzen der Koordinaten von A und des y-Werts von S in die Gleichung $y = ax^2 + c$)

Festlegung des Koordinatensystems für das mathematische Modell:
(→ Die x-Achse verläuft auf der Höhe des Erdbodens, die y-Achse geht durch den höchsten Flugpunkt des Speers)

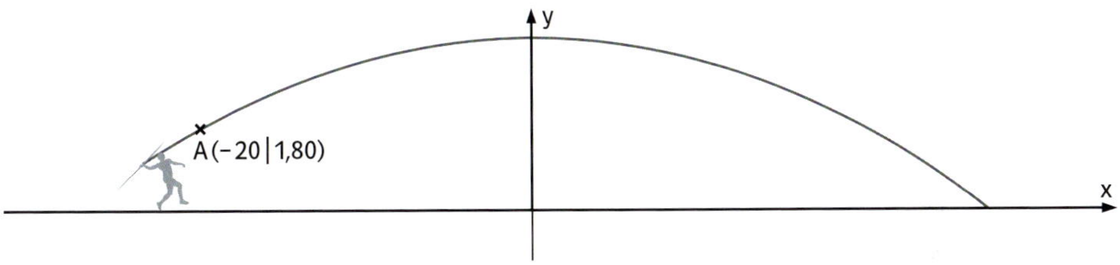

Bestimmung des Scheitelpunkts S:
(→ Entnahme der Information aus dem Text) $\underline{S(0\,|\,9{,}80)}$

Bestimmung des Abwurfpunkts A:
(→ Entnahme der Information aus dem Text) $\underline{A(-20\,|\,1{,}80)}$

Einsetzen von $A(-20\,|\,1{,}80)$ und $c = 9{,}80$ in $y = ax^2 + c$:

$$1{,}80 = a \cdot (-20)^2 + 9{,}80 \qquad |-9{,}80$$
$$-8{,}00 = 400 \cdot a \qquad |:400$$
$$a = -\frac{1}{50}$$

$$\underline{\underline{y = -\frac{1}{50}x^2 + 9{,}80}}$$

Berechnung der Wurfweite w des Speers:
(→ Summe der horizontalen Teilstrecken)

Berechnung der Schnittpunkte mit der x-Achse:
(→ Schnitt der Parabel mit der x-Achse: $y = 0$)

$$0 = -\frac{1}{50}x^2 + 9{,}80 \qquad |-9{,}80$$
$$-9{,}80 = -\frac{1}{50}x^2 \qquad |:\left(-\frac{1}{50}\right)$$
$$490 = x^2 \qquad |\sqrt{}$$

$$\underline{x_{1,2} = \pm 22{,}14}$$

$w = 20 + 22{,}12$ $\underline{\underline{w = 42{,}1\,\text{m}}}$

Die Wurfweite des Speers beträgt 42,1 m.

Berechnung der Höhe des Abwurfpunkts B für den zweiten Wurfversuch:
(➔ Einsetzen von x_B in die Funktionsgleichung des zweiten Wurfversuchs
$y = -\frac{1}{30}x^2 + 13$)

$y_B = -\frac{1}{30} \cdot x_B^2 + 13$

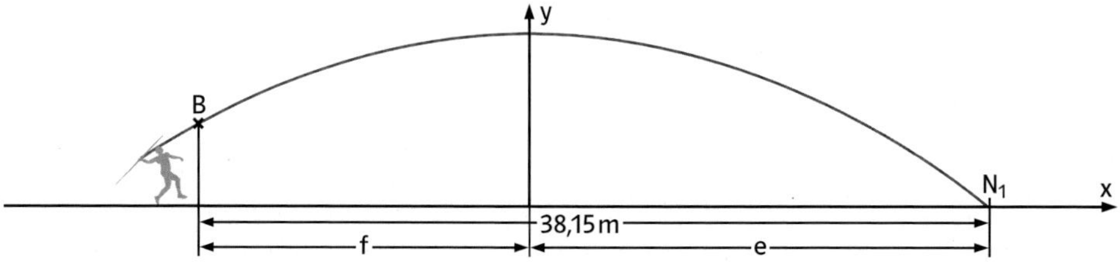

Berechnung des x-Werts der rechts liegenden Teilstrecke:
(➔ Berechnung des Schnittpunkts mit der x-Achse)

$0 = -\frac{1}{30}x^2 + 13 \quad | -13$

$-13 = -\frac{1}{30}x^2 \quad | : \left(-\frac{1}{30}\right)$

$x^2 = 390 \quad | \sqrt{}$

$x_{1,2} = \pm 19{,}75$ — <u>e = 19,75 m</u>

Berechnung des x-Werts (x_B) der links liegenden Teilstrecke:
(➔ Differenzbildung; negativer Wert = x_B)

$f = 38{,}15 - 19{,}75$ — <u>$-f = x_B = -18{,}40$</u>

$y_B = -\frac{1}{30} \cdot x_B^2 + 13$

$y_B = -\frac{1}{30} \cdot (-18{,}40)^2 + 13$

$y_B = 1{,}71$ — <u>Höhe Abwurfpunkt B: 1,71 m</u>

Die Höhe des Abwurfpunkts des Speers beträgt 1,71 m.

Aufgabe 4 → Prüfungsaufgabe S. 11

a) Die Gerade g und die verschobene Normalparabel p gehen durch die beiden Punkte $A(2|3)$ und $B(6|11)$.
Der Punkt $C(4|y_C)$ liegt auf der Parabel p.
Die Gerade h steht senkrecht auf g und geht durch C.
Die Gerade h schneidet die beiden Koordinatenachsen in den Punkten P und Q.

- Berechnen Sie die Koordinaten von P und Q.

Aufgabe 4 Lösungshinweise

Berechnung der Schnittpunkte P und Q mit den Koordinatenachsen:
Zunächst berechnet man die Funktionsgleichungen der Geraden g und h und der Parabel p. Zur Bestimmung der Funktionsgleichung von g berechnet man die Steigung m als Quotient der Koordinatendifferenzen und setzt A oder B in die allgemeine Geradengleichung $y = mx + c$ ein. Zur Berechnung der Funktionsgleichung der Normalparabel p stellt man eine Gleichung mit den Koordinaten von A und B auf. Durch Gleichsetzen erhält man das Ergebnis. Für die Funktionsgleichung h benötigt man den y-Wert des Punkts C. Diesen berechnet man durch Einsetzen des x-Werts in die Parabelgleichung. Da die Gerade h senkrecht zur Geraden g verläuft lässt sich die Steigung m mit der Gleichung $m_g \cdot m_h = -1$ berechnen. Durch Einsetzen der Koordinaten von C in die allgemeine Geradengleichung berechnet man den y-Achsenabschnitt c. Die Schnittpunkte P und Q mit den Koordinatenachsen erhält man durch Einsetzen von $y = 0$ bzw. $x = 0$ in die Funktionsgleichung von h.

☐	**Berechnung der Gleichung der Geraden g:** ➔ Steigung m als Quotient der Koordinatendifferenzen berechnen; Einsetzen von $A(2|3)$ und m_g in $y = mx + c$
☐	**Berechnung der Gleichung der Parabel p:** ➔ Einsetzen der Koordinaten von A und B in $y = x^2 + bx + c$
☐	**Berechnung des y-Werts des Punkts $C(4|y_C)$:** ➔ Einsetzen von x_C in die Parabelgleichung
☐	**Bestimmung der Funktionsgleichung von h:** ➔ Für die Steigung gilt: $m_g \cdot m_h = -1$; Einsetzen von C und m_h in $y = mx + c$
☐	**Berechnung der Schnittpunkte P und Q mit den Koordinatenachsen:** ➔ Einsetzen von $y = 0$ bzw. $x = 0$ in die Funktionsgleichung von h

Aufgabe 4 Lösungen

Berechnung der Schnittpunkte P und Q mit den Koordinatenachsen:
(→ Einsetzen von $y = 0$ bzw. $x = 0$ in die Funktionsgleichung von h)

Berechnung der Gleichung der Geraden g:
(→ Steigung m als Quotient der Koordinatendifferenzen berechnen;
Einsetzen von $A(2|3)$ und m_g in $y = mx + c$)

$m_g = \frac{y_A - y_B}{x_A - x_B}$

$m_g = \frac{3 - 11}{2 - 6}$

$m_g = \frac{-8}{-4} = 2$

Mit $A(2|3)$ und $m = 2$ erhält man:

$3 = 2 \cdot 2 + c \qquad |-4$

$c = -1$

$\underline{g: y = 2x - 1}$

Berechnung der Gleichung der Parabel p:
(→ Einsetzen der Koordinaten von A und B in $y = x^2 + bx + c$)

A(2|3) eingesetzt: (1) $3 = 2^2 + b \cdot 2 + c \qquad |-2b - 4$

B(6|11) eingesetzt: (2) $11 = 6^2 + b \cdot 6 + c \qquad |-6b - 36$

Umformen: (1)′ $-2b - 1 = c$

(2)′ $-6b - 25 = c$

Gleichsetzen: (1)′ = (2)′: $-2b - 1 = -6b - 25 \qquad |+6b + 1$

$4b = -24 \qquad |:4$

$b = -6$

$b = -6$ eingesetzt in (1)′: $c = -2 \cdot (-6) - 1 = 11$

$\underline{p: y = x^2 - 6x + 11}$

Berechnung des y-Werts des Punkts $C(4|y_C)$:
(→ Einsetzen von x_C in die Parabelgleichung)

$y_C = 4^2 - 6 \cdot 4 + 11 = 3$

$\underline{C(4|3)}$

Bestimmung der Funktionsgleichung von h:
(➔ Für die Steigung gilt: $m_g \cdot m_h = -1$;
Einsetzen von C(4|3) und m_h in $y = mx + c$)
$g \perp h$, deshalb gilt:

$m_g \cdot m_h = -1$
$2 \cdot m_h = -1 \quad |:2$

$m_h = -\frac{1}{2}$

Für $m_h = -\frac{1}{2}$ und den Punkt C(4|3) erhält man:

$3 = -\frac{1}{2} \cdot 4 + c$
$3 = -2 + c \quad |+2$
$c = 5$

h: $y = -\frac{1}{2}x + 5$

Berechnung des Schnittpunkts P mit der x-Achse:

$0 = -\frac{1}{2} \cdot x_P + 5 \quad |-5$
$-5 = -\frac{1}{2} \cdot x_p \quad |\cdot(-2)$
$x_p = 10$

P(10|0)

Berechnung des Schnittpunkts Q mit der y-Achse:

$y_Q = -\frac{1}{2} \cdot 0 + 5$
$y_Q = 5$

Q(0|5)

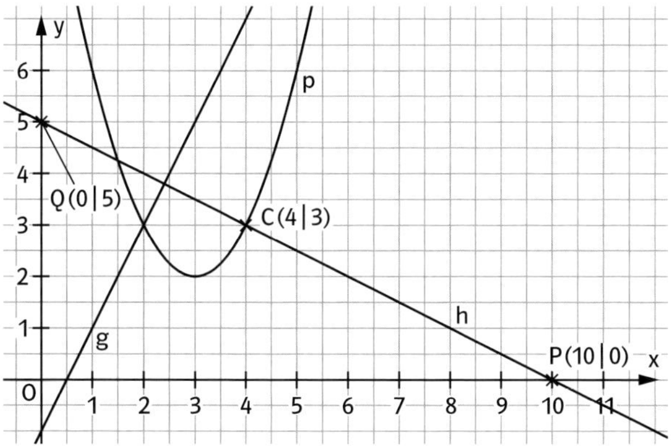

Aufgabe 4 → Prüfungsaufgabe S. 11

b) Ein DIN-A4-Blatt hat die Eckpunkte A, B, C und D.
Die Punkte M_1 und M_2 halbieren die Seitenlängen des DIN-A4-Blatts.
Das DIN-A4-Blatt wird wie abgebildet gefaltet. Der Punkt A wird zu A' und liegt nach dem Falten auf M_1.
Der Punkt C wird zum Punkt C'. Die beiden Papierkanten stoßen entlang von $\overline{M_1F}$ aneinander.

- Berechnen Sie die Flächeninhalte des Dreiecks EM_1D und des Vierecks FBM_2C'.

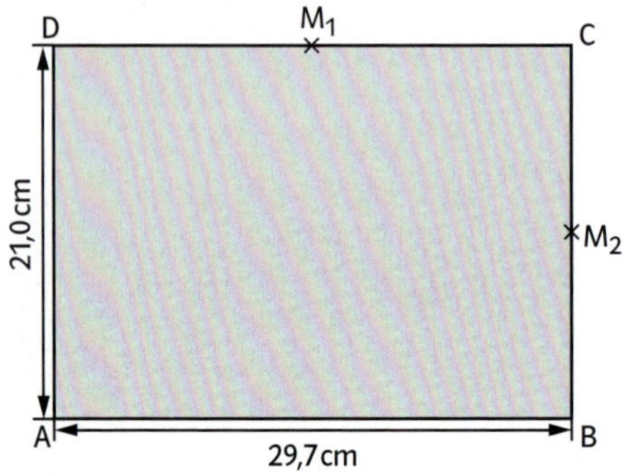

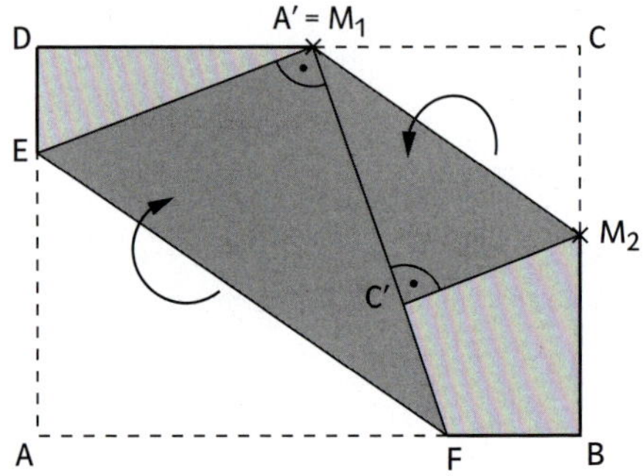

Aufgabe 4 Lösungshinweise

Berechnung des Flächeninhalts des Dreiecks EM_1D:
Zunächst benötigt man die Teilwinkel α_1 und α_2. Der Winkel α_1 entsteht durch die Faltung im gedachten Dreieck M_1M_2C und gleichzeitig im Dreieck $C'M_2M_1$. Dieser lässt sich mit der Tangensfunktion im Dreieck M_1M_2C berechnen. Der Winkel α_2 entsteht durch die Faltung im Dreieck EM_1D. Diesen berechnet man durch Winkeldifferenz mit dem gestreckten Winkel im Punkt M_1. Mit der Tangensfunktion wird die Strecke $\overline{DE}$ im Dreieck EM_1D berechnet. Mit der Flächenformel für das rechtwinklige Dreieck kann nun der Flächeninhalt des Dreiecks EM_1D berechnet werden.

☐	**Berechnung des Winkels α_1:** ➔ Tangens im Dreieck M_1M_2C
☐	**Berechnung des Winkels α_2:** ➔ gestreckter Winkel im Punkt M_1
☐	**Berechnung der Strecke $\overline{DE}$:** ➔ Tangens im Dreieck EM_1D
☐	**Berechnung des Flächeninhalts des Dreiecks EM_1D:** ➔ Flächenformel für das rechtwinklige Dreieck

Berechnung des Flächeninhalts des Vierecks FBM_2C':
Bei der Vierecksfläche FBM_2C' handelt es sich um ein rechtwinkliges Drachenviereck. Zur Berechnung des Flächeninhalts bietet es sich an, die Fläche in zwei kongruente rechtwinklige Dreiecke zu unterteilen. Zuerst benötigt man die Teilwinkel ε_1 und ε_2. Der Winkel ε_1 entsteht durch die Faltung im Dreieck EM_1D und lässt sich über die Winkelsumme im Dreieck berechnen. Der Winkel ε_2 entsteht durch die Faltung im gedachten Dreieck AFE und gleichzeitig im Dreieck EFM_1. Diesen berechnet man durch Winkeldifferenz mit dem gestreckten Winkel im Punkt E. Im Dreieck EM_1D wird mit dem Satz des Pythagoras die Strecke $\overline{EM_1}$ berechnet. Anschließend berechnet man die Strecke $\overline{FM_1}$ im Dreieck EFM_1 mit dem Tangens. Über Streckendifferenz erhält man die Länge der Strecke $\overline{C'F}$. Mit der Flächenformel für das rechtwinklige Dreieck lassen sich nun die Flächeninhalte der kongruenten Dreiecke $C'FM_2$ und FBM_2 als Teilflächen des Vierecks FBM_2C' berechnen. Die Summe der beiden Teilflächen ergibt die Vierecksfläche FBM_2C'.
Alternativ kann die gesuchte Vierecksfläche FBM_2C' auch über Flächendifferenz berechnet werden. Von der Trapezfläche $FBCM_1$ muss der Flächeninhalt des rechtwinkligen Dreiecks M_2CM_1 zweimal abgezogen werden.

☐	**Berechnung des Winkels ε_1:** ➔ Winkelsumme im Dreieck EM_1D
☐	**Berechnung des Winkels ε_2:** ➔ gestreckter Winkel im Punkt E
☐	**Berechnung der Strecke $\overline{EM_1}$:** ➔ Pythagoras im Dreieck EM_1D
☐	**Berechnung der Strecke $\overline{FM_1}$:** ➔ Tangens im Dreieck EFM_1
☐	**Berechnung der Strecke $\overline{C'F}$:** ➔ Streckendifferenz mit $\overline{C'F} = \overline{BF}$
☐	**Berechnung des Flächeninhalts des Vierecks FBM_2C':** ➔ Rechtwinkliges Drachenviereck; Flächenformel für das rechtwinklige Dreieck

Aufgabe 4 Lösungen

Berechnung des Flächeninhalts des Dreiecks EM_1D:
(➔ Flächenformel für das rechtwinklige Dreieck)

$A_{EM_1D} = \frac{1}{2} \cdot \overline{DE} \cdot \overline{DM_1}$

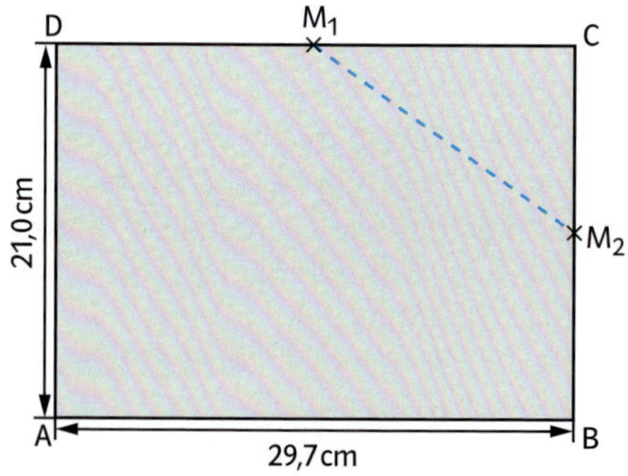

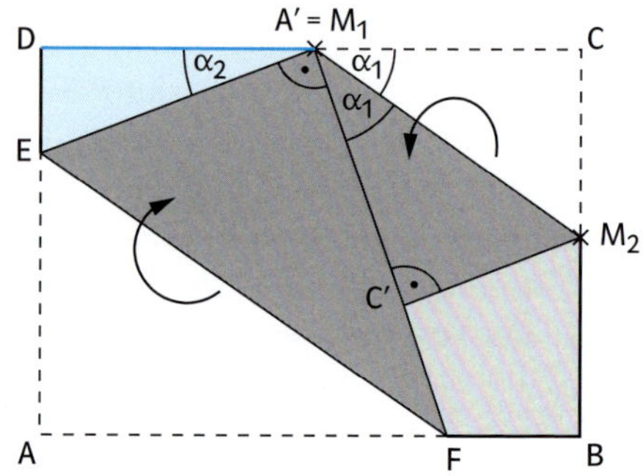

Berechnung des Winkels α_1:
(➔ Tangens im Dreieck M_1M_2C)

$\tan\alpha_1 = \frac{\overline{CM_2}}{\overline{CM_1}}$

$\tan\alpha_1 = \frac{10{,}5}{\frac{29{,}7}{2}} = \frac{10{,}5}{14{,}85}$ $\underline{\alpha_1 = 35{,}26°}$

Berechnung des Winkels α_2:
(➔ gestreckter Winkel im Punkt M_1)
$\alpha_2 = 180° - 90° - 2 \cdot \alpha_1$ $\underline{\alpha_2 = 19{,}48°}$

Berechnung der Strecke $\overline{DE}$:
(➔ Tangens im Dreieck EM_1D)

$\tan\alpha_2 = \frac{\overline{DE}}{\overline{DM_1}}$ $\quad | \cdot \overline{DM_1}$

$\overline{DE} = \overline{DM_1} \cdot \tan\alpha_2$

$\overline{DE} = 14{,}85 \cdot \tan 19{,}48°$ $\underline{\overline{DE} = 5{,}25\,\text{cm}}$

$A_{EM_1D} = \frac{1}{2} \cdot \overline{DE} \cdot \overline{DM_1}$

$A_{EM_1D} = \frac{1}{2} \cdot 5{,}25 \cdot 14{,}85$ $\underline{\underline{A_{EM_1D} = 39\,\text{cm}^2}}$

Berechnung des Flächeninhalts des Vierecks FBM_2C':
(➔ Rechtwinkliges Drachenviereck; Flächenformel für das rechtwinklige Dreieck)
$A_{FBM_2C'} = 2 \cdot \frac{1}{2} \cdot \overline{C'F} \cdot \overline{C'M_2}$

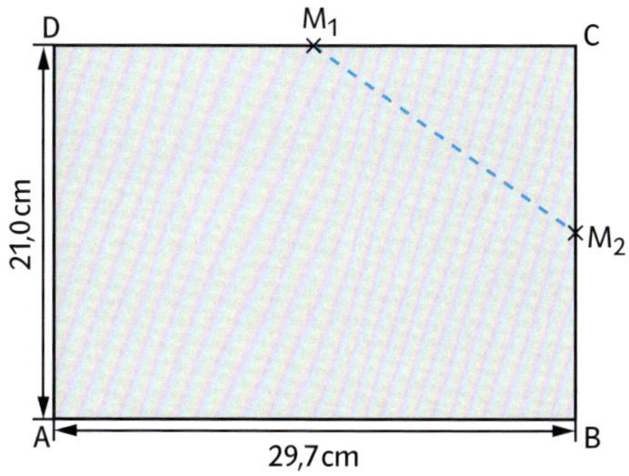

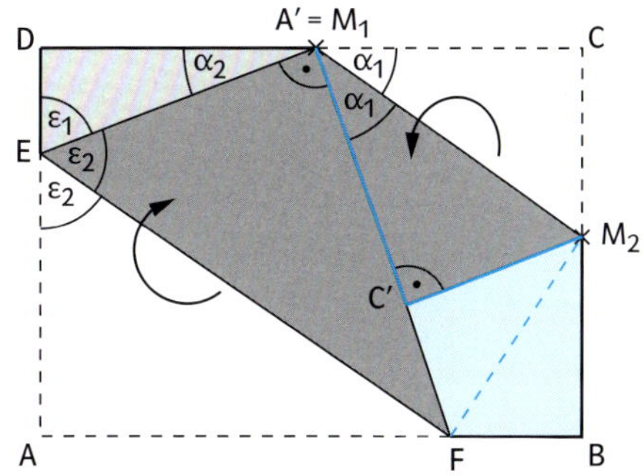

Berechnung des Winkels ε_1:
(➔ Winkelsumme im Dreieck EM_1D)
$\varepsilon_1 = 180° - 90° - \alpha_2$
$\varepsilon_1 = 180° - 90° - 19{,}48°$ $\underline{\varepsilon_1 = 70{,}52°}$

Berechnung des Winkels ε_2:
(➔ gestreckter Winkel im Punkt E)
$\varepsilon_2 = \frac{180° - \varepsilon_1}{2}$
$\varepsilon_2 = \frac{180° - 70{,}52°}{2}$ $\underline{\varepsilon_2 = 54{,}74°}$

Berechnung der Strecke $\overline{EM_1}$:
(➔ Pythagoras im Dreieck EM_1D)
$\overline{EM_1}^2 = \overline{DE}^2 + \overline{DM_1}^2$
$\overline{EM_1}^2 = 5{,}25^2 + 14{,}85^2$ $\quad |\sqrt{\ }$
$\overline{EM_1} = \sqrt{5{,}25^2 + 14{,}85^2}$ $\underline{\overline{EM_1} = 15{,}75\,\text{cm}}$

Berechnung der Strecke $\overline{FM_1}$:
(➔ Tangens im Dreieck EFM_1)
$\tan \varepsilon_2 = \frac{\overline{FM_1}}{\overline{EM_1}}$ $\quad |\cdot \overline{EM_1}$
$\overline{FM_1} = \overline{EM_1} \cdot \tan \varepsilon_2$
$\overline{FM_1} = 15{,}75 \cdot \tan 54{,}74°$ $\underline{\overline{FM_1} = 22{,}29\,\text{cm}}$

Berechnung der Strecke $\overline{C'F}$:
(➔ Streckendifferenz mit $\overline{C'F} = \overline{BF}$)

$\overline{C'F} = \overline{FM_1} - \overline{C'M_1}$

$\overline{C'F} = 22{,}29 - 14{,}85$ $\qquad$ $\underline{\overline{C'F} = 7{,}44\,\text{cm}}$

$A_{FBM_2C'} = 2 \cdot \frac{1}{2} \cdot \overline{C'F} \cdot \overline{C'M_2}$

$A_{FBM_2C'} = 2 \cdot \frac{1}{2} \cdot 7{,}44 \cdot 10{,}5$ $\qquad$ $\underline{\underline{A_{FBM_2C'} = 78\,\text{cm}^2}}$

Alternativer Lösungsweg:
Berechnung des Flächeninhalts des Vierecks FBM_2C':
(➔ Flächendifferenz)

$A_{FBM_2C'} = A_{FBCM_1} - 2 \cdot A_{M_2CM_1}$

Berechnung der Fläche A_{FBCM_1}:
(➔ Trapezflächenformel)

$A_{FBCM_1} = \frac{1}{2}\left(\overline{BF} + \overline{CM_1}\right) \cdot \overline{BC}$

$A_{FBCM_1} = \frac{1}{2}(7{,}44 + 14{,}85) \cdot 21{,}0$ $\qquad$ $\underline{A_{FBCM_1} = 234{,}05\,\text{cm}^2}$

Berechnung der Fläche $A_{M_2CM_1}$:
(➔ Flächenformel für das rechtwinklige Dreieck)

$A_{M_2CM_1} = \frac{1}{2} \cdot \overline{CM_1} \cdot \overline{CM_2}$

$A_{M_2CM_1} = \frac{1}{2} \cdot 14{,}85 \cdot 10{,}5$ $\qquad$ $\underline{A_{M_2CM_1} = 77{,}96\,\text{cm}^2}$

$A_{FBM_2C'} = A_{FBCM_1} - 2 \cdot A_{M_2CM_1}$
$A_{FBM_2C'} = 234{,}05 - 2 \cdot 77{,}96$ $\qquad$ $\underline{\underline{A_{FBM_2C'} = 78\,\text{cm}^2}}$

Prüfung 2020

Pflicht- und Wahlbereich
Aufgaben und Lösungen

Aufgabe 1

Im Quadrat ABCD liegt der Streckenzug DEFB.
Es gilt:

$\overline{BF} = 8{,}5\,\text{cm}$

$\overline{EF} = 8{,}3\,\text{cm}$

$\overline{AB} = 16{,}7\,\text{cm}$

$\beta_1 = 52{,}0°$

$\overline{EF}$ verläuft parallel zu $\overline{AB}$.

Berechnen Sie den Winkel δ_1.

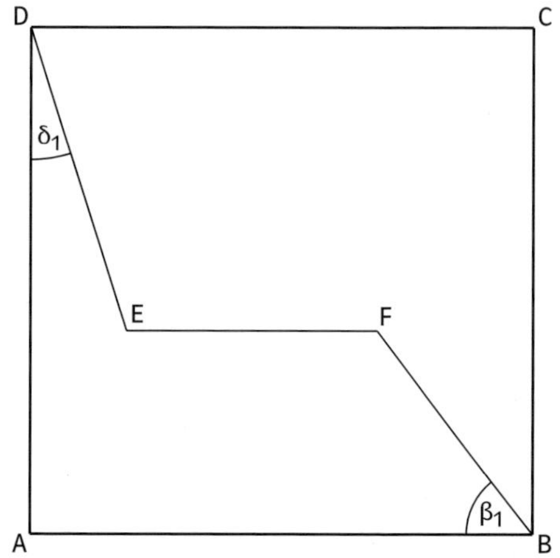

Aufgabe 2

Die Eckpunkte des Dreiecks ABC liegen auf den Parallelen g und h.
Es gilt:
$\overline{AB} = 9{,}4\,\text{cm}$
$\beta = 57{,}0°$
$d = 6{,}7\,\text{cm}$

Berechnen Sie den Umfang des Dreiecks ADC.

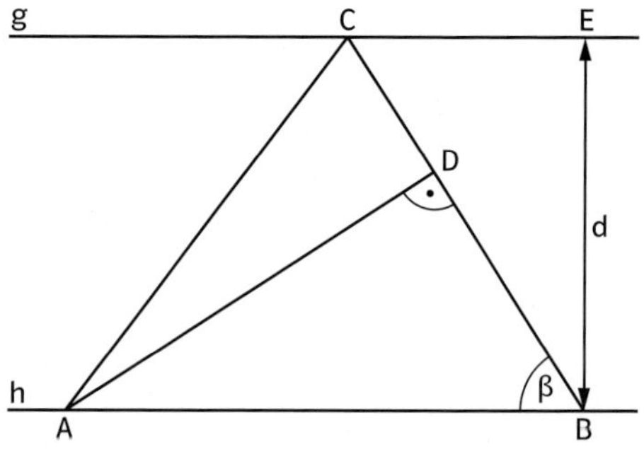

Aufgabe 3

Ein Werkstück besteht aus einem Kegel und einem halben Zylinder.

Berechnen Sie den Oberflächeninhalt des Werkstücks.

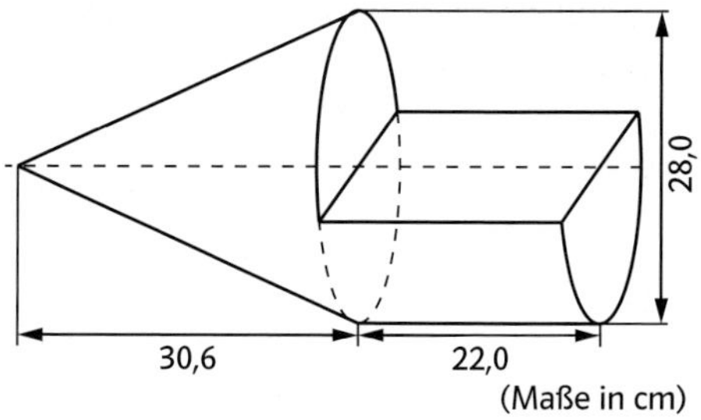

Aufgabe 4

Lösen Sie die Gleichung:
$(2x + 1)^2 - 3(x + 4) = (x - 1)(2x + 1) + 2$

Aufgabe 5

Gegeben sind fünf Funktionsgleichungen und drei Graphen.

(1) $y = \frac{1}{2}x + 3$

(2) $y = x^2 + 4x + 3$

(3) $y = \frac{1}{2}x^2 + 3$

(4) $y = x^2 - 4x + 3$

(5) $y = -\frac{1}{2}x + 3$

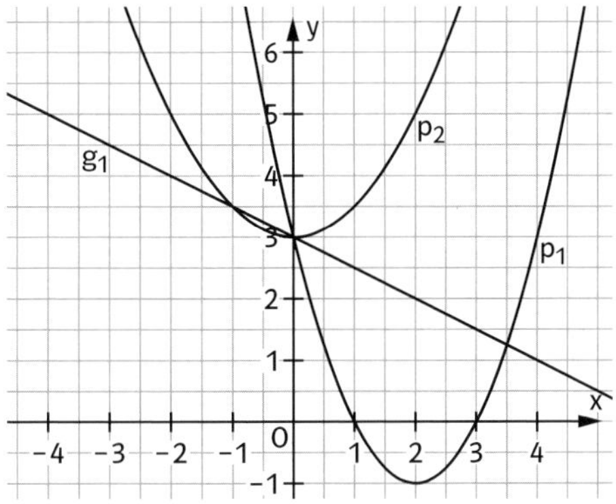

Ordnen Sie jedem Graphen die zugehörige Funktionsgleichung zu.
Begründen Sie Ihre Entscheidung.
Zeichnen Sie die beiden fehlenden Graphen in das Koordinatensystem ein.

Aufgabe 6

Ben, Laura und Emma besitzen jeweils ein Rubbellos. Auf jedem Los befinden sich 16 gleich große Felder. Nur zwei der 16 Felder werden freigerubbelt. Die beiden Beträge, die dadurch sichtbar werden, werden addiert und ergeben den Gewinn. Auf acht Feldern steht der Betrag 0 €, auf sechs Feldern steht der Betrag 1 € und auf zwei Feldern der Betrag 10 €.

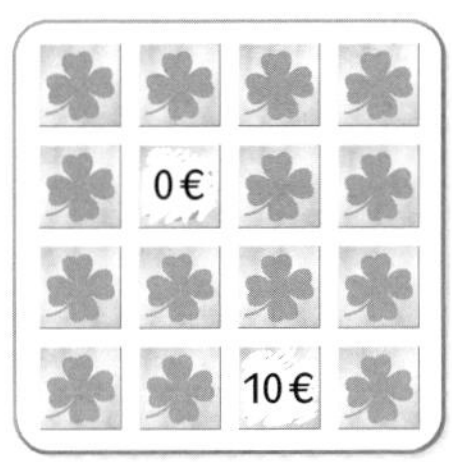

- Ben hat auf seinem Los zwei Felder freigerubbelt (siehe Abbildung). Berechnen Sie die Wahrscheinlichkeit für das Ereignis „Gewinn 10 €".
- Laura überlegt sich, wie groß die Wahrscheinlichkeit ist, den Hauptgewinn von 20 € zu erhalten. Berechnen Sie die Wahrscheinlichkeit.
- Emma möchte mehr als 10 € gewinnen. Berechnen Sie diese Wahrscheinlichkeit.

Aufgabe 7

Die Diagramme zeigen den Verbrauch von Getränkeverpackungen.

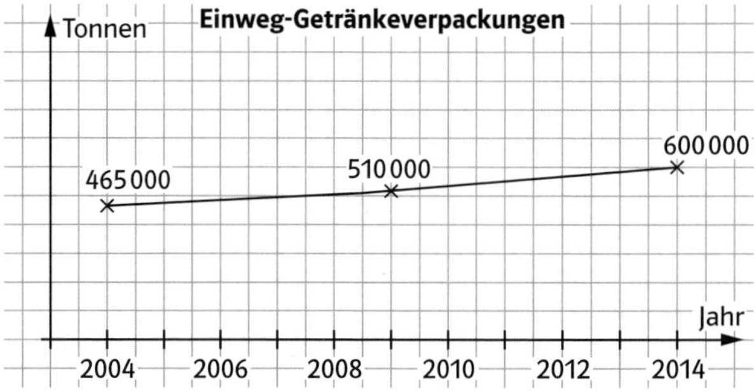

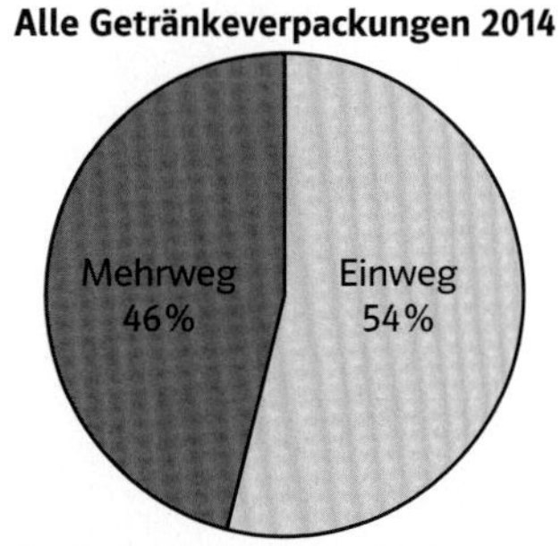

Quelle: Bundesumweltministerium

Um wie viel Prozent ist der Verbrauch der Einweg-Getränkeverpackungen von 2004 bis 2014 insgesamt gestiegen?
Wie viele Tonnen Getränkeverpackungen (Einweg und Mehrweg) wurden im Jahr 2014 insgesamt verbraucht?
Der Verbrauch von Einweg-Getränkeverpackungen soll in den zehn Jahren von 2014 bis 2024 jährlich um jeweils 5% gegenüber dem Vorjahr sinken.
Wie viele Tonnen Einweg-Getränkeverpackungen wären es dann im Jahr 2024?

Aufgabe 8

Im Rahmen einer Untersuchung wurden die Wartezeiten beim Anruf zweier Hotlines notiert.
Das Diagramm zeigt die Wartezeiten von 41 Anrufern der Hotline QUICK-TEL.

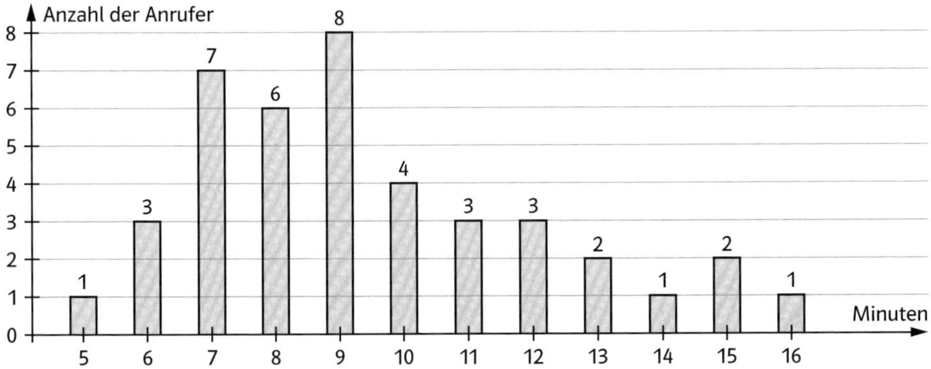

Welcher der beiden Boxplots stellt die Verteilung der Wartezeiten aus dem Diagramm dar?
Begründen Sie mithilfe der Kennwerte.

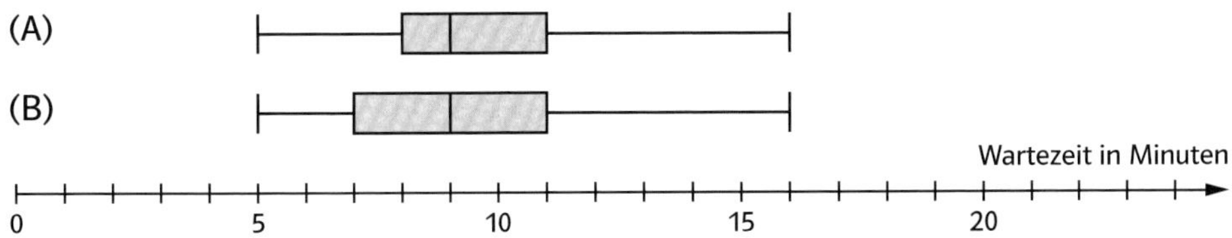

Der andere Boxplot zeigt die Verteilung der Wartezeiten der Hotline FAST-PHONE. Hier wurden ebenfalls 41 Wartezeiten erfasst.
In der Strichliste fehlen die Werte für 8, 9 und 11 Minuten.
Ergänzen Sie diese drei Felder mit möglichen Werten.

Minuten	5	6	7	8	9	10	11	12	13	14	15	16
Anzahl der Anrufer	II	IIII	III			~~IIII~~		IIII	I	I	II	I

Aufgabe 1

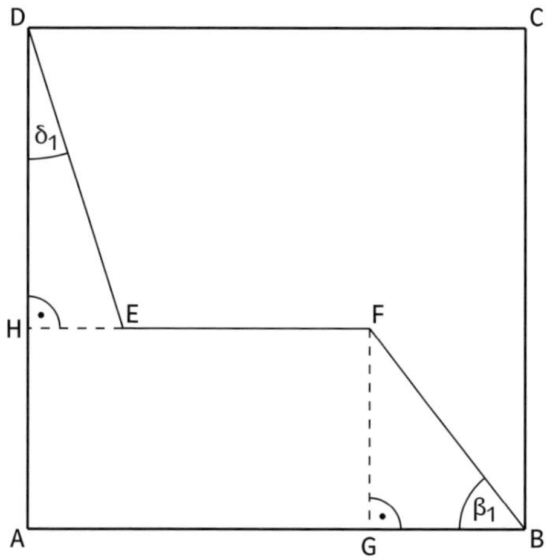

Im Quadrat ABCD liegt der Streckenzug DEFB.
Es gilt:

$\overline{BF} = 8{,}5\,\text{cm}$

$\overline{EF} = 8{,}3\,\text{cm}$

$\overline{AB} = 16{,}7\,\text{cm}$

$\beta_1 = 52{,}0°$

$\overline{EF}$ verläuft parallel zu $\overline{AB}$.

Berechnung des Winkels δ_1:
(➔ Tangens im Dreieck HED)

$\tan\delta_1 = \frac{\overline{HE}}{\overline{DH}}$

Berechnung der Strecke $\overline{BG}$:
(➔ Kosinus im Dreieck GBF)

$\cos\beta_1 = \frac{\overline{BG}}{\overline{BF}} \qquad | \cdot \overline{BF}$

$\overline{BG} = \overline{BF} \cdot \cos\beta_1$

$\overline{BG} = 8{,}5 \cdot \cos 52{,}0°$ $\qquad \underline{\overline{BG} = 5{,}23\,\text{cm}}$

Berechnung der Strecke $\overline{FG} = \overline{AH}$:
(➔ Sinus im Dreieck GBF)

$\sin\beta_1 = \frac{\overline{FG}}{\overline{BF}} \qquad | \cdot \overline{BF}$

$\overline{FG} = \overline{BF} \cdot \sin\beta_1$

$\overline{FG} = 8{,}5 \cdot \sin 52{,}0°$ $\qquad \underline{\overline{FG} = \overline{AH} = 6{,}70\,\text{cm}}$

Berechnung der Strecke $\overline{DH}$:
(➔ Streckendifferenz)

$\overline{DH} = \overline{AD} - \overline{AH}$

$\overline{DH} = 16{,}7 - 6{,}70$ $\qquad \underline{\overline{DH} = 10{,}0\,\text{cm}}$

Berechnung der Strecke $\overline{HE}$:
(➔ Streckendifferenz)

$\overline{HE} = \overline{AB} - \overline{EF} - \overline{BG}$

$\overline{HE} = 16{,}7 - 8{,}3 - 5{,}23$ $\qquad \underline{\overline{HE} = 3{,}17\,\text{cm}}$

$\tan\delta_1 = \frac{3{,}17}{10{,}0}$ $\qquad \underline{\underline{\delta_1 = 17{,}6°}}$

Aufgabe 2

Die Eckpunkte des Dreiecks ABC liegen auf den Parallelen g und h.
Es gilt:

$\overline{AB} = 9{,}4\,\text{cm}$

$\beta = 57{,}0°$

$d = 6{,}7\,\text{cm}$

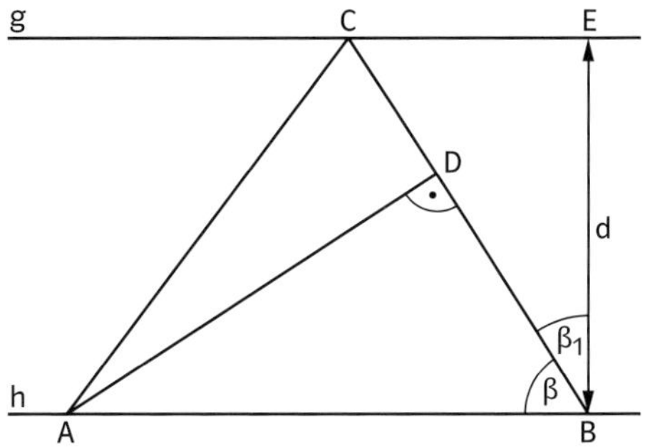

Berechnung des Umfangs des Dreiecks ADC:
(➔ Summe der Dreiecksseiten)
$u_{ADC} = \overline{AD} + \overline{CD} + \overline{AC}$

Berechnung der Strecke $\overline{AD}$:
(➔ Sinus im Dreieck ABD)

$\sin\beta = \frac{\overline{AD}}{\overline{AB}} \quad | \cdot \overline{AB}$

$\overline{AD} = \overline{AB} \cdot \sin\beta$

$\overline{AD} = 9{,}4 \cdot \sin 57{,}0°$ $\qquad$ $\underline{\overline{AD} = 7{,}88\,\text{cm}}$

Berechnung des Winkels β_1:
(➔ Ergänzungswinkel zum rechten Winkel)
$\beta_1 = 90° - \beta$
$\beta_1 = 90° - 57{,}0°$ $\qquad$ $\underline{\beta_1 = 33{,}0°}$

Berechnung der Strecke $\overline{BC}$:
(➔ Kosinus im Dreieck BEC)

$\cos\beta_1 = \frac{\overline{BE}}{\overline{BC}} \quad | \cdot \overline{BC} \quad |:\cos\beta_1$

$\overline{BC} = \frac{\overline{BE}}{\cos\beta_1}$

$\overline{BC} = \frac{6{,}7}{\cos 33{,}0°}$ $\qquad$ $\underline{\overline{BC} = 7{,}99\,\text{cm}}$

Berechnung der Strecke $\overline{BD}$:
(➔ Kosinus im Dreieck ABD)

$\cos\beta = \frac{\overline{BD}}{\overline{AB}} \qquad | \cdot \overline{AB}$

$\overline{BD} = \overline{AB} \cdot \cos\beta$

$\overline{BD} = 9{,}4 \cdot \cos 57{,}0°$ $\qquad \underline{\overline{BD} = 5{,}12\,cm}$

Berechnung der Strecke $\overline{CD}$:
(➔ Streckendifferenz)
$\overline{CD} = \overline{BC} - \overline{BD}$
$\overline{CD} = 7{,}99 - 5{,}12$ $\qquad \underline{\overline{CD} = 2{,}87\,cm}$

Berechnung der Strecke $\overline{AC}$:
(➔ Satz des Pythagoras im Dreieck ADC)

$\overline{AC}^2 = \overline{AD}^2 + \overline{CD}^2$

$\overline{AC}^2 = 7{,}88^2 + 2{,}87^2 \qquad |\sqrt{}$

$\overline{AC} = \sqrt{7{,}88^2 + 2{,}87^2}$ $\qquad \underline{\overline{AC} = 8{,}39\,cm}$

$u_{ADC} = 7{,}88 + 2{,}87 + 8{,}39$ $\qquad \underline{\underline{u_{ADC} = 19{,}1\,cm}}$

Aufgabe 3

Ein Werkstück besteht aus einem Kegel und einem halben Zylinder.

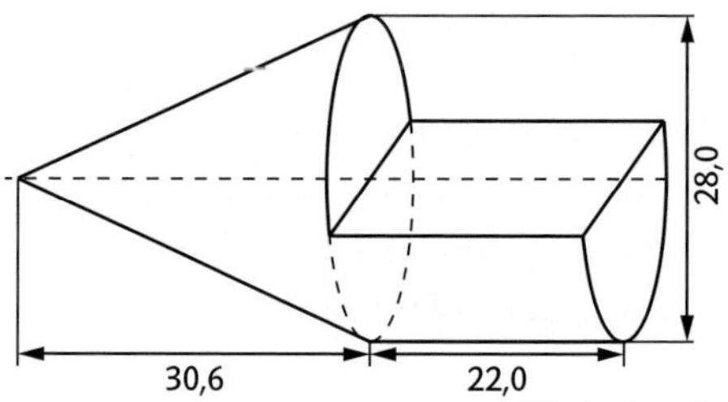

Bestimmung von Werten aus der Zeichnung:
(➔ Ablesen der Größen)
Höhe des Kegels: $h_K = 30{,}6\,cm$
Radius des Kegels = Radius des Zylinders: $r = 14{,}0\,cm$
Höhe des Zylinders: $h_Z = 22{,}0\,cm$

Berechnung des Oberflächeninhalts des Werkstücks:
(➔ Summe der Teilflächen)

$O = M_{Kegel} + \frac{M_{Zylinder}}{2} + G_{Zylinder} + A_{Rechteck}$

Berechnung der Mantelfläche des Kegels M_K:
(➔ Mantelformel Kegel)

$M_{Kegel} = \pi \cdot r \cdot s$

Berechnung der Mantellinie s:
(➔ Satz des Pythagoras in der Kegelschnittfläche)

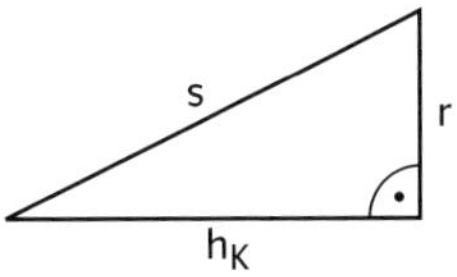

$s^2 = h_K^2 + r^2$

$s^2 = 30{,}6^2 + 14{,}0^2 \quad |\sqrt{\ }$

$s = \sqrt{30{,}6^2 + 14{,}0^2}$ $\underline{s = 33{,}65\,cm}$

$M_{Kegel} = \pi \cdot 14{,}0 \cdot 33{,}65$ $\underline{M_{Kegel} = 1480{,}0\,cm^2}$

Berechnung der halben Mantelfläche des Zylinders $\frac{M_{Zylinder}}{2}$:
(➔ Mantelformel Zylinder)

$\frac{M_{Zylinder}}{2} = \frac{2 \cdot \pi \cdot r \cdot h_Z}{2} = \pi \cdot r \cdot h_Z$

$\frac{M_{Zylinder}}{2} = \pi \cdot 14{,}0 \cdot 22{,}0$ $\underline{\frac{M_{Zylinder}}{2} = 967{,}6\,cm^2}$

Berechnung der Grundfläche des Zylinders $G_{Zylinder}$:
(➔ Halbe Grundfläche Kegel plus halbe Grundfläche Zylinder)

$G_{Zylinder} = \pi \cdot r^2$

$G_{Zylinder} = \pi \cdot 14{,}0^2$ $\underline{G_{Zylinder} = 615{,}8\,cm^2}$

Berechnung der Rechteckfläche $A_{Rechteck}$:
(➔ Flächenformel des Rechtecks)

$A_{Rechteck} = h_Z \cdot d_Z$

$A_{Rechteck} = 22{,}0 \cdot 28{,}0$ $\underline{A_{Rechteck} = 616\,cm^2}$

$O = 1480{,}0 + 967{,}6 + 615{,}8 + 616$ $\underline{\underline{O = 3679\,cm^2}}$

Aufgabe 4

Lösen der quadratischen Gleichung:
(➔ Umformen in Normalform)

$$(2x+1)^2 - 3(x+4) = (x-1)(2x+1) + 2$$
$$4x^2 + 4x + 1 - 3x - 12 = 2x^2 + x - 2x - 1 + 2 \quad |T$$
$$4x^2 + x - 11 = 2x^2 - x + 1 \quad |-2x^2 + x - 1$$
$$2x^2 + 2x - 12 = 0 \quad |:2$$
$$x^2 + x - 6 = 0$$

(➔ Lösungsformel)

$x_{1,2} = -0{,}5 \pm \sqrt{0{,}5^2 - (-6)}$

$x_{1,2} = -0{,}5 \pm \sqrt{0{,}25 + 6}$

$x_{1,2} = -0{,}5 \pm \sqrt{6{,}25}$

$x_{1,2} = -0{,}5 \pm 2{,}5$

$x_1 = 2$ $\qquad\qquad$ $\underline{\underline{x_1 = 2}}$

$x_2 = -3$ $\qquad\qquad$ $\underline{\underline{x_2 = -3}}$

Aufgabe 5

Gegeben sind fünf Funktionsgleichungen und drei Graphen.

(1) $y = \frac{1}{2}x + 3$

(2) $y = x^2 + 4x + 3$

(3) $y = \frac{1}{2}x^2 + 3$

(4) $y = x^2 - 4x + 3$

(5) $y = -\frac{1}{2}x + 3$

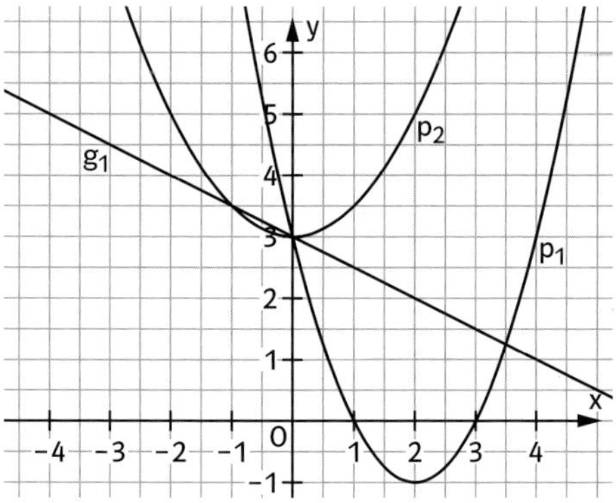

Zuordnung der Graphen zu den Funktionsgleichungen
(➔ Funktionsgleichungen von p_1, p_2 und g_1 bestimmen und zuordnen)

Bestimmung der Funktionsgleichung von p_1:
(➔ Ablesen des Scheitelpunktes aus der Zeichnung; Scheitelpunkt in Scheitelform der verschobenen Normalparabel p_1 einsetzen)
$S_1(2\,|\,-1)$ in $y = (x - d)^2 + e$ einsetzen:
$y = (x - 2)^2 - 1$
$y = x^2 - 4x + 4 - 1$ $\qquad$ $\underline{p_1\colon y = x^2 - 4x + 3}$

<u>Der Graph p_1 gehört zu (4).</u>

Bestimmung der Funktionsgleichung von p_2:
(➔ Ablesen zweier Werte der verschobenen und breiteren Parabel p_2; Einsetzen in $y = ax^2 + c$)
$S_2(0\,|\,3)$ einsetzen $\qquad$ $\underline{c = 3}$
$R(1\,|\,3{,}5)$ in $y = ax^2 + 3$ einsetzen: $3{,}5 = a \cdot 1^2 + 3 \quad |-3$ $\qquad$ $\underline{a = \frac{1}{2}}$

$\underline{p_2\colon y = \frac{1}{2}x^2 + 3}$

<u>Der Graph p_2 gehört zu (3).</u>

Alternative Bestimmung:
Es handelt sich um eine breitere, nach oben geöffnete Parabel, der Scheitel $S_2(0\,|\,3)$ ist direkt ablesbar. Da nur die Funktionsgleichung (3) zu einer breiteren, nach oben geöffneten Parabel gehört, muss sie zum Graphen p_2 gehören.

Bestimmung der Funktionsgleichung von g_1:
(➔ Ablesen zweier Werte; Einsetzen in $y = mx + c$)
Die Punkte $P(0\,|\,3)$ und $Q(1\,|\,2{,}5)$ liegen auf g_1.
$P(0\,|\,3)$ einsetzen: $\qquad$ $\underline{c = 3}$
$Q(1\,|\,2{,}5)$ in $y = mx + 3$ einsetzen: $2{,}5 = m \cdot 1 + 3 \quad |-3$ $\qquad$ $\underline{m = -\frac{1}{2}}$

$\underline{g_1\colon y = -\frac{1}{2}x + 3}$

<u>Der Graph g_1 gehört zu (5).</u>

Alternative Bestimmung:
Es handelt sich um eine fallende Gerade mit dem y-Achsenabschnitt $c = 3$. Da nur die Funktionsgleichung (5) mit negativer Steigung $m = -\frac{1}{2}$ zu einer fallenden Geraden gehört, muss sie zum Graphen g_1 gehören.

Zeichnung des Graphen g_2 zur Funktionsgleichung (1) $y = \frac{1}{2}x + 3$

y-Achsenabschnitt $c = 3$; Steigung $m = \frac{1}{2}$

Zeichnung des Graphen p_3 zur Funktionsgleichung (2) $y = x^2 + 4x + 3$

(➔ Funktionsgleichung mithilfe der quadratischen Ergänzung in Scheitelform umformen)

$y = x^2 + 4x + 3$

$y = x^2 + 4x + 2^2 + 3 - 2^2$

$y = (x + 2)^2 - 1$ $\underline{S_3(-2|-1)}$

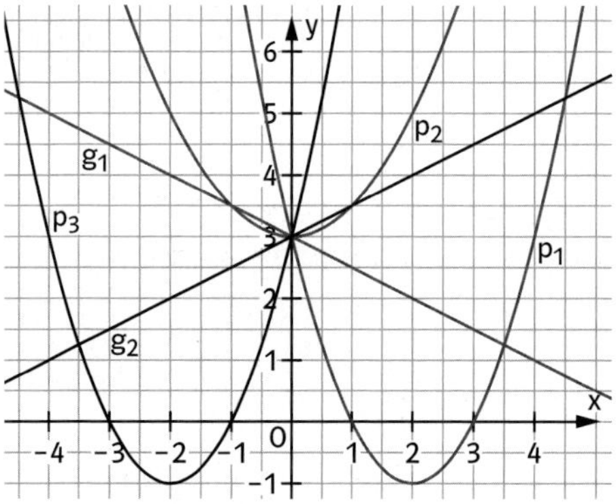

Aufgabe 6

Ein Rubbellos hat 16 Felder.
Nur zwei der 16 Felder werden freigerubbelt.
Auf acht Feldern steht der Betrag 0 €, auf sechs Feldern steht der Betrag 1 € und auf zwei Feldern der Betrag 10 €.

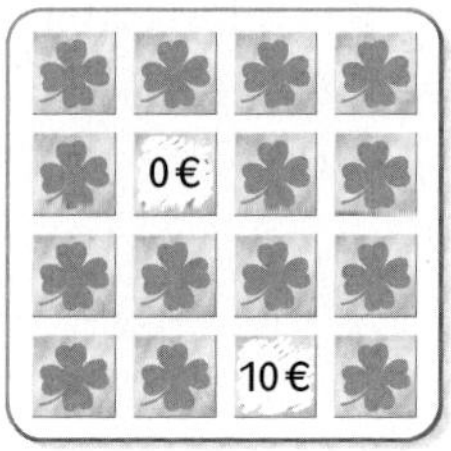

Berechnung der Wahrscheinlichkeit für das Ereignis „Gewinn 10 €“:
(→ Zweistufiges Zufallsexperiment; Ziehen ohne Zurücklegen; verkürztes Baumdiagramm)

P(Gewinn 10 €) = P(0 €; 10 €) + P(10 €; 0 €)

P(Gewinn 10 €) = $\frac{8}{16} \cdot \frac{2}{15} + \frac{2}{16} \cdot \frac{8}{15}$

P(Gewinn 10 €) = $\frac{1}{15} + \frac{1}{15}$

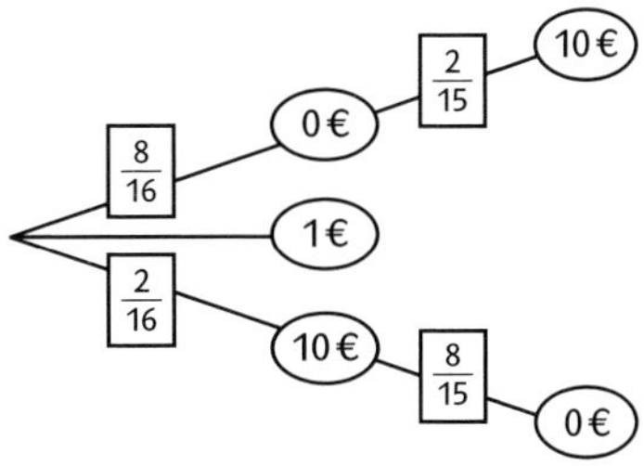

P(Gewinn 10 €) = $\frac{2}{15}$

P(Gewinn 10 €) = 13,3 %

Die Wahrscheinlichkeit für das Ereignis „Gewinn 10 €“ beträgt $\frac{2}{15}$ bzw. 13,3 %.

Berechnung der Wahrscheinlichkeit für das Ereignis „Hauptgewinn 20 €“:
(→ Zweistufiges Zufallsexperiment; Ziehen ohne Zurücklegen; verkürztes Baumdiagramm)

P(Hauptgewinn 20 €) = P(10 €; 10 €)

P(Hauptgewinn 20 €) = $\frac{2}{16} \cdot \frac{1}{15}$

P(Hauptgewinn 20 €) = $\frac{1}{120}$

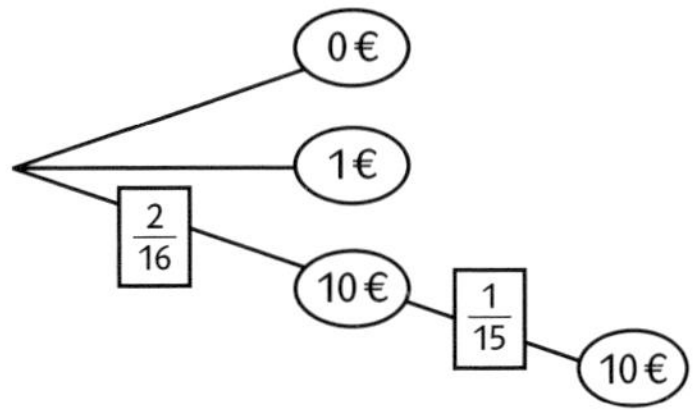

P(Hauptgewinn 20 €) = 0,83 %

Die Wahrscheinlichkeit das Ereignis „Hauptgewinn 20 €“ beträgt $\frac{1}{120}$ bzw. 0,83 %.

Berechnung der Wahrscheinlichkeit für das Ereignis „mehr als 10 € gewinnen“:
(→ Zweistufiges Zufallsexperiment; Ziehen ohne Zurücklegen; verkürztes Baumdiagramm)

P(Gewinn mehr als 10 €)
= P(1 €; 10 €) + P(10 €; 1 €) + P(10 €; 10 €)

P(Gewinn mehr als 10 €)
$= \frac{6}{16} \cdot \frac{2}{15} + \frac{2}{16} \cdot \frac{6}{15} + \frac{2}{16} \cdot \frac{1}{15}$

P(Gewinn mehr als 10 €) $= \frac{1}{20} + \frac{1}{20} + \frac{1}{120}$

P(Gewinn mehr als 10 €) $= \frac{13}{120}$

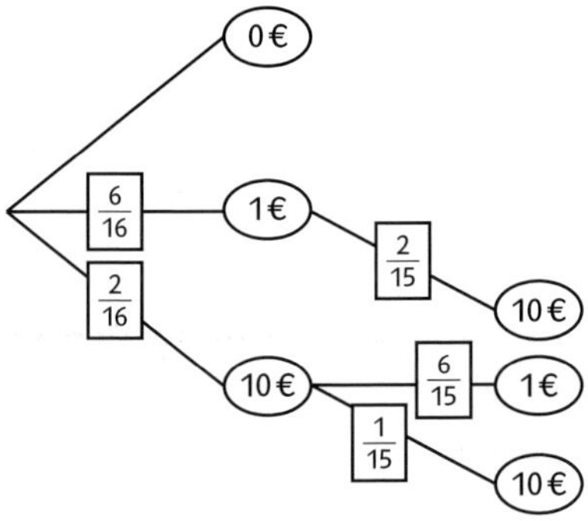

P(Gewinn mehr als 10 €) = 10,8 %

Die Wahrscheinlichkeit, mehr als 10 € zu gewinnen, beträgt $\frac{13}{120}$ bzw. 10,8 %.

Aufgabe 7

Bestimmung von Werten aus dem Schaubild:
(→ Ablesen der Werte)

Jahr	2004	2009	2014
Menge Einweg-Getränke-verpackung (in t)	465 000	510 000	600 000

2014 waren 46 % aller Getränkeverpackungen Mehrweg und 54 % Einweg.

Berechnung der Zunahme von 2004 bis 2014 in Prozent:
(→ Berechnung des Prozentsatzes)

$p\,\% = \frac{W}{G}$

$p\,\% = \frac{600\,000 - 465\,000}{465\,000}$

$p\,\% = \frac{135\,000}{465\,000} = 0{,}2903$

p % = 29,0 %

Der Verbrauch der Einweg-Getränkeverpackungen ist von 2004 bis 2014 um 29,0 % angestiegen.

Berechnung der Anzahl aller Getränkeverpackungen im Jahr 2014:
(➔ Berechnung des Grundwerts)

$G_{2014} = \frac{W}{p\%}$

$G_{2014} = \frac{600\,000}{54\%}$ $\underline{\underline{G_{2014} = 1\,111\,111{,}1\,t}}$

Im Jahr 2014 wurden insgesamt 1,1 Mio. Tonnen Getränkeverpackungen verbraucht.

Berechnung der Einweg-Getränkeverpackungen im Jahr 2024:
(➔ exponentielle Abnahme mit gleichbleibend abnehmendem Wachstumsfaktor)

$G_{2024} = G_{2014} \cdot q^{10}$
$G_{2024} = 600\,000 \cdot 0{,}95^{10}$
$G_{2024} = 359\,242{,}16\,t$ $\underline{\underline{G_{2024} = 359\,242\,t}}$

Im Jahr 2024 wären es dann rund 360 000 Tonnen Einweg-Getränkeverpackungen.

Aufgabe 8

Im Rahmen einer Untersuchung wurden die Wartezeiten beim Anruf zweier Hotlines notiert.
Das Diagramm zeigt die Wartezeiten von 41 Anrufern der Hotline QUICK-TEL.

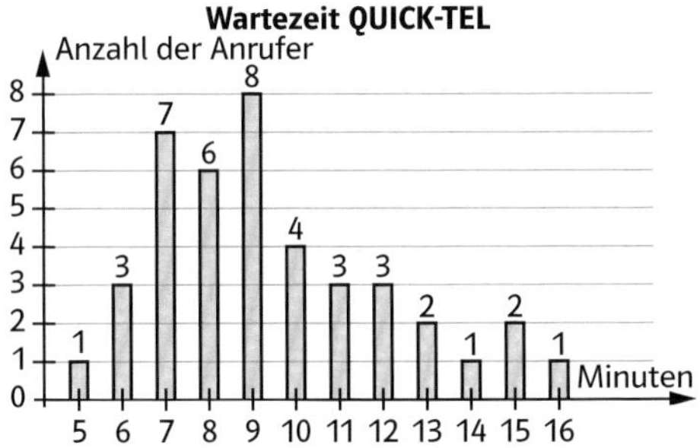

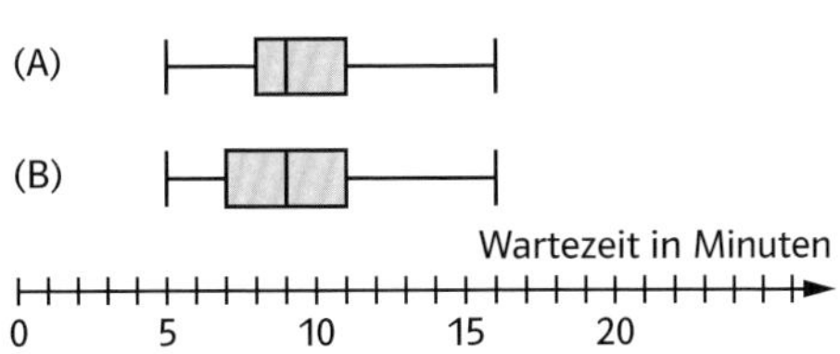

Zuordnung der Boxplots zum Diagramm:
(➔ Bestimmung des unteren Quartils q_u)
Die beiden Boxplots unterscheiden sich nur im unteren Quartil q_u.

(➔ Rechnerische Bestimmung des Rangplatzes)
Rang für q_u: $0{,}25 \cdot 41 = 10{,}25 \rightarrow$ 11. Rangplatz
Das untere Quartil q_u liegt auf Rang 11.

(➔ Erstellung einer Rangliste für die Verteilung der Wartezeiten der Hotline QUICK-TEL)

Rang	1	2	3	4	5	6	7	8	9	10	11
Wartezeit (min)	5	6	6	6	7	7	7	7	7	7	7

Rang	12	13	14	15	16	17	18	19	20	21
Wartezeit (min)	8	8	8	8	8	8	9	9	9	9

Rang	22	23	24	25	26	27	28	29	30	31
Wartezeit (min)	9	9	9	9	10	10	10	10	11	11

Rang	32	33	34	35	36	37	38	39	40	41
Wartezeit (min)	11	12	12	12	13	13	14	15	15	16

Den Wert des 11. Rangplatzes aus der Rangliste ablesen: $q_u = 7$ min

Boxplot (B) gehört somit zur Hotline QUICK-TEL.

Vervollständigung der Strichliste für die Hotline FAST-PHONE:
(➔ Ermittlung der möglichen Werte für 8, 9 bzw. 11 Minuten)

Bestimmung der Kennwerte für die Hotline FAST-PHONE:
(➔ Ablesen aus dem Boxplot)

min	q_u	z	q_o	max
5	8	9	11	16

Bestimmung des Rangplatzes des unteren Quartils der Hotline FAST-PHONE:
(➔ Rechnerische Bestimmung des Rangplatzes)
Rang für q_u: $0{,}25 \cdot 41 = 10{,}25 \;\rightarrow$ 11. Rangplatz

Das untere Quartil $q_u = 8\,\text{min}$ liegt auf Rang 11.

Bestimmung des Rangplatzes des Zentralwerts der Hotline FAST-PHONE:
(➔ Rechnerische Bestimmung des Rangplatzes)
Rang für z: $0{,}5 \cdot 41 = 20{,}5 \;\rightarrow$ 21. Rangplatz

Der Zentralwert $z = 9\,\text{min}$ liegt auf Rang 21.

Bestimmung des Rangplatzes des oberen Quartils der Hotline FAST-PHONE:
(➔ Rechnerische Bestimmung des Rangplatzes)
Rang für q_o: $0{,}75 \cdot 41 = 30{,}75 \;\rightarrow$ 31. Rangplatz

Das obere Quartil $q_o = 11\,\text{min}$ liegt auf Rang 31.

Mögliche Lösung für die Strichliste:
Die fehlenden 18 Werte müssen so ergänzt werden, dass das untere Quartil $q_u = 8\,\text{min}$ auf Rangplatz 11, der Zentralwert $z = 9\,\text{min}$ auf Rangplatz 21 und das obere Quartil $q_o = 11\,\text{min}$ auf Rangplatz 31 liegt.

Minuten	5	6	7	8	9	10	11	12	13	14	15	16
Anzahl der Anrufer	II	IIII	III	~~IIII~~	~~IIII~~ II	~~IIII~~	~~IIII~~ I	IIII	I	I	II	I

a) Im Fünfeck ABCDE gilt:

$\overline{CD} = 9{,}5\,cm$

$\varepsilon_1 = 64{,}0°$

$\gamma = 95{,}0°$

$\overline{AB} \parallel \overline{CE}$

Der Abstand des Punktes D zu $\overline{AB}$ beträgt 12,9 cm.

Berechnen Sie den Flächeninhalt des Vierecks ABCE.

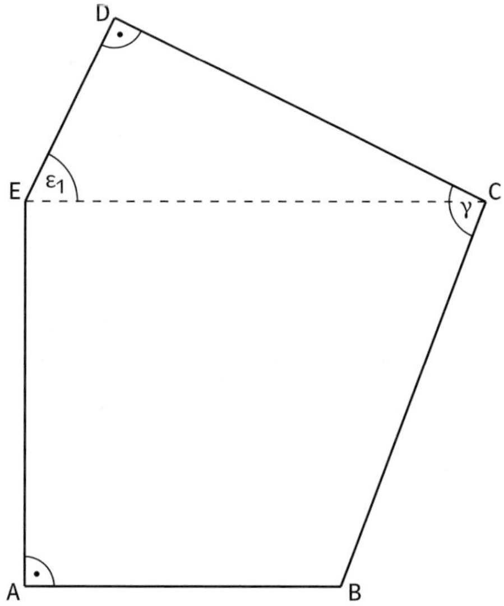

b) Im Rechteck ABCD liegen die gleichseitigen Dreiecke EBF und AGD.

Es gilt:

$\overline{BE} = 4e\sqrt{3}$

Weisen Sie ohne Verwendung gerundeter Werte nach, dass für den Flächeninhalt des Rechtecks ABCD gilt:
$A = 36e^2\sqrt{3}$

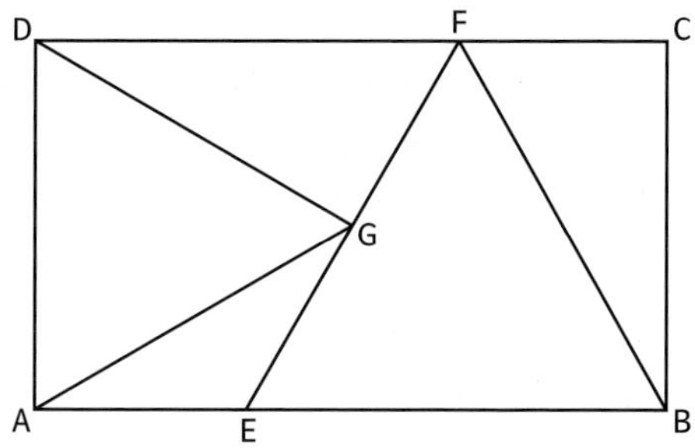

a) Das Fünfeck ABCDE besteht aus dem rechtwinkligen Dreieck ECD und dem Viereck ABCE. Da $\overline{AB}$ parallel zu $\overline{CE}$ verläuft, ist das Viereck ABCE ein Trapez. Im rechtwinkligen Dreieck ECD können die Seiten $\overline{DE}$ und $\overline{CE}$ mit dem Tangens und Sinus berechnet werden. Der Abstand des Punktes D zu $\overline{AB}$ wird durch $\overline{CE}$ in die zwei Abschnitte $\overline{DG}$ und $\overline{FG}$ geteilt. Den Abschnitt $\overline{DG}$ berechnet man mit dem Sinus. Der zweite Abschnitt $\overline{FG}$, die Höhe des Trapezes ABCE, ergibt sich durch Streckendifferenz.

Die Strecke $\overline{CE}$ teilt den Winkel γ in die beiden Teilwinkel γ_1 und γ_2. Der Winkel γ_1 kann im Teildreieck ECD über die Winkelsumme berechnet werden. Den Winkel γ_2 erhält man über Subtraktion der Winkel. Verschiebt man die Trapezhöhe $\overline{AE}$ bis zum Punkt B, entsteht das Teildreieck BCH. Mit dem Tangens kann die Strecke $\overline{CH}$ berechnet werden. Durch Streckendifferenz erhält man die Trapezseite $\overline{AB}$.

Durch Einsetzen der Werte in die Trapezflächenformel lässt sich der Flächeninhalt des Vierecks ABCE berechnen.

b) Um nachzuweisen, dass der Flächeninhalt des Rechtecks ABCD mit der Formel $A = 36e^2\sqrt{3}$ berechnet werden kann, muss man die Längen der beiden Rechteckseiten $\overline{CD}$ und $\overline{BC}$ ermitteln.

Die Breite $\overline{BC}$ des Rechtecks ist gleichzeitig die Höhe des gleichseitigen Dreiecks EBF. Sie kann mit der Formel für die Höhe des gleichseitigen Dreiecks berechnet werden.

Die Strecke $\overline{CF}$ ist halb so lang wie die Seite des gleichseitigen Dreiecks EBF. Der gestreckte Winkel am Punkt F wird in drei gleich große Winkel unterteilt. Am Punkt D wird der rechte Winkel durch das gleichseitige Dreieck AGD in einen 60°-Winkel und einen 30°-Winkel geteilt. Somit ist das Dreieck DGF rechtwinklig. Die beiden anderen Winkel betragen 30° und 60°. Die Seite $\overline{DG}$ ist aufgrund der Gleichseitigkeit des Dreiecks AGD genauso lang wie die Seite $\overline{BC}$. Mit dieser Seite $\overline{DG}$ und einem der beiden von 90° verschiedenen Winkel kann die Seite $\overline{DF}$ berechnet werden. Durch Addition erhält man die Länge des Rechtecks $\overline{CD}$ und kann so den Flächeninhalt des Rechtecks berechnen und die Formel nachweisen.

a) Im Fünfeck ABCDE gilt:

$\overline{CD} = 9{,}5\,cm$

$\varepsilon_1 = 64{,}0°$

$\gamma = 95{,}0°$

$\overline{AB} \parallel \overline{CE}$

Der Abstand des Punktes D zu $\overline{AB}$ beträgt 12,9 cm.

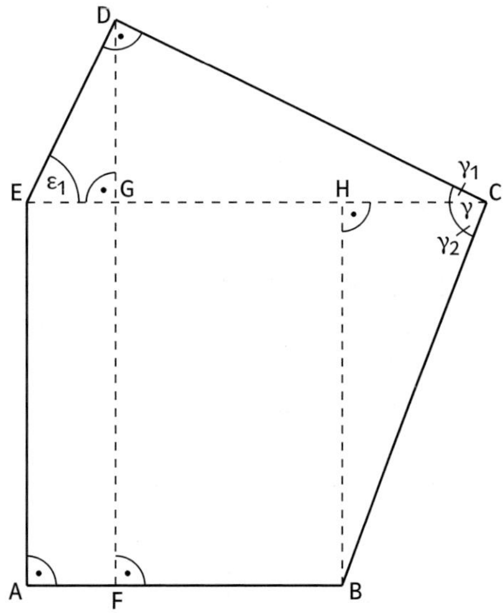

Berechnung des Flächeninhalts des Vierecks ABCE:
(→ Flächenformel für das Trapez)
$A_{ABCE} = \frac{1}{2} \cdot (\overline{AB} + \overline{CE}) \cdot \overline{AE}$

Berechnung der Strecke $\overline{CE}$:
(→ Sinus im Dreieck ECD)

$\sin \varepsilon_1 = \frac{\overline{CD}}{\overline{CE}} \quad | \cdot \overline{CE} \quad | : \sin \varepsilon_1$

$\overline{CE} = \frac{\overline{CD}}{\sin \varepsilon_1}$

$\overline{CE} = \frac{9{,}5}{\sin 64{,}0°}$ $\qquad$ $\underline{\overline{CE} = 10{,}57\,cm}$

Berechnung der Strecke $\overline{DE}$:
(→ Tangens im Dreieck ECD)

$\tan \varepsilon_1 = \frac{\overline{CD}}{\overline{DE}} \quad | \cdot \overline{DE} \quad | : \tan \varepsilon_1$

$\overline{DE} = \frac{\overline{CD}}{\tan \varepsilon_1}$

$\overline{DE} = \frac{9{,}5}{\tan 64{,}0°}$ $\qquad$ $\underline{\overline{DE} = 4{,}63\,cm}$

Berechnung der Strecke $\overline{DG}$:
(➔ Sinus im Dreieck EGD)

$\sin \varepsilon_1 = \frac{\overline{DG}}{\overline{DE}} \quad | \cdot \overline{DE}$

$\overline{DG} = \overline{DE} \cdot \sin \varepsilon_1$

$\overline{DG} = 4{,}63 \cdot \sin 64{,}0°$ $\qquad \underline{\overline{DG} = 4{,}16\,\text{cm}}$

Berechnung der Trapezhöhe $\overline{AE} = \overline{FG} = \overline{BH}$:
(➔ Streckendifferenz)

$\overline{FG} = \overline{DF} - \overline{DG}$

$\overline{FG} = 12{,}9 - 4{,}16$ $\qquad \underline{\overline{FG} = \overline{AE} = \overline{BH} = 8{,}74\,\text{cm}}$

Berechnung des Winkels γ_1:
(➔ Winkelsumme im Dreieck ECD)

$\gamma_1 = 180° - 90° - \varepsilon_1$

$\gamma_1 = 180° - 90° - 64{,}0°$ $\qquad \underline{\gamma_1 = 26{,}0°}$

Berechnung des Winkels γ_2:
(➔ Winkeldifferenz)

$\gamma_2 = \gamma - \gamma_1$

$\gamma_2 = 95{,}0° - 26{,}0°$ $\qquad \underline{\gamma_2 = 69{,}0°}$

Berechnung der Strecke $\overline{CH}$:
(➔ Tangens im Dreieck BCH)

$\tan \gamma_2 = \frac{\overline{BH}}{\overline{CH}} \quad | \cdot \overline{CH} \quad | : \tan \gamma_2$

$\overline{CH} = \frac{\overline{BH}}{\tan \gamma_2}$

$\overline{CH} = \frac{8{,}74}{\tan 69°}$ $\qquad \underline{\overline{CH} = 3{,}35\,\text{cm}}$

Berechnung der Strecke $\overline{AB}$:
(➔ Streckendifferenz)

$\overline{AB} = \overline{CE} - \overline{CH}$

$\overline{AB} = 10{,}57 - 3{,}35$ $\qquad \underline{\overline{AB} = 7{,}22\,\text{cm}}$

$A_{ABCE} = \frac{1}{2} \cdot (7{,}22 + 10{,}57) \cdot 8{,}74$ $\qquad \underline{\underline{A_{ABCE} = 77{,}7\,\text{cm}^2}}$

b) Im Rechteck ABCD liegen die gleichseitigen Dreiecke EBF und AGD.

Es gilt: $\overline{BE} = 4e\sqrt{3}$

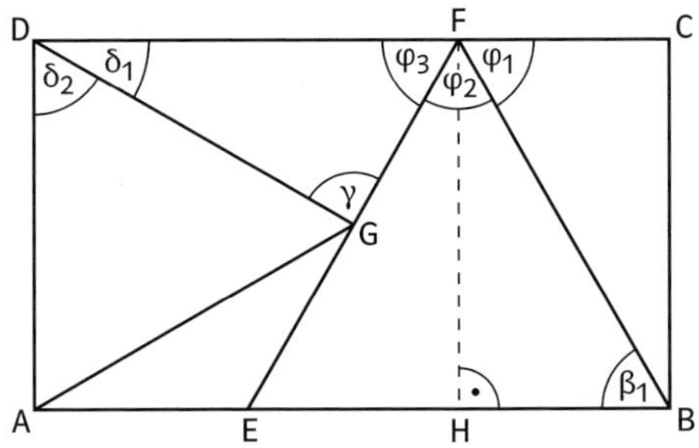

Nachweis der Formel für den Flächeninhalt des Rechtecks ABCD:
(➔ Flächenformel für das Rechteck)
$A_{ABCD} = \overline{CD} \cdot \overline{BC}$

Berechnung der Strecke $\overline{BC} = \overline{FH}$:
(➔ Höhenformel für das gleichseitige Dreieck EBF)

$\overline{FH} = \frac{1}{2} \cdot \overline{BE} \cdot \sqrt{3}$

$\overline{FH} = \frac{1}{2} \cdot 4e\sqrt{3} \cdot \sqrt{3}$ $\quad\quad$ $\underline{\overline{FH} = \overline{BC} = \overline{AD} = 6e}$

Berechnung der Strecke $\overline{CF} = \overline{BH}$:
(➔ Halbierung der Strecke $\overline{BE}$)

$\overline{BH} = \frac{1}{2} \cdot \overline{BE}$

$\overline{BH} = \frac{1}{2} \cdot 4e\sqrt{3}$ $\quad\quad$ $\underline{\overline{BH} = \overline{CF} = 2e\sqrt{3}}$

Bestimmung des Winkels β_1:
(➔ Eigenschaften gleichseitiges Dreieck) $\quad\quad$ $\underline{\beta_1 = 60°}$

Bestimmung des Winkels φ_1:
(➔ Wechselwinkeleigenschaft)
$\varphi_1 = \beta_1$ $\quad\quad$ $\underline{\varphi_1 = 60°}$

Berechnung des Winkels φ_3:
(➔ gestreckter Winkel bei Punkt F)
$\varphi_3 = 180° - \varphi_1 - \varphi_2$
$\varphi_3 = 180° - 60° - 60°$ $\quad\quad$ $\underline{\varphi_3 = 60°}$

Bestimmung des Winkels δ_2:
(➔ Eigenschaften gleichseitiges Dreieck) $\quad\quad$ $\underline{\delta_2 = 60°}$

Bestimmung des Winkels δ_1:
(→ Ergänzung zum rechten Winkel) $\underline{\delta_1 = 30°}$

Berechnung des Winkels γ:
(→ Winkelsumme im Dreieck)
$\gamma = 180° - \varphi_3 - \delta_1$
$\gamma = 180° - 60° - 30°$ $\underline{\gamma = 90°}$
Das Dreieck DGF ist somit rechtwinklig.

Berechnung der Strecke $\overline{DG} = \overline{AD}$:
(→ Eigenschaften des gleichseitigen Dreiecks)
$\overline{DG} = \overline{AD}$ $\underline{\overline{DG} = 6e}$

Berechnung der Strecke $\overline{DF}$:
(→ Sinus im Dreieck DGF)
$\sin\varphi_3 = \frac{\overline{DG}}{\overline{DF}} \quad | \cdot \overline{DF} \quad | : \sin\varphi_3$

$\overline{DF} = \frac{\overline{DG}}{\sin\varphi_3}$

$\overline{DF} = \frac{6e}{\sin 60°}$

$\overline{DF} = \frac{6e}{\frac{1}{2}\sqrt{3}}$ $\underline{\overline{DF} = 4e\sqrt{3}}$

Berechnung der Strecke $\overline{CD}$:
(→ Summe der Teilstrecken)
$\overline{CD} = \overline{CF} + \overline{DF}$

$\overline{CD} = 2e\sqrt{3} + 4e\sqrt{3}$ $\underline{\overline{CD} = 6e\sqrt{3}}$

$A_{ABCD} = 6e\sqrt{3} \cdot 6e$ $\underline{\underline{A_{ABCD} = 36e^2\sqrt{3}}}$

a) Von einer regelmäßigen achtseitigen Pyramide sind bekannt:
a = 6,2 cm
s = 32,0 cm
Der Punkt C liegt auf der Höhe h der Pyramide.
Das Dreieck ABC soll den gleichen Flächeninhalt haben wie eines der Manteldreiecke.

Berechnen Sie die Länge von $\overline{SC}$.

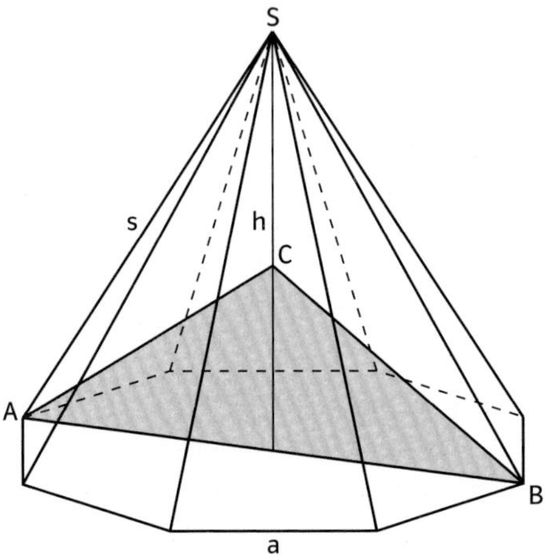

b) Von einem DIN-A4-Blatt (21,0 cm × 29,7 cm) werden die vier eingefärbten Dreiecke abgeschnitten. Mit diesen vier Dreiecken werden die Diagonalschnittfläche ACS und die Grundfläche einer halben massiven quadratischen Pyramide vollständig beklebt.

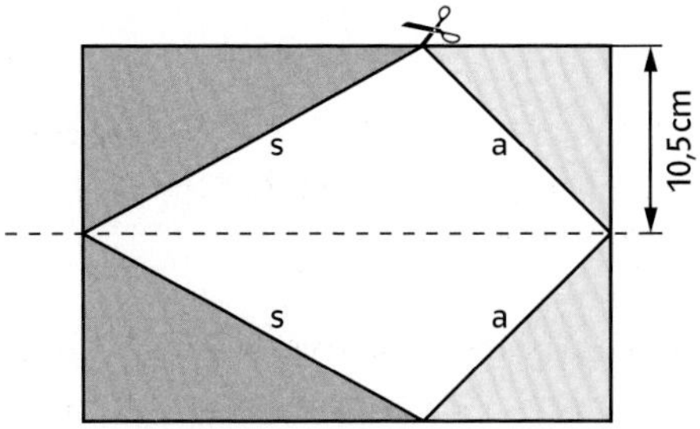

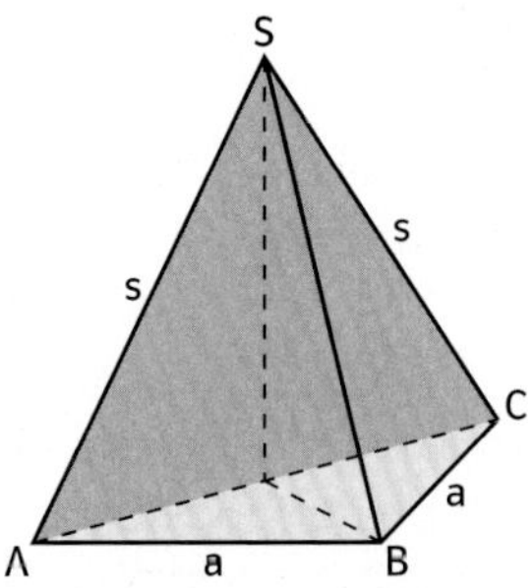

Lena behauptet: „Die beiden Manteldreiecke ABS und BCS haben zusammen den gleichen Flächeninhalt wie die Restfläche des DIN-A4-Blatts."
Hat Lena recht? Begründen Sie durch Rechnung.

a) Zunächst berechnet man mithilfe des Satzes des Pythagoras die Seitenflächenhöhe h_s eines Manteldreiecks. Dann kann man mit der Grundkante a und der Seitenflächenhöhe h_s den Flächeninhalt eines Manteldreiecks berechnen.

Dann berechnet man den Mittelpunktswinkel des regelmäßigen Achtecks. Mit dem Mittelpunktswinkel und der Grundkante a lässt sich der Radius r des Umkreises berechnen. Das Dreieck ABC hat die Grundseite $\overline{AB}$ (= der Durchmesser des Umkreises) und die Höhe $\overline{MC}$, wobei M der Fußpunkt der Körperhöhe h der Pyramide ist. Hieraus lässt sich mithilfe der Dreiecksflächenformel die Dreieckshöhe $\overline{MC}$ berechnen.

Die Körperhöhe h der Pyramide kann im halben Diagonalschnittdreieck AMS mithilfe des Satzes des Pythagoras berechnet werden. Über eine Streckendifferenz erhält man die gesuchte Strecke $\overline{SC}$.

b) Durch das Abschneiden der vier Dreiecke von einem DIN-A4-Blatt entsteht ein Viereck mit zwei Paaren gleichlanger Seiten, also ein Drachenviereck. Den Flächeninhalt eines Drachenvierecks berechnet man mithilfe der beiden Diagonalen des Drachenvierecks. Diese Diagonalen sind so lang wie die Seiten des DIN-A4-Blatts.

Um die Behauptung von Lena nachzuprüfen, muss man den Flächeninhalt der beiden gleichgroßen Manteldreiecke der halben Pyramide berechnen. Dazu berechnet man am Rechteck die Länge von a und die Länge von s.

Die beiden kleineren Dreiecke, die abgeschnitten werden, sind halbe Quadrate (gleichschenklig-rechtwinklige Dreiecke). Dies kann man an der Grundfläche der halben Pyramide erkennen. Somit lässt sich die Seitenlänge der Grundkante a mit der Formel der Diagonalen eines Quadrats berechnen. Anschließend berechnet man mithilfe des Satzes des Pythagoras die Länge der Seitenkante s.

Aus der Seitenkante s und der Grundkante a erhält man mit dem Satz des Pythagoras die Länge der Seitenflächenhöhe h_s. Mit h_s und a kann man den Flächeninhalt eines Manteldreiecks berechnen. Mit diesem Ergebnis lässt sich die Aussage von Lena überprüfen.

a) Von einer regelmäßigen achtseitigen Pyramide sind bekannt:
$a = 6{,}2\,cm$
$s = 32{,}0\,cm$
Der Punkt C liegt auf der Höhe h der Pyramide.
Das Dreieck ABC soll den gleichen Flächeninhalt haben wie eines der Manteldreiecke.

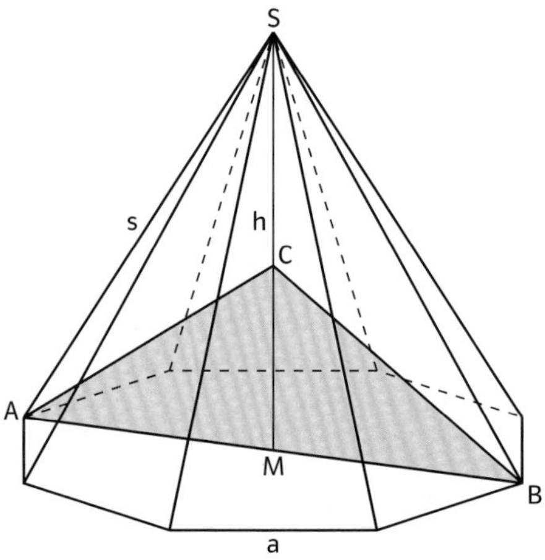

Berechnung der Strecke $\overline{SC}$:
(➔ Streckendifferenz)
$\overline{SC} = \overline{SM} - \overline{MC}$

Berechnung der Manteldreieckshöhe h_s:
(➔ Satz des Pythagoras im halben, rechtwinkligen Manteldreieck)

$s^2 = h_s^2 + \left(\frac{a}{2}\right)^2 \qquad | - \left(\frac{a}{2}\right)^2$

$h_s^2 = s^2 - \left(\frac{a}{2}\right)^2$

$h_s^2 = 32{,}0^2 - \left(\frac{6{,}2}{2}\right)^2 \qquad | \sqrt{}$

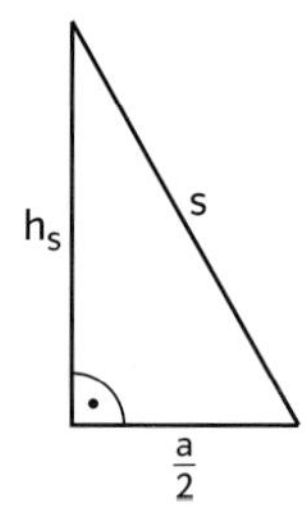

$h_s = \sqrt{32{,}0^2 - \left(\frac{6{,}2}{2}\right)^2}$ $\qquad$ $\underline{h_s = 31{,}85\,cm}$

Berechnung des Flächeninhalts eines Manteldreiecks $A_{\Delta 1}$:
(➔ Flächenformel Dreieck)

$A_{\Delta 1} = \frac{1}{2} \cdot a \cdot h_s$

$A_{\Delta 1} = \frac{1}{2} \cdot 6{,}2 \cdot 31{,}85$ $\qquad$ $\underline{A_{\Delta 1} = 98{,}7\,cm^2}$

Berechnung des Mittelpunktswinkel beim regelmäßigen Achteck:
(➔ Aufteilung des Vollwinkels)

$\varepsilon = \frac{360°}{8}$ $\qquad$ $\underline{\varepsilon = 45°}$

Berechnung des Umkreisradius r:
(→ Sinus im halben Grundflächendreieck)

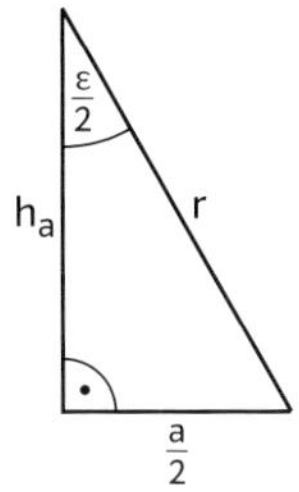

$\sin\frac{\varepsilon}{2} = \frac{\frac{a}{2}}{r}$

$\sin 22{,}5° = \frac{3{,}1}{r}$ $\quad | \cdot r \quad | : \sin 22{,}5°$

$r = \frac{3{,}1}{\sin 22{,}5°}$ $\qquad \underline{r = 8{,}10\,\text{cm}}$

Berechnung der Strecke $\overline{AB}$:
(→ Durchmesser des Umkreises)

$\overline{AB} = 2 \cdot r$

$\overline{AB} = 2 \cdot 8{,}10$ $\qquad \underline{\overline{AB} = 16{,}20\,\text{cm}}$

Berechnung der Strecke $\overline{MC}$:
(→ Umformen der Dreiecksflächenformel, $A_{ABC} = A_{\Delta 1}$)

$A_{ABC} = \frac{1}{2} \cdot d \cdot \overline{MC}$

$98{,}7 = \frac{1}{2} \cdot 16{,}20 \cdot \overline{MC}$ $\quad | \cdot 2 \quad | : 16{,}20$

$\overline{MC} = \frac{98{,}7 \cdot 2}{16{,}20}$ $\qquad \underline{\overline{MC} = 12{,}19\,\text{cm}}$

Berechnung der Körperhöhe h:
(→ Satz des Pythagoras im Dreieck MBS)

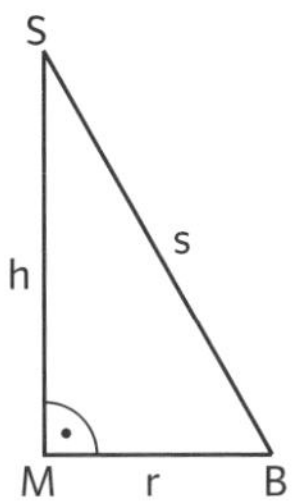

$h^2 + r^2 = s^2$ $\quad | -r^2$

$h^2 = s^2 - r^2$

$h^2 = 32{,}0^2 - 8{,}10^2$ $\quad | \sqrt{}$

$h = \sqrt{32{,}0^2 - 8{,}10^2}$ $\qquad \underline{h = 30{,}96\,\text{cm}}$

$\overline{SC} = 30{,}96 - 12{,}19$ $\qquad \underline{\underline{\overline{SC} = 18{,}8\,\text{cm}}}$

b) Von einem DIN-A4-Blatt (21,0 cm × 29,7 cm) werden die vier eingefärbten Dreiecke abgeschnitten. Mit diesen vier Dreiecken werden die Diagonalschnittfläche ACS und die Grundfläche einer halben massiven quadratischen Pyramide vollständig beklebt.

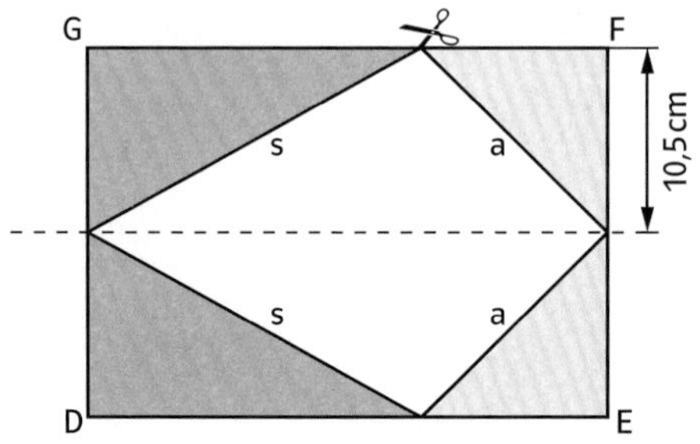

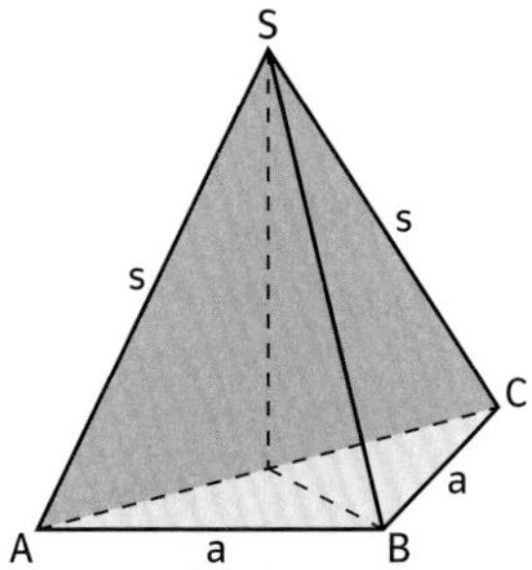

Lena behauptet: „Die beiden Manteldreiecke ABS und BCS haben zusammen den gleichen Flächeninhalt wie die Restfläche des DIN-A4-Blatts."

Lenas Behauptung prüfen
(➔ Restfläche des DIN-A4-Blattes berechnen, Flächeninhalt der beiden Manteldreiecke berechnen, beide Flächen vergleichen)

Berechnung der Restfläche des DIN-A4-Blatts:
(➔ Flächenformel für ein Drachenviereck)

Das Viereck der Restfläche hat zwei Paare gleichlanger Seiten.
Somit ist es ein Drachenviereck.
Die Diagonallängen entsprechen den Seitenlängen des DIN-A4-Blattes.

$A_{Drachen} = \frac{\overline{DE} \cdot \overline{EF}}{2}$

$A_{Drachen} = \frac{29{,}7 \cdot 21{,}0}{2}$ $\underline{A_{Drachen} = 311{,}9\,cm^2}$

Berechnung des Flächeninhalts der beiden Manteldreiecke ABS und BCS:
(➔ Dreiecksflächenformel)

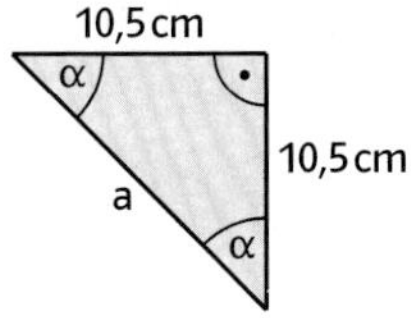

$A_{ABS} = A_{BCS} = \frac{a \cdot h_s}{2}$

Bestimmung des Winkels α:
(➔ Gleichschenkliges, rechtwinkliges Dreieck)
Die Grundfläche der halben quadratischen Pyramide ist ein gleichschenkliges, rechtwinkliges Dreieck (halbes Quadrat).
Somit gilt für α: $\underline{\alpha = 45°}$

Berechnung der Länge von a:
(→ Formel Diagonale im Quadrat)
$a = 10{,}5 \cdot \sqrt{2}$ $\underline{a = 14{,}85\,\text{cm}}$

Berechnung der Seitenkante s auf dem DIN-A4-Blatt:
(→ Satz des Pythagoras)

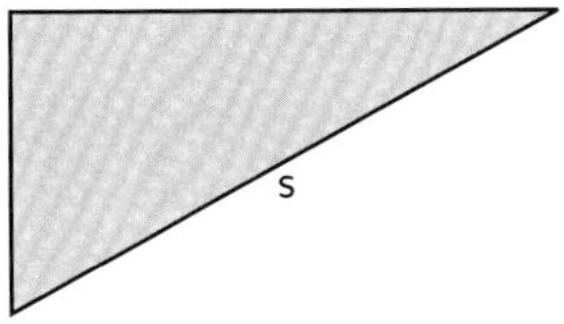

$s^2 = 10{,}5^2 + (29{,}7 - 10{,}5)^2$
$s^2 = 10{,}5^2 + 19{,}2^2$ $\underline{s = 21{,}88\,\text{cm}}$

Berechnung der Seitenflächenhöhe h_s:
(→ Satz des Pythagoras im Mantelflächendreieck)
$s^2 = h_s^2 + \left(\frac{a}{2}\right)^2 \quad \Big| - \left(\frac{a}{2}\right)^2$
$h_s^2 = s^2 - \left(\frac{a}{2}\right)^2$

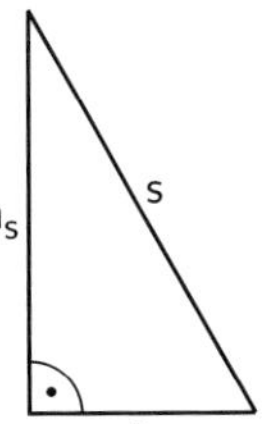

$h_s^2 = 21{,}88^2 - \left(\frac{14{,}85}{2}\right)^2$ $\underline{h_s = 20{,}58\,\text{cm}}$
$A_{ABS} = A_{BCS} = \frac{14{,}85 \cdot 20{,}58}{2}$ $\underline{A_{ABS} = A_{BCS} = 152{,}81\,\text{cm}^2}$

Flächeninhalt der beiden Manteldreiecke A_{ges}:
(→ Summe der beiden gleichgroßen Dreiecksflächeninhalte)
$A_{ges} = 2 \cdot 152{,}81\,\text{cm}^2$ $\underline{A_{ges} = 305{,}6\,\text{cm}^2}$

Die Restfläche des DIN-A4-Blatts hat einen Flächeninhalt von 311,9 cm². Die beiden Manteldreiecke sind zusammen 305,6 cm² groß.

Lena hat nicht recht.

a) Die nach oben geöffnete Normalparabel p_1 hat mit der x-Achse die Schnittpunkte $N_1(-5|0)$ und $N_2(-1|0)$. Sie schneidet die y-Achse im Punkt A.
Die Parabel p_2 hat die Funktionsgleichung $y = x^2 - 6x + 11$ und schneidet die y-Achse im Punkt B.
Durch die Scheitelpunkte S_1 und S_2 der beiden Parabeln verläuft die Gerade g.
Berechnen Sie die Funktionsgleichung der Geraden g.

Der Punkt C ist der Mittelpunkt der Strecke $\overline{AB}$. Die Gerade h mit der Steigung $m = -1$ geht durch C.
Unter welchen Winkeln schneiden sich die Geraden g und h?
Begründen Sie Ihre Antwort durch Rechnung oder Argumentation.

b) Die Parabel p mit der Funktionsgleichung $y = x^2 + 6x$ schneidet die x-Achse in den Punkten N_1 und N_2. Die Gerade g mit der Funktionsgleichung $y = x$ schneidet die Parabel in den Punkten N_1 und C.
Berechnen Sie den Flächeninhalt des Dreiecks N_1N_2C.

Die Gerade h mit der Funktionsgleichung $y = \frac{1}{2}x$ schneidet die Parabel in den Punkten N_1 und D.
Peter behauptet: „Die Steigung der Geraden h ist nur halb so groß wie die der Geraden g. Daher ist der Flächeninhalt des Dreiecks N_1N_2D auch nur halb so groß wie der des Dreiecks N_1N_2C."
Hat Peter recht? Begründen Sie rechnerisch.

a) Um die Funktionsgleichung von g zu berechnen, benötigt man die Koordinaten der Scheitelpunkte der Parabeln p_1 und p_2.
Um die Funktionsgleichung der Parabel p_1 zu bestimmen, setzt man die Koordinaten der Punkte N_1 und N_2 in die Normalform der Parabelgleichung $y = x^2 + bx + c$ ein. Über ein lineares Gleichungssystem lassen sich b und c berechnen. Aus der Normalform der beiden Parabeln kann man über quadratische Ergänzung die Scheitelform bestimmen. Aus der Scheitelform liest man die Koordinaten der Scheitelpunkte S_1 und S_2 ab.
Alternativ kann die Gleichung der Parabel p_1 auch argumentativ durch Symmetrieüberlegungen bestimmt werden. Beide Punkte haben denselben y-Wert, sodass die Symmetrieachse der Parabel leicht erkennbar ist. Die Lage des Scheitelpunkts lässt sich daraus durch Abzählen bestimmen.
Die Koordinaten von S_1 und S_2 setzt man in die allgemeine Geradengleichung $y = mx + c$ ein und berechnet die Steigung m und den y-Achsenabschnitt c. Daraus ergibt sich die Gleichung für g.

Zur Bestimmung der Gleichung der Geraden h müssen die Schnittpunkte A und B der beiden Parabeln mit der y-Achse berechnet werden. Dazu setzt man in beiden Funktionsgleichungen den x-Wert null ein.
Um den Punkt C auf der y-Achse zu bestimmen, bildet man die Differenz der beiden y-Werte der Punkte A und B. Die Differenz addiert man zum y-Wert des Punktes A.
Die Geradengleichung von h bestimmt man, indem man die Steigung m und die Koordinaten des Punktes C in die allgemeine Geradengleichung einsetzt.
Die Schnittwinkel der beiden Geraden g und h kann man argumentativ über die Bildung des Produkts der beiden Steigungen bestimmen. Beträgt der Wert des Produkts -1, dann stehen die beiden Geraden aufeinander senkrecht.
Alternativ können mithilfe von Winkelfunktionen die Teilwinkel eines Schnittwinkels berechnet werden. Anschließend bildet man die Summe dieser Teilwinkel und kann so auf beide Schnittwinkel schließen.

b) Zunächst setzt man den Funktionsterm von p gleich Null, so lassen sich die Koordinaten der Schnittpunkte mit der x-Achse N_1 und N_2 berechnen.
Der zweite Schnittpunkt C der Parabel mit der Geraden g lässt sich durch Gleichsetzen der Funktionsterme von p und g berechnen. Die beiden Punkte N_1 und N_2 sowie C bilden das Dreieck N_1N_2C, dessen Flächeninhalt sich mit der allgemeinen Flächenformel für das Dreieck berechnen lässt.
Die Gerade h schneidet die Parabel p ebenso in N_1 und im Punkt D. Die Koordinaten des Punktes D berechnet man durch Gleichsetzen der Funktionsterme von p und h. Die Punkte N_1, N_2 und D bilden ein Dreieck. Durch Rechnung wird überprüft, ob Peters Behauptung richtig ist. Der Flächeninhalt lässt sich mit der allgemeinen Flächenformel für das Dreieck berechnen.

a) Die nach oben geöffnete Normalparabel p_1 hat mit der x-Achse die Schnittpunkte $N_1(-5|0)$ und $N_2(-1|0)$. Sie schneidet die y-Achse im Punkt A.
Die Parabel p_2 hat die Funktionsgleichung $y = x^2 - 6x + 11$ und schneidet die y-Achse im Punkt B.

Berechnung der Funktionsgleichung von g:
(➔ Ermitteln der Scheitelpunkte der Parabeln; Berechnen der Steigung m und des y-Achsenabschnitts c)

Berechnung der Funktionsgleichung der Parabel p_1:
(➔ Einsetzen der Koordinaten von N_1 und N_2 in $y = x^2 + bx + c$)
Einsetzen von N_1 und N_2 in $y = x^2 + bx + c$ ergibt:

$N_1(-5\|0)$ eingesetzt:	(1) $0 = (-5)^2 + b \cdot (-5) + c$	$\| + 5b - 25$
$N_2(-1\|0)$ eingesetzt:	(2) $0 = (-1)^2 + b \cdot (-1) + c$	$\| + b - 1$
	(1)′ $5b - 25 = c$	
	(2)′ $b - 1 = c$	
Gleichsetzen (1)′ = (2)′:	$5b - 25 = b - 1$	$\| -b + 25$
	$4b = 24$	$\| :4$

$\underline{b = 6}$

b = 6 eingesetzt in (2)′: $6 - 1 = c$ $\underline{c = 5}$

$\underline{p_1\colon y = x^2 + 6x + 5}$

Alternativer Lösungsweg:
Bestimmung der Funktionsgleichung der Parabel p_1:
(➔ Argumentative Ermittlung des Scheitelpunkts S; Auszählen von Koordinaten)
Die beiden Schnittpunkte mit der x-Achse N_1 und N_2 haben denselben y-Wert. Dies bedeutet, dass die Symmetrieachse der Parabel durch den Mittelwert der beiden x-Werte von N_1 und N_2 geht.
Die Symmetrieachse und damit der Scheitelpunkt liegt daher bei $x = -3$.
Der Abstand der beiden Parabelpunkte N_1 und N_2 ist 4. Um zum Scheitelpunkt S_1 der Parabel zu gelangen, geht man zwei Einheiten von N_1 oder N_2 zur Parabelmitte und das Quadrat dieses Werts, also 4, nach unten. Damit hat der Scheitelpunkt S_1 der Parabel die Koordinaten $S_1(-3|-4)$.
Eingesetzt in die allgemeine Scheitelform $y = (x - d)^2 + e$ ergibt sich die Funktionsgleichung $p_1\colon y = (x + 3)^2 - 4$.
Umgewandelt in die Normalform $\underline{p_1\colon y = x^2 + 6x + 5.}$

Berechnung der Gleichung der Geraden g:
(➔ Steigung; Quotient der Koordinatendifferenzen)
$m = \frac{y_{S_1} - y_{S_2}}{x_{S_1} - x_{S_2}}$

Bestimmen der Scheitelpunkte der Parabeln p_1 und p_2:
(➔ Scheitelform der Parabeln durch quadratische Ergänzung bestimmen, Koordinaten der Scheitelpunkte S_1 und S_2 ablesen)
p_1: $y = x^2 + 6x + 5$ hat die Scheitelform $y = (x + 3)^2 - 4$. $\underline{S_1(-3|-4)}$
p_2: $y = x^2 - 6x + 11$ hat die Scheitelform $y = (x - 3)^2 + 2$. $\underline{S_2(3|2)}$

$m = \frac{-4 - 2}{-3 - 3}$
$m = \frac{-6}{-6}$ $\underline{m = 1}$

(➔ y-Achsenabschnitt, Scheitelpunkt einsetzen)
$S_2(3|2)$ und $m = 1$ einsetzen: $2 = 1 \cdot 3 + c \quad |-3$
$c = -1$ $\underline{\underline{g: y = x - 1}}$

Bestimmung der Schnittwinkel von g und h:
(➔ Mittelpunkt der Strecke $\overline{AB}$ bestimmen, Geradengleichung ermitteln, Schnittwinkel berechnen)

Berechnung des Mittelpunktes C der Strecke $\overline{AB}$:
(➔ Differenzbildung; Berechnung des y-Werts von C; $x_C = 0$)
$y_C = \frac{y_B - y_A}{2}$

Berechnung des Schnittpunktes A der Parabel p_1 mit der y-Achse:
(➔ Schnitt der Parabel mit y-Achse $x = 0$)
$y = 0^2 + 6 \cdot 0 + 5$
$y = 5$ $\underline{A(0|5)}$

Berechnung des Schnittpunktes B der Parabel p_2 mit der y-Achse:
(➔ Schnitt der Parabel mit y-Achse $x = 0$)
$y = 0^2 - 6 \cdot 0 + 11$
$y = 11$ $\underline{B(0|11)}$

$y_C = \frac{11 + 5}{2}$

$y_C = 8$ $\underline{C(0|8)}$

Bestimmung der Funktionsgleichung der Geraden h:
(→ Einsetzen von C(0|8) und $m = -1$)
C(0|8) und $m = -1$ in $y = mx + c$ einsetzen:
$8 = -1 \cdot 0 + c$
$c = 8$ <u>h: $y = -x + 8$</u>

Bestimmung der Schnittwinkel von g und h:
(→ argumentativ über das Produkt der Steigungen)
Da $m_g \cdot m_h = -1$, stehen die beiden Geraden g und h senkrecht aufeinander.
Deshalb gilt für die Schnittwinkel von g und h: <u>$\alpha = \beta = 90°$</u>

Alternative Bestimmung der Schnittwinkel von g und h:
(→ Tangensfunktion; Berechnung von Teilwinkeln)

Berechnung des Schnittpunkts D von g und h:
(→ Gleichsetzen der Funktionsterme; lineare Gleichung)
$x - 1 = -x + 8 \quad |+1+x$
$2x = 9$
$x = 4{,}5$

(→ Berechnung des y-Werts durch Einsetzen in $y = x - 1$)
$y = 4{,}5 - 1$
$y = 3{,}5$ <u>D(4,5|3,5)</u>

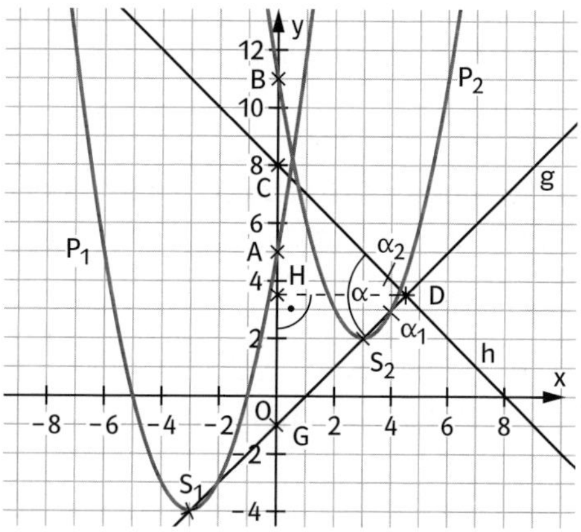

Berechnung des Schnittpunkts G der Geraden g mit der y-Achse
(→ Schnitt mit der y-Achse, $x = 0$)
$y = 0 - 1$
$y = -1$ <u>G(0|−1)</u>

Berechnung der Teilwinkel
(→ Winkel $\sphericalangle$ GDC in Teilwinkel α_1 und α_2 unterteilen; Ablesen der Längen $\overline{CH}$, $\overline{DH}$ und $\overline{GH}$ aus der Zeichnung)

$\tan\alpha_1 = \frac{\overline{GH}}{\overline{DH}}$

$\tan\alpha_1 = \frac{4{,}5}{4{,}5}$ $\underline{\alpha_1 = 45°}$

$\tan\alpha_2 = \frac{\overline{CH}}{\overline{DH}}$

$\tan\alpha_2 = \frac{4{,}5}{4{,}5}$ $\underline{\alpha_2 = 45°}$

$\sphericalangle GDC = \alpha = \alpha_1 + \alpha_2$

$\alpha = 45° + 45°$ $\underline{\underline{\alpha = 90°}}$

Deshalb gilt für alle Schnittwinkel von g und h: $\underline{\underline{\alpha = \beta = 90°}}$

b) Die Parabel p mit der Funktionsgleichung $y = x^2 + 6x$ schneidet die x-Achse in den Punkten N_1 und N_2. Die Gerade g mit der Funktionsgleichung $y = x$ schneidet die Parabel in den Punkten N_1 und C.

Berechnung des Flächeninhalts des Dreiecks N_1N_2C:
(→ Flächenformel des allgemeinen Dreiecks)

$A = \frac{\overline{N_1N_2} \cdot h_C}{2}$

Bestimmung der Schnittpunkte N_1 und N_2 mit der x-Achse:
(→ Punkte auf der x-Achse haben den y-Wert null; Satz vom Nullprodukt)

$x^2 + 6x = 0$

$x(x + 6) = 0$

$x_1 = 0$ $\underline{N_1(0|0)}$

$x_2 = -6$ $\underline{N_2(-6|0)}$

Berechnung des zweiten Schnittpunkts C von p und g:
(→ Gleichsetzen der Funktionsterme; gemischt-quadratische Gleichung; Satz vom Nullprodukt)

$x^2 + 6x = x \quad |-x$

$x^2 + 5x = 0$

$x(x + 5) = 0$

$x_1 = 0$ $\underline{N_1(0|0)}$

$x_2 = -5$

Einsetzen in $y = x$: $y = -5$ $\underline{C(-5|-5)}$

Die Zeichnung zeigt das Dreieck N_1N_2C. Die Grundseite $\overline{N_1N_2}$ des Dreiecks misst 6 Längeneinheiten (LE). Die Höhe h_C des Dreiecks ist der Abstand des Punktes C zur x-Achse und misst 5 Längeneinheiten (LE).

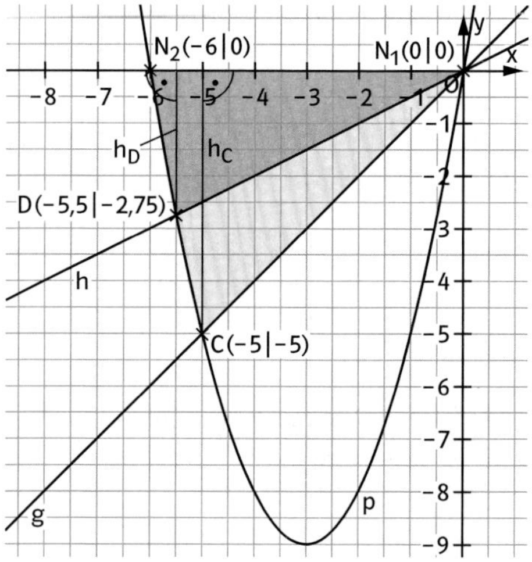

$A_{N_1N_2C} = \frac{6 \cdot 5}{2}$ $\underline{\underline{A_{N_1N_2C} = 15 \text{ FE}}}$

Peters Behauptung prüfen

(➔ Flächeninhalt des Dreiecks N_1N_2D berechnen und vergleichen)

Berechnung des Flächeninhalts des Dreiecks N_1N_2D:

(➔ Flächenformel des allgemeinen Dreiecks; Überprüfung der Behauptung)

$A = \frac{\overline{N_1N_2} \cdot h_D}{2}$

Berechnung des zweiten Schnittpunkts D von p und h:

(➔ Gleichsetzen der Funktionsterme; gemischt-quadratische Gleichung; Satz vom Nullprodukt)

$x^2 + 6x = \frac{1}{2}x \qquad |-\frac{1}{2}x$

$x^2 + 5{,}5x = 0$

$x(x + 5{,}5) = 0$

$x_1 = 0$ $\underline{N_1(0|0)}$

$x_2 = -5{,}5$

Einsetzen in $y = \frac{1}{2}x$: $y = \frac{1}{2} \cdot (-5{,}5)$

$y = -2{,}75$ $\underline{D(-5{,}5|-2{,}75)}$

$A = \frac{6 \cdot 2{,}75}{2}$ $\underline{A = 8{,}25 \text{ FE}}$

Das Dreieck N_1N_2C hat einen Flächeninhalt von 15 FE. Die Hälfte davon wären 7,5 FE. Dies ist aber weniger als 8,25 FE. $\underline{\underline{\text{Peter hat nicht recht.}}}$

a) Die beiden Glücksräder werden gedreht.
Nachdem sie stehen bleiben, erkennt man im Sichtfenster eine Kombination zweier Symbole.
Wie groß ist die Wahrscheinlichkeit, zwei gleiche Symbole im Sichtfenster zu sehen?

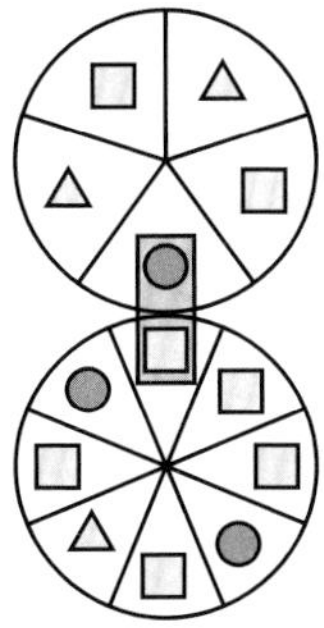

Die Glücksräder werden für ein Glücksspiel eingesetzt. Dazu wird der abgebildete Gewinnplan geprüft. Berechnen Sie den Erwartungswert.

Ereignis	Gewinn
gleiche Symbole	2,00 €
Kreis und Dreieck	4,00 €
restliche Möglichkeiten	kein Gewinn

Einsatz pro Spiel: 1,50 €

Der Gewinnplan soll so verändert werden, dass das Spiel fair wird.
Wie hoch muss dann der Gewinn für das Ereignis „Kreis und Dreieck" sein, wenn alles andere unverändert bleibt?

b) Thea trainiert Aufschläge beim Volleyball (siehe Skizze).

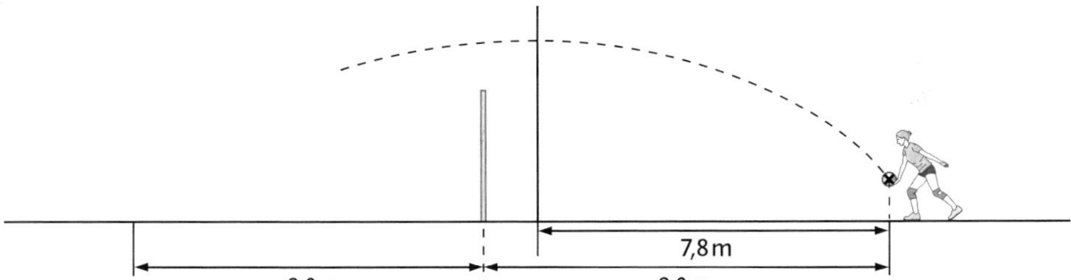

Die Flugkurve des Balles lässt sich mit einer Funktionsgleichung der Form $y = ax^2 + c$ annähernd beschreiben. Der Ball verlässt beim Aufschlag von unten die Hand in einer Höhe von 90 cm über der Grundlinie. Nach 7,8 m (horizontal gemessen) erreicht die Flugkurve des Balles ihre maximale Höhe von 4,0 m.

Geben Sie eine mögliche Funktionsgleichung der zugehörigen Parabel p an.
In welchem Abstand überquert der Ball das 2,24 m hohe Netz?

Die Grundlinien des Volleyballspielfeldes sind jeweils 9,0 m vom Netz entfernt (siehe Skizze).
In welcher Entfernung zur Grundlinie trifft der Ball auf dem Boden auf?

a) Das obere Glücksrad ist in fünf gleich große Felder aufgeteilt, das untere Glücksrad in acht gleich große Felder. Im Sichtfenster erkennt man zwei Symbole. Es handelt sich um einen zweistufigen Zufallsversuch mit Zurücklegen. Die Wahrscheinlichkeit, zwei gleiche Symbole im Sichtfenster zu sehen, kann am einfachsten über eine Tabelle bestimmt werden.

Zur Berechnung des Erwartungswerts für das Gewinnspiel bestimmt man zusätzlich die Wahrscheinlichkeit des Ereignisses „Kreis und Dreieck". Dann bildet man die Summe der Produkte aus der jeweiligen Wahrscheinlichkeit und der Gewinnerwartung des Ereignisses und subtrahiert den Einsatz pro Spiel.

Um ein faires Spiel (Erwartungswert 0 €) zu erhalten, soll der Gewinnplan für das Ereignis „Kreis und Dreieck" verändert werden. Dazu lässt man alle Werte in der Gleichung zur Berechnung des Erwartungswerts gleich und setzt für den Gewinn von „Kreis und Dreieck" eine Variable ein. Anschließend löst man die Gleichung und erhält somit den Gewinn für „Kreis und Dreieck".

b) Man legt zunächst ein Koordinatensystem über die Grafik. Aus der Skizze lassen sich dann die Koordinaten des Scheitelpunkts der Parabel sowie die Koordinaten des Abschlagpunktes des Balles ermitteln. Setzt man nun die Koordinaten der beiden Punkte der Flugkurve des Balles in die Funktionsgleichung $y = ax^2 + c$ ein, erhält man den Faktor a und damit die Funktionsgleichung der Parabel p.

Dann ermittelt man den Punkt, an dem das Netz steht, und berechnet mithilfe der Funktionsgleichung die Flughöhe des Balles an dieser Stelle. Durch die Subtraktion der Flughöhe des Balles und der Höhe des Netzes lässt sich die Frage, in welchem Abstand der Ball über das Netz fliegt, beantworten.

Für die Entfernung zur Grundlinie berechnet man die Schnittpunkte mit der x-Achse. Mit dem Betrag des negativen x-Werts lässt sich durch Addition mit dem x-Wert der eigenen Grundlinie die vollständige horizontale Entfernung zur eigenen Grundlinie berechnen. Durch Subtraktion mit dem Betrag des x-Werts der gegnerischen Grundlinie lässt sich die Entfernung zur gegnerischen Grundlinie berechnen.

a) Die beiden Glücksräder werden gedreht. Nachdem sie stehen bleiben, erkennt man im Sichtfenster eine Kombination zweier Symbole.

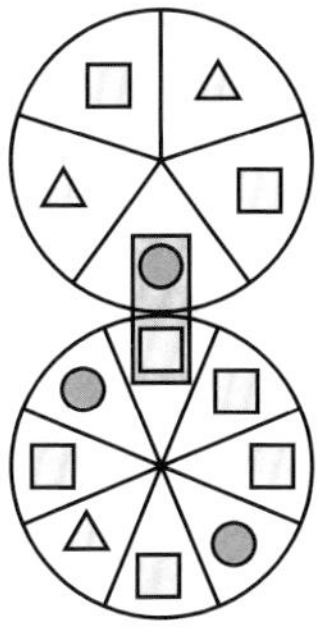

Berechnung der Wahrscheinlichkeit P(zwei gleiche Symbole):
(➔ Zweistufiger Zufallsversuch; Ziehen mit Zurücklegen; Lösung über Tabelle)
Es gibt insgesamt 40 Möglichkeiten, ein Symbol des oberen Glücksrads (5 Felder) mit einem Symbol des unteren Glücksrads (8 Felder) zu kombinieren.

	□	□	□	□	□	○	○	△
□	□□	□□	□□	□□	□□	□○	□○	□△
□	□□	□□	□□	□□	□□	□○	□○	□△
○	○□	○□	○□	○□	○□	○○	○○	○△
△	△□	△□	△□	△□	△□	△○	△○	△△
△	△□	△□	△□	△□	△□	△○	△○	△△

$P(\text{zwei gleiche Symbole}) = P(\square\square) + P(\bigcirc\bigcirc) + P(\triangle\triangle)$

$P(\text{zwei gleiche Symbole}) = \frac{10}{40} + \frac{2}{40} + \frac{2}{40}$

$P(\text{zwei gleiche Symbole}) = \frac{14}{40} = \frac{7}{20}$ $\underline{\underline{P(\text{zwei gleiche Symbole}) = 35\,\%}}$

Berechnung des Erwartungswerts E:
(➔ Summe aus den Produkten von Gewinnwahrscheinlichkeit und erwartetem Gewinn pro Spiel, Berücksichtigung des Gewinnplans)
Gewinnplan:

Ereignis	Gewinn
gleiche Symbole	2,00 €
Kreis und Dreieck	4,00 €
restliche Möglichkeiten	kein Gewinn

Einsatz pro Spiel: 1,50 €

Berechnung der Wahrscheinlichkeit P(Kreis und Dreieck):
(➔ Zweistufiger Zufallsversuch, Ziehen mit Zurücklegen; Lösung über Tabelle)
P(Kreis und Dreieck) = P(○△) + P(△○)

P(Kreis und Dreieck) = $\frac{1}{40} + \frac{4}{40}$

P(Kreis und Dreieck) = $\frac{5}{40} = \frac{1}{8}$ P(Kreis und Dreieck) = 12,5 %

$E = \frac{7}{20} \cdot 2{,}00\,€ + \frac{1}{8} \cdot 4{,}00\,€ - 1{,}50\,€$

$E = 0{,}70\,€ + 0{,}50\,€ - 1{,}50\,€$ $\underline{\underline{E = -0{,}30\,€}}$

Der Erwartungswert beträgt −0,30 €. Der Spieler verliert also auf Dauer 0,30 € pro Spiel.

Berechnung des Gewinns für das Ereignis „Kreis und Dreieck" bei einem fairen Spiel:
(➔ Veränderung des Gewinns eines Ereignisses; Rest bleibt unverändert)
Bei einem fairen Spiel ist der Erwartungswert 0 €.

$0\,€ = \frac{7}{20} \cdot 2{,}00\,€ + \frac{1}{8} \cdot x - 1{,}50\,€$

$0\,€ = 0{,}70\,€ + \frac{1}{8}x - 1{,}50\,€$

$0\,€ = -0{,}80\,€ + \frac{1}{8}x \qquad |+0{,}80\,€$

$0{,}80\,€ = \frac{1}{8}x \qquad | \cdot 8$ $\underline{\underline{x = 6{,}40\,€}}$

Der Gewinn für das Ereignis „Kreis und Dreieck" muss dann 6,40 € betragen.

b) Funktionsgleichung $y = ax^2 + c$
Abschlagspunkt 90 cm über der Grundlinie
Maximale Höhe nach 7,8 m ist 4,0 m.
Das Netz ist 2,24 m hoch.
Die Grundlinien sind 9,0 m vom Netz entfernt.

Berechnung der Parabelgleichung $y = ax^2 + c$:
(→ Einsetzen der Koordinaten von H und S in die Gleichung $y = ax^2 + c$)

Festlegung des Koordinatensystems für das mathematische Modell:
(→ x-Achse auf Höhe des Erdbodens, y-Achse durch den höchsten Flugpunkt des Balles)

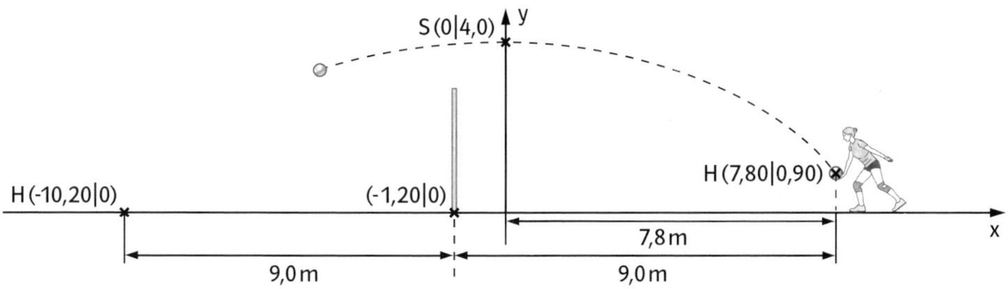

Bestimmung des Scheitelpunkts S:
(→ Entnahme der Information aus dem Text) $\underline{S(0 | 4,0)}$

Bestimmung des Abschlagpunktes H:
(→ Ablesen des Werts aus der Zeichnung) $\underline{H(7,80 | 0,90)}$

$S(0 | 4,0)$ einsetzen in $y = ax^2 + c$:
$4,0 = a \cdot 0^2 + c$
$c = 4$

$H(7,80 | 0,90)$ einsetzen:
$0,90 = a \cdot 7,80^2 + 4,0 \quad | -4,0$
$-3,10 = 60,84a \quad | :60,84$
$a = -0,05$ $\underline{\underline{y = -0,05x^2 + 4,0}}$

Berechnung des Abstandes zum Netz:
(➔ Differenzbildung)
$d = y - y_{Netz}$

Berechnung der Flughöhe des Balles über dem Netz:
(➔ Bestimmen des x-Werts am Netz)
$x_{Netz} = 7{,}8 - 9{,}0$ $\underline{x_{Netz} = -1{,}20\,m}$

Berechnung von y_{Netz} für $x_{Netz} = -1{,}2$:
(➔ Einsetzen in die Gleichung $y = ax^2 + c$)
$y_{Netz} = -0{,}05 \cdot (-1{,}2)^2 + 4{,}0$ $\underline{y_{Netz} = 3{,}93\,m}$

$d = 3{,}93 - 2{,}24$ $\underline{\underline{d = 1{,}69\,m}}$

Der Ball überfliegt das Netz mit einem Abstand von 1,69 m.

Berechnung der Entfernung f zur Grundlinie:
(➔ Addition bzw. Subtraktion der x-Werte Grundlinie und Auftreffpunkt)

Berechnung des Auftreffpunktes des Balles:
(➔ Berechnung der Schnittpunkte mit der x-Achse; rein-quadratische Gleichung)

$$0 = -0{,}05x^2 + 4{,}0 \quad |-4{,}0$$
$$-4{,}0 = -0{,}05x^2 \quad |:(-0{,}05)$$
$$80 = x^2 \quad |\sqrt{}$$
$$x_{1/2} = \pm 8{,}94\,m$$

$\underline{N(-8{,}94\,|\,0)}$

Entfernung zur eigenen Grundlinie: 7,80 m + 8,94 m $\underline{\underline{f_e = 16{,}74\,m}}$

Entfernung zur gegnerischen Grundlinie: 10,20 m − 8,94 m $\underline{\underline{f_g = 1{,}26\,m}}$

Der Ball trifft ca. 16,7 m entfernt von der eigenen Grundlinie bzw. ca. 1,3 m vor der gegnerischen Grundlinie auf.

Prüfung 2019

Pflicht- und Wahlbereich
Aufgaben und Lösungen

Aufgabe 1

Im Rechteck ABCD gilt:

$\overline{AB} = 6{,}6\,\text{cm}$
$\overline{EF} = 7{,}2\,\text{cm}$
$\varphi = 59{,}0°$

Berechnen Sie den Umfang des Vierecks EBCF.

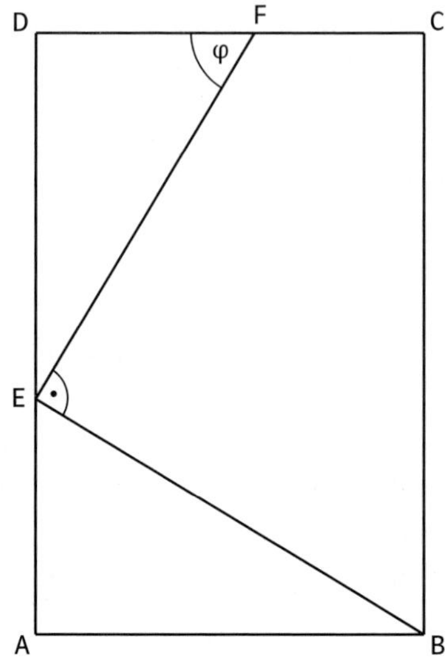

Aufgabe 2

Das Dreieck ABC und das Rechteck ABDF überdecken sich teilweise.

Es gilt:

$\overline{CE} = 6{,}3\,\text{cm}$
$\overline{DE} = 5{,}1\,\text{cm}$
$\gamma = 38{,}0°$

Berechnen Sie den Flächeninhalt des Trapezes ABEF.

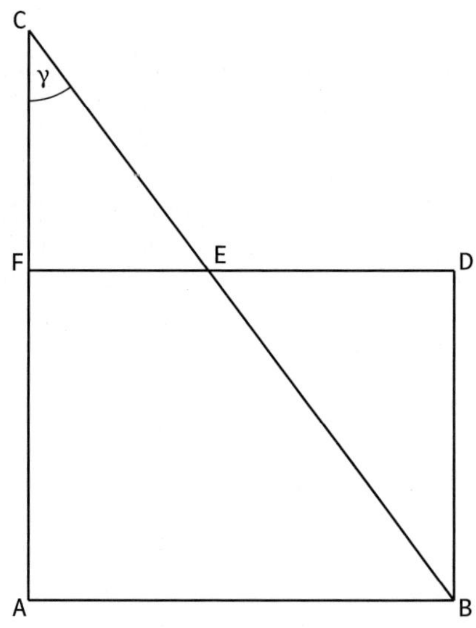

Aufgabe 3

Ein zusammengesetzter Körper besteht aus einem Würfel und zwei quadratischen Pyramiden. Die Pyramiden haben die gleiche Höhe.

Es gilt:

s = 8,5 cm
ε = 41,4°

Berechnen Sie den Oberflächeninhalt des zusammengesetzten Körpers.

Wie weit sind die beiden Pyramidenspitzen A und B voneinander entfernt?

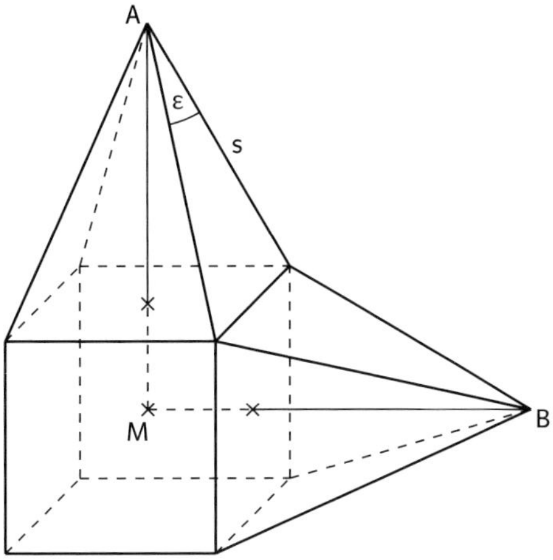

Aufgabe 4

In Deutschland boomt der Verkauf von E-Bikes.

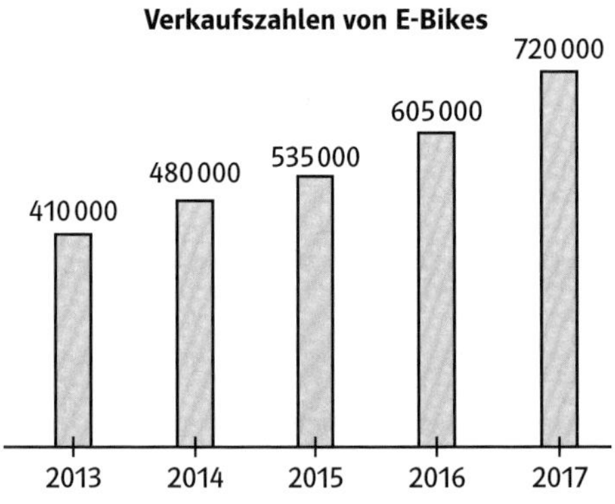

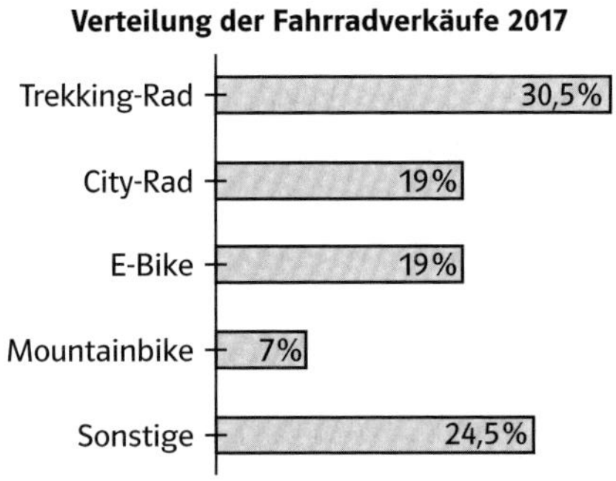

Quelle: ZIV (Zweirad-Industrie-Verband)

Um wie viel Prozent ist der Verkauf von E-Bikes von 2013 bis 2017 insgesamt angestiegen?

Berechnen Sie die Anzahl aller Fahrräder, die im Jahr 2017 verkauft wurden.

In einer Fachzeitschrift war zu lesen, dass 22 % der im Jahr 2017 verkauften Mountainbikes eine Vollfederung hatten.

Wie viele Mountainbikes hatten eine Vollfederung?

Aufgabe 5

Lösen Sie das Gleichungssystem:

(1) $\frac{x+2}{4} - y = 6$

(2) $7 - (x - 2y) = y$

Aufgabe 6

Gegeben sind eine Wertetabelle, die Graphen von zwei verschobenen Normalparabeln und drei Funktionsgleichungen.

x	0	1	2	3
y	5	0	−3	−4

(A) $y = x^2 - 6x + 5$
(B) $y = x^2 - 2x + 5$
(C) $y = x^2 + 4x + 5$

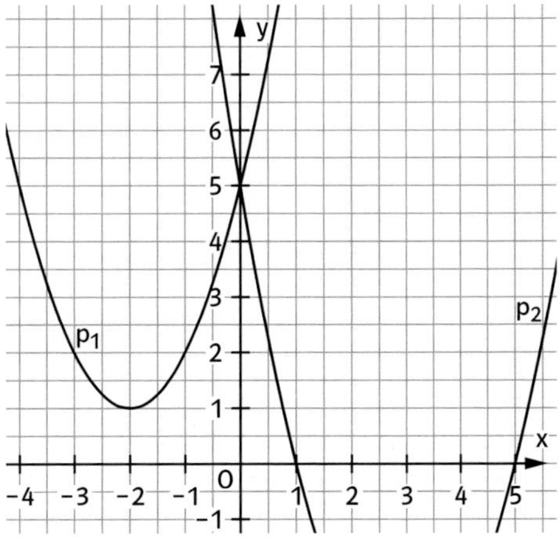

Zur Wertetabelle gehören einer der beiden Graphen sowie eine der drei Funktionsgleichungen.

Ordnen Sie der Wertetabelle ihren Graphen und ihre Funktionsgleichung zu. Begründen Sie Ihre Entscheidung.

Im Schaubild fehlt der Graph p_3 der dritten Parabel.
Zeichnen Sie den fehlenden Graphen p_3 in das Koordinatensystem ein.

Aufgabe 7

In einem Kaugummiautomaten befinden sich 10 rote, 9 weiße und 6 grüne Kaugummis.
Betätigt man den Drehgriff, erhält man einen Kaugummi.

Luisa dreht zweimal.
Mit welcher Wahrscheinlichkeit erhält sie
- zuerst einen roten, dann einen weißen Kaugummi?
- keinen grünen Kaugummi?

Von den 25 Kaugummis sind die Hälfte der roten und die Hälfte der grünen Kaugummis mit Brause gefüllt.
Mit welcher Wahrscheinlichkeit erhält Luisa zwei mit Brause gefüllte Kaugummis?

Aufgabe 8

Die beiden Ranglisten zeigen die monatlichen Vergütungen von zwei Berufsgruppen im ersten Ausbildungsjahr.
17 Jugendliche machen eine Ausbildung in einem technischen Beruf und 13 Jugendliche in einem kaufmännischen Beruf.

Ausbildungsvergütung in technischen Berufen (in Euro)

760	780	800	820	820	840	840	860	890	910	910	920	920	920	950	960	970

Ausbildungsvergütung in kaufmännischen Berufen (in Euro)

760	770	820	820	840	880	890	910	920	940	940	950	970

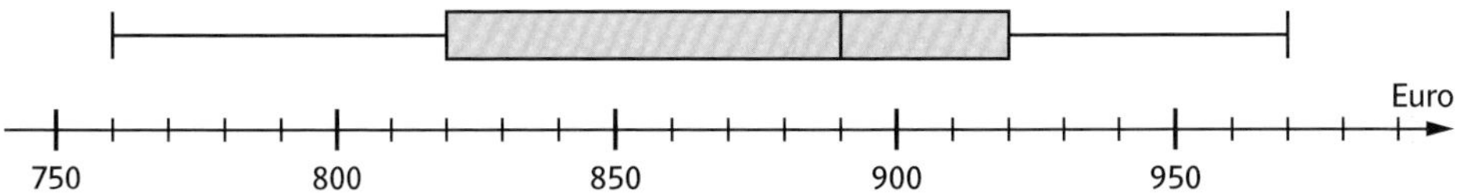

Zu welcher Rangliste gehört der dargestellte Boxplot? Begründen Sie.

Zeichnen Sie den Boxplot der anderen Berufsgruppe ein.

Vier Jugendliche, die eine kaufmännische Ausbildung machen, wurden nachträglich befragt. Sie verdienen monatlich 800 €, 850 €, 900 € und 950 €.
Wie verändert sich der zugehörige Boxplot, wenn diese Werte hinzukommen? Begründen Sie.

Aufgabe 1

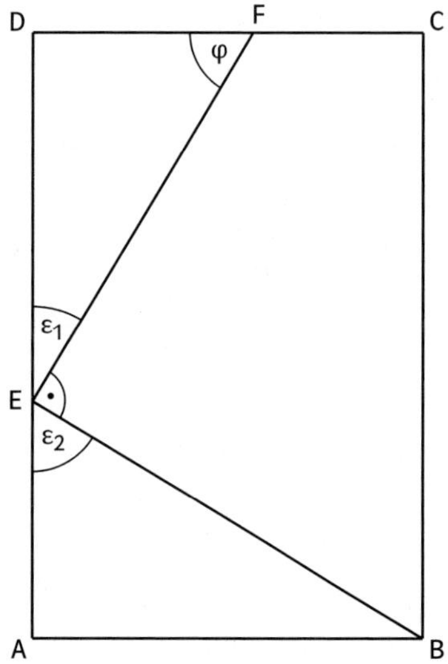

Im Rechteck ABCD gilt:

$\overline{AB} = 6{,}6\,cm$

$\overline{EF} = 7{,}2\,cm$

$\varphi = 59{,}0°$

Berechnung des Umfangs des Vierecks EBCF:
(➔ Summe der Viereckseiten)
$u = \overline{EB} + \overline{BC} + \overline{CF} + \overline{EF}$

Berechnung der Strecke $\overline{DF}$:
(➔ Kosinus im Dreieck EFD)

$\cos\varphi = \frac{\overline{DF}}{\overline{EF}} \quad | \cdot \overline{EF}$

$\overline{DF} = \overline{EF} \cdot \cos\varphi$

$\overline{DF} = 7{,}2 \cdot \cos 59{,}0°$ $\qquad \underline{\overline{DF} = 3{,}71\,cm}$

Berechnung der Strecke $\overline{FC}$:
(➔ Streckendifferenz; $\overline{AB} = \overline{CD}$)

$\overline{FC} = \overline{CD} - \overline{DF}$

$\overline{FC} = 6{,}6 - 3{,}71$ $\qquad \underline{\overline{FC} = 2{,}89\,cm}$

Berechnung der Strecke $\overline{DE}$:
(➔ Satz des Pythagoras im Dreieck EFD)

$\overline{DE}^2 = \overline{EF}^2 - \overline{DF}^2$

$\overline{DE}^2 = 7{,}2^2 - 3{,}71^2 \quad | \sqrt{}$

$\overline{DE} = \sqrt{7{,}2^2 - 3{,}71^2}$ $\qquad \underline{\overline{DE} = 6{,}17\,cm}$

Berechnung des Winkels ε_1:
(➔ Winkelsumme im Dreieck)

$\varepsilon_1 = 180° - 90° - \varphi$

$\varepsilon_1 = 180° - 90° - 59{,}0°$ $\qquad \underline{\varepsilon_1 = 31{,}0°}$

Berechnung des Winkels ε_2:
(→ Nebenwinkel)
$\varepsilon_2 = 180° - 90° - \varepsilon_1$
$\varepsilon_2 = 180° - 90° - 31{,}0°$

$\underline{\varepsilon_2 = 59{,}0°}$

Berechnung der Strecke $\overline{AE}$:
(→ Tangens im Dreieck ABE)

$\tan \varepsilon_2 = \frac{\overline{AB}}{\overline{AE}} \quad | \cdot \overline{AE} \quad | : \tan \varepsilon_2$

$\overline{AE} = \frac{\overline{AB}}{\tan \varepsilon_2}$

$\overline{AE} = \frac{6{,}6}{\tan 59{,}0°}$

$\underline{\overline{AE} = 3{,}97\,\text{cm}}$

Berechnung der Strecke $\overline{AD} = \overline{BC}$:
(→ Summe der Teilstrecken)

$\overline{AD} = \overline{DE} + \overline{AE}$

$\overline{AD} = 6{,}17 + 3{,}97$

$\underline{\overline{AD} = \overline{BC} = 10{,}14\,\text{cm}}$

Berechnung der Strecke $\overline{BE}$:
(→ Satz des Pythagoras im Dreieck ABE)

$\overline{BE}^2 = \overline{AB}^2 + \overline{AE}^2$

$\overline{BE}^2 = 6{,}6^2 + 3{,}97^2 \quad | \sqrt{}$

$\overline{BE} = \sqrt{6{,}6^2 + 3{,}97^2}$

$\underline{\overline{BE} = 7{,}70\,\text{cm}}$

$u_{EBCF} = \overline{EB} + \overline{BC} + \overline{CF} + \overline{EF}$

$u_{EBCF} = 7{,}70 + 10{,}14 + 2{,}89 + 7{,}2$

$\underline{\underline{u_{EBCF} = 27{,}9\,\text{cm}}}$

Aufgabe 2

Das Dreieck ABC und das Rechteck ABDF überdecken sich teilweise.

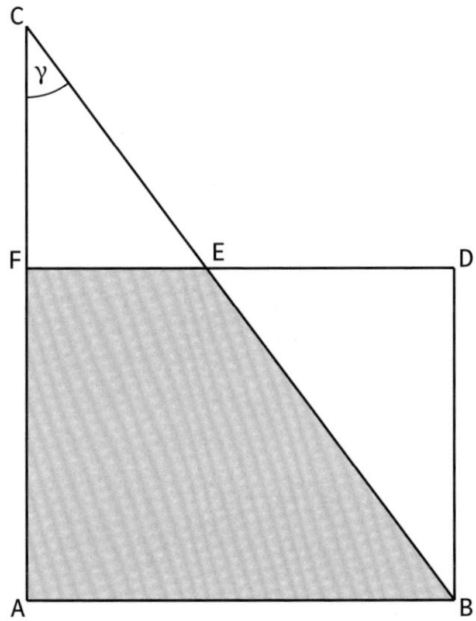

Es gilt:

$\overline{CE} = 6{,}3\,cm$

$\overline{DE} = 5{,}1\,cm$

$\gamma = 38{,}0°$

Berechnung des Flächeninhalts des Trapezes ABEF:
(➔ Flächenformel Trapez)

$A_{ABEF} = \frac{\overline{AB} + \overline{EF}}{2} \cdot \overline{AF}$

Berechnung der Strecke $\overline{EF}$:
(➔ Sinus im Dreieck FEC)

$\sin\gamma = \frac{\overline{EF}}{\overline{CE}} \qquad | \cdot \overline{CE}$

$\overline{EF} = \overline{CE} \cdot \sin\gamma$

$\overline{EF} = 6{,}3 \cdot \sin 38{,}0°$ $\qquad \underline{\overline{EF} = 3{,}88\,cm}$

Berechnung der Strecke $\overline{CF}$:
(➔ Satz des Pythagoras im Dreieck FEC)

$\overline{CF}^2 = \overline{CE}^2 - \overline{EF}^2$

$\overline{CF}^2 = 6{,}3^2 - 3{,}88^2 \qquad |\sqrt{}$

$\overline{CF} = \sqrt{6{,}3^2 - 3{,}88^2}$ $\qquad \underline{\overline{CF} = 4{,}96\,cm}$

Berechnung der Strecke $\overline{DF} = \overline{AB}$:
(➔ Summe der Teilstrecken)

$\overline{DF} = \overline{DE} + \overline{EF}$

$\overline{DF} = 5{,}1 + 3{,}88$ $\qquad \underline{\overline{DF} = \overline{AB} = 8{,}98\,cm}$

Berechnung der Strecke $\overline{AC}$:
(→ Tangens im Dreieck ABC)

$\tan\gamma = \frac{\overline{AB}}{\overline{AC}}$ $\quad | \cdot \overline{AC} \quad | : \tan\gamma$

$\overline{AC} = \frac{\overline{AB}}{\tan\gamma}$

$\overline{AC} = \frac{8{,}98}{\tan 38{,}0°}$ $\qquad \underline{\overline{AC} = 11{,}49\,\text{cm}}$

Berechnung der Strecke $\overline{AF}$:
(→ Streckendifferenz)

$\overline{AF} = \overline{AC} - \overline{CF}$

$\overline{AF} = 11{,}49 - 4{,}96$ $\qquad \underline{\overline{AF} = 6{,}53\,\text{cm}}$

$A_{ABEF} = \frac{\overline{AB} + \overline{EF}}{2} \cdot \overline{AF}$

$A_{ABEF} = \frac{8{,}98 + 3{,}88}{2} \cdot 6{,}53$ $\qquad \underline{\underline{A_{ABEF} = 42{,}0\,\text{cm}^2}}$

Alternativer Lösungsweg: Berechnung des Trapezflächeninhalts

Berechnung des Flächeninhalts des Trapezes ABEF:
(→ Differenz der Teilflächeninhalte)
$A_{ABEF} = A_{ABDF} - A_{BDE}$

Berechnung des Flächeninhalts des Rechtecks A_{ABDF}:

$A_{ABDF} = \overline{AB} \cdot \overline{BD}$

$A_{ABDF} = 8{,}98 \cdot 6{,}53$ $\qquad \underline{A_{ABDF} = 58{,}64\,\text{cm}^2}$

Berechnung des Flächeninhalts des Dreiecks A_{BDE}:

$A_{BDE} = \frac{\overline{BD} \cdot \overline{DE}}{2}$

$A_{BDE} = \frac{6{,}53 \cdot 5{,}1}{2}$ $\qquad \underline{A_{BDE} = 16{,}65\,\text{cm}^2}$

$A_{ABEF} = A_{ABDF} - A_{BDE}$

$A_{ABEF} = 58{,}64 - 16{,}65$ $\qquad \underline{\underline{A_{ABEF} = 42{,}0\,\text{cm}^2}}$

Aufgabe 3

Ein zusammengesetzter Körper besteht aus einem Würfel und zwei quadratischen Pyramiden.
Die Pyramiden haben die gleiche Höhe.

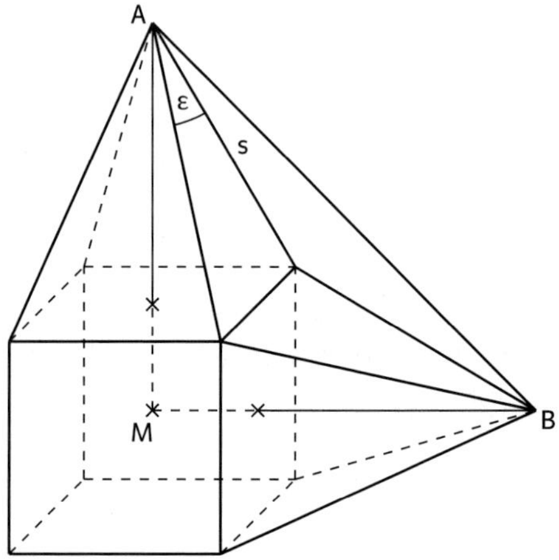

Es gilt:

$s = 8{,}5\,\text{cm}$
$\varepsilon = 41{,}4°$

Berechnung des Oberflächeninhalts O des Körpers:
(➔ Summe der Teilflächen)
$O = 4 \cdot G_W + 2 \cdot M_{Py}$

Berechnung der Pyramidengrundkante a = Würfelkante a:
(➔ Sinus im halben Manteldreieck der Pyramide)

$\sin\frac{\varepsilon}{2} = \frac{\frac{a}{2}}{s} \qquad | \cdot s$

$\frac{a}{2} = s \cdot \sin\frac{\varepsilon}{2}$

$\frac{a}{2} = 8{,}5 \cdot \sin\frac{41{,}4°}{2}$

$\frac{a}{2} = 3{,}00 \qquad \underline{a = 6{,}00\,\text{cm}}$

Berechnung der Höhe der Seitenfläche h_s:
(➔ Pythagoras im halben Manteldreieck der Pyramide)

$h_s^2 = s^2 - \left(\frac{a}{2}\right)^2$

$h_s^2 = 8{,}5^2 - \left(\frac{6{,}00}{2}\right)^2 \qquad |\sqrt{}$

$h_s = \sqrt{8{,}5^2 - \left(\frac{6{,}00}{2}\right)^2} \qquad \underline{h_s = 7{,}95\,\text{cm}}$

Berechnung der Grundfläche des Würfels G_W:
(➔ Flächenformel Quadrat)

$G_W = a^2$

$G_W = 6{,}00^2 \qquad \underline{G_W = 36{,}00\,\text{cm}^2}$

Berechnung der Mantelfläche der Pyramide M_{Py}:
(→ Flächenformel Dreieck)

$M_{Py} = 2 \cdot a \cdot h_s$

$M_{Py} = 2 \cdot 6{,}00 \cdot 7{,}95$ $\underline{M_{Py} = 95{,}40\,\text{cm}^2}$

$O = 4 \cdot G_W + 2 \cdot M_{Py}$

$O = 4 \cdot 36{,}00 + 2 \cdot 95{,}40$ $\underline{\underline{O = 335\,\text{cm}^2}}$

Berechnung des Abstands der Pyramidenspitzen $\overline{AB}$:
(→ Pythagoras im Dreieck MBA)

$\overline{AB}^2 = \overline{BM}^2 + \overline{AM}^2$

Berechnung der Pyramidenhöhe h:
(→ Pythagoras im halben Parallelschnitt der Pyramide)

$h^2 = h_s^2 - \left(\frac{a}{2}\right)^2$

$h^2 = 7{,}95^2 - \left(\frac{6{,}00}{2}\right)^2 \quad |\sqrt{}$

$h = \sqrt{7{,}95^2 - \left(\frac{6{,}00}{2}\right)^2}$ $\underline{h = 7{,}36\,\text{cm}}$

Berechnung der Strecke $\overline{AM} = \overline{BM}$:
(→ Summe der Teilstrecken)

$\overline{AM} = h + \frac{a}{2}$

$\overline{AM} = 7{,}36 + \frac{6{,}00}{2}$ $\underline{\overline{AM} = \overline{BM} = 10{,}36\,\text{cm}}$

$\overline{AB}^2 = \overline{BM}^2 + \overline{AM}^2$

$\overline{AB}^2 = 10{,}36^2 + 10{,}36^2 \quad |\sqrt{}$

$\overline{AB} = \sqrt{10{,}36^2 + 10{,}36^2}$ $\underline{\underline{\overline{AB} = 14{,}7\,\text{cm}}}$

Aufgabe 4

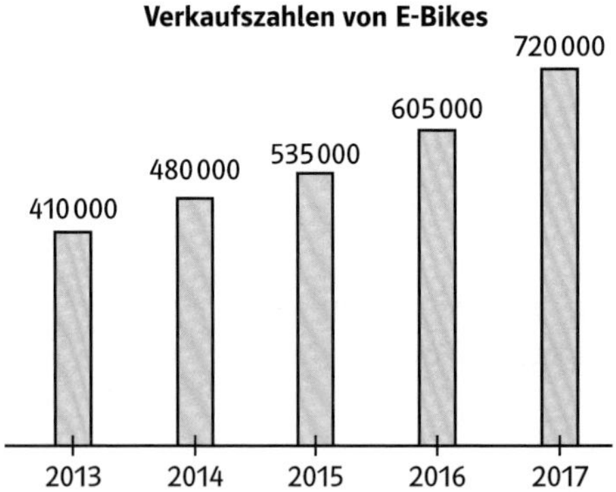

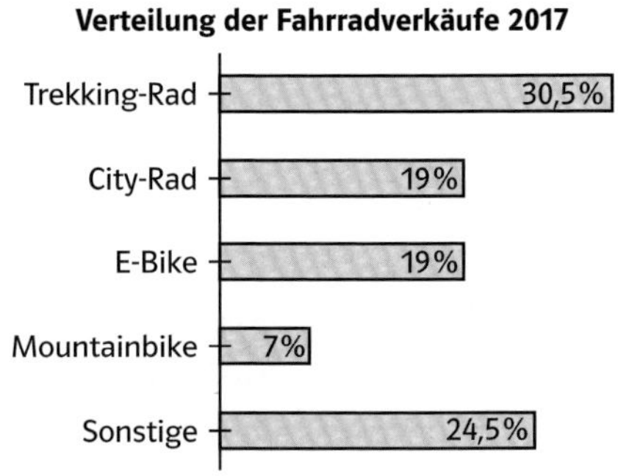

Quelle: ZIV (Zweirad-Industrie-Verband)

Berechnung der Zunahme der E-Bikes von 2013 bis 2017 in Prozent:
(➔ Berechnung des Prozentsatzes)

$p\,\% = \frac{P}{G}$

$p\,\% = \frac{720\,000 - 410\,000}{410\,000}$

$p\,\% = \frac{310\,000}{410\,000} = 0{,}7561$ $\underline{\underline{p\,\% = 75{,}6\,\%}}$

Der Verkauf von E-Bikes ist von 2013 bis 2017 um 75,6 % angestiegen.

Berechnung der Anzahl aller verkauften Fahrräder F_{2017} im Jahr 2017:
(➔ Berechnung des Grundwerts)

$F_{2017} = \frac{P}{p\,\%}$

$F_{2017} = \frac{720\,000}{19\,\%}$ $\underline{\underline{F_{2017} = 3\,789\,474 \text{ Fahrräder}}}$

Im Jahr 2017 wurden insgesamt 3 789 474 Fahrräder verkauft.

Berechnung der Anzahl der verkauften Mountainbikes mit Vollfederung MB_{VF} im Jahr 2017:
(➔ Berechnung des Prozentwerts)

$MB_{VF} = MB_{2017} \cdot p\,\%$

Berechnung der Anzahl der verkauften Mountainbikes MB_{2017} im Jahr 2017:
(→ Berechnung des Prozentwerts)
$MB_{2017} = F_{2017} \cdot p\%$
$MB_{2017} = 3\,789\,474 \cdot 7\%$ $\underline{MB_{2017} = 265\,263 \text{ Mountainbikes}}$

$MB_{VF} = 265\,263 \cdot 22\%$ $\underline{\underline{MB_{VF} = 58\,358 \text{ Mountainbikes}}}$

Im Jahr 2017 wurden 58 358 Mountainbikes mit Vollfederung verkauft.

Aufgabe 5

Lineares Gleichungssystem mit zwei Variablen:

(1) $\frac{x+2}{4} - y = 6$ $|\cdot 4$

(2) $7 - (x - 2y) = y$ $|T$

Lösung des linearen Gleichungssystems:
(→ Lösung mit dem Additionsverfahren)
(1′) $x + 2 - 4y = 24$ $|-2$
(2′) $7 - x + 2y = y$ $|-y-7$

(1″) $x - 4y = 22$
(2″) $-x + y = -7$

(1″) + (2″) $x - 4y + (-x + y) = 22 + (-7)$ $|T$
$x - 4y - x + y = 15$ $|T$
$-3y = 15$ $|:(-3)$
$\underline{y = -5}$

$y = -5$ eingesetzt in (1″):
$x - 4 \cdot (-5) = 22$ $|T$
$x + 20 = 22$ $|-20$
$\underline{x = 2}$ $\underline{\underline{x = 2;\ y = -5}}$

Aufgabe 6

Gegeben sind eine Wertetabelle, die Graphen von zwei verschobenen Normalparabeln und drei Funktionsgleichungen.

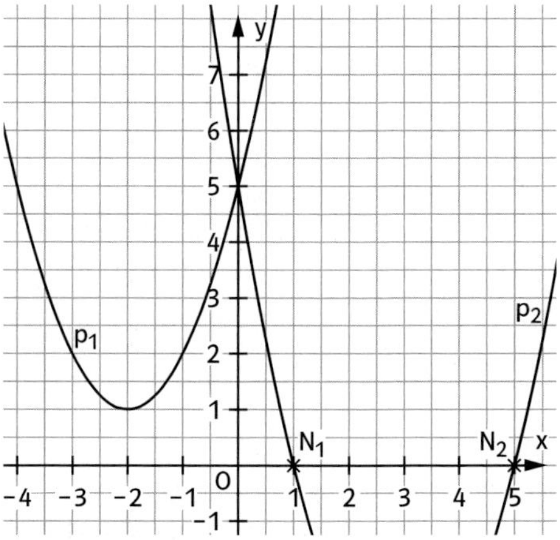

x	0	1	2	3
y	5	0	−3	−4

(A) $y = x^2 - 6x + 5$
(B) $y = x^2 - 2x + 5$
(C) $y = x^2 + 4x + 5$

Zuordnung Wertetabelle – Graph – Funktionsgleichung:

Zuordnung Wertetabelle – Graph:
(➔ Ablesen von Punkten in der Wertetabelle)
Die Punkte $P(0|5)$ und $Q(1|0)$ liegen auf der verschobenen Normalparabel p_2. Zur Wertetabelle gehört die Parabel p_2.

Bestimmung der Gleichung der Parabel p_2:
(➔ Bestimmung des Scheitelpunkts von p_2)
Aus den beiden Schnittpunkten mit der x-Achse $N_1(1|0)$ und $N_2(5|0)$ erkennt man, dass der Scheitelpunkt S_2 auf der Geraden $x = 3$ liegt (Symmetrieeigenschaft der Parabel).
Der Abstand von $N_1(1|0)$ zur Geraden $x = 3$ beträgt 2 Längeneinheiten (LE).
Damit liegt der Scheitelpunkt um $2^2 = 4$ LE tiefer.
Somit gilt: $S_2(3|-4)$

(➔ aus Scheitelpunktform in die Normalform überführen)
Einsetzen von $S_2(3|-4)$ in die Scheitelform ergibt: $y = (x - 3)^2 - 4$
Umgeformt in Normalform: $y = x^2 - 6x + 5$

Zur Wertetabelle gehört die Parabel p_2 und die Funktionsgleichung (A)

$y = x^2 - 6x + 5.$

Zeichnen des fehlenden Graphen p_3:

Zuordnung der Funktionsgleichung zur Parabel p_1:
(→ Bestimmung des Scheitelpunkts von p_1)
Die verschobene Normalparabel p_1 hat den Scheitelpunkt $S_1(-2|1)$.

(→ aus Scheitelpunktform in die Normalform überführen)
Für $S_1(-2|1)$ ergibt sich die Funktionsgleichung p_1: $y = (x + 2)^2 + 1$
Durch Umformen erhält man:
$y = (x + 2)^2 + 1 \quad |T$
$y = x^2 + 4x + 4 + 1 \quad |T$
$y = x^2 + 4x + 5$

Dies ist die Funktionsgleichung (C).
Zur Parabel p_1 gehört die Funktionsgleichung (C). Übrig bleibt (B).

Funktionsgleichung der Parabel p_3 umformen
(→ quadratische Ergänzung, Scheitelform)
Um den Graphen der dritten Parabel p_3 zeichnen zu können, formt man die Funktionsgleichung (B) in Scheitelform um.
$y = x^2 - 2x + 5$
$y = x^2 - 2x + 1^2 + 5 - 1^2$
$y = (x - 1)^2 + 4$ $S_3(1|4)$

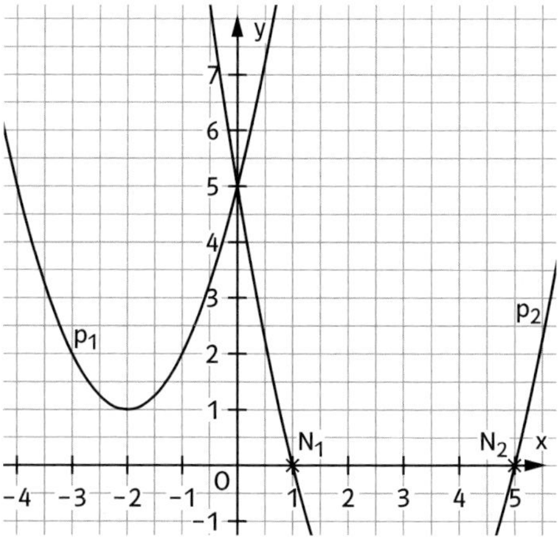

Aufgabe 7

In einem Kaugummiautomaten befinden sich 10 rote, 9 weiße und 6 grüne Kaugummis. Betätigt man den Drehgriff, erhält man einen Kaugummi. Luisa dreht zweimal.

Erstellen des Baumdiagramms:
(➔ zweistufiger Zufallsversuch, Ziehen ohne Zurücklegen)

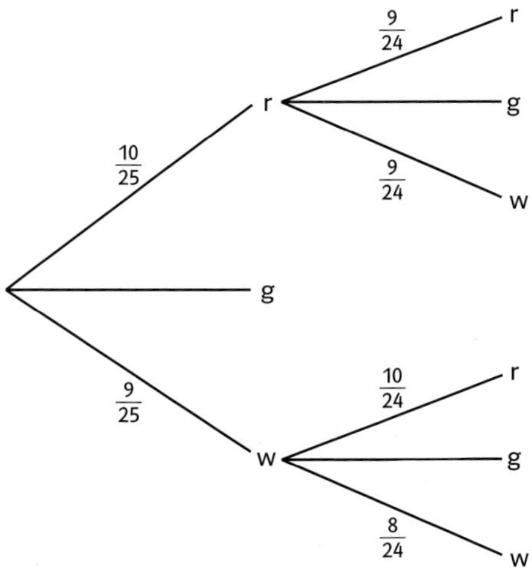

Berechnung der Wahrscheinlichkeit P(zuerst rot, dann weiß):
(➔ Beachtung der Reihenfolge, Produktregel)

P(zuerst rot, dann weiß) $= \frac{10}{25} \cdot \frac{9}{24} = \frac{90}{600}$ P(zuerst rot, dann weiß) $= \frac{15}{100} = 15\,\%$

Berechnung der Wahrscheinlichkeit P(kein grüner Kaugummi):
(➔ Produktregel und Summenregel)

P(kein grüner Kaugummi) = P(r, r) + P(w, w) + P(r, w) + P(w, r)

$= \frac{10}{25} \cdot \frac{9}{24} + \frac{9}{25} \cdot \frac{8}{24} + 2 \cdot \frac{10}{25} \cdot \frac{9}{24}$

$= \frac{90}{600} + \frac{72}{600} + 2 \cdot \frac{90}{600}$

$= \frac{57}{100}$ P(kein grüner Kaugummi) $= \frac{57}{100} = 57\,\%$

Berechnung der Wahrscheinlichkeit P(zweimal Brause):
(→ weiteres Baumdiagramm; Ziehen ohne Zurücklegen; Produktregel)

Anzahl der mit Brause gefüllten Kaugummis:
8 Kaugummis (5 rote und 3 grüne)

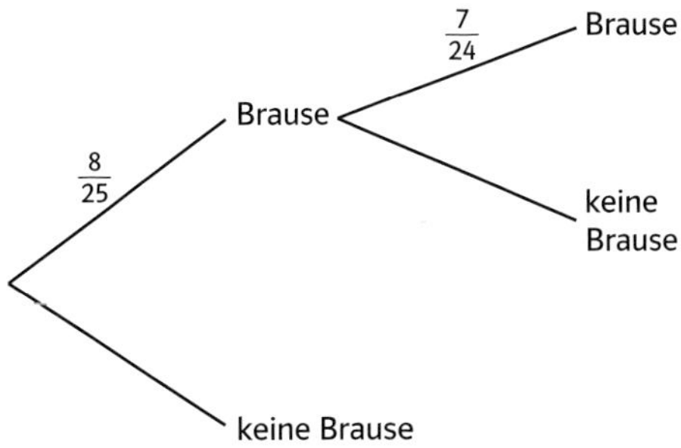

P(zweimal Brause) = $\frac{8}{25} \cdot \frac{7}{24} = \frac{56}{600}$

P(zweimal Brause) = $\frac{7}{75}$ = 9,3 %

Aufgabe 8

Zwei Ranglisten zeigen die monatlichen Vergütungen von zwei Berufsgruppen im ersten Ausbildungsjahr. 17 Jugendliche machen eine Ausbildung in einem technischen Beruf und 13 Jugendliche in einem kaufmännischen Beruf.

Rangplatz	1	2	3	4	5	6	7	8	9	10	11	12	13	14	15	16	17
Technische Berufe	760	780	800	820	820	840	840	860	890	910	910	920	920	920	950	960	970
Kaufmännische Berufe	760	770	820	820	840	880	890	910	920	940	940	950	970				

Ausbildungsvergütungen in Euro

Zuordnung des dargestellten Boxplots:
(→ Kennwerte in der Rangliste ablesen bzw. berechnen, Abgleich mit dem Boxplot)

Ausbildungsvergütung in technischen Berufen

	Berechnung Rangplatz	Rangplatz	Kennwert
Minimum min		1	760 €
Unteres Quartil q_u	$\frac{1}{4} \cdot 17 = 4{,}25$	5	820 €
Zentralwert z	$\frac{1}{2} \cdot 17 = 8{,}5$	9	890 €
Oberes Quartil q_o	$\frac{3}{4} \cdot 17 = 12{,}75$	13	920 €
Maximum max		17	970 €

Ausbildungsvergütung in kaufmännischen Berufen

	Berechnung Rangplatz	Rangplatz	Kennwert
Minimum min		1	760 €
Unteres Quartil q_u	$\frac{1}{4} \cdot 13 = 3{,}25$	4	820 €
Zentralwert z	$\frac{1}{2} \cdot 13 = 6{,}5$	7	890 €
Oberes Quartil q_o	$\frac{3}{4} \cdot 13 = 9{,}75$	10	940 €
Maximum max		13	970 €

Da sich die Kennwerte der beiden Ausbildungsgruppen nur im oberen Quartil q_o unterscheiden, genügt es, diesen Wert zu betrachten.

Das obere Quartil der technischen Ausbildungsberufe ist $q_o = 920$ €.

Der abgebildete Boxplot gehört zu den technischen Ausbildungsberufen.

Darstellung des Boxplots für die kaufmännischen Ausbildungsberufe:
(→ Verwendung der oben berechneten Kennwerte)

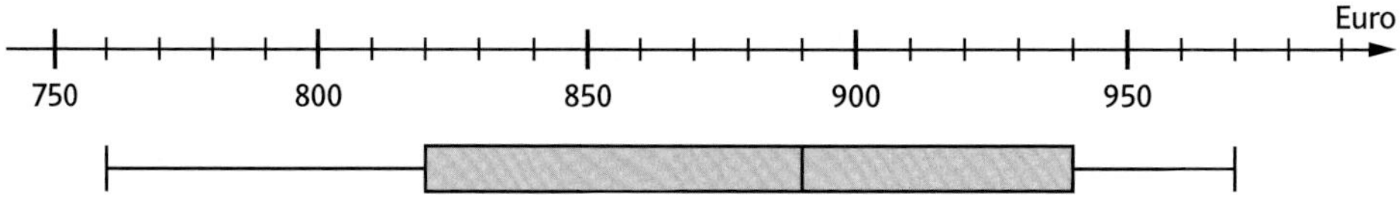

Veränderung des Boxplots:
(→ Bestimmung der neuen Kennwerte)
Neue Rangliste mit den monatlichen Vergütungen in den kaufmännischen Berufen:

Rangplatz	1	2	3	4	5	6	7	8	9
Kaufmännische Berufe	760	770	800	820	820	840	850	880	890

Rangplatz	10	11	12	13	14	15	16	17
Kaufmännische Berufe	900	910	920	940	940	950	950	970

Ausbildungsvergütungen in Euro

	Berechnung Rangplatz	Rangplatz	Kennwert
Minimum min		1	760 €
Unteres Quartil q_u	$\frac{1}{4} \cdot 17 = 4{,}25$	5	820 €
Zentralwert z	$\frac{1}{2} \cdot 17 = 8{,}5$	9	890 €
Oberes Quartil q_o	$\frac{3}{4} \cdot 17 = 12{,}75$	13	940 €
Maximum max		17	970 €

Die Kennwerte bleiben gleich. Somit verändert sich der Boxplot nicht.

Alternativer Lösungsweg: argumentative Begründung
Die Kennwerte ändern sich nicht, da zum ersten, zweiten, dritten und vierten Teilabschnitt der Daten jeweils ein Wert dazu kommt. Damit ändert sich der Boxplot nicht.

oder:

Zwischen min und q_u, zwischen q_u und z, zwischen z und q_o und zwischen q_o und max kommt jeweils ein Wert dazu. Somit verändern sich die Kennwerte und der Boxplot nicht.

a) Das Fünfeck ABCDE besteht aus dem gleichseitigen Dreieck ABF, den beiden gleichschenkligen Dreiecken AFE und FBC sowie dem Drachenviereck DEFC.

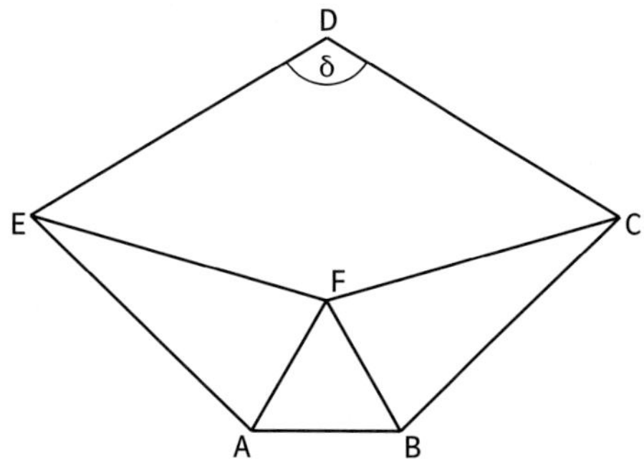

Es gilt:

$\overline{AB} = 3{,}4\,\text{cm}$

$\overline{BC} = 7{,}0\,\text{cm}$

$\delta = 118{,}0°$

Berechnen Sie den Abstand des Punktes D zur Strecke $\overline{AB}$.

b) Ein DIN A4-Blatt mit den Eckpunkten A, B, C und D wird entlang von $\overline{FG}$ gefaltet. Dadurch entsteht der Punkt A′ auf $\overline{CD}$.

Es gilt:

$\overline{AF} = 13{,}3\,\text{cm}$

Berechnen Sie den Flächeninhalt des Vierecks GBCA′.

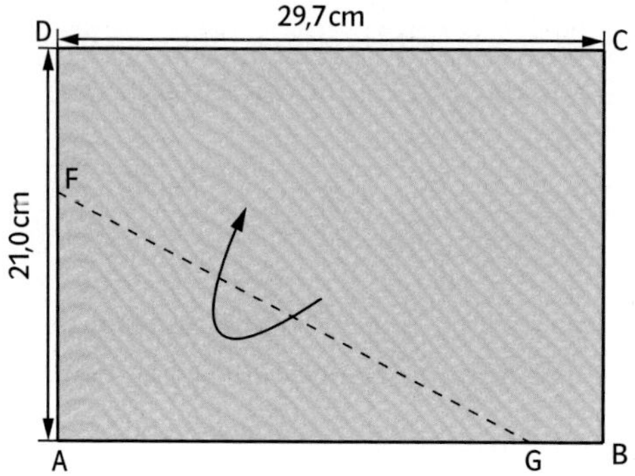

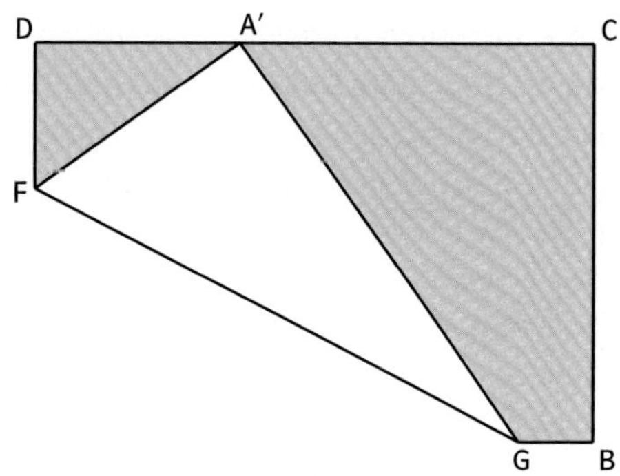

a) Die Diagonale $\overline{DF}$ des Drachenvierecks DEFC und die Höhe $\overline{FG}$ des gleichseitigen Dreiecks ABF bilden die Strecke $\overline{DG}$.
Im rechtwinkligen Dreieck AGF kann die Strecke $\overline{FG}$ berechnet werden.
Durch Einzeichnen der Höhe im gleichschenkligen Dreieck FBC kann mit dem Kosinus der Winkel φ_1 berechnet werden. Im Punkt F ergeben sich zwei gestreckte Winkel. Durch Subtraktion kann der Winkel φ_2 berechnet werden.
Im Dreieck FCD ergeben sich durch Einzeichnen der Höhe vom Punkt C auf $\overline{DF}$ zwei rechtwinklige Dreiecke. Im Teildreieck FCH kann damit $\overline{FH}$ und $\overline{CH}$ berechnet werden. Im Teildreieck HCD wird mit dem halbierten Winkel δ die Strecke $\overline{DH}$ berechnet.
Durch Addition der Strecken $\overline{FG}$, $\overline{FH}$ und $\overline{DH}$ ergibt sich der gesuchte Abstand des Punktes D von der Strecke $\overline{AB}$.

b) Um sich die Aufgabenstellung besser vorstellen zu können, kann man ein DIN-A4-Blatt, wie beschrieben, falten.
Das DIN-A4-Blatt wird entlang der Strecke $\overline{FG}$ gefaltet. Zunächst berechnet man durch Streckendifferenz die Strecke $\overline{DF}$. Im Dreieck FA'D berechnet man die Strecke $\overline{A'D}$, sowie den Winkel φ_1. Durch Streckendifferenz ergibt sich die Strecke $\overline{A'C}$.
Der Winkel φ_2 entsteht durch die Faltung auch im Dreieck FGA'. Somit lässt sich der Winkel φ_2 durch Winkeldifferenz mit dem gestreckten Winkel im Punkt F berechnen.
Mit der Tangensfunktion wird im Dreieck FGA' die Strecke $\overline{A'G}$ berechnet.
Durch Streckendifferenz berechnet man die Strecke $\overline{GB}$.
Mit der Flächenformel für das Trapez kann die gesuchte Vierecksfläche GBCA' berechnet werden.

Alternativ kann die gesuchte Vierecksfläche GBCA' auch über die Flächendifferenz berechnet werden. Von der Rechtecksfläche muss das Dreieck AGF zweimal abgezogen werden .

a) Das Fünfeck ABCDE besteht aus dem gleichseitigen Dreieck ABF, den beiden gleichschenkligen Dreiecken AFE und FBC sowie dem Drachenviereck DEFC.

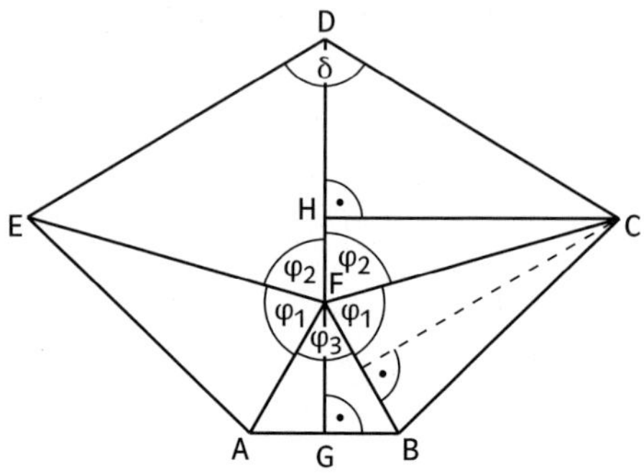

Es gilt:

$\overline{AB} = 3{,}4\,\text{cm}$

$\overline{BC} = 7{,}0\,\text{cm}$

$\delta = 118{,}0°$

Berechnung des Abstands $d = \overline{DG}$ des Punkts D zur Strecke $\overline{AB}$:
(➔ Summe der Teilstrecken)

$\overline{DG} = \overline{DH} + \overline{FH} + \overline{FG}$

Berechnung der Strecke $\overline{FG}$:
(➔ Pythagoras im Dreieck ABF)

$\overline{FG}^2 = \overline{AF}^2 - \left(\frac{\overline{AB}}{2}\right)^2$

$\overline{FG}^2 = 3{,}4^2 - 1{,}7^2 \qquad |\sqrt{\ }$

$\overline{FG} = \sqrt{3{,}4^2 - 1{,}7^2}$ $\qquad \underline{\overline{FG} = 2{,}94\,\text{cm}}$

Alternativ lässt sich $\overline{FG}$ mit der Formel der Höhe des gleichseitigen Dreiecks $h = \frac{a}{2}\sqrt{3}$ berechnen.

Berechnung des Winkels φ_1:
(➔ Kosinus im halben Dreieck AFE)

$\cos\varphi_1 = \frac{\frac{\overline{AF}}{2}}{\overline{EF}}$

$\cos\varphi_1 = \frac{1{,}7}{7{,}0}$ $\qquad \underline{\varphi_1 = 75{,}9°}$

Berechnung des Winkels φ_2:
(➔ gestreckter Winkel im Punkt F)

$\varphi_2 = 180° - \varphi_1 - \varphi_3$

$\varphi_2 = 180° - 75{,}9° - 30°$ $\qquad \underline{\varphi_2 = 74{,}1°}$

Berechnung der Strecke $\overline{FH}$:
(→ Kosinus im Dreieck FCH)

$$\cos\varphi_2 = \frac{\overline{FH}}{\overline{CF}} \qquad | \cdot \overline{CF}$$

$$\overline{FH} = \overline{CF} \cdot \cos\varphi_2$$

$$\overline{FH} = 7{,}0 \cdot \cos 74{,}1°$$

$$\overline{FH} = 1{,}92\,\text{cm} \qquad \underline{\overline{FH} = 1{,}92\,\text{cm}}$$

Berechnung der Strecke $\overline{CH}$:
(→ Pythagoras im Dreieck EFH)

$$\overline{CH}^2 = \overline{EF}^2 - \overline{FH}^2$$

$$\overline{CH}^2 = 7{,}0^2 - 1{,}92^2 \qquad |\sqrt{}$$

$$\overline{CH} = \sqrt{7{,}0^2 - 1{,}92^2} \qquad \underline{\overline{CH} = 6{,}73\,\text{cm}}$$

Berechnung der Strecke $\overline{DH}$:
(→ Tangens im Dreieck HCD)

$$\tan\frac{\delta}{2} = \frac{\overline{CH}}{\overline{DH}} \qquad | \cdot \overline{DH} \quad | : \tan\frac{\delta}{2}$$

$$\overline{DH} = \frac{\overline{CH}}{\tan\frac{\delta}{2}}$$

$$\overline{DH} = \frac{6{,}73}{\tan\frac{118{,}0°}{2}} \qquad \underline{\overline{DH} = 4{,}04\,\text{cm}}$$

$$\overline{DG} = \overline{DH} + \overline{FH} + \overline{FG}$$

$$\overline{DG} = 4{,}04 + 1{,}92 + 2{,}94 \qquad \underline{\underline{\overline{DG} = 8{,}9\,\text{cm}}}$$

Alternativ kann auch das Lot von Punkt F auf $\overline{CD}$ eingetragen werden. Dadurch entstehen ebenfalls zwei rechtwinklige Dreiecke.

b) Ein DIN-A4-Blatt mit den Eckpunkten A, B, C und D wird entlang von $\overline{FG}$ gefaltet. Dadurch entsteht der Punkt A′ auf $\overline{CD}$.

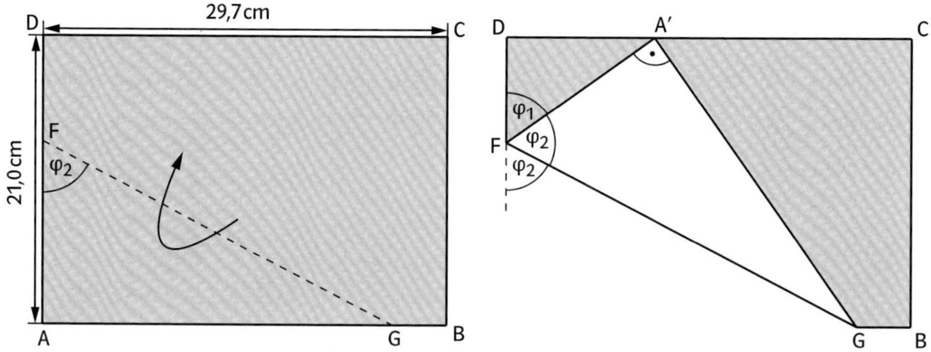

Es gilt:

$\overline{AF} = 13{,}3\,cm$

Berechnung des Flächeninhalts des Vierecks GBCA′:
(➔ Flächenformel für das Trapez)

$A_{GBCA'} = \frac{1}{2}(\overline{BG} + \overline{A'C}) \cdot \overline{BC}$

Berechnung der Strecke $\overline{DF}$:
(➔ Streckendifferenz)

$\overline{DF} = \overline{AD} - \overline{AF}$

$\overline{DF} = 21{,}0 - 13{,}3$ $\qquad$ $\underline{\overline{DF} = 7{,}7\,cm}$

Berechnung der Strecke $\overline{A'D}$:
(➔ Pythagoras im Dreieck FA′D)

$\overline{A'D}^2 = \overline{A'F}^2 - \overline{DF}^2$

$\overline{A'D}^2 = 13{,}3^2 - 7{,}7^2 \qquad |\sqrt{\ }$

$\overline{A'D} = \sqrt{13{,}3^2 - 7{,}7^2}$ $\qquad$ $\underline{\overline{A'D} = 10{,}84\,cm}$

Berechnung der Strecke $\overline{A'C}$:
(➔ Streckendifferenz)

$\overline{A'C} = \overline{CD} - \overline{A'D}$

$\overline{A'C} = 29{,}7 - 10{,}84$ $\underline{\overline{A'C} = 18{,}86\,\text{cm}}$

Berechnung des Winkels φ_1:
(➔ Kosinus im Dreieck FA'D)

$\cos\varphi_1 = \frac{\overline{DF}}{\overline{A'F}}$

$\cos\varphi_1 = \frac{7{,}7}{13{,}3}$ $\underline{\varphi_1 = 54{,}6°}$

Berechnung des Winkels φ_2:
(➔ gestreckter Winkel im Punkt F)

$\varphi_2 = \frac{180° - \varphi_1}{2}$

$\varphi_2 = \frac{180° - 54{,}6°}{2}$ $\underline{\varphi_2 = 62{,}7°}$

Berechnung der Strecke $\overline{A'G} = \overline{AG}$:
(➔ Tangens im Dreieck FGA')

$\tan\varphi_2 = \frac{\overline{A'G}}{\overline{A'F}} \quad | \cdot \overline{A'F}$

$\overline{A'G} = \overline{A'F} \cdot \tan\varphi_2$

$\overline{A'G} = 13{,}3 \cdot \tan 62{,}7°$ $\underline{\overline{A'G} = \overline{AG} = 25{,}77\,\text{cm}}$

Berechnung der Strecke $\overline{BG}$:
(➔ Streckendifferenz)

$\overline{BG} = \overline{AB} - \overline{AG}$

$\overline{BG} = 29{,}7 - 25{,}77$ $\underline{\overline{BG} = 3{,}93\,\text{cm}}$

$A_{GBCA'} = \frac{1}{2}\left(\overline{BG} + \overline{A'C}\right) \cdot \overline{BC}$

$A_{GBCA'} = \frac{1}{2}(3{,}93 + 18{,}86) \cdot 21{,}0$ $\underline{\underline{A_{GBCA'} = 239\,\text{cm}^2}}$

Alternativer Lösungsweg: Berechnung des Flächeninhalts des Vierecks GBCA':
(➔ Flächendifferenz)
$A_{GBCA'} = A_{ABCD} - A_{FA'D} - 2 \cdot A_{FGA'}$

Berechnung der Fläche A_{ABCD}:
(➔ Flächenformel Rechteck)
$A_{ABCD} = \overline{AB} \cdot \overline{AD}$
$A_{ABCD} = 29{,}7 \cdot 21{,}0$ $\quad\underline{A_{ABCD} = 623{,}7\,\text{cm}^2}$

Berechnung der Strecke $\overline{DF}$:
(➔ Streckendifferenz)
$\overline{DF} = \overline{AD} - \overline{AF}$
$\overline{DF} = 21{,}0 - 13{,}3$ $\quad\underline{\overline{DF} = 7{,}7\,\text{cm}}$

Berechnung der Strecke $\overline{A'D}$:
(➔ Pythagoras im Dreieck FA'D)
$\overline{A'D}^2 = \overline{A'F}^2 - \overline{FD}^2$
$\overline{A'D}^2 = 13{,}3^2 - 7{,}7^2 \quad |\sqrt{}$
$\overline{A'D} = \sqrt{13{,}3^2 - 7{,}7^2}$ $\quad\underline{\overline{A'D} = 10{,}84\,\text{cm}}$

Berechnung der Fläche $A_{FA'D}$:
(➔ Flächenformel Dreieck)
$A_{FA'D} = \frac{1}{2} \cdot \overline{A'D} \cdot \overline{DF}$
$A_{FA'D} = \frac{1}{2} \cdot 10{,}84 \cdot 7{,}7$ $\quad\underline{A_{FA'D} = 41{,}73\,\text{cm}^2}$

Berechnung des Winkels φ_1:
(➔ Kosinus im Dreieck FA'D)
$\cos\varphi_1 = \frac{\overline{DF}}{\overline{A'F}}$
$\cos\varphi_1 = \frac{7{,}7}{13{,}3}$ $\quad\underline{\varphi_1 = 54{,}6°}$

Berechnung des Winkels φ_2:
(➔ gestreckter Winkel im Punkt F)
$\varphi_2 = \frac{180° - \varphi_1}{2}$
$\varphi_2 = \frac{180° - 54{,}6°}{2}$ $\quad\underline{\varphi_2 = 62{,}7°}$

Berechnung der Strecke $\overline{A'G} = \overline{AG}$:
(→ Tangens im Dreieck FGA')

$\tan \varphi_2 = \frac{\overline{A'G}}{\overline{A'F}} \quad | \cdot \overline{A'F}$

$\overline{A'G} = \overline{A'F} \cdot \tan \varphi_2$

$\overline{A'G} = 13{,}3 \cdot \tan 62{,}7°$ $\underline{\overline{A'G} = \overline{AG} = 25{,}77\,\text{cm}}$

Berechnung der Fläche $A_{FGA'}$:
(→ Flächenformel Dreieck)

$A_{FGA'} = \frac{1}{2}\overline{A'F} \cdot \overline{A'G}$

$A_{FGA'} = \frac{1}{2} \cdot 13{,}3 \cdot 25{,}77$ $\underline{A_{FGA'} = 171{,}37\,\text{cm}^2}$

$A_{GBCA'} = A_{ABCD} - A_{FA'D} - 2 \cdot A_{FGA'}$

$A_{GBCA'} = 623{,}7 - 41{,}73 - 2 \cdot 171{,}37$ $\underline{\underline{A_{GBCA'} = 239\,\text{cm}^2}}$

Aufgabe 2 (Wahlbereich 2019)

a) In einer regelmäßigen fünfseitigen Pyramide liegt das gleichschenklige Dreieck BCM.

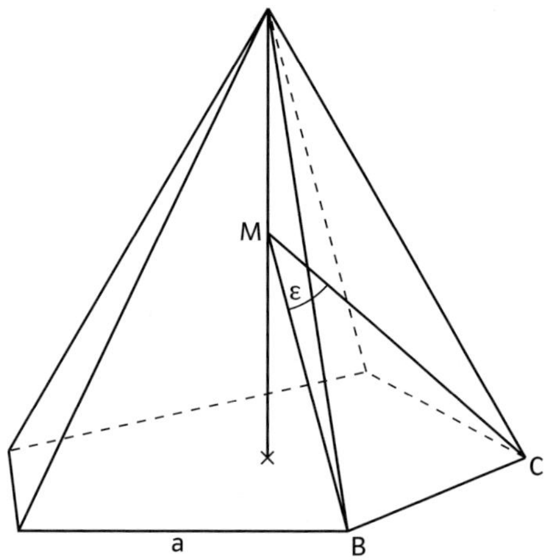

Es gilt:

$\overline{BM} = \overline{CM} = 8{,}0\,\text{cm}$
$\varepsilon = 48{,}0°$
M halbiert die Höhe der Pyramide.

Berechnen Sie die Höhe der Pyramide.

Der Punkt M bewegt sich auf der Höhe der Pyramide.
Dadurch entsteht das Dreieck BCM′.

Berechnen Sie den minimalen und den maximalen Flächeninhalt, den das Dreieck BCM′ annehmen kann.

b) Ein zusammengesetzter Körper besteht aus einem Zylinder mit aufgesetztem Kegel (siehe Achsenschnitt).

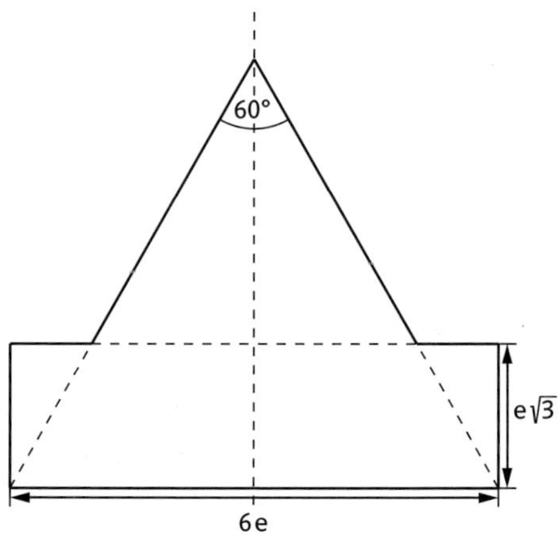

Zeigen Sie, dass für das Volumen des zusammengesetzten Körpers gilt:

$V_{ges} = \frac{35}{3}\pi e^3\sqrt{3}$

a) Die Grundkante a der Pyramide berechnet man mit dem Sinus im halben Dreieck BCM.
Die Grundfläche der Pyramide lässt sich in fünf gleichschenklige Dreiecke zerlegen. Zunächst bestimmt man den Mittelpunktswinkel.
Mit dem Mittelpunktswinkel und der Grundkante kann die Höhe h_a eines Grundflächendreiecks mit dem Tangens berechnet werden.
Die halbe Höhe der Pyramide kann mit dem Satz des Pythagoras im Teildreieck HDM berechnet werden. Durch Verdoppelung erhält man die Höhe der fünfseitigen Pyramide.

Um den minimalen und den maximalen Flächeninhalt des Dreiecks BCM′ berechnen zu können, muss man sich folgendes klar machen:
Liegt der Punkt M′ auf dem Höhenfußpunkt H der Pyramide, ergibt sich der minimale Flächeninhalt für das Dreieck BCM′. Bei diesem Dreieck handelt es sich um ein gleichschenkliges Grundflächendreieck, das mit der Grundkante a und der Höhe h_a berechnet werden kann.
Liegt der Punkt M′ in der Spitze der Pyramide, ergibt sich der maximale Flächeninhalt für das Dreieck BCM′. Bei diesem Dreieck handelt es sich um ein Mantelflächendreieck, das mit der Grundkante a und der Höhe h_s berechnet werden kann. Die fehlende Strecke h_s kann im rechtwinkligen Teildreieck HDS berechnet werden.

b) Das Gesamtvolumen des Körpers setzt sich aus dem Volumen des Zylinders und dem Volumen des aufgesetzten Kegels zusammen.
Mit den gegebenen Werten (Radius und Höhe des Zylinders) lässt sich das Volumen des Zylinders bestimmen.
Der bis zur Grundfläche des Zylinders verlängerte Achsenschnitt des Kegels bildet ein gleichseitiges Dreieck. Die Höhe des gleichseitigen Dreiecks stellt die Gesamthöhe des Körpers dar. Sie kann mit dem Durchmesser des Zylinders berechnet werden.
Über Streckendifferenz erhält man die Höhe des Kegels. Damit kann man im halben Achsenschnitt den Radius des Kegels berechnen. Mit der Volumenformel für den Kegel kann man dessen Rauminhalt bestimmen.
Durch Addition der beiden Rauminhalte kann das gegebene Volumen des zusammengesetzten Körpers bestätigt werden.

a) In einer regelmäßigen fünfseitigen Pyramide liegt das gleichschenklige Dreieck BCM.

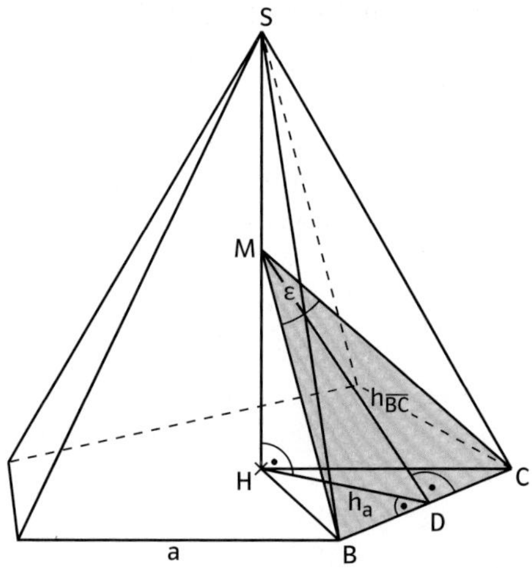

Es gilt:

$\overline{BM} = \overline{CM} = 8{,}0\,\text{cm}$; $\varepsilon = 48{,}0°$
M halbiert die Höhe der Pyramide.

Der Punkt M bewegt sich auf der Höhe der Pyramide.
Dadurch entsteht das Dreieck BCM'.

Berechnung der Grundkante $a = \overline{BC}$:
(➔ Sinusfunktion im Dreieck BCM):

$$\sin\frac{\varepsilon}{2} = \frac{\frac{a}{2}}{\overline{CM}} \qquad | \cdot \overline{CM}$$

$$\frac{a}{2} = \overline{CM} \cdot \sin\frac{\varepsilon}{2}$$

$$\frac{a}{2} = 8{,}0 \cdot \sin 24{,}0°$$

$$\frac{a}{2} = 3{,}25 \qquad \underline{a = \overline{BC} = 6{,}50\,\text{cm}}$$

Berechnung der Dreieckshöhe h_a:
(➔ Tangens im halben Teildreieck der Grundfläche)

Der Mittelpunktswinkel für das Fünfeck beträgt $\alpha = 360°:5$. $\underline{\alpha = 72°}$

$$\tan\frac{\alpha}{2} = \frac{\frac{a}{2}}{h_a} \qquad | \cdot h_a \quad |:\tan\frac{\alpha}{2}$$

$$h_a = \frac{\frac{a}{2}}{\tan\frac{\alpha}{2}}$$

$$h_a = \frac{3{,}25}{\tan 36°} \qquad \underline{h_a = 4{,}47\,\text{cm}}$$

Berechnung der Dreieckshöhe $h_{\overline{BC}} = \overline{DM}$:
(➔ Pythagoras im halben Dreieck BCM)

$$h_{\overline{BC}}^2 = \overline{CM}^2 - \left(\frac{a}{2}\right)^2$$

$$h_{\overline{BC}}^2 = 8{,}0^2 - \left(\frac{6{,}50}{2}\right)^2 \qquad |\sqrt{}$$

$$h_{\overline{BC}} = \sqrt{8{,}0^2 - \left(\frac{6{,}50}{2}\right)^2} \qquad \underline{h_{\overline{BC}} = \overline{DM} = 7{,}31\,\text{cm}}$$

Berechnung der Höhe der Pyramide:
(→ Verdoppelung der Strecke $\overline{HM}$)
$h_{Py} = 2 \cdot \overline{HM}$

Berechnung der Strecke $\overline{HM}$:
(→ Pythagoras im Dreieck HDM)
$\overline{HM}^2 = h_{BC}^2 - h_a^2$
$\overline{HM}^2 = 7{,}31^2 - 4{,}47^2 \quad |\sqrt{}$
$\overline{HM} = \sqrt{7{,}31^2 - 4{,}47^2}$ $\underline{\overline{HM} = 5{,}78\,cm}$

$h_{Py} = 2 \cdot \overline{HM}$
$h_{Py} = 2 \cdot 5{,}78$ $\underline{\underline{h_{Py} = 11{,}6\,cm}}$

Berechnung des minimalen Flächeninhalts des Dreiecks BCM':
(→ Flächenformel Dreieck)
$A_{BCM'min} = \frac{1}{2} \cdot \overline{BC} \cdot h_a$
$A_{BCM'min} = \frac{1}{2} \cdot 6{,}50 \cdot 4{,}47$ $\underline{\underline{A_{BCM'min} = 14{,}5\,cm^2}}$

Berechnung des maximalen Flächeninhalts des Dreiecks BCM':
(→ Flächenformel Dreieck)
$A_{BCM'max} = \frac{1}{2} \cdot \overline{BC} \cdot h_s$

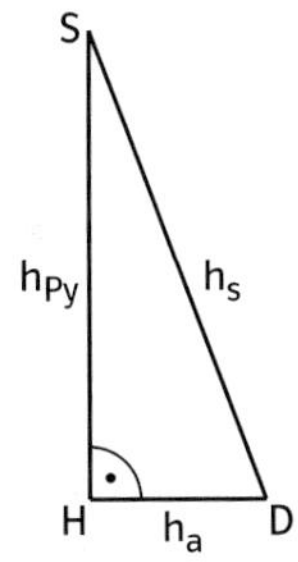

Berechnung der Manteldreieckshöhe h_s:
(→ Pythagoras im halben Achsenschnitt)
$h_s^2 = h_{Py}^2 + h_a^2$
$h_s^2 = 11{,}56^2 + 4{,}47^2 \quad |\sqrt{}$
$h_s = \sqrt{11{,}56^2 + 4{,}47^2}$ $\underline{h_s = 12{,}39\,cm}$

$A_{BCM'max} = \frac{1}{2} \cdot \overline{BC} \cdot h_s$
$A_{BCM'max} = \frac{1}{2} \cdot 6{,}50 \cdot 12{,}39$ $\underline{\underline{A_{BCM'max} = 40{,}3\,cm^2}}$

b) Ein zusammengesetzter Körper besteht aus einem Zylinder mit aufgesetztem Kegel (siehe Achsenschnitt).

Es soll nachgewiesen werden, dass für das Volumen des zusammengesetzten Körpers gilt:

$V_{ges} = \frac{35}{3}\pi e^3\sqrt{3}$

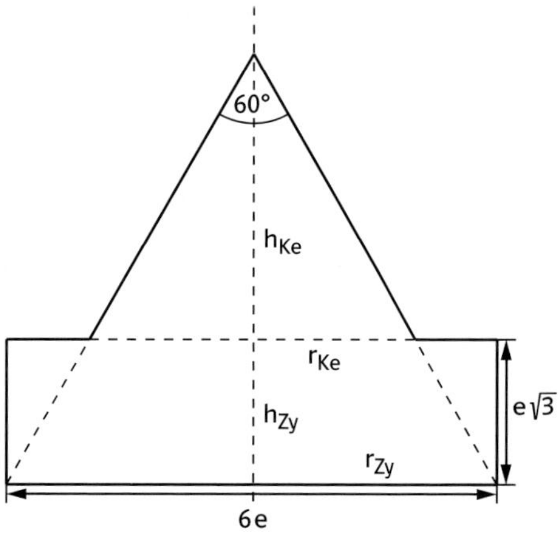

Nachweis des Gesamtvolumens des zusammengesetzten Körpers:
(➔ Addition der Rauminhalte)

$V_{ges} = V_{Zy} + V_{Ke}$

Berechnung des Zylindervolumens V_{Zy}:
(➔ Volumenformel Zylinder)

$V_{Zy} = \pi \cdot r_{Zy^2} \cdot h_{Zy}$

$V_{Zy} = \pi \cdot (3\,e)^2 \cdot e\sqrt{3}$ $\underline{V_{Zy} = 9\pi e^3\sqrt{3}}$

Berechnung der Gesamthöhe h:
(➔ Höhe im gleichseitigen Dreieck)

$h = \frac{d_{Zy}}{2}\sqrt{3}$

$h = \frac{6\,e}{2}\sqrt{3}$ $\underline{h = 3\,e\sqrt{3}}$

Berechnung der Kegelhöhe h_{Ke}:
(➔ Streckendifferenz)

$h_{Ke} = h - h_{Zy}$

$h_{Ke} = 3\,e\sqrt{3} - e\sqrt{3}$ $\underline{h_{Ke} = 2\,e\sqrt{3}}$

Berechnung des Kegelradius r_{Ke}:
(→ Höhe im gleichseitigen Dreieck)

$h_{Ke} = \frac{d_{Ke}}{2}\sqrt{3}$ $\quad | \cdot 2 \quad | : \sqrt{3}$

$d_{Ke} = \frac{2 \cdot h_{Ke}}{\sqrt{3}}$

$d_{Ke} = \frac{2 \cdot 2e\sqrt{3}}{\sqrt{3}}$

$d_{Ke} = 4e$ $\qquad \underline{r_{Ke} = 2e}$

Berechnung des Kegelvolumens V_{Ke}:

(→ Volumenformel Kegel)

$V_{Ke} = \frac{1}{3}\pi \cdot r_{Ke}^2 \cdot h_{Ke}$

$V_{Ke} = \frac{1}{3}\pi \cdot (2e)^2 \cdot 2e\sqrt{3}$ $\qquad \underline{V_{Ke} = \frac{8}{3}\pi e^3\sqrt{3}}$

$V_{ges} = V_{Zy} + V_{Ke}$

$V_{ges} = 9\pi e^3\sqrt{3} + \frac{8}{3}\pi e^3\sqrt{3}$ $\qquad \underline{\underline{V_{ges} = \frac{35}{3}\pi e^3\sqrt{3}}}$

a) Die nach oben geöffnete Normalparabel p_1 hat den Scheitelpunkt $S_1(2|2)$.
Die nach unten geöffnete Normalparabel p_2 hat mit der x-Achse die Schnittpunkte $N_1(-2|0)$ und $N_2(2|0)$.
Berechnen Sie die Koordinaten des gemeinsamen Punktes T der beiden Parabeln.

Die Gerade g mit der Steigung $m = 2$ schneidet beide Parabeln ebenfalls im Punkt T.
Berechnen Sie die Gleichung von g.
Berechnen Sie die Winkel, unter denen sich die Gerade g und die y-Achse schneiden.

Geben Sie die Gleichung einer Parabel p_3 an, die weder mit p_1 noch mit p_2 einen gemeinsamen Punkt hat.

b) Eine Parabel p_1 mit der Gleichung $y = ax^2 + c$ hat den Scheitelpunkt $S_1(0|6)$.
Eine zweite Parabel p_2 hat die Gleichung $y = x^2 + 3x + q$.
Der Punkt $B(2|4)$ ist einer der beiden Schnittpunkte von p_1 und p_2.

Berechnen Sie die Koordinaten des zweiten Schnittpunkts A der beiden Parabeln.

Zeigen Sie rechnerisch, dass die Punkte A, B und $C(0|2)$ auf einer Geraden liegen.

a) Zuerst bestimmt man die Funktionsgleichungen der Parabeln p_1 und p_2. Die angegebenen Koordinaten des Scheitelpunkts S_1 der nach oben geöffneten Normalparabel p_1 setzt man in die Scheitelform ein.
Die beiden Schnittpunkte N_1 und N_2 mit der x-Achse haben denselben Abstand zur y-Achse. Daraus folgt, dass der Scheitelpunkt auf der y-Achse liegt. Da die Parabel nach unten geöffnet ist, gilt für die Funktionsgleichung: $y = -x^2 + c$.
Indem man die Koordinaten von N_1 oder N_2 in die Funktionsgleichung einsetzt, kann man c und somit die Parabelgleichung p_2 bestimmen.
Alternativ kann die Gleichung der Parabel p_2 auch über die Symmetrieeigenschaft der Parabel bestimmt werden. Die beiden Schnittpunkte mit der x-Achse haben denselben Abstand von der y-Achse. Die Lage des Scheitelpunkts lässt sich dann durch Abzählen bestimmen. Mit den Koordinaten des Scheitelpunkts S_2 liegt die Gleichung der Parabel p_2 in Scheitelform vor.

Die Koordinaten des gemeinsamen Punkts T der beiden Parabeln p_1 und p_2 erhält man durch Gleichsetzen der Funktionsterme.
Mit den Koordinaten von T und der Steigung m bestimmt man die Funktionsgleichung der Geraden g.
Zur Berechnung der Schnittwinkel der Geraden g mit der y-Achse wählt man ein geeignetes Steigungsdreieck. Mithilfe des Tangens kann einer der beiden Schnittwinkel berechnet werden. Der zweite Winkel ergibt sich als Nebenwinkel.
Anhand eines Schaubilds erhält man eine Vorstellung von der Lage der Parabel p_3, die weder mit p_1 noch mit p_2 einen gemeinsamen Punkt haben soll. Um zu überprüfen, ob die Parabel p_3 keinen gemeinsamen Punkt mit p_1 und p_2 hat, kann man die Funktionsterme der jeweiligen Parabeln gleichsetzen und die Gleichungen lösen. Die Anzahl der Lösungen gibt dann Auskunft über mögliche gemeinsame Punkte.

b) Aus dem y-Wert des Scheitelpunkts S_1 der Parabel p_1 erhält man den Wert für c. Anschließend setzt man die Koordinaten des Schnittpunkts B sowohl in die Funktionsgleichung der Parabel p_1 als auch in die von p_2. Daraus ergeben sich die beiden vollständigen Funktionsgleichungen von p_1 und p_2.
Durch Gleichsetzen der beiden Funktionsterme entsteht eine quadratische Gleichung. Mit deren Lösung erhält man die Koordinaten des zweiten Schnittpunkts A der beiden Parabeln.
Um nachzuweisen, dass die drei Punkte A, B und C auf einer Geraden liegen, wählt man zwei Punkte aus. Aus diesen beiden Punkten bestimmt man über die Steigung und den Achsenabschnitt die Funktionsgleichung der Geraden.
Um nachzuweisen, dass der dritte Punkt auch auf dieser Geraden liegt, setzt man die Koordinaten dieses Punkts in die Funktionsgleichung ein (Punktprobe).

a) Die nach oben geöffnete Normalparabel p_1 hat den Scheitelpunkt $S_1(2|2)$. Die nach unten geöffnete Normalparabel p_2 hat mit der x-Achse die Schnittpunkte $N_1(2|0)$ und $N_2(-2|0)$. Die Gerade g hat die Steigung $m = 2$ und geht durch den Schnittpunkt T der beiden Parabeln.

Berechnung der Koordinaten des Schnittpunkts T von p_1 und p_2:
(➔ Gleichsetzen der Funktionsterme von p_1 und p_2)

Berechnung der Gleichung der Parabel p_1:
(➔ Einsetzen der Scheitelkoordinaten von S_1 in die Scheitelform)

Einsetzen von $S_1(2|2)$:
$y = (x-2)^2 + 2$ $\qquad$ $\underline{p_1\colon y = x^2 - 4x + 6}$

Berechnung der Gleichung der Parabel p_2:
(➔ Einsetzen der Koordinaten von N_1 oder N_2 in $y = -x^2 + c$)

Die beiden Schnittpunkte N_1 und N_2 mit der x-Achse haben denselben Abstand zur y-Achse. Daraus folgt, dass der Scheitelpunkt auf der y-Achse liegt. Da die Parabel nach unten geöffnet ist, gilt für die Funktionsgleichung:
$y = -x^2 + c$.

Einsetzen von $N_1(2|0)$ in $y = -x^2 + c$ ergibt:

$0 = -2^2 + c$
$0 = -4 + c \qquad |+4$
$c = 4$ $\qquad$ $\underline{p_2\colon y = -x^2 + 4}$

Alternativer Lösungsweg: Bestimmung der Gleichung der Parabel p_2:
(➔ Argumentative Ermittlung des Scheitelpunkts S_2; Auszählen von Koordinaten)

Die x-Koordinaten der beiden Schnittpunkte N_1 und N_2 mit der x-Achse haben denselben Betrag, sie haben also den gleichen Abstand von der y-Achse. Dies bedeutet, dass die y-Achse die Symmetrieachse der Parabel darstellt. Der Abstand der beiden Parabelpunkte N_1 und N_2 beträgt 4 Längeneinheiten (LE). Um zum Scheitelpunkt S der Parabel zu gelangen, geht man 2 LE von N_1 oder N_2 zur Parabelmitte und $2^2 = 4$ LE nach oben. Damit hat der Scheitelpunkt S_2 der Parabel die Koordinaten $S_2(0|4)$.
Somit gilt für die Parabelgleichung p_2: $\qquad$ $\underline{p_2\colon y = -x^2 + 4}$

$x^2 - 4x + 6 = -x^2 + 4 \qquad |+x^2 - 4$
$2x^2 - 4x + 2 = 0 \qquad |:2$
$x^2 - 2x + 1 = 0$

(➔ p-q-Lösungsformel, alternativ Umformen in ein Binom)

$x_{1,2} = 1 \pm \sqrt{1^2 - 1}$	$x^2 - 2x + 1 = 0$	
$x_{1,2} = 1 \pm 0$	$(x - 1)^2 = 0$	$\mid \sqrt{\ }$
$x_1 = x_2 = 1$	$x - 1 = 0$	$\mid +1$
	$x = 1$	

(➔ Berechnung des y-Werts durch Einsetzen in $y = x^2 - 4x + 6$ bzw. $y = -x^2 + 4$)

$y = 1^2 - 4 \cdot 1 + 6$

$y = 3$ $\underline{\underline{T(1|3)}}$

Berechnung der Gleichung der Geraden g:

(➔ Einsetzen der Steigung $m = 2$ und $T(1|3)$ in die Geradengleichung $y = mx + b$)

$y = mx + b$

$3 = 2 \cdot 1 + b$ $\quad \mid T$

$3 = 2 + b$ $\quad \mid -2$

$b = 1$ $\underline{\underline{g: y = 2x + 1}}$

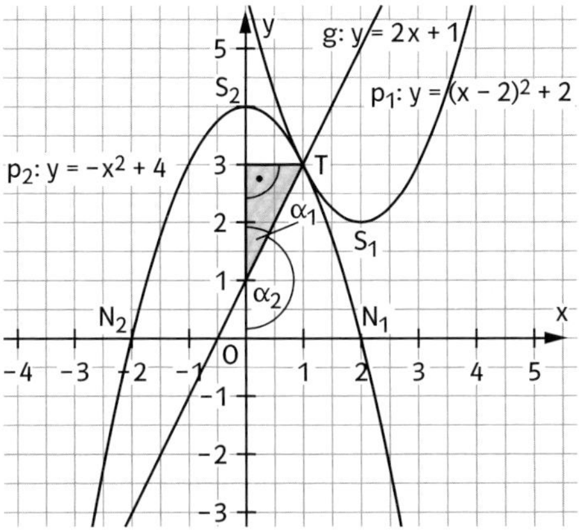

Berechnung der Schnittwinkel von g mit der y-Achse:

(➔ α_1; Tangens)

$\tan \alpha_1 = \frac{1}{2}$ $\underline{\underline{\alpha_1 = 26{,}6°}}$

(➔ α_2; Nebenwinkel)

$\alpha_1 + \alpha_2 = 180°$

$26{,}6° + \alpha_2 = 180°$ $\quad \mid -26{,}6°$

$\alpha_2 = 180° - 26{,}6°$ $\underline{\underline{\alpha_2 = 153{,}4°}}$

Annahme einer Parabel p_3, die weder mit p_1 noch p_2 einen gemeinsamen Punkt hat:
(➔ Vermutung über Schaubild)
zum Beispiel p_3: $y = -x^2 + 3$

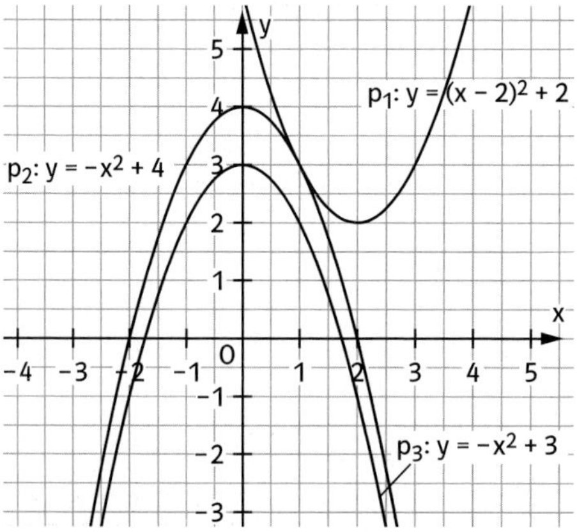

Rechnerischer Nachweis, dass p_3 weder p_1 noch p_2 schneidet:
(➔ Gleichsetzen der Funktionsterme)
p_1 geschnitten mit p_3

$x^2 - 4x + 6 = -x^2 + 3 \quad | +x^2 - 3$

$2x^2 - 4x + 3 = 0 \quad | :2$

$x^2 - 2x + 1{,}5 = 0$

(➔ p-q-Lösungsformel)

$x_{1,2} = 1 \pm \sqrt{1^2 - 1{,}5}$

$x_{1,2} = 1 \pm \sqrt{-0{,}5}$

$D < 0$ Keine Lösung, also gibt es keinen gemeinsamen Punkt.

p_2 geschnitten mit p_3

$-x^2 + 4 = -x^2 + 3 \quad | +x^2$

$4 = 3$ Die Aussage ist falsch, also gibt es keine Lösung und somit keinen gemeinsamen Punkt.

Damit hat die Parabel p_3: $y = -x^2 + 3$ weder mit der Parabel p_1 noch mit der Parabel p_2 einen gemeinsamen Punkt.

b) Gegeben sind eine Parabel p_1 mit der Gleichung $y = ax^2 + c$ mit $S_1(0|6)$ und eine Parabel p_2 mit der Gleichung $y = x^2 + 3x + q$. Beide Parabeln gehen durch den Punkt $B(2|4)$.

Berechnung des zweiten Schnittpunkts A der Parabeln p_1 und p_2:
(→ Quadratische Gleichung)

Berechnung der Parabelgleichung von p_1:
(→ aus $S_1(0|6)$ folgt $c = 6$; Einsetzen von $c = 6$ und $B(2|4)$ in $y = ax^2 + c$)

$$4 = a \cdot 2^2 + 6 \qquad |-6$$
$$-2 = 4a \qquad |:4$$
$$a = -\frac{1}{2}$$

Die Funktionsgleichung von p_1 heißt somit: $\underline{p_1\colon y = -\frac{1}{2}x^2 + 6}$

Berechnung der Parabelgleichung von p_2:
(→ Einsetzen der Koordinaten von $B(2|4)$ in $y = x^2 + 3x + q$)

$$4 = 2^2 + 3 \cdot 2 + q \qquad |T$$
$$4 = 10 + q \qquad |-10$$
$$q = -6$$

Die Funktionsgleichung von p_2 heißt somit: $\underline{p_2\colon y = x^2 + 3x - 6}$

$$x^2 + 3x - 6 = -\frac{1}{2}x^2 + 6 \qquad |+\frac{1}{2}x^2 - 6$$
$$1{,}5x^2 + 3x - 12 = 0 \qquad |:1{,}5$$
$$x^2 + 2x - 8 = 0$$

(→ p-q-Lösungsformel)

$$x_{1,2} = -1 \pm \sqrt{(-1)^2 - (-8)}$$
$$x_{1,2} = -1 \pm 3$$
$x_1 = 2$ (x-Wert von B)

$x_2 = -4$ (x-Wert von A)

(➔ Berechnung des y-Werts durch Einsetzen in $y = x^2 + 3x - 6$ bzw. $y = -\frac{1}{2}x^2 + 6$)

$y_2 = (-4)^2 + 3 \cdot (-4) - 6$

$y_2 = 16 - 12 - 6$

$y_2 = -2$ $\underline{\underline{A(-4|-2)}}$

Nachweis, dass die Punkte A, B und C auf einer Geraden liegen:
(➔ Aufstellen einer Geradengleichung; Punktprobe)

Berechnung der Gleichung der Geraden g durch die Punkte A und B:
(➔ Steigung; Quotient der Koordinatendifferenzen)

Mit A(2|4) und B(−4|−2) erhält man:

$m = \frac{y_A - y_B}{x_A - x_B}$

$m = \frac{4 - (-2)}{2 - (-4)} = \frac{6}{6}$ $\underline{m = 1}$

(➔ y-Achsenabschnitt; A(2|4) und $m = 1$ in $y = mx + b$ einsetzen)

$4 = 1 \cdot 2 + b \quad |-2$

$b = 2$ $\underline{g: y = x + 2}$

(➔ Punktprobe für C(0|2))

$2 = 1 \cdot 0 + 2$ |T

$2 = 2$

Die Aussage ist wahr. <u>Der Punkt C liegt auf g.</u>

<u>Damit liegen alle drei Punkte auf einer Geraden.</u>

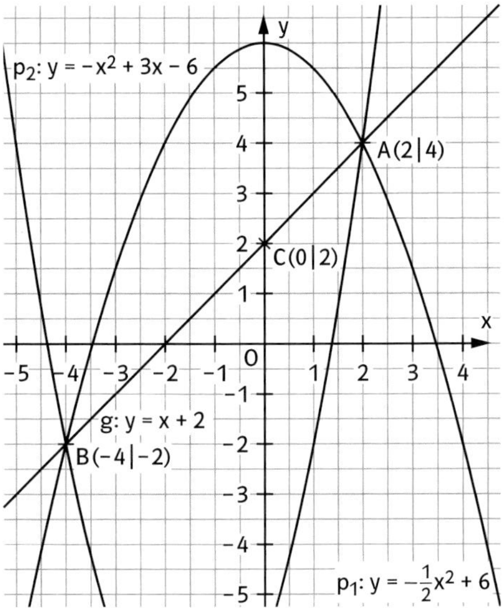

Aufgabe 4 (Wahlbereich 2019)

a) Beim Würfelspiel „Augensumme 4 gewinnt“ wird gleichzeitig mit zwei Spielwürfeln geworfen. Die Augenzahlen werden addiert (Augensumme). Dieses Spiel soll als Glücksspiel eingesetzt werden. Dazu wird nebenstehender Gewinnplan verwendet.

Ereignisse	Gewinn
„Augensumme gleich 4“	4,00 €
„Augensumme kleiner 4“	2,00 €
„Augensumme größer 4“	kein Gewinn
Einsatz pro Spiel: 1,00 €	

Berechnen Sie den Erwartungswert.

Der Betreiber bekommt die Vorgabe, das Glücksspiel zu verändern. Er soll auf einem der beiden Spielwürfel die Vier, die Fünf und die Sechs entweder durch drei Einsen oder durch drei Dreien ersetzen.

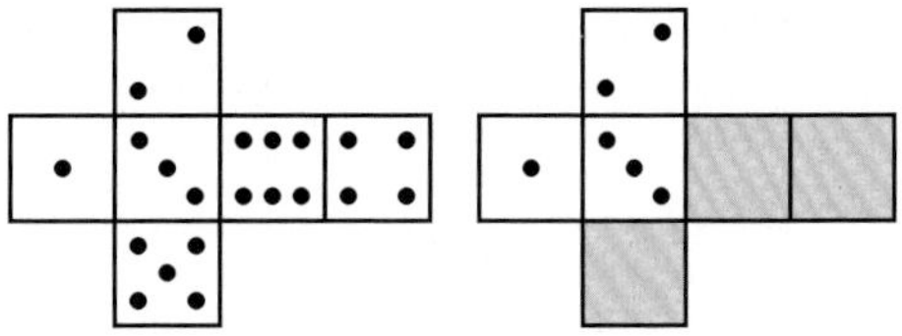

Wofür sollte sich der Betreiber entscheiden?
Begründen Sie Ihre Entscheidung durch Rechnung oder Argumentation.

b) Im Querschnitt einer Skater-Rampe sieht man die beiden geraden Teilstücke $\overline{AC}$ und $\overline{BD}$ sowie das parabelförmige Teilstück AB. Die beiden Punkte A und B liegen auf gleicher Höhe und sind 4,00 m voneinander entfernt. Der tiefste Punkt T der Skater-Rampe liegt 20 cm über dem Boden.

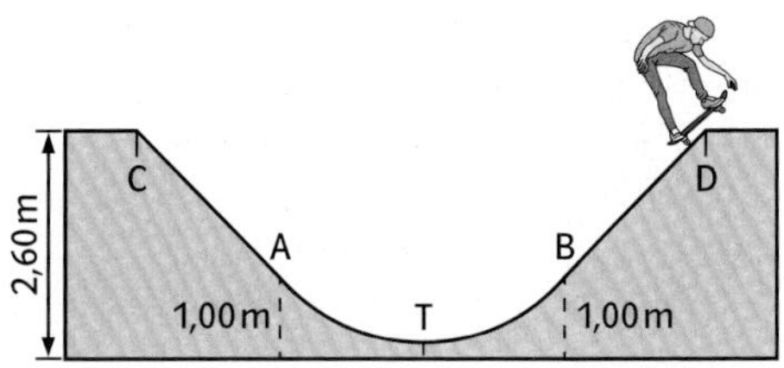

(Skizze nicht maßstabsgetreu)

Bestimmen Sie eine mögliche Funktionsgleichung für das parabelförmige Teilstück AB.

Die beiden Punkte C und D liegen ebenfalls auf gleicher Höhe und sind 8,00 m voneinander entfernt.

Bestimmen Sie eine mögliche Funktionsgleichung für die Gerade, auf der das gerade Teilstück $\overline{BD}$ liegt.

a) Das Werfen der beiden Spielwürfel ist ein zweistufiger Zufallsversuch mit Zurücklegen. Die angezeigten Augenzahlen haben alle dieselbe Wahrscheinlichkeit.
Die Wahrscheinlichkeiten der jeweiligen Ereignisse lassen sich am besten über eine Tabelle bestimmen. Die Ereignisse „Augensumme gleich vier" und „Augensumme kleiner vier" lassen sich über die Tabelle leicht abzählen.
Zur Berechnung des Erwartungswerts addiert man die Produkte aus Wahrscheinlichkeit und Gewinnerwartung des jeweiligen Ereignisses und subtrahiert den Einsatz pro Spiel.
Durch die Veränderung am Würfel verändern sich die Wahrscheinlichkeiten der Ereignisse. Um eine Bewertung vornehmen zu können, wird für beide Varianten der Erwartungswert berechnet.
Alternativ kann man auch überlegen, wie sich die Anzahlen der Ereignisse „Augensumme gleich vier" und „Augensumme kleiner vier" verändern.

b) Zunächst legt man ein Koordinatensystem über die Grafik. Verläuft die x-Achse auf Bodenhöhe der Skater-Rampe und die y-Achse durch den tiefsten Punkt des parabelförmigen Teilstücks AB, lässt sich der Scheitelpunkt der Parabel unmittelbar angeben.
Anschließend setzt man die Koordinaten von einem der beiden aus der Grafik ermittelten Punkte A und B in die Funktionsgleichung $y = ax^2 + c$ ein. Dadurch erhält man den Faktor a und damit die Funktionsgleichung der Parabel.
Um eine mögliche Funktionsgleichung einer Geraden, auf der das gerade Teilstück $\overline{BD}$ liegt, bestimmen zu können, ermittelt man aus der Grafik zunächst die Koordinaten dieser beiden Punkte. Mithilfe der Koordinaten berechnet man anschließend die Steigung und den y-Achsenabschnitt und erhält so die Geradengleichung.

a) Beim Würfelspiel „Augensumme 4 gewinnt" werden die Augenzahlen von zwei gleichzeitig geworfenen Spielwürfeln addiert (Augensumme).

Ereignisse	Gewinn
„Augensumme gleich 4"	4,00 €
„Augensumme kleiner 4"	2,00 €
„Augensumme größer 4"	kein Gewinn
Einsatz pro Spiel: 1,00 €	

Berechnung des Erwartungswerts E:
(➔ Summe aus den Produkten von Gewinnwahrscheinlichkeit und erwartetem Gewinn pro Spiel, Berücksichtigung des Gewinnplans)

Berechnung der Wahrscheinlichkeiten des Gewinnplans:
(➔ Zweistufiger Zufallsversuch, Ziehen mit Zurücklegen; Lösung über Tabelle)

	1	2	3	4	5	6
1	2	3	4	5	6	7
2	3	4	5	6	7	8
3	4	5	6	7	8	9
4	5	6	7	8	9	10
5	6	7	8	9	10	11
6	7	8	9	10	11	12

P(Augensumme gleich 4) $= \frac{3}{36}$ P(Augensumme gleich 4) $= \underline{\frac{1}{12}}$

P(Augensumme $<$ 4) $= \frac{3}{36}$ P(Augensumme $<$ 4) $= \underline{\frac{1}{12}}$

P(Augensumme $>$ 4) $= \frac{30}{36}$ P(Augensumme $>$ 4) $= \underline{\frac{5}{6}}$

$E = \frac{1}{12} \cdot 4{,}00\,€ + \frac{1}{12} \cdot 2{,}00\,€ - 1{,}00\,€$

$E = \frac{1}{3}\,€ + \frac{1}{6}\,€ - 1{,}00\,€$

$E = -\frac{1}{2}\,€$ $\underline{\underline{E = -0{,}50\,€}}$

Rechnerische Begründung für die Entscheidung des Betreibers:
(➔ Vergleich der beiden Erwartungswerte E_1 und E_2)

Berechnung des Erwartungswerts E_1 mit drei weiteren Einsen:
(➔ Veränderung der Augenzahlen auf einem der Würfel; Rest bleibt unverändert)

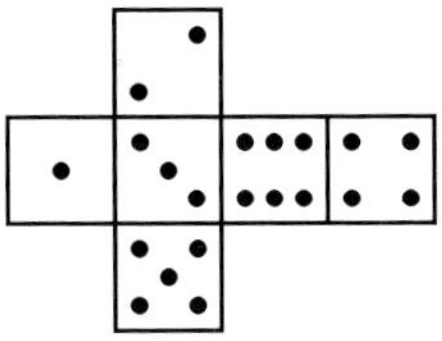
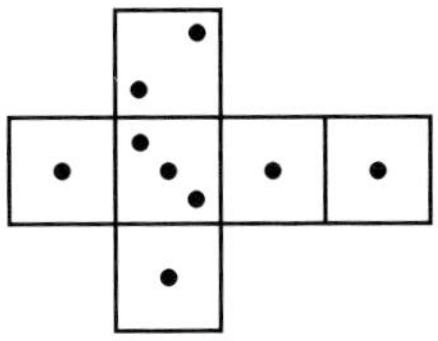

Berechnung der Wahrscheinlichkeiten des Gewinnplans:
(➔ Zweistufiger Zufallsversuch, Ziehen mit Zurücklegen; Lösung über Tabelle)

	1	2	3	4	5	6
1	2	3	4	5	6	7
2	3	4	5	6	7	8
3	4	5	6	7	8	9
1	2	3	4	5	6	7
1	2	3	4	5	6	7
1	2	3	4	5	6	7

P(Augensumme gleich 4) = $\frac{6}{36}$ $\qquad$ P(Augensumme gleich 4) = $\underline{\frac{1}{6}}$

P(Augensumme < 4) = $\frac{9}{36}$ $\qquad$ P(Augensumme < 4) = $\underline{\frac{1}{4}}$

P(Augensumme > 4) = $\frac{21}{36}$ $\qquad$ P(Augensumme > 4) = $\underline{\frac{7}{12}}$

$E_1 = \frac{1}{6} \cdot 4{,}00\,€ + \frac{1}{4} \cdot 2{,}00\,€ - 1{,}00\,€$

$E_1 = \frac{2}{3}\,€ + \frac{1}{2}\,€ - 1{,}00\,€$

$E_1 = \frac{1}{6}\,€$ $\qquad$ $\underline{\underline{E_1 = 0{,}17\,€}}$

Berechnung des Erwartungswerts E_2 mit drei weiteren Dreien:
(➔ Veränderung der Augenzahlen auf einem der Würfel; Rest bleibt unverändert)

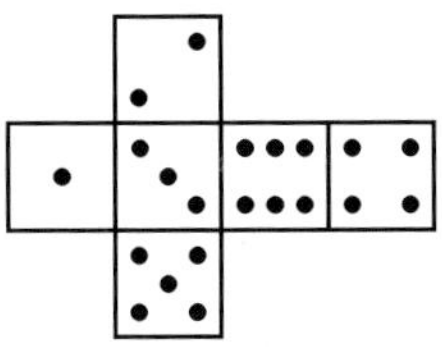
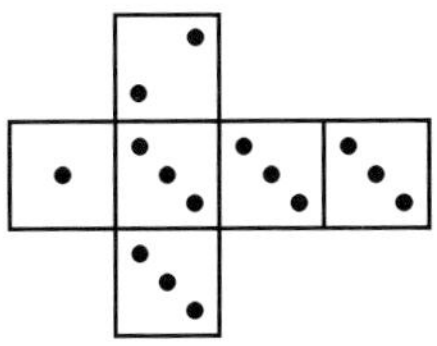

Berechnung der Wahrscheinlichkeiten des Gewinnplans:
(➔ Zweistufiger Zufallsversuch, Ziehen mit Zurücklegen; Lösung über Tabelle)

	1	2	3	4	5	6
1	2	3	4	5	6	7
2	3	4	5	6	7	8
3	4	5	6	7	8	9
3	4	5	6	7	8	9
3	4	5	6	7	8	9
3	4	5	6	7	8	9

P(Augensumme gleich 4) = $\frac{6}{36}$ $\qquad$ $\underline{\text{P(Augensumme gleich 4)} = \frac{1}{6}}$

P(Augensumme < 4) = $\frac{3}{36}$ $\qquad$ $\underline{\text{P(Augensumme < 4)} = \frac{1}{12}}$

P(Augensumme > 4) = $\frac{27}{36}$ $\qquad$ $\underline{\text{P(Augensumme > 4)} = \frac{3}{4}}$

$E_2 = \frac{1}{6} \cdot 4{,}00\,€ + \frac{1}{12} \cdot 2{,}00\,€ - 1{,}00\,€$

$E_2 = \frac{2}{3}\,€ + \frac{1}{6}\,€ - 1{,}00\,€$

$E_2 = -\frac{1}{6}\,€$ $\qquad$ $\underline{\underline{E_2 = -0{,}17\,€}}$

Der Betreiber wird sich für die Ergänzung mit drei Dreien entscheiden, da er dann langfristig Gewinn macht (negativer Erwartungswert).

Alternativer Lösungsweg: Argumentative Begründung:
(➔ über Tabelle veränderte Anzahlen der Ereignisse „Augensumme gleich vier" und „Augensumme kleiner vier" ermitteln)
Ersetzt der Betreiber auf einem der beiden Spielwürfel die Vier, die Fünf und die Sechs durch drei Einsen, dann gibt es insgesamt 9 mögliche Ergebnisse für das Ereignis „Augensumme kleiner 4". Werden drei Dreien hinzugefügt, ergeben sich insgesamt nur 3 mögliche Ergebnisse für das Ereignis „Augensumme kleiner 4". Die Anzahl der möglichen Ergebnisse für das Ereignis „Augensumme gleich 4" ist in beiden Fällen gleich.
Deshalb sollte sich der Betreiber für die drei Dreien entscheiden.

b) Querschnitt einer Skater-Rampe mit einem parabelförmigen Teilstück AB und zwei geraden Teilstücken $\overline{AC}$ und $\overline{BD}$.
Es gilt: $\overline{AB}$ = 4,00 m
Der Punkt T liegt 20 cm über dem Boden.

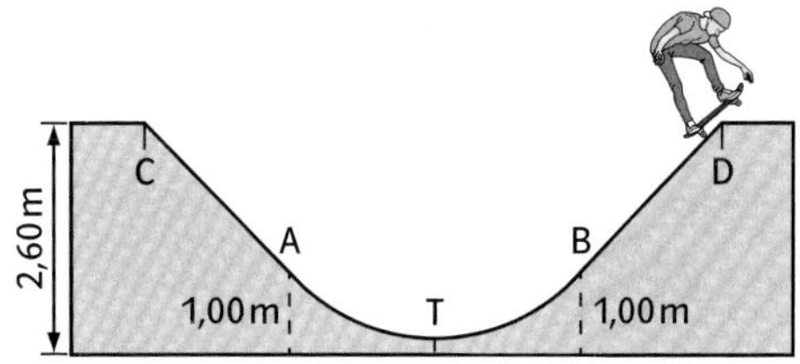

(Skizze nicht maßstabsgetreu)

Festlegung des Koordinatensystems für das mathematische Modell:
(➔ Die x-Achse verläuft auf dem Boden, die y-Achse geht durch Punkt T)

Bestimmung des Scheitelpunkts T:
(➔ Entnahme der Information aus dem Text)
Der tiefste Punkt T der Skater-Rampe liegt 20 cm über dem Boden. $\underline{T(0\,|\,0{,}2)}$

Festlegung der Punkte A und B:
(➔ Entnahme der Information aus dem Text bzw. aus der Grafik)
Aus dem Abstand der beiden Punkte A und B, die 4,00 m voneinander entfernt sind, lassen sich die x-Werte ermitteln. Die y-Werte von A und B kann man der Grafik entnehmen. $\underline{A(-2\,|\,1);\ B(2\,|\,1)}$

Berechnung der Parabelgleichung $y = ax^2 + c$:
(➔ Einsetzen der Koordinaten von A bzw. B sowie T in $y = ax^2 + c$)

$y = ax^2 + c$ mit $B(2\,|\,1)$ und $T(0\,|\,0{,}2)$

$1 = a \cdot 2^2 + 0{,}2 \quad |-0{,}2$

$0{,}8 = 4a \quad |:4$

$a = \frac{0{,}8}{4}$

$a = 0{,}2$

$\underline{\underline{y = 0{,}2x^2 + 0{,}2}}$

$\underline{\underline{y = \frac{1}{5}x^2 + 0{,}2}}$

Berechnung der Geradengleichung, auf der $\overline{BD}$ liegt:
(➔ Steigung, y-Achsenabschnitt)

Bestimmung der Koordinaten der Punkte B und D:
(➔ Entnahme der Information aus dem Text bzw. aus der Grafik)

Aus dem Abstand der beiden Punkte C und D, die 8,00 m voneinander entfernt sind und da die Punkte A und B 4,00 m voneinander entfernt sind, ergibt sich aufgrund der Symmetrie ein horizontaler Abstand von 2,00 m zwischen B und D. Damit lassen sich die x-Werte ermitteln. Die y-Werte von B und D kann man der Grafik entnehmen. $\underline{B(2|1);\ D(4|2{,}6)}$

(➔Steigung, Quotient der Koordinatendifferenzen)
Mit B(2 | 1) und D(4 | 2,6) erhält man:

$m = \frac{y_B - y_D}{x_B - x_D}$

$m = \frac{1 - 2{,}6}{2 - 4}$

$m = \frac{-1{,}6}{-2}$ $\underline{m = \frac{4}{5} = 0{,}8}$

(➔ y-Achsenabschnitt)
D(4 | 2,6) und m = 0,8 in y = mx + b einsetzen:

$2{,}6 = 0{,}8 \cdot 4 + b$

$2{,}6 = 3{,}2 + b \quad |-3{,}2$

$b = -0{,}6$

$\underline{\underline{g: y = 0{,}8x - 0{,}6}}$

$\underline{\underline{g: y = \frac{4}{5}x - 0{,}6}}$

Prüfung 2018

Pflicht- und Wahlbereich
Aufgaben und Lösungen

Aufgabe 1

Im Rechteck ABCD gilt:

$\overline{AB} = 14{,}5\,\text{cm}$
$\overline{AD} = 5{,}4\,\text{cm}$
$\delta_1 = 52{,}0°$

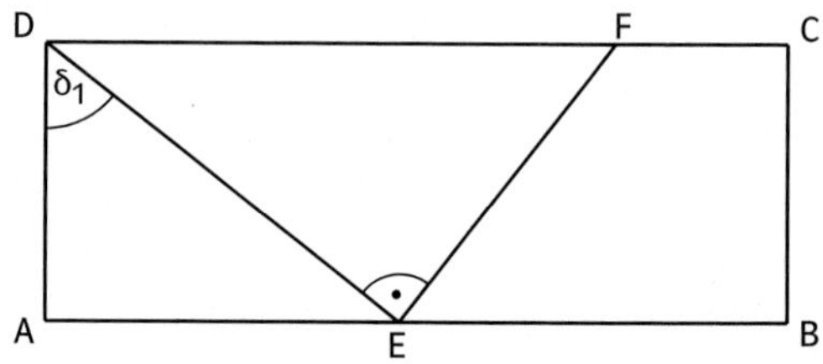

Berechnen Sie den Flächeninhalt des Trapezes EBCF.

Aufgabe 2

Gegeben sind das gleichschenklige Dreieck ABC und das rechtwinklige Dreieck AEC.

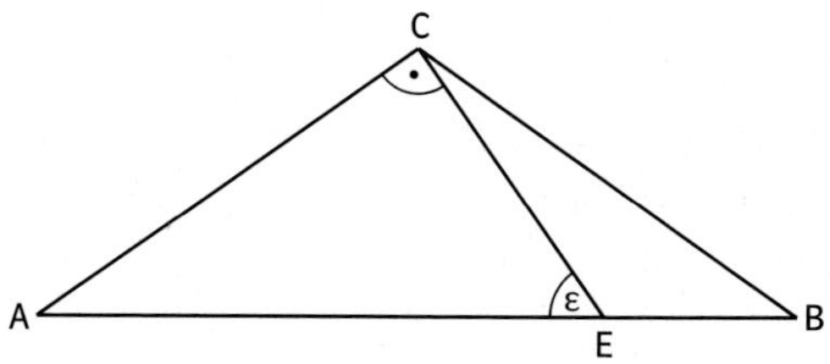

Es gilt:

$\overline{AE} = 9{,}4\,\text{cm}$
$\varepsilon = 55{,}0°$
$\overline{AC} = \overline{BC}$

Berechnen Sie die Länge von $\overline{BE}$.

Aufgabe 3

Die Abbildung zeigt ein quadratisches Prisma und einen zusammengesetzten Körper. Der zusammengesetzte Körper besteht aus einem Kegel mit aufgesetztem Zylinder.

Das quadratische Prisma ist vollständig mit Wasser gefüllt. Dieses Wasser wird in den zusammengesetzten Körper umgefüllt.

Es gilt:

$a = 10{,}0\,\text{cm}$
$h_{Pr} = h_{ges} = 25{,}0\,\text{cm}$
$s = 20{,}0\,\text{cm}$
$d = 17{,}8\,\text{cm}$

Wie hoch steht das Wasser im zusammengesetzten Körper?

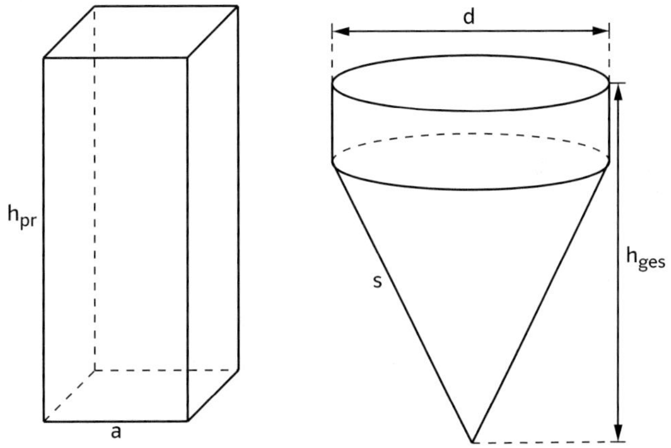

Aufgabe 4

Die Grafik zeigt den täglichen Wasserverbrauch pro Kopf in Deutschland.

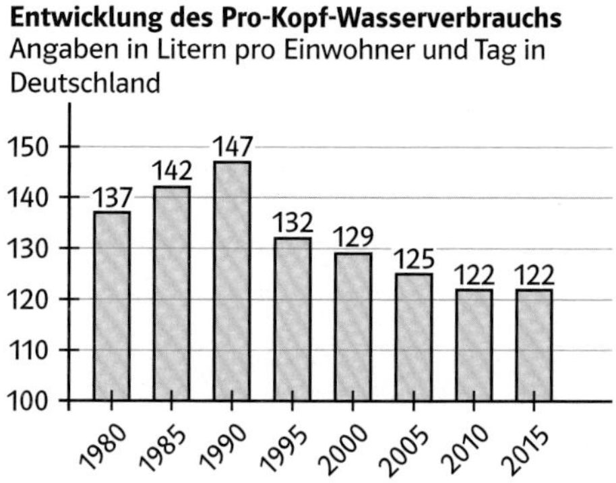

Um wie viel Prozent hat der Wasserverbrauch pro Kopf im Zeitraum von 1990 bis 2010 abgenommen?

Berechnen Sie, wie viele Liter Wasser im Jahr 2015 täglich für die Körperpflege pro Einwohner verbraucht wurden.

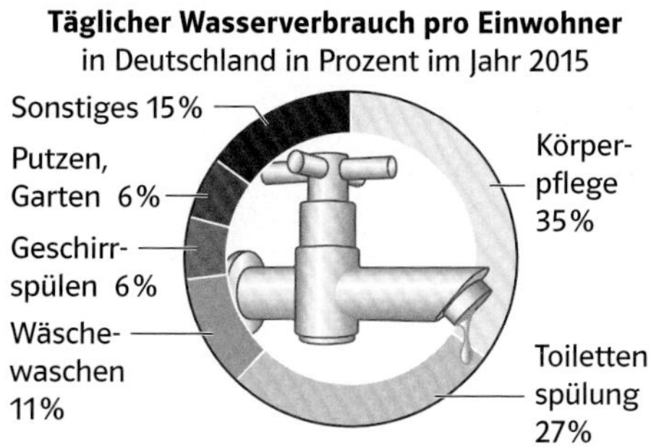

Einer Studie zufolge nimmt der Wasserverbrauch pro Kopf in den fünf Jahren von 2015 bis 2020 ab. Man geht davon aus, dass sich der Wasserverbrauch um 1 % pro Jahr, bezogen auf das Vorjahr, verringert.

Mit welchem täglichen Wasserverbrauch pro Kopf ist 2020 zu rechnen?

Aufgabe 5

Geben Sie die Definitions- und Lösungsmenge der Gleichung an:

$$\frac{4}{x} + \frac{2x-2}{x+2} = \frac{3x^2}{x^2+2x}$$

Aufgabe 6

Zu einer verschobenen, nach oben geöffneten Normalparabel p gehört die teilweise ausgefüllte Wertetabelle.

x	0	1	2	3	4	5	6
y	5						5

Geben Sie die Funktionsgleichung der Parabel p an.

Ergänzen Sie die fehlenden Werte in der Tabelle.

Durch den Schnittpunkt R der Parabel p mit der y-Achse und dem Scheitelpunkt S verläuft die Gerade g.
Berechnen Sie die Steigung m der Geraden g.

Aufgabe 7

In einer Schale liegen rote, grüne und weiße Gummibärchen. Insgesamt sind es 12 Stück. Antonetta nimmt ohne hinzusehen gleichzeitig zwei Gummibärchen aus der Schale.

Die Grafik zeigt ein unvollständiges Baumdiagramm dieses Zufallsversuchs. Vervollständigen Sie dieses Baumdiagramm.

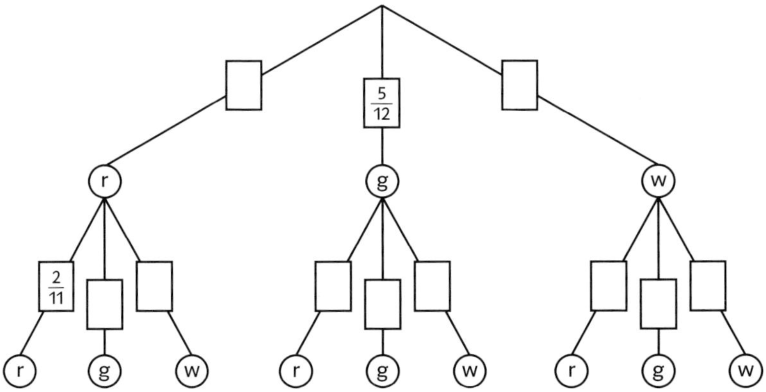

Mit welcher Wahrscheinlichkeit zieht Antonetta bei diesem Zufallsversuch
- genau ein rotes Gummibärchen?
- höchstens ein weißes Gummibärchen?

Aufgabe 8

Die Jungen der Klassen 7a und 7b werfen im Sportunterricht mit einem 200 g Ball.
Die Wurfweiten werden in ganzen Metern erfasst.
Die Verteilungen der Wurfweiten der 17 Jungen der Klasse 7a und der 13 Jungen der Klasse 7b sind in den beiden Boxplots dargestellt.

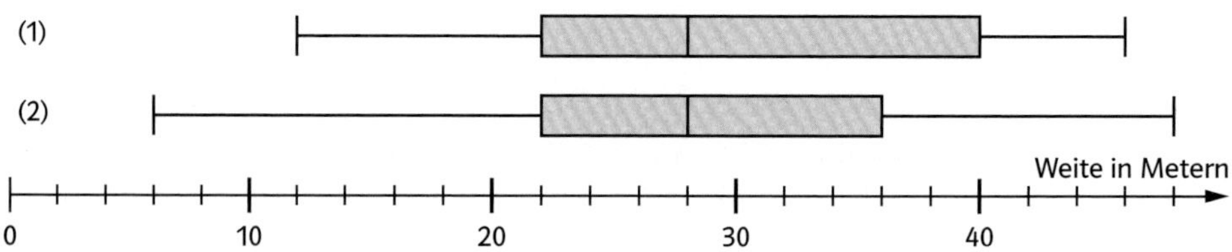

Rangplatz	1	2	3	4	5	6	7	8	9	10	11	12	13	14	15	16	17
Klasse 7a						23	25	28	28	35	36	38	40				

Rangplatz	1	2	3	4	5	6	7	8	9	10	11	12	13
Klasse 7b					24	25	28	28	29	36	38	40	

Ordnen Sie die Boxplots den unvollständigen Ranglisten der Klassen 7a und 7b zu. Begründen Sie Ihre Entscheidung mithilfe geeigneter Kennwerte.

Ergänzen Sie die Ranglisten mit möglichen Werten.

Tom und Marc aus der Klasse 7a wurden im Nachhinein aus der Wertung genommen, da sie übertreten hatten. Tom hatte den Ball 23 m und Marc 36 m weit geworfen. Alex behauptet: „Der Zentralwert ändert sich nicht, wenn Tom und Marc aus der Wertung genommen werden."

Hat Alex Recht? Begründen Sie Ihre Antwort.

Aufgabe 1

Gegeben ist das Rechteck ABCD

Es gilt:

$\overline{AB} = 14{,}5\,\text{cm}$
$\overline{AD} = 5{,}4\,\text{cm}$
$\delta_1 = 52{,}0°$

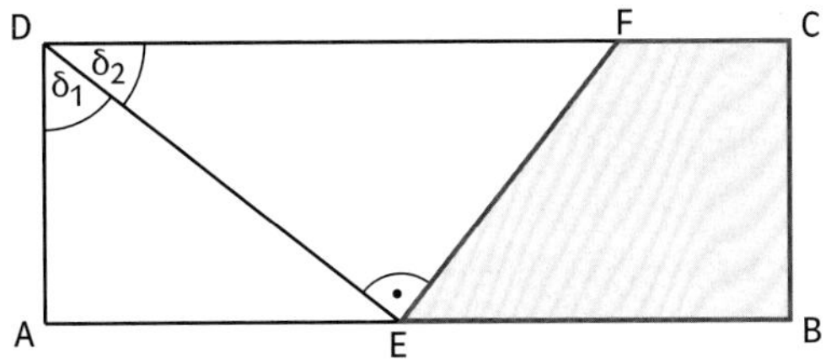

Berechnung des Flächeninhalts des Trapezes EBCF:
(→ Flächenformel für das Trapez)

$A_{EBCF} = \frac{\overline{BE} + \overline{CF}}{2} \cdot \overline{AD}$

Berechnung der Länge $\overline{AE}$:
(→ Tangens im Dreieck AED)

$\tan \delta_1 = \frac{\overline{AE}}{\overline{AD}} \qquad | \cdot \overline{AD}$

$\overline{AE} = \overline{AD} \cdot \tan \delta_1$

$\overline{AE} = 5{,}4 \cdot \tan 52{,}0°$ $\qquad$ $\underline{\overline{AE} = 6{,}91\,\text{cm}}$

Berechnung der Länge $\overline{BE}$:
(→ Streckendifferenz)

$\overline{BE} = \overline{AB} - \overline{AE}$

$\overline{BE} = 14{,}5 - 6{,}91$ $\qquad$ $\underline{\overline{BE} = 7{,}59\,\text{cm}}$

Berechnung des Winkels δ_2:
(→ Winkeldifferenz)
$\delta_2 = 90° - 52{,}0°$ $\qquad$ $\underline{\delta_2 = 38{,}0°}$

Berechnung der Länge $\overline{DE}$:
(➔ Kosinus im Dreieck AED)

$\cos\delta_1 = \frac{\overline{AD}}{\overline{DE}}$ $\quad | \cdot DE \quad |:\cos\delta_1$

$\overline{DE} = \frac{\overline{AD}}{\cos\delta_1}$

$\overline{DE} = \frac{5{,}4}{\cos 52{,}0°}$ $\quad \underline{\overline{DE} = 8{,}77\,cm}$

Berechnung der Länge $\overline{DF}$:
(➔ Kosinus im Dreieck DEF)

$\cos\delta_2 = \frac{\overline{DE}}{\overline{DF}}$ $\quad | \cdot \overline{DF} \quad |:\cos\delta_2$

$\overline{DF} = \frac{\overline{DE}}{\cos\delta_2}$

$\overline{DF} = \frac{8{,}77}{\cos 38{,}0°}$ $\quad \underline{\overline{DF} = 11{,}13\,cm}$

Berechnung der Strecke $\overline{CF}$:
(➔ Streckendifferenz)

$\overline{CF} = \overline{AB} - \overline{DF}$

$\overline{CF} = 14{,}5 - 11{,}13$ $\quad \underline{\overline{CF} = 3{,}37\,cm}$

$A_{EBCF} = \frac{7{,}59 + 3{,}37}{2} \cdot 5{,}4$ $\quad \underline{\underline{A_{EBCF} = 29{,}6\,cm^2}}$

Alternativer Lösungsweg: Berechnung des Trapezflächeninhalts

Berechnung des Flächeninhalts des Trapezes EBCF:
(➔ Differenz der Teilflächeninhalte)

$A_{EBCF} = A_{ABCD} - A_{EDA} - A_{FDE}$

Berechnung des Flächeninhalts des Rechtecks ABCD:
(➔ Flächenformel Rechteck)

$A_{ABCD} = \overline{AB} \cdot \overline{AD}$

$A_{ABCD} = 14{,}5 \cdot 5{,}4$ $\quad \underline{A_{ABCD} = 78{,}3\,cm^2}$

Berechnung der Länge $\overline{AE}$:
(➔ Tangens im Dreieck AED)

$\tan \delta_1 = \frac{\overline{AE}}{\overline{AD}} \quad | \cdot \overline{AD}$

$\overline{AE} = \overline{AD} \cdot \tan \delta_1$

$\overline{AE} = 5{,}4 \cdot \tan 52{,}0°$ $\qquad \underline{\overline{AE} = 6{,}91\,cm}$

Berechnung der Länge $\overline{DE}$:
(➔ Satz des Pythagoras im Dreieck AED)

$\overline{DE}^2 = \overline{AE}^2 + \overline{AD}^2$

$\overline{DE}^2 = 6{,}91^2 + 5{,}4^2 \quad | \sqrt{\ }$

$\overline{DE} = \sqrt{6{,}91^2 + 5{,}4^2}$ $\qquad \underline{\overline{DE} = 8{,}77\,cm}$

Berechnung des Winkels δ_2:
(➔ Winkeldifferenz)

$\delta_2 = 90° - 52{,}0°$ $\qquad \underline{\delta_2 = 38{,}0°}$

Berechnung der Strecke $\overline{EF}$:
(➔Tangens im Dreieck DEF)

$\tan \delta_2 = \frac{\overline{EF}}{\overline{DE}} \quad | \cdot \overline{DE}$

$\overline{EF} = \overline{DE} \cdot \tan \delta_2$

$\overline{EF} = 8{,}77 \cdot \tan 38{,}0°$ $\qquad \underline{\overline{EF} = 6{,}85\,cm}$

$A_{EBCF} = 78{,}3 - \frac{5{,}4 \cdot 6{,}91}{2} - \frac{8{,}77 \cdot 6{,}85}{2}$

$A_{EBCF} = 78{,}3 - 18{,}66 - 30{,}04$ $\qquad \underline{\underline{A_{EBCF} = 29{,}6\ cm^2}}$

Aufgabe 2

Gegeben sind das gleichschenklige Dreieck ABC und das rechtwinklige Dreieck AEC.
Es gilt:

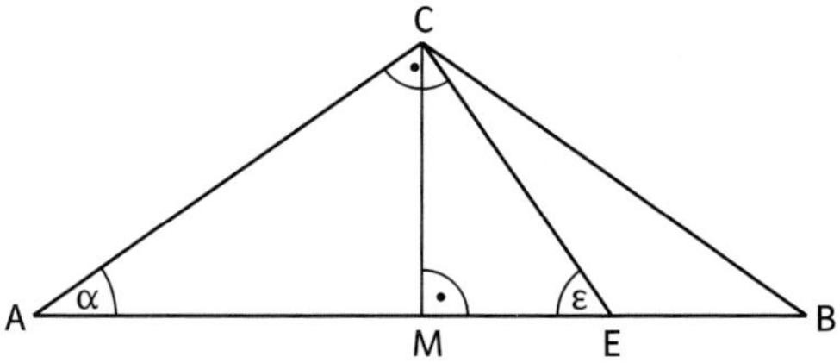

$\overline{AE} = 9{,}4\,\text{cm}$
$\varepsilon = 55{,}0°$
$\overline{AC} = \overline{BC}$

Berechnung der Länge $\overline{BE}$:
(➔ Differenz der Strecken $\overline{AB}$ und $\overline{AE}$)
$\overline{BE} = \overline{AB} - \overline{AE}$

Berechnung des Winkels α:
(➔ Winkelsumme im Dreieck AEC)
$\alpha = 180° - 90° - \varepsilon$
$\alpha = 180° - 90° - 55{,}0°$ $\underline{\alpha = 35{,}0°}$

Berechnung der Seite $\overline{AC} = \overline{BC}$:
(➔ Sinus im Dreieck AEC)
$\sin\varepsilon = \frac{\overline{AC}}{\overline{AE}} \quad | \cdot \overline{AE}$

$\overline{AC} = \overline{AE} \cdot \sin\varepsilon$

$\overline{AC} = 9{,}4 \cdot \sin 55{,}0°$ $\underline{\overline{AC} = \overline{BC} = 7{,}70\,\text{cm}}$

Berechnung der Strecke $\overline{AM} = \overline{BM}$:
(➔ Kosinus im Dreieck AMC)
$\cos\alpha = \frac{\overline{AM}}{\overline{AC}} \quad | \cdot \overline{AC}$

$\overline{AM} = \overline{AC} \cdot \cos\alpha$

$\overline{AM} = 7{,}70 \cdot \cos 35{,}0°$ $\underline{\overline{AM} = \overline{BM} = 6{,}31\,\text{cm}}$

Berechnung der Strecke $\overline{AB}$:
(→ Streckenaddition)
$\overline{AB} = \overline{AM} + \overline{BM}$
$\overline{AB} = 6{,}31 + 6{,}31$ $\underline{\overline{AB} = 12{,}62\,\text{cm}}$

$\overline{BE} = \overline{AB} - \overline{AE}$
$\overline{BE} = 12{,}62 - 9{,}4$ $\underline{\underline{\overline{BE} = 3{,}2\,\text{cm}}}$

Alternativer Lösungsweg: Berechnung der Länge $\overline{BE}$

Berechnung der Länge $\overline{BE}$:
(→ Differenz der Strecken $\overline{BM}$ und $\overline{EM}$)
$\overline{BE} = \overline{BM} - \overline{EM}$

Berechnung der Strecke $\overline{AC}$:
(→ Sinus im Dreieck AEC)
$\sin\varepsilon = \frac{\overline{AC}}{\overline{AE}} \quad | \cdot \overline{AE}$
$\overline{AC} = \overline{AE} \cdot \sin\varepsilon$
$\overline{AC} = 9{,}4 \cdot \sin 55{,}0°$ $\underline{\overline{AC} = 7{,}70\,\text{cm}}$

Berechnung des Winkels α:
(→ Winkelsumme im Dreieck AEC)
$\alpha = 180° - 90° - \varepsilon$
$\alpha = 180° - 90° - 55{,}0°$ $\underline{\alpha = 35{,}0°}$

Berechnung der Strecke $\overline{AM} = \overline{BM}$:
(→ Kosinus im Dreieck AMC)
$\cos\alpha = \frac{\overline{AM}}{\overline{AC}} \quad | \cdot \overline{AC}$
$\overline{AM} = \overline{AC} \cdot \cos\alpha$
$\overline{AM} = 7{,}70 \cdot \cos 35{,}0°$ $\underline{\overline{AM} = \overline{BM} = 6{,}31\,\text{cm}}$

Berechnung der Strecke $\overline{CE}$:
(➔ Kosinus im Dreieck AEC)

$\cos\varepsilon = \frac{\overline{CE}}{\overline{AE}} \quad | \cdot \overline{AE}$

$\overline{CE} = \overline{AE} \cdot \cos\varepsilon$

$\overline{CE} = 9{,}4 \cdot \cos 55{,}0°$ $\qquad \underline{\overline{CE} = 5{,}39\,\text{cm}}$

Berechnung der Strecke $\overline{EM}$:
(➔ Kosinus im Dreieck MEC)

$\cos\varepsilon = \frac{\overline{EM}}{\overline{CE}} \quad | \cdot \overline{CE}$

$\overline{EM} = \overline{CE} \cdot \cos\varepsilon$

$\overline{EM} = 5{,}39 \cdot \cos 55{,}0°$ $\qquad \underline{\overline{EM} = 3{,}09\,\text{cm}}$

$\overline{BE} = \overline{BM} - \overline{EM}$

$\overline{BE} = 6{,}31 - 3{,}09$ $\qquad \underline{\underline{\overline{BE} = 3{,}2\,\text{cm}}}$

Aufgabe 3

Berechnung der Gesamthöhe des Wasserstands im zusammengesetzten Körper:
(➔ Summe der Kegelhöhe und der Höhe des Wassers im Zylinder)
$h_{Wges} = h_{Ke} + h_{WZ}$

Berechnung des Prismavolumens:
(➔ Volumenformel quadratisches Prisma)
$V_{Pr} = a^2 \cdot h_{Pr}$
$V_{Pr} = 10{,}0^2 \cdot 25{,}0$ $\underline{V_{Pr} = 2500{,}0\,cm^3}$

Berechnung der Kegelhöhe:
(➔ Satz des Pythagoras im halben Achsenschnitt des Kegels)
$h_{Ke}^2 = s^2 - r^2$
$h_{Ke}^2 = 20{,}0^2 - 8{,}9^2 \quad |\sqrt{}$
$h_{Ke} = \sqrt{20{,}0^2 - 8{,}9^2}$ $\underline{h_{Ke} = 17{,}91\,cm}$

Berechnung des Kegelvolumens:
(➔ Volumenformel Kegel)
$V_{Ke} = \frac{1}{3}\pi \cdot r^2 \cdot h$
$V_{Ke} = \frac{1}{3}\pi \cdot 8{,}9^2 \cdot 17{,}91$ $\underline{V_{Ke} = 1485{,}61\,cm^3}$

Berechnung des Wasservolumens im Zylinder:
(➔ Differenz der Rauminhalte)
$V_{WZ} = V_{Pr} - V_{Ke}$
$V_{WZ} = 2500{,}0 - 1485{,}61$ $\underline{V_{WZ} = 1014{,}39\,cm^3}$

Berechnung der Wasserhöhe im Zylinder h_{WZ}:
(➔ Umformen der Volumenformel des Zylinders)
$V_{WZ} = \pi \cdot r^2 \cdot h_{WZ} \quad |:\pi \quad |:r^2$
$h_{WZ} = \frac{V_{WZ}}{\pi \cdot r^2}$
$h_{WZ} = \frac{1014{,}4}{\pi \cdot 8{,}9^2}$ $\underline{h_{WZ} = 4{,}08\,cm}$

$h_{Wges} = 17{,}9 + 4{,}08$ $\underline{\underline{h_{Wges} = 22{,}0\,cm}}$

Aufgabe 4

Entwicklung des Pro-Kopf-Wasserverbrauchs
Angaben in Litern pro Einwohner und Tag in Deutschland

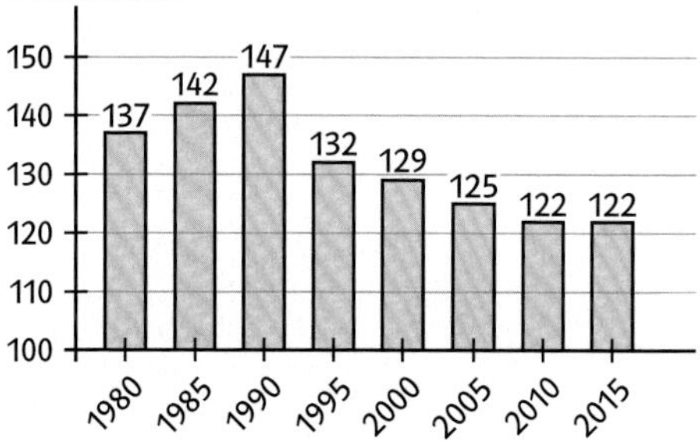

Täglicher Wasserverbrauch pro Einwohner
in Deutschland in Prozent im Jahr 2015

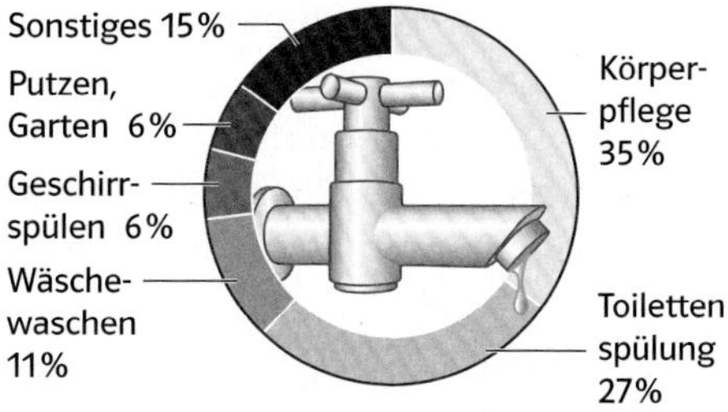

Berechnung der Abnahme von 1990 bis 2010 in Prozent:
(➔ Berechnung des Prozentsatzes)

$p\% = \frac{P}{G}$

$p\% = \frac{147 - 122}{147}$

$p\% = \frac{25}{147} = 0{,}17$ $\qquad$ $\underline{\underline{p\% = 17{,}0\,\%}}$

Der Wasserverbrauch pro Kopf hat von 1990 bis 2010 um 17,0 % abgenommen.

Berechnung des Verbrauchs für die Körperpflege 2015 in Liter:
(➔ Berechnung des Prozentwerts)

$W_{Körperpflege} = W_{2015} \cdot p\%$

$W_{Körperpflege} = 122 \cdot 0{,}35$ $\qquad$ $\underline{\underline{W_{Körperpflege} = 43\,l}}$

Im Jahr 2015 wurden 43 Liter für die Körperpflege verbraucht.

Berechnung des zu erwartenden Wasserverbrauchs im Jahr 2020:
(➔ Berechnung des verminderten Grundwerts; gleichbleibender abnehmender Wachstumsfaktor)

$W_{2020} = W_{2015} \cdot q^5$

$W_{2020} = 122 \cdot 0{,}99^5$ $\qquad$ $\underline{\underline{W_{2020} = 116\,l}}$

Im Jahr 2020 ist voraussichtlich mit einem Wasserverbrauch pro Kopf von 116 Liter zu rechnen.

Aufgabe 5

Lösung der Bruchgleichung:

$\frac{4}{x} + \frac{2x - 2}{x + 2} = \frac{3x^2}{x^2 + 2x}$

Bestimmung des Hauptnenners:

(➔ Faktorisieren der Nenner)

$x = x$

$x + 2 = x + 2$

$x^2 + 2x = x(x + 2)$

HN: $x(x + 2)$

Bestimmung der Definitionsmenge: $\underline{\underline{D = \mathbb{R}\backslash\{-2; 0\}}}$

(➔ Lösen der Bruchgleichung)

$\frac{4}{x} + \frac{2x - 2}{x + 2} = \frac{3x^2}{x^2 + 2x} \quad | \cdot x(x + 2)$

$\frac{4}{x} \cdot x(x + 2) + \frac{2x - 2}{x + 2} \cdot x(x + 2) = \frac{3x^2}{x^2 + 2x} \cdot x(x + 2)$

$4(x + 2) + x(2x - 2) = 3x^2 \quad | -3x^2$

$4x + 8 + 2x^2 - 2x - 3x^2 = 0$

$-x^2 + 2x + 8 = 0 \quad | \cdot (-1)$

$x^2 - 2x - 8 = 0$

(➔ p-q-Lösungsformel)

$p = -2; \ q = -8$

$x_{1,2} = 1 \pm \sqrt{1 + 8}$

$x_1 = 4; \ x_2 = -2$

Da $x_2 = -2$ nicht zur Definitionsmenge gehört, ist die Lösungsmenge $\underline{\underline{L = \{4\}}}$

Aufgabe 6

Verschobene, nach oben geöffnete Normalparabel p mit teilweise ausgefüllter Wertetabelle

x	0	1	2	3	4	5	6
y	5						5

Bestimmung der Gleichung der Parabel p:
(➔ Argumentative Ermittlung des Scheitelpunkts S; Symmetrieeigenschaft nutzen)

Die beiden Punkte $R(0|5)$ und $Q(6|5)$ haben denselben y-Wert. Dies bedeutet, dass die Symmetrieachse der Parabel durch den Mittelwert der beiden x-Werte von R und Q geht. Dies ist $x = 3$. Der Abstand der beiden Parabelpunkte R und Q ist 6. Um zum Scheitelpunkt S der Parabel zu gelangen, geht man drei Einheiten von R bzw. Q zur Parabelmitte und um das Quadrat dieses Werts, also 9, nach unten.
Damit hat der Scheitelpunkt S der Parabel folgende Koordinaten: $\underline{S(3|-4)}$

Somit gilt für die Parabelgleichung: $y = (x - 3)^2 - 4$
Formt man das Binom um, erhält man die Normalform. $\underline{\underline{p\colon y = x^2 - 6x + 5}}$

Alternativer Lösungsweg: Berechnung der Gleichung der Parabel p
(➔ Einsetzen der Koordinaten von R und Q in $y = x^2 + px + q$)

Einsetzen von $R(0|5)$ in $y = x^2 + px + q$ ergibt:
$5 = 0^2 + p \cdot 0 + q$ $\underline{q = 5}$

Einsetzen von $Q(6|5)$ und $q = 5$ in $y = x^2 + px + q$ ergibt:
$5 = 6^2 + p \cdot 6 + 5 \quad | -41$
$-36 = 6p \quad | :6$ $\underline{p = -6}$

$\underline{\underline{p\colon y = x^2 - 6x + 5}}$

Berechnung der fehlenden Werte der Wertetabelle:
(→ Einsetzen der x-Werte in $y = x^2 - 6x + 5$)

Für $x = 1$: $y = 1^2 - 6 \cdot 1 + 5 = 0$ $\underline{P_1(1|0)}$

Für $x = 2$: $y = 2^2 - 6 \cdot 2 + 5 = -3$ $\underline{P_2(2|-3)}$

Für $x = 3$: $y = 3^2 - 6 \cdot 3 + 5 = -4$ $\underline{P_3(3|-4)}$

Für $x = 4$: $y = 4^2 - 6 \cdot 4 + 5 = -3$ $\underline{P_4(4|-3)}$

Für $x = 5$: $y = 5^2 - 6 \cdot 5 + 5 = 0$ $\underline{P_5(5|0)}$

x	0	1	2	3	4	5	6
y	5	**0**	**−3**	**−4**	**−3**	**0**	5

Berechnung der Steigung m der Geraden g:
(→ Quotient der Koordinatendifferenzen; R(0|5) und S(3|−4))

$$m = \frac{y_S - y_R}{x_S - x_R}$$

$$m = \frac{-4 - (+5)}{3 - 0}$$

$$m = \frac{-9}{3}$$

$$\underline{\underline{m = -3}}$$

Aufgabe 7

Schale mit roten, grünen und weißen Gummibärchen. Insgesamt 12 Stück. Antonetta nimmt ohne hinzusehen gleichzeitig zwei Gummibärchen aus der Schale.

Vervollständigung des Baumdiagramms:
(→ Ziehen ohne Zurücklegen)

Berechnung der Wahrscheinlichkeiten der 1. Stufe:
Wenn das zweite rote Gummibärchen mit einer Wahrscheinlichkeit von $\frac{2}{11}$ gezogen wird, gilt für die Wahrscheinlichkeit des zuerst gezogenen roten Gummibärchens: $\underline{P(\text{rot}) = \frac{3}{12}}$

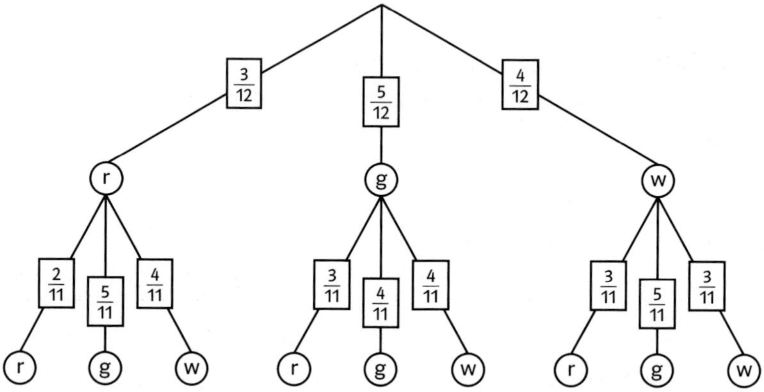

Für die Summe der zuerst gezogenen Gummibärchen gilt:

$P(\text{rot}) + P(\text{grün}) + P(\text{weiß}) = 1$

$\frac{3}{12} + \frac{5}{12} + P(\text{weiß}) = 1 \quad \Big| -\left(\frac{3}{12} + \frac{5}{12}\right)$ $\qquad \underline{P(\text{weiß}) = \frac{4}{12}}$

Die Wahrscheinlichkeiten für den zweiten Zug lassen sich entsprechend berechnen.

Berechnung der Wahrscheinlichkeit (genau ein rotes Gummibärchen):
(➔ Produktregel und Summenregel)

$$\begin{aligned} P(\text{genau ein rotes GB}) &= P(r, g) + P(r, w) + P(g, r) + P(w, r) \\ &= \frac{3}{12} \cdot \frac{5}{11} + \frac{3}{12} \cdot \frac{4}{11} + \frac{5}{12} \cdot \frac{3}{11} + \frac{4}{12} \cdot \frac{3}{11} \\ &= \frac{15}{132} + \frac{12}{132} + \frac{15}{132} + \frac{12}{132} \\ &= \frac{54}{132} \\ &= \frac{18}{44} \\ &= \frac{9}{22} \end{aligned}$$

P(genau ein rotes GB) = 40,9 %

Berechnung der Wahrscheinlichkeit (höchstens ein weißes Gummibärchen):
(➔ Produktregel; Gegenereignis)

$$\begin{aligned} P(\text{höchstens ein weißes GB}) &= 1 - P(ww) \\ &= 1 - \frac{4}{12} \cdot \frac{3}{11} \\ &= 1 - \frac{12}{132} \\ &= \frac{120}{132} \\ &= \frac{10}{11} \end{aligned}$$

P(höchstens ein weißes GB) = 90,9 %

Aufgabe 8

Die 17 Jungen der Klasse 7a und die 13 Jungen der Klasse 7b werfen mit einem 200 g Ball.

Zuordnung der Boxplots zu den unvollständigen Ranglisten:
(➔ Bestimmung des jeweiligen oberen Quartils q_o)

Die beiden Boxplots unterscheiden sich nur im oberen Quartil q_o.

	Berechnung Rangplatz	Rangplatz	Kennwert
Klasse 7a oberes Quartil	$\frac{3}{4} \cdot 17 = 12{,}75$	13	40 m
Klasse 7b oberes Quartil	$\frac{3}{4} \cdot 13 = 9{,}75$	10	36 m

Boxplot (1) gehört zu Klasse 7a.

Boxplot (2) gehört zu Klasse 7b.

Ergänzen der passenden Werte der beiden Ranglisten:
Aus den beiden Boxplots lassen sich folgende Werte entnehmen:

Klasse 7a: min = 12 m; q_u = 22 m; z = 28 m; q_o = 40 m; max = 46 m

Rangplatz 7a	1	2	3	4	5	6	7	8	9	10	11	12	13	14	15	16	17
Weite in m	**12**	**12 bis 22**	**12 bis 22**	**12 bis 22**	**22**	23	25	28	28	35	36	38	40	**40 bis 46**	**40 bis 46**	**40 bis 46**	**46**

Klasse 7b: min = 6 m; q_u = 22 m; z = 28 m; q_o = 36 m; max = 48 m

Rangplatz 7b	1	2	3	4	5	6	7	8	9	10	11	12	13
Weite in m	**6**	**6 bis 22**	**6 bis 22**	**22**	24	25	28	28	29	36	38	40	**48**

Überprüfung einer Behauptung:
(→ mögliche argumentative Begründung)

Der eine Wert liegt in der unteren Hälfte, der andere Wert in der oberen.

Somit ändert sich der Zentralwert nicht. <u>Alex hat Recht.</u>

a) Gegeben ist das Dreieck ABC.

Es gilt:

$\overline{AB} = 12{,}0\,\text{cm}$
$\overline{BC} = 11{,}6\,\text{cm}$
$A_{ABC} = 54{,}0\,\text{cm}^2$

Berechnen Sie den Winkel α sowie den Abstand des Punktes D zur Strecke $\overline{AB}$.

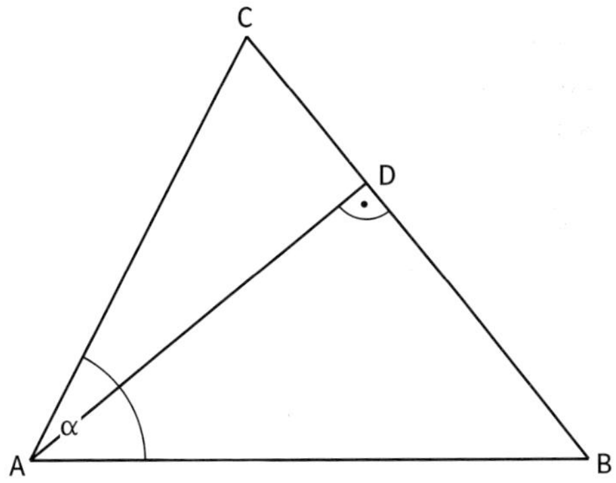

b) Im rechtwinkligen Dreieck ABC liegt das gleichseitige Dreieck DBC.

Zeigen Sie ohne Verwendung gerundeter Werte, dass die beiden Dreiecke ADC und DBC flächengleich sind.

Der Flächeninhalt des Dreiecks ABC soll $200\,\text{cm}^2$ betragen.
Für welchen Wert von e trifft dies zu?

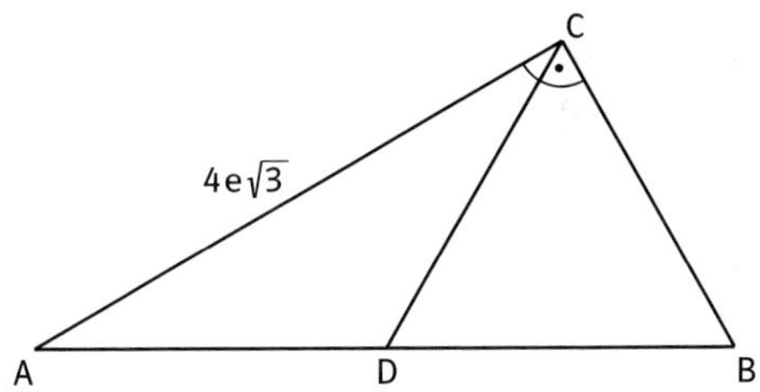

a) Die Strecke $\overline{AD}$ ist die Höhe zur Seite $\overline{BC}$. Deshalb kann im Dreieck ABC die Strecke $\overline{AD}$ durch Umstellen der Dreiecksflächenformel berechnet werden. Im rechtwinkligen Dreieck ABD kann $\overline{BD}$ berechnet werden. Die Strecke $\overline{CD}$ ergibt sich durch Streckendifferenz.
Die Strecke $\overline{AD}$ teilt den Winkel α in die beiden Teilwinkel α_1 und α_2. Der Winkel α_1 kann im Teildreieck ABD mit dem Kosinus berechnet werden. Der Winkel α_2 kann im Teildreieck ADC mit dem Tangens berechnet werden. Den Winkel α erhält man über die Addition der Teilwinkel α_1 und α_2.
Der Abstand des Punktes D von der Strecke $\overline{AB}$ ist das Lot von D auf $\overline{AB}$. Der Fußpunkt F der Höhe teilt das Dreieck ABD in zwei rechtwinklige Dreiecke. Im Teildreieck FBD kann mit dem Sinus die Strecke $h_{\overline{AB}} = \overline{DF}$ berechnet werden.

b) Im gleichseitigen Dreieck sind alle Winkel 60° groß. Da der Winkel β Teil des gleichseitigen Dreiecks DBC ist, ist er 60° groß. Das Dreieck ABC ist die Hälfte eines gleichseitigen Dreiecks. Die bekannte Seite $\overline{AC}$ ist die Höhe dieses gleichseitigen Dreiecks. Die Strecke $\overline{AB}$ ist eine Seite des gleichseitigen Dreiecks. Die Strecke $\overline{BC}$ ist halb so lang wie die Seite des Dreiecks.
Da das Dreieck DBC gleichseitig ist, sind die Seiten $\overline{BD}$, $\overline{CD}$ und $\overline{BC}$ gleich lang. Da die Seite $\overline{BC}$ halb so lang wie die Seite $\overline{AB}$ ist, muss die Seite $\overline{AD}$ ebenfalls so lang sein wie $\overline{BD}$.
Im gleichseitigen Dreieck DBC kann die Höhe $\overline{CE}$ für beide Teildreiecke berechnet werden. Da beide Teildreiecke eine gleich lange Seite und eine gleich lange Höhe haben, sind sie flächengleich.
Die Berechnungen lassen sich auch mit speziellen Funktionswerten und der Berechnung der beiden Teilflächen durchführen.

Den Wert für e erhält man über das Einsetzen des Werts für den Flächeninhalt in die Flächeninhaltsformel des Dreiecks ABC.

a) Gegeben ist das Dreieck ABC.

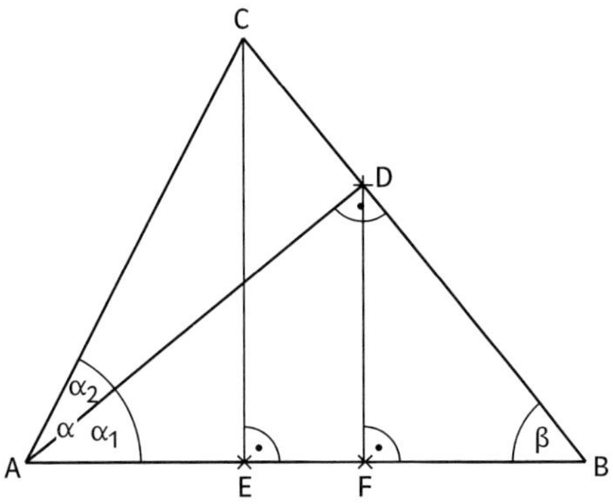

Es gilt:

$\overline{AB} = 12{,}0\,\text{cm}$
$\overline{BC} = 11{,}6\,\text{cm}$
$A_{ABC} = 54{,}0\ \text{cm}^2$

Berechnung des Winkels α:
(➔ Winkeladdition)
$\alpha = \alpha_1 + \alpha_2$

Berechnung der Strecke $\overline{AD}$:
(➔ Umstellung der Dreiecksflächenformel)

$$A_{ABC} = \frac{\overline{BC} \cdot \overline{AD}}{2} \qquad | \cdot 2 \quad | : \overline{BC}$$

$$\overline{AD} = \frac{2 \cdot A_{ABC}}{\overline{BC}}$$

$$\overline{AD} = \frac{2 \cdot 54{,}0}{11{,}6} \qquad \underline{\overline{AD} = 9{,}31\,\text{cm}}$$

Berechnung des Winkels α_1:
(➔ Kosinus im Dreieck ABD)

$$\cos\alpha_1 = \frac{\overline{AD}}{\overline{AB}}$$

$$\cos\alpha_1 = \frac{9{,}31}{12{,}0} \qquad \underline{\alpha_1 = 39{,}1°}$$

Berechnung der Strecke $\overline{BD}$:
(➔ Satz des Pythagoras im Dreieck ABD)

$$\overline{BD}^2 = \overline{AB}^2 - \overline{AD}^2$$

$$\overline{BD}^2 = 12{,}0^2 - 9{,}31^2 \qquad |\sqrt{\ }$$

$$\overline{BD} = \sqrt{12{,}0^2 - 9{,}31^2} \qquad \underline{\overline{BD} = 7{,}57\,\text{cm}}$$

Berechnung der Strecke $\overline{CD}$:
(→ Streckendifferenz)
$\overline{CD} = \overline{BC} - \overline{BD}$
$\overline{CD} = 11{,}6 - 7{,}57$ $\underline{\overline{CD} = 4{,}03\,\text{cm}}$

Berechnung des Winkels α_2:
(→ Tangens im Dreieck ADC)
$\tan\alpha_2 = \frac{\overline{CD}}{\overline{AD}}$
$\tan\alpha_2 = \frac{4{,}03}{9{,}31}$ $\underline{\alpha_2 = 23{,}4°}$

$\alpha = \alpha_1 + \alpha_2$
$\alpha = 39{,}1° + 23{,}4°$ $\underline{\underline{\alpha = 62{,}5°}}$

Berechnung des Abstands $\left(h_{\overline{AB}} = \overline{DF}\right)$ des Punktes D zur Strecke $\overline{AB}$:
(→ Sinus im Dreieck AFD)
$\sin\alpha_1 = \frac{h_{\overline{AB}}}{\overline{AD}} \quad | \cdot \overline{AD}$
$h_{\overline{AB}} = \overline{AD} \cdot \sin\alpha_1$
$h_{\overline{AB}} = 9{,}31 \cdot \sin 39{,}1°$ $\underline{\underline{h_{\overline{AB}} = \overline{DF} = 5{,}9\,\text{cm}}}$

Alternativer Lösungsweg: Berechnung des Winkels α
(→ Tangens im Dreieck AEC)
$\tan\alpha = \frac{\overline{CE}}{\overline{AE}}$

Berechnung der Höhe $h_c = \overline{CE}$:
(→ Umstellung der Dreiecksflächenformel)
$A_{ABC} = \frac{\overline{AB} \cdot \overline{CE}}{2} \quad | \cdot 2 \quad |: \overline{AB}$
$\overline{CE} = \frac{2 \cdot A_{ABC}}{\overline{AB}}$
$\overline{CE} = \frac{2 \cdot 54{,}0}{12{,}0}$ $\underline{\overline{CE} = 9{,}0\,\text{cm}}$

Berechnung der Strecke $\overline{BE}$:
(→ Satz des Pythagoras im Dreieck EBC)

$\overline{BE}^2 = \overline{BC}^2 - \overline{CE}^2$

$\overline{BE}^2 = 11{,}6^2 - 9{,}0^2 \quad |\sqrt{}$

$\overline{BE} = \sqrt{11{,}6^2 - 9{,}0^2}$ $\qquad \underline{\overline{BE} = 7{,}32\,\text{cm}}$

Berechnung der Strecke $\overline{AE}$:
(→ Streckendifferenz)

$\overline{AE} = \overline{AB} - \overline{BE}$

$\overline{AE} = 12{,}0 - 7{,}32$ $\qquad \underline{\overline{AB} = 4{,}68\,\text{cm}}$

$\tan\alpha = \frac{9{,}0}{4{,}68}$ $\qquad \underline{\underline{\alpha = 62{,}5°}}$

Berechnung des Abstands $(h_{\overline{AB}} = \overline{DF})$ des Punktes D zur Strecke $\overline{AB}$:
(→ Sinus im Dreieck FBD)

$\sin\beta = \frac{h_{\overline{AB}}}{\overline{BD}} \quad | \cdot \overline{BD}$

$h_{\overline{AB}} = \overline{BD} \cdot \sin\beta$

Berechnung des Winkels β:
(→ Sinus im Dreieck EBC)

$\sin\beta = \frac{\overline{CE}}{\overline{BC}}$

$\sin\beta = \frac{9{,}0}{11{,}6}$ $\qquad \underline{\beta = 50{,}9°}$

Berechnung der Strecke $\overline{BD}$:
(→ Kosinus im Dreieck ABD)

$\cos\beta = \frac{\overline{BD}}{\overline{AB}} \quad | \cdot \overline{AB}$

$\overline{BD} = \overline{AB} \cdot \cos\beta$

$\overline{BD} = 12{,}0 \cdot \cos 50{,}9°$ $\qquad \underline{\overline{BD} = 7{,}57\,\text{cm}}$

$h_{\overline{AB}} = 7{,}57 \cdot \sin 50{,}9°$ $\qquad \underline{\underline{h_{\overline{AB}} = \overline{DF} = 5{,}9\,\text{cm}}}$

b) Im rechtwinkligen Dreieck ABC
liegt das gleichseitige Dreieck DBC.

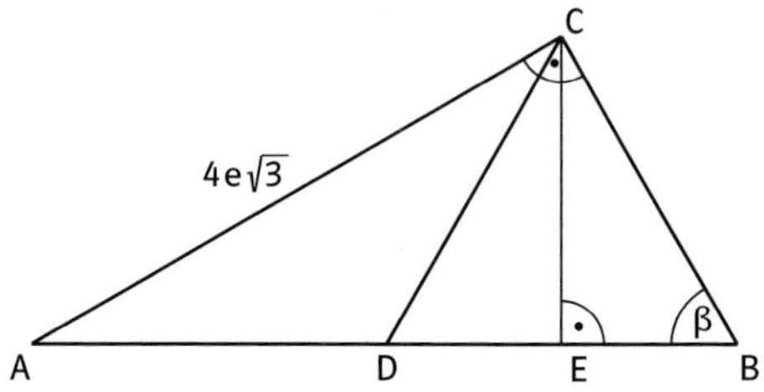

Vergleich der Flächeninhalte der beiden Dreiecksflächen:
(→ Flächenformel für das Dreieck)

Bestimmung des Winkels β:
(→ Winkel im gleichseitigen Dreieck)

$\underline{\beta = 60°}$

Berechnung des Flächeninhalts des Dreiecks DBC:
(→ Flächenformel für das gleichseitige Dreieck)

$A_{DBC} = \frac{\overline{BD}^2}{4} \cdot \sqrt{3}$

Berechnung der Strecke $\overline{BC} = \overline{BD} = \overline{CD}$:
(→ Tangens im Dreieck ABC)

$\tan\beta = \frac{\overline{AC}}{\overline{BC}} \quad | \cdot \overline{BC} \quad |: \tan\beta$

$\overline{BC} = \frac{\overline{AC}}{\tan\beta}$

$\overline{BC} = \frac{4e\sqrt{3}}{\tan 60°}$

$\overline{BC} = \frac{4e\sqrt{3}}{\sqrt{3}}$

$\underline{\overline{BC} = \overline{BD} = \overline{CD} = 4e}$

$A_{DBC} = \frac{(4e)^2}{4} \cdot \sqrt{3}$

$\underline{A_{DBC} = 4e^2\sqrt{3}}$

Berechnung des Flächeninhalts des Dreiecks ADC:
(→ Flächenformel für das Dreieck)

$A_{ADC} = \frac{\overline{AD} \cdot \overline{CE}}{2}$

Berechnung der Strecke $\overline{AB}$:
(→ Kosinus im Dreieck ABC)

$\cos\beta = \frac{\overline{BC}}{\overline{AB}}$ $\quad | \cdot \overline{AB} \quad |:\cos\beta$

$\overline{AB} = \frac{\overline{BC}}{\cos\beta}$

$\overline{AB} = \frac{4e}{\cos 60°}$

$\overline{AB} = \frac{4e}{\frac{1}{2}}$ $\qquad \underline{\overline{AB} = 8e}$

Berechnung der Strecke $\overline{AD}$:
(→ Streckendifferenz)

$\overline{AD} = \overline{AB} - \overline{BD}$

$\overline{AD} = 8e - 4e$ $\qquad \underline{\overline{AD} = 4e}$

Berechnung der Strecke $\overline{CE}$:
(→ Sinus im Dreieck EBC)

$\sin\beta = \frac{\overline{CE}}{\overline{BC}}$ $\quad | \cdot \overline{BC}$

$\overline{CE} = \overline{BC} \cdot \sin\beta$

$\overline{CE} = 4e \cdot \sin 60°$

$\overline{CE} = 4e \cdot \frac{1}{2}\sqrt{3}$ $\qquad \underline{\overline{CE} = 2e\sqrt{3}}$

$A_{ADC} = \frac{4e \cdot 2e\sqrt{3}}{2}$ $\qquad \underline{A_{ADC} = 4e^2\sqrt{3}}$

Somit sind beide Teildreiecke flächengleich.

Alternativer Lösungsweg: Argumentativer Nachweis der Flächengleichheit

Die Dreiecke ADC und DBC haben die gleiche Basis: $\overline{AD} = \overline{DB} = 4e$.
Beide Dreiecke haben mit $\overline{CE}$ eine gemeinsame Höhe.
Damit gilt $A_{DBC} = A_{ADC}$.

Berechnung des Werts für e:
(→ Umstellen der Flächenformel des Dreiecks)
$A_{ABC} = 200\ cm^2$

Berechnung des Flächeninhalts des Dreiecks ABC:
(→ Addition der beiden Teildreiecke)

$A_{ABC} = A_{ADC} + A_{DBC}$

$A_{ABC} = 4e^2\sqrt{3} + 4e^2\sqrt{3}$ $\underline{A_{ABC} = 8e^2\sqrt{3}}$

$A_{ABC} = 8e^2\sqrt{3}$

$200 = 8e^2\sqrt{3} \quad | : 8\sqrt{3}$

$e^2 = \frac{200}{8\sqrt{3}} \quad | \sqrt{\ }$

$e = \sqrt{\frac{200}{8\sqrt{3}}}$ $\underline{\underline{e \approx 3{,}8\,cm}}$

a) Ein massiver Kegel hat folgende Maße:

$V_{Kegel} = 500 \text{ cm}^3$
$d_{Kegel} = 13{,}0 \text{ cm}$

Dieser Kegel wird so bearbeitet, dass eine regelmäßige achtseitige Pyramide gleicher Höhe entsteht.
Ein Manteldreieck ist bereits sichtbar.

Berechnen Sie das Volumen der entstehenden Pyramide.

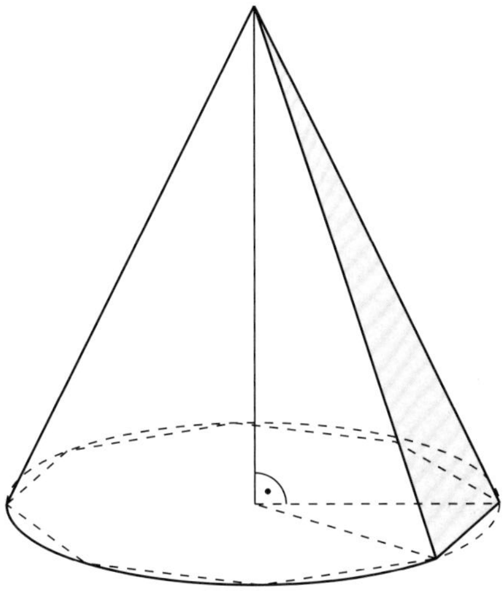

b) Aus einem quadratischen Blatt Papier wird das Netz einer quadratischen Pyramide hergestellt.

Es gilt:

$b = 20{,}0 \text{ cm}$
$\varepsilon = 140{,}0°$

Berechnen Sie die Höhe der quadratischen Pyramide.

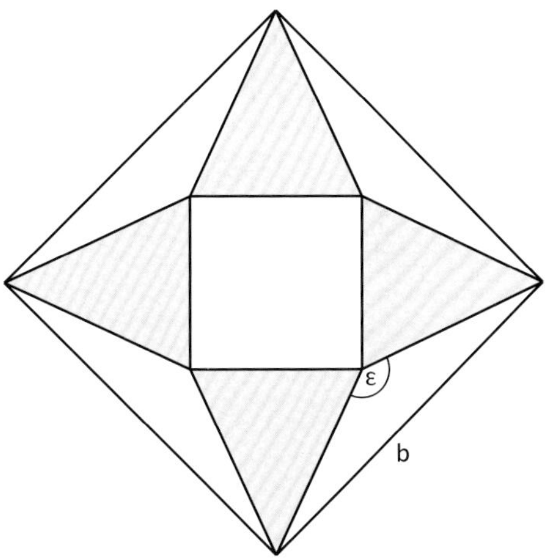

a) Mit dem Volumen und dem Durchmesser des Kegels lässt sich die Höhe des Kegels, die gleichzeitig Pyramidenhöhe ist, berechnen.
Die Grundfläche des neu entstandenen Körpers ist ein regelmäßiges Achteck, das sich in acht gleichschenklige Dreiecke aufteilen lässt. Mit dem Mittelpunktswinkel und dem Radius kann mithilfe des Sinus die Grundkante berechnet werden. Mithilfe des Satzes von Pythagoras berechnet man die Höhe in einem der Teildreiecke. Anschließend kann man das Volumen der Pyramide berechnen.

b) Das quadratische Blatt Papier ist aufgeteilt in die Grundfläche und vier gleichschenklige Manteldreiecke der Pyramide sowie vier an das Netz anliegende gleichschenklige Dreiecke. In einem dieser anliegenden Dreiecke bestimmt man über die Winkelsumme die beiden Basiswinkel. Der Winkel an der Spitze des Manteldreiecks der Pyramide lässt sich als Ergänzungswinkel zu 90° berechnen. Im halben anliegenden Teildreieck berechnet man mithilfe des Kosinus die Seitenkante der Pyramide. Im halben Manteldreieck berechnet man mit dem Kosinus die Höhe der Seitenfläche, mithilfe des Sinus die Grundkante. Aus der Höhe der Seitenfläche und der Grundkante kann man im parallelen Achsenschnitt der Pyramide mithilfe des Satzes von Pythagoras die Körperhöhe berechnen.

a) Aus einem Kegel wird eine Pyramide mit achteckiger, regelmäßiger Grundfläche ausgeschnitten.
Es gilt:

$V_{Kegel} = 500\ cm^3$
$d_{Kegel} = 13{,}0\ cm$

Berechnung des Pyramidenvolumens V_{Py}:
(→ Achtseitige Pyramide; Volumenformel)

$V_{Py} = \frac{1}{3} \cdot G \cdot h$

$V_{Py} = \frac{1}{3} \cdot 8 \cdot \frac{1}{2} \cdot a \cdot h_a \cdot h_{Py}$

Berechnung der Kegelhöhe h_{Ke} = Pyramidenhöhe h_{Py}:
(→ Umstellung der Volumenformel des Kegels)

$V_{Ke} = \frac{1}{3}\pi r^2 \cdot h_{Ke} \qquad | \cdot 3 \quad | : \pi \quad | : r^2$

$h_{Ke} = \frac{V_{Ke} \cdot 3}{\pi r^2}$

$h_{Ke} = \frac{500 \cdot 3}{\pi \cdot 6{,}5^2}$ $\qquad$ $\underline{h_{Ke} = h_{Py} = 11{,}30\ cm}$

Berechnung der Grundkante a der achtseitigen Pyramide:
(→ Sinus im Teildreieck der Grundfläche)

Der Mittelpunktswinkel im Achteck beträgt $\varepsilon = 360° : 8$ $\qquad$ $\underline{\varepsilon = 45°}$

$\sin\frac{\varepsilon}{2} = \frac{\frac{a}{2}}{r} \qquad | \cdot r$

$\frac{a}{2} = r \cdot \sin\frac{\varepsilon}{2}$

$\frac{a}{2} = 6{,}5 \cdot \sin 22{,}5°$

$\frac{a}{2} = 2{,}49$ $\qquad$ $\underline{a = 4{,}98\ cm}$

Dreieck der Grundfläche

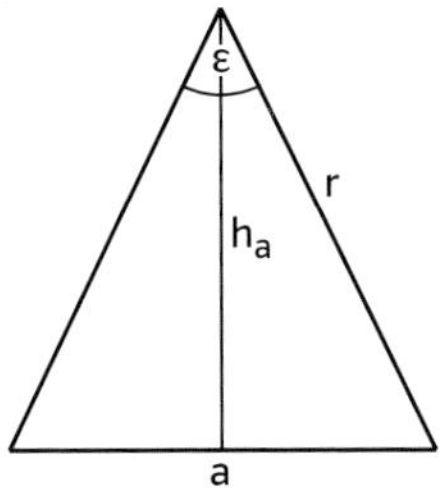

Berechnung der Dreieckshöhe h_a:
(→ Satz des Pythagoras im halben Teildreieck der Grundfläche)

$h_a^2 = r^2 - \left(\frac{a}{2}\right)^2$

$h_a^2 = 6{,}5^2 - 2{,}49^2 \quad |\sqrt{}$

$h_a = \sqrt{6{,}5^2 - 2{,}49^2}$ $\underline{h_a = 6{,}00\,\text{cm}}$

$V_{Py} = \frac{1}{3} \cdot 8 \cdot \frac{1}{2} \cdot 4{,}98 \cdot 6{,}00 \cdot 11{,}30$ $\underline{\underline{V_{Py} = 450\ \text{cm}^3}}$

b) Das Netz einer quadratischen Pyramide liegt in einem Quadrat.

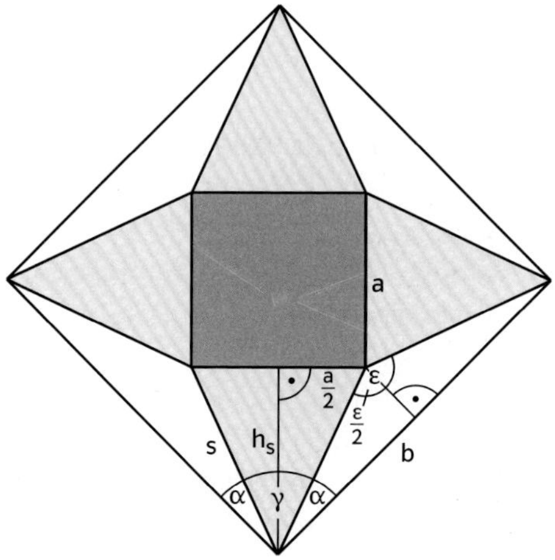

Es gilt:

$b = 20{,}0\,\text{cm}$
$\varepsilon = 140{,}0°$

Berechnung der Höhe der quadratischen Pyramide:
(→ Satz des Pythagoras im Achsenschnitt der Pyramide)

$h^2 = h_s^2 - \left(\frac{a}{2}\right)^2$

Berechnung des Winkels α:
(→ Winkelsumme im gleichschenkligen, anliegenden Dreieck)

$\alpha = \frac{180° - \varepsilon}{2}$

$\alpha = \frac{180° - 140{,}0°}{2}$ $\underline{\alpha = 20{,}0°}$

Berechnung des Winkels γ:
(→ Ergänzungswinkel zu 90°)

$\gamma = 90° - 2 \cdot \alpha$

$\gamma = 90° - 2 \cdot 20{,}0°$ $\underline{\gamma = 50{,}0°}$

Berechnung der Seitenkante s:
(→ Kosinus im halben gleichschenkligen, anliegenden Dreieck)

$\cos\alpha = \frac{\frac{b}{2}}{s}$ $\quad | \cdot s \quad |: \cos\alpha$

$s = \frac{\frac{b}{2}}{\cos\alpha}$

$s = \frac{10{,}0}{\cos 20{,}0°}$ $\qquad \underline{s = 10{,}64\,\text{cm}}$

Berechnung der Seitenflächenhöhe h_s:
(→ Kosinus im halben Teildreieck der Seitenfläche)

$\cos\frac{\gamma}{2} = \frac{h_s}{s}$ $\quad | \cdot s$

$h_s = s \cdot \cos\frac{\gamma}{2}$

$h_s = 10{,}64 \cdot \cos 25{,}0°$ $\qquad \underline{h_s = 9{,}64\,\text{cm}}$

Berechnung der Grundkante a:
(→ Sinus im halben Teildreieck der Seitenfläche)

$\sin\frac{\gamma}{2} = \frac{\frac{a}{2}}{s}$ $\quad | \cdot s$

$\frac{a}{2} = s \cdot \sin\frac{\gamma}{2}$

$\frac{a}{2} = 10{,}64 \cdot \sin 25{,}0°$

$\frac{a}{2} = 4{,}50$ $\qquad \underline{a = 9{,}00\,\text{cm}}$

$h^2 = 9{,}64^2 - 4{,}50^2$

$h = \sqrt{9{,}64^2 - 4{,}50^2}$ $\qquad \underline{\underline{h = 8{,}5\,\text{cm}}}$

a) Das Schaubild zeigt Ausschnitte einer verschobenen Normalparabel p_1 und einer Geraden g.
Bestimmen Sie die Funktionsgleichungen der Parabel p_1 und der Geraden g.

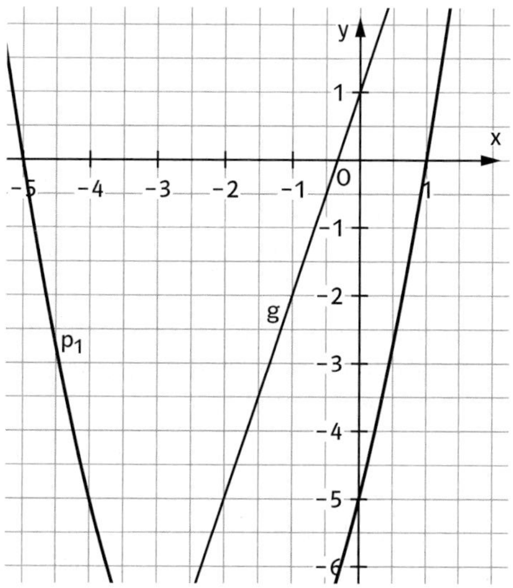

Die verschobene, nach oben geöffnete Normalparabel p_2 hat den Scheitelpunkt $S_2(5|-2)$.
Prüfen Sie rechnerisch, ob der Schnittpunkt Q der beiden Parabeln auf der Geraden g liegt.

Die Gerade h verläuft durch die beiden Scheitelpunkte S_1 und S_2.
Berechnen Sie die Funktionsgleichung der Geraden h.

b) Die Parabel p der Form $y = ax^2 + c$ hat den Scheitel $S(0|-4{,}5)$. Sie geht durch den Punkt $P(-3|0)$.
Die Gerade g mit der Steigung $m = 1{,}5$ geht durch den Punkt $R(0|0{,}5)$. Sie schneidet die Parabel p in den Punkten A und C.

Die Punkte A und C sind Eckpunkte des Rechtecks ABCD. Zudem sind die Punkte A und C Anfangs- und Endpunkt einer Diagonalen dieses Rechtecks. Die Seiten des Rechtecks verlaufen parallel zur x- bzw. y-Achse.

Berechnen Sie den Flächeninhalt des Rechtecks.

a) Die Gleichung der Parabel p_1 kann argumentativ bestimmt werden. Dazu verwendet man Symmetrieüberlegungen, die sich aus den beiden gegebenen Parabelpunkten ergeben. Da beide Punkte denselben y-Wert haben, ist die Symmetrieachse der Parabel sofort ersichtlich. Die Lage des Scheitelpunkts lässt sich dann durch Abzählen bestimmen. Mit den Koordinaten des Scheitelpunkts S_1 liegt die Gleichung der Parabel p_1 in Scheitelform vor. Zur Bestimmung der Gleichung der Gerade g kann man den y-Achsenabschnitt und die Steigung m ablesen.
Alternativ kann man zur Bestimmung der Funktionsgleichung der Parabel p_1 dem Schaubild zwei Punkte entnehmen und setzt deren Koordinaten in die Normalform der Parabelgleichung $y = x^2 + px + q$ ein. Mithilfe eines lineares Gleichungssystem lassen sich p und q berechnen.

Aus dem gegebenen Scheitelpunkt S_2 erhält man die Funktionsgleichung von p_2 in Scheitelform. Anschließend setzt man die Funktionsterme der beiden Parabeln gleich und berechnet so die Koordinaten des Schnittpunkts. Mithilfe einer Punktprobe überprüft man, ob der Schnittpunkt Q auf der Geraden g liegt. Zur Berechnung der Gleichung der Geraden h setzt man die Koordinaten der beiden Scheitelpunkte S_1 und S_2 in die allgemeine Geradengleichung $y = mx + b$ ein und bestimmt die Steigung m sowie den y-Achsenabschnitt b.

b) Durch die Angabe der Koordinaten des Scheitels S ist der Wert c der Parabel $y = ax^2 + c$ bekannt. Dann setzt man die Koordinaten des Punktes P in die unvollständige Gleichung der Parabel p ein und erhält so die Funktionsgleichung. Aus dem Punkt R ergibt sich der y-Achsenabschnitt der Geraden g. Setzt man dann die Koordinaten des Punktes P in die unvollständige Gleichung von g ein, erhält man die Gleichung der Geraden g.
Die Koordinaten der Schnittpunkte A und C der Parabel p und der Geraden g erhält man durch Gleichsetzen der Funktionsterme. Da die Seiten des Rechtecks parallel zur x- bzw. y-Achse verlaufen, kann man die Koordinaten der Eckpunkte B und D des Rechtecks durch die Subtraktion der x- bzw. y-Werte von A und C berechnen. Mit der Flächenformel des Rechtecks berechnet man dann den Flächeninhalt.

a) Das Schaubild zeigt Ausschnitte einer verschobenen Normalparabel p_1 und einer Geraden g.

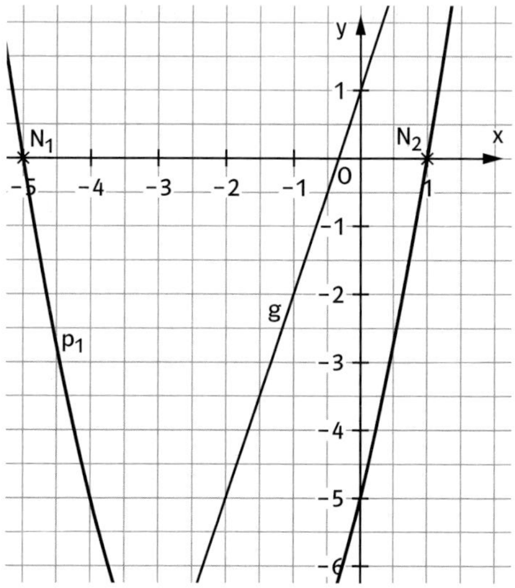

Bestimmung der Gleichung der Parabel p_1:
(→ Argumentative Ermittlung des Scheitelpunkts S; Symmetrieeigenschaften nutzen)

Die beiden Schnittpunkte der Parabel mit der x-Achse N_1 und N_2 haben denselben y-Wert. Dies bedeutet, dass die Symmetrieachse der Parabel durch den Mittelwert der beiden x-Werte von N_1 und N_2 geht. Der Mittelwert ist $x = -2$. Der Abstand der beiden Parabelpunkte N_1 und N_2 ist 6. Um zum Scheitelpunkt S der Parabel zu gelangen, geht man drei Einheiten von N_1 und N_2 zur Parabelmitte und das Quadrat dieses Werts, also 9, nach unten. Damit hat der Scheitelpunkt S_1 der Parabel die Koordinaten $S_1(-2|-9)$.
Somit gilt für die Parabelgleichung: $y = (x + 2)^2 - 9$.
Formt man das Binom um, erhält man die Normalform $\underline{\underline{p_1: y = x^2 + 4x - 5.}}$

Alternativer Lösungsweg: Berechnung der Gleichung der Parabel p_1
(→ Einsetzen der Koordinaten von N_1 und N_2 in $y = x^2 + px + q$)

Einsetzen von N_1 und N_2 in $y = x^2 + px + q$ ergibt:

$N_1(1|0)$ (1) $0 = 1^2 + p \cdot 1 + q \quad |-p-1$
$N_2(-5|0)$ (2) $0 = (-5)^2 + p \cdot (-5) + q \quad |+5p-25$

(1)′ $-p - 1 = q$
(2)′ $5p - 25 = q$

(1)′ = (2)′: $5p - 25 = -p - 1 \quad |+p+25$
$6p = 24 \quad |:6$
$p = 4$

$p = 4$ eingesetzt in (1):
$0 = 1 + 4 \cdot 1 + q \quad |-5$
$q = -5$

p_1: $y = x^2 + 4x - 5$

Bestimmung der Gleichung der Geraden g:
(→ Ablesen der Steigung und des y-Achsenabschnitts)

Die Gerade g geht durch den Punkt $P(0|1)$ und hat damit den y-Achsenabschnitt $b = 1$. Außerdem hat sie die Steigung $m = 3$. g: $y = 3x + 1$

Bestimmung der Gleichung der Parabel p_2:
(→ Aus der Scheitelpunktform in die Normalform überführen)
Für $S_2(5|-2)$ gilt die Scheitelform: $y = (x-5)^2 - 2$
Umgeformt in Normalform: p_2: $y = x^2 - 10x + 23$

Berechnung der Koordinaten des Schnittpunkts Q von p_1 und p_2:
(→ Gleichsetzen der Funktionsterme)
$x^2 + 4x - 5 = x^2 - 10x + 23 \quad |-x^2 + 10x + 5$
$14x = 28 \quad |:14$
$x = 2$

(→ Berechnung des y-Werts durch Einsetzen in $y = x^2 + 4x - 5$ bzw. $y = x^2 - 10x + 23$)

$y = 2^2 + 4 \cdot 2 - 5$
$y = 7$ $Q(2|7)$

Nachweis, dass Q auf g liegt:
(→ Punktprobe für Q)
$7 = 3 \cdot 2 + 1$
$7 = 7$

Die Aussage ist wahr. Der Punkt Q liegt auf g.

Berechnung der Gleichung der Geraden h:
(→ Einsetzen der Scheitelkoordinaten in die Geradengleichung)
Es gilt:

$S_1(-2|-9)$ und $S_2(5|-2)$

(→ Steigung; Quotient der Koordinatendifferenzen)
$m = \frac{y_{S_1} - y_{S_2}}{x_{S_1} - x_{S_2}}$
$m = \frac{(-9) - (-2)}{(-2) - 5}$
$m = \frac{-7}{-7}$ $m = 1$

(→ y-Achsenabschnitt)
Mit $S_1(-2|-9)$ und $m = 1$ erhält man:

$-9 = 1 \cdot (-2) + b \quad |+2$
$b = -7$ $h: y = x - 7$

b) Die Parabel p der Form $y = ax^2 + c$ hat den Scheitel $S(0|-4{,}5)$. Sie geht durch $P(-3|0)$.
Die Gerade g mit der Steigung $m = 1{,}5$ geht durch den Punkt $R(0|0{,}5)$.

Berechnung der Koordinaten der Schnittpunkte von p und g:
(→ Gleichsetzen der Funktionsterme; Lösen der gemischt-quadratischen Gleichung)

Berechnung der Gleichung von p:
(→ Einsetzen von $P(-3|0)$ und $S(0|-4{,}5)$)

Mit $S(0|-4{,}5)$ gilt: $\underline{c = -4{,}5}$

$y = ax^2 - 4{,}5$
$0 = a \cdot (-3)^2 - 4{,}5 \qquad |+4{,}5 \quad |:9$
$a = \frac{1}{2}$

$\underline{p\colon y = \frac{1}{2}x^2 - 4{,}5}$

Berechnung der Gleichung von g:
(→ Einsetzen von $R(0|0{,}5)$ und $m = 1{,}5$) $\underline{g\colon y = 1{,}5x + 0{,}5}$

$\frac{1}{2}x^2 - 4{,}5 = 1{,}5x + 0{,}5 \qquad |-1{,}5x - 0{,}5$
$\frac{1}{2}x^2 - 1{,}5x - 5 = 0 \qquad |:\frac{1}{2}$

$x^2 - 3x - 10 = 0$
$x_{1,2} = 1{,}5 \pm \sqrt{1{,}5^2 - (-10)}$
$x_{1,2} = 1{,}5 \pm 3{,}5$
$x_1 = 5;\ y_1 = 8$ $\underline{C(5|8)}$
$x_2 = -2;\ y_2 = -2{,}5$ $\underline{A(-2|-2{,}5)}$

Bestimmung des Flächeninhalts des Rechtecks ABCD:

(→ Ermittlung der Koordinaten der Eckpunkte B und D; Flächenformel)

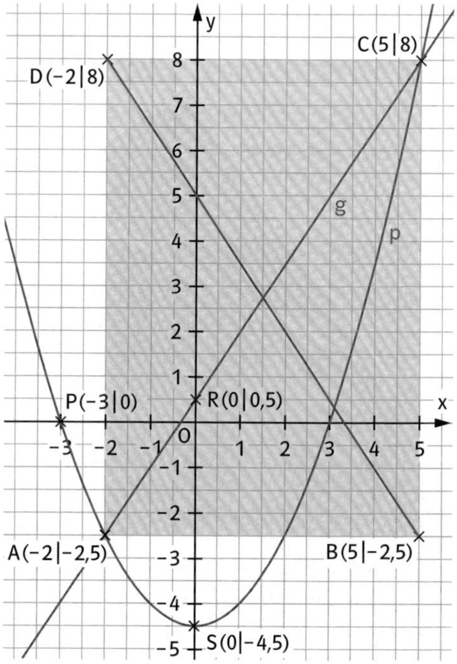

Aus der Parallelität der Rechteckseiten zu den Achsen folgt:

$x_B = x_C = 5$
$y_B = y_A = -2{,}5$

Somit gilt: B(5|−2,5)

$x_D = x_A = -2$
$y_D = y_C = 8$

Somit gilt: D(−2|8)

Für den Flächeninhalt des Rechtecks ABCD gilt:

$A = \overline{AB} \cdot \overline{BC}$

$A = 7 \cdot 10{,}5$

$\underline{\underline{A = 73{,}5 \text{ FE}}}$

a) Im Technikunterricht wurde für ein Schulfest ein Zufallsgerät gebaut, bei dem sich zwei Walzen unabhängig voneinander drehen.
Die Walzen sind mit Symbolen beklebt. Auf jeder Walze sind vier Zitronen, zwei Glocken und eine Sieben abgebildet.
Wenn sie stehen bleiben, erkennt man im Sichtfenster zwei Symbole nebeneinander.
Wie groß ist die Wahrscheinlichkeit für das Ereignis „zweimal Glocke"?

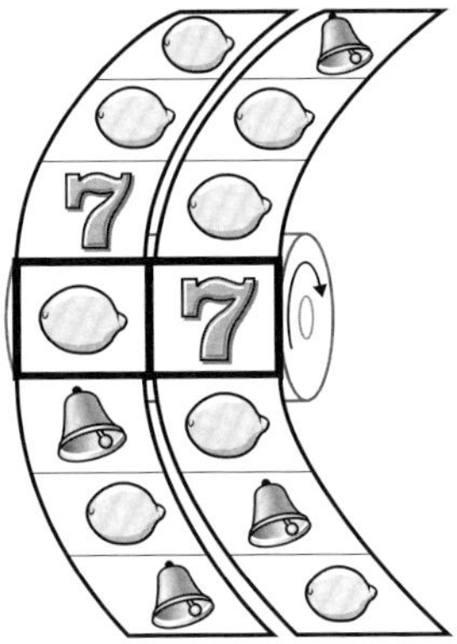

Das Zufallsgerät wird für ein Glücksspiel eingesetzt. Dazu wird nebenstehender Gewinnplan geprüft.
Berechnen Sie den Erwartungswert.
Was bedeutet dies für den Spieler?

Ereignis	Gewinn
zweimal Glocke	4,00 €
zweimal Sieben	10,00 €
sonstige	kein Gewinn

Einsatz pro Spiel: 1,00 €

Der Einsatz soll auf 1,20 € erhöht werden. Der Gewinn für „zweimal Glocke" sowie der Erwartungswert bleiben gleich.
Merle behauptet: „Der Gewinn für „zweimal Sieben" beträgt dann etwa 20 €."
Hat Merle Recht? Begründen Sie rechnerisch.

b) Ein Golfspieler schlägt seinen Golfball ab. Die Flugbahn des Golfballes ist annähernd parabelförmig. In einer horizontalen Entfernung von 95 m zum Abschlag erreicht der Ball seine maximale Flughöhe von 25 m über dem Boden.
Geben Sie eine Gleichung der zugehörigen Parabel an.
Ein 15 m hoher Baum steht in 45 m Entfernung vom Abschlag.
In welchem Abstand überfliegt der Ball die Baumspitze?
Das Loch befindet sich auf einer 2 m höher gelegenen Ebene in 180 m horizontaler Entfernung vom Abschlag.
In welcher Entfernung vom Loch trifft der Ball auf der höher gelegenen Ebene auf?

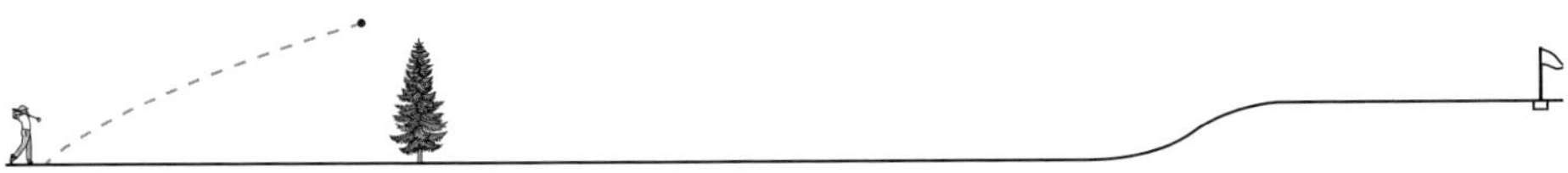

a) Ein Zufallsgerät besitzt zwei sich unabhängig voneinander drehende Walzen. Sie sind mit jeweils vier Zitronen, zwei Glocken und einer Sieben beklebt. Mithilfe eines Baumdiagramms kann man die Wahrscheinlichkeit des Ereignisses „zweimal Glocke" berechnen.
Das Zufallsgerät wird für ein Glücksspiel eingesetzt. Zur Berechnung des Erwartungswerts bestimmt man die Wahrscheinlichkeiten der Ereignisse des Gewinnplans. Dann bildet man die Summe der Produkte aus der jeweiligen Wahrscheinlichkeit und der Gewinnerwartung des Ereignisses und subtrahiert den Einsatz pro Spiel.
Um die Behauptung von Merle zu überprüfen, muss im Gewinnplan der Einsatz pro Spiel erhöht werden. Der Gewinn für „zweimal Glocke" sowie der Erwartungswert bleiben gleich. In der Gleichung zur Berechnung des Erwartungswerts setzt man für den Gewinn von „zweimal Sieben" eine Variable ein. Anschließend löst man die Gleichung und kann mit dem Ergebnis die Behauptung von Merle überprüfen.

b) Zunächst legt man ein Koordinatensystem über die Grafik. Aus der Skizze lassen sich dann die Koordinaten des Scheitelpunkts der Parabel sowie die Koordinaten des Abschlagpunkts ermitteln.
Anschließend setzt man die Koordinaten der Punkte, die man aus der Grafik ermittelt hat, in die Funktionsgleichung $y = ax^2 + c$ ein. Damit erhält man den Faktor a und die Funktionsgleichung der Parabel.
Dann ermittelt man den Standpunkt des Baumes und berechnet mithilfe der Funktionsgleichung die Flughöhe des Balles an dieser Stelle. Durch die Subtraktion der Flughöhe des Balles und der Höhe der Baumspitze lässt sich die Frage, in welchem Abstand der Ball über die Baumspitze fliegt, beantworten.
Da das Loch zwei Meter höher liegt als der Abschlagpunkt, setzt man diesen Wert als y-Wert in die Funktionsgleichung ein und erhält zwei zugehörige x-Werte. Mit einem dieser x-Werte lässt sich die vollständige horizontale Entfernung berechnen. Somit kann über die Differenz auch bestimmt werden, wie weit der Ball vom Loch entfernt auftrifft.

a) Zufallsgerät mit zwei sich unabhängig voneinander drehenden Walzen.
Auf jeder Walze sind vier Zitronen, zwei Glocken und eine Sieben abgebildet.

Berechnung der Wahrscheinlichkeit P(zweimal Glocke):
(→ Zweistufiger Zufallsversuch, Ziehen mit Zurücklegen; Lösung über Baumdiagramm)

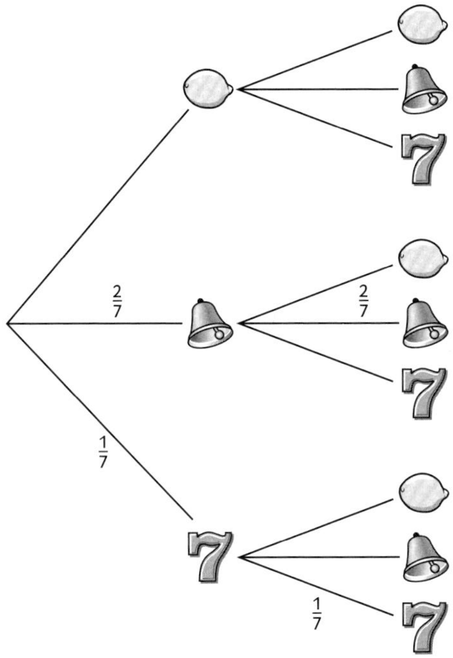

P(zweimal Glocke) = $\frac{2}{7} \cdot \frac{2}{7}$

P(zweimal Glocke) = $\frac{4}{49}$

<u>P(zweimal Glocke) = 8,2 %</u>

Berechnung des Erwartungswerts E:
(→ Summe aus den Produkten von Gewinnwahrscheinlichkeit und erwartetem Gewinn pro Spiel, Berücksichtigung des Gewinnplans)

Ereignis	Gewinn
zweimal Glocke	4,00 €
zweimal Sieben	10,00 €
sonstige	kein Gewinn

Einsatz pro Spiel: 1,00 €

Berechnung der Wahrscheinlichkeiten des Gewinnplans:
(→ Zweistufiger Zufallsversuch, Ziehen mit Zurücklegen; Lösung über Baumdiagramm)

$P(\text{zweimal Sieben}) = \frac{1}{7} \cdot \frac{1}{7}$

$P(\text{zweimal Sieben}) = \frac{1}{49}$ $\underline{P(\text{zweimal Sieben}) = 2{,}0\,\%}$

$E = \frac{4}{49} \cdot 4{,}00\,€ + \frac{1}{49} \cdot 10{,}00\,€ - 1{,}00\,€$

$E = \frac{16}{49}\,€ + \frac{10}{49}\,€ - \frac{49}{49}\,€$

$E = -\frac{23}{49}\,€$ $\underline{\underline{E = -0{,}47\,€}}$

Der Erwartungswert beträgt −0,47 €.
Das heißt, der Spieler verliert pro Spiel durchschnittlich 0,47 €.

Berechnung des Gewinns für das Ereignis „zweimal 7“ bei erhöhtem Einsatz:
(→ Erhöhung des Spieleinsatzes; Rest bleibt unverändert)

$-\frac{23}{49}\,€ = \frac{4}{49} \cdot 4{,}00\,€ + \frac{1}{49} \cdot x - 1{,}20\,€ \qquad \left| -\frac{16}{49}\,€ \quad \right| +1{,}20\,€$

$-\frac{39}{49}\,€ + 1{,}20\,€ = \frac{x}{49} \qquad | \cdot 49$

$-39{,}00\,€ + 58{,}80\,€ = x$ $\underline{\underline{x = 19{,}80\,€}}$

Merle hat Recht. Der Gewinn für „zweimal Sieben“ beträgt mit 19,80 € etwa 20 €.

b) Ein Golfball fliegt auf einer annähernd parabelförmigen Flugbahn.

Festlegung des Koordinatensystems für das mathematische Modell:
(→ Die x-Achse verläuft auf der Höhe der Abschlagstelle, die y-Achse geht durch den höchsten Punkt der Flugbahn.)

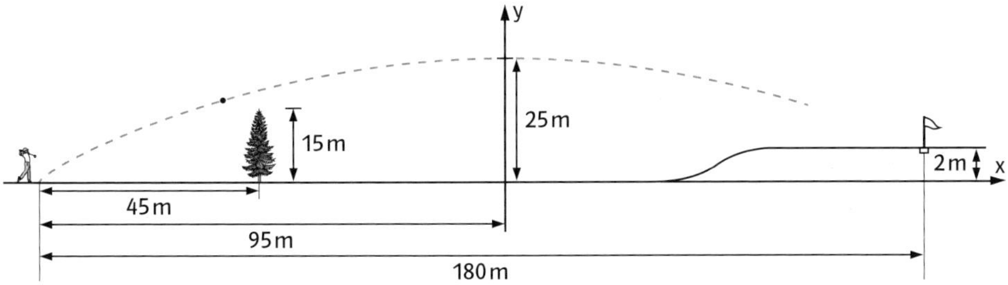

Bestimmung des Scheitelpunkts S:
(→ Entnahme der Information aus dem Text)
Die maximale Flughöhe des Balles beträgt 25 m über dem Boden. $\underline{S(0|25)}$

Festlegung der Nullstelle N_1:
(→ Entnahme der Information aus dem Text)
In einer horizontalen Entfernung von 95 m zum Abschlag erreicht der Ball seine maximale Flughöhe. $\underline{N_1(-95|0)}$

Berechnung der Parabelgleichung $y = ax^2 + c$:
(→ Einsetzen der Koordinaten von N_1 und S in die Gleichung $y = ax^2 + c$)

$y = ax^2 + c$ mit $N_1(-95|0)$ und $S(0|25)$

$0 = a \cdot (-95)^2 + 25 \qquad |-25$

$-25 = 9025a \qquad |:9025$

$a = -\frac{25}{9025}$

$a = -\frac{1}{361}$

$a = -0{,}0028$

$$\underline{y = -\frac{1}{361}x^2 + 25}$$

$$\underline{y = -0{,}0028x^2 + 25}$$

Berechnung des Standpunkts des Baumes:
(➔ Subtraktion der x-Werte)

$x_B = -95 + 45$ $\underline{x_B = -50\,m}$

Berechnung der Flughöhe des Balles über dem Baum:
(➔ Einsetzen des x-Werts in die Funktionsgleichung)

$y_B = -0{,}0028 \cdot (-50)^2 + 25$ $\underline{y_B = 18{,}07\,m}$

Berechnung des Abstands des Balles zur Baumspitze:
(➔ Differenz der beiden Höhen)

$d = 18{,}07\,m - 15\,m$ $\underline{\underline{d = 3{,}07\,m}}$

Der Golfball überfliegt die Baumspitze in einem Abstand von ungefähr 3 m.

Berechnung des Auftreffpunkts des Balles:
(➔ Berechnung der x-Werte für y = 2)

$2 = -0{,}0028\,x^2 + 25 \quad | -25$
$-23 = -0{,}0028\,x^2 \quad | :(-0{,}0028)$
$x^2 = 8214{,}2857\ldots \quad | \sqrt{\ }$
$x_{1,2} = \pm 90{,}63$

(➔ Berechnung der Entfernung des Balles)
$w = 95{,}0 + 90{,}63$ $\underline{w = 185{,}63\,m}$

Berechnung der Entfernung des Balles zum Loch:
(➔ Differenz der beiden Werte)
$e = 185{,}63 - 180$ $\underline{\underline{e = 5{,}63\,m}}$

Die Entfernung des Balles zum Loch beträgt ca. 6 m.

Hinweis: Für $a = -\frac{1}{361}$ ergibt sich: $x_{1,2} = \pm 91{,}12$ $\underline{w = 186{,}12\,m}$